Sammlung Schubert XXX

Elliptische Funktionen

von

Dr. Karl Boehm
Professor an der Universität Heidelberg

Erster Teil

Theorie der elliptischen Funktionen aus analytischen Ausdrücken entwickelt

Mit 11 Figuren im Text

Neudruck

Walter de Gruyter & Co.
vormals G. J. Göschen'sche Verlagshandlung – J. Guttentag, Verlagsbuchhandlung – Georg Reimer – Karl J. Trübner – Veit & Comp.
Berlin W 10 und Leipzig 1930

Manuldruck von F. Ullmann G. m. b. H., Zwickau Sa.

Vorwort.

Wer sich vor die Aufgabe gestellt sieht, eine in vielseitigster Weise behandelte und zu hoher Vollkommenheit entwickelte Lehre, wie es die Theorie der elliptischen Funktionen ist, aufs neue darzustellen, genießt den Vorteil, sich auf sehr zahlreiche Vorarbeiten stützen zu können, hat aber auch eigentümliche Schwierigkeiten zu überwinden, welche gerade aus diesem Reichtum an Material entspringen. Handelt es sich auch nicht darum, neue Pfade zu bahnen, so ist doch die Entscheidung, welche von den gangbaren Wegen die beste Orientierung über das Gebiet ermöglichen, nicht immer leicht. Soll eine einführende Darstellung ihren Zweck nicht verfehlen, so muß sie den Leser in den Stand setzen, sich in den größeren und tiefer eindringenden Werken, sowie in den Abhandlungen über den Gegenstand zurecht zu finden und weiterzubilden, wie verschiedenartig auch die Gesichtspunkte sein mögen, unter welchen solche Arbeiten abgefaßt sind. Diese Erwägung hat mich zunächt veranlaßt, die beiden Hauptabschnitte des vorliegenden Lehrbuches zu bilden und streng zu scheiden. Der erste Teil, welcher als erster Band erscheint, entwickelt aus gewissen analytischen Ausdrücken und dem Begriffe der Periodizität eine Theorie der einfach periodischen und doppelt periodischen Funktionen, jene, gewissermaßen als Einleitung, in Kürze zusammenfassend, diese, als Hauptgegenstand, in breiterer Ausführung gebend. Der zweite Teil, welcher im nächsten Bande folgen soll, behandelt das Umkehrproblem der elliptischen Integrale und greift erst gegen Ende der Untersuchung auf die Resultate des vorangehenden Teiles zurück. Dadurch ist erreicht, daß nicht nur der erste Band ein durchaus in sich abgeschlossenes

Ganze bildet, sondern auch der zweite eine große Selbständigkeit besitzt. Je nach seinen Neigungen und Zwecken kann der Leser sehr wohl mit dem Studium des zweiten Teiles beginnen.

Wie hier in der Anlage des Ganzen, so war ich auch im einzelnen bestrebt, Dinge, welche unabhängig voneinander abgehandelt werden können, auch tatsächlich streng auseinanderzuhalten, da nichts den Anfänger mehr verwirrt und einschüchtert, als wenn er sich an einem nicht abreißenden Faden, wie durch ein Labyrinth, unaufhaltsam weiter gezogen sieht. Um durch ein Beispiel zu bezeichnen, was ich meine, so erwähne ich, daß die arithmetischen Betrachtungen im vierten und siebenten Kapitel, welche sonst häufig mit dem Begriffe der Periodizität verquickt werden, mit dem sie gar nichts zu tun haben, eine Abhandlung für sich bilden, welche man lesen kann, ohne durch Einmischung irgend eines fremdartigen Begriffs unterbrochen zu werden. Auch sonst habe ich keine Mühe gescheut, den Bedürfnissen verschiedenartiger Leser nach Möglichkeit entgegenzukommen. In den ersten Kapiteln ist ein abgekürzter und erleichterter Gang der Lektüre in Fußnoten bezeichnet, welcher den Anfänger rascher zum Hauptgegenstande geleitet. Ich wünsche, daß diese doppelte Durchführung den jüngeren Lesern die Arbeit ebensosehr erleichtern möge, als sie die meine erschwert hat.

Ich habe es nicht für notwendig gehalten, meine Quellen im einzelnen anzugeben, da es sich ja nur um die Verarbeitung eines der Wissenschaft schon lange gehörenden Besitzstandes handelt, und ein der Literatur kundiger Leser leicht wird entscheiden können, ob es mir gelungen ist, in den Beweismethoden dem bereits Bekannten etwas Neues hinzuzufügen. Aber ich ergreife mit Freuden die Gelegenheit, an dieser Stelle auszusprechen, wie unendlich viel ich, für meine wissenschaftliche Ausbildung im allgemeinen und für die Ausarbeitung dieses Buches im besonderen, Herrn Méray verdanke, dessen „Nouvelles leçons sur l'analyse infinitésimale" mir als eines der schönsten Werke der neueren mathematischen Literatur erscheinen, trotz allem, was sich gegen den Standpunkt des Verfassers vorbringen läßt. Gewiß können die Grenzen, in welche Herr Méray die mathematische Forschung bannen möchte, nicht aufrecht erhalten werden: Längst hat der Strom der Entwickelung diese Dämme durchbrochen und überflutet. Aber in dem Bereiche, auf welchen er sich selbst beschränkt, hat der einsam stehende, kraftvolle Denker unbestreitbar Großartiges geleistet.

Von anderen neueren Werken, die mir nützlich gewesen sind, nenne ich dankbar die bekannten französischen Lehrbücher der elliptischen Funktionen von Tannery und Molk, von Appell und Lacour; den cours d'analyse von Jordan, den traité d'analyse von Picard; aus der deutschen Literatur das Werk von Heinrich Weber „Elliptische Funktionen und algebraische Zahlen" in seinem ersten Teil, die funktionentheoretischen Vorlesungen von Heinrich Burkhardt und die wertvolle Sammlung von Formeln und Lehrsätzen, welche uns Herr Thomae vor kurzem geschenkt hat.

Es bleibt mir noch übrig, ein Wort herzlichen Dankes zu richten an die Herren Professor Dr. Landsberg in Kiel und Privatdozent Dr. Faber in Karlsruhe, welche eine Korrektur gelesen und mich mit wertvollen Ratschlägen getreulich unterstützt haben.

Ich schreibe dieses Geleitwort hier, wo ich den weitaus größten Teil meiner Arbeit unter den freundlichsten Umständen vollbringen durfte.

Westende les bains, Belgien, den 14. April 1908.

Karl Boehm.

Vorwort zum Neudruck des ersten Bandes.

Hätten die Kanonen des Weltkrieges nicht das liebe Haus zerschossen, in welchem dies Buch entstand, so wäre auch manches andere anders gekommen, und ich hätte vielleicht in demselben Zimmer das Vorwort zu einer zweiten Auflage unterzeichnen dürfen. Ich würde dann versucht haben, sie zu einer „verbesserten“ zu machen.

Wie heute die Verhältnisse im deutschen Buchhandel liegen, muß ich schon dankbar sein, daß der Verlag durch einen anastatischen Neudruck des vergriffenen ersten Bandes das Lehrbuch wieder vollständig auf den Markt bringt. Die Fachgenossen aber bitte ich, Nachsicht zu üben, wenn ihnen das Buch in unveränderter Gestalt abermals zu Gesicht kommt.

Ettlingen bei Karlsruhe (Baden), den 27. Oktober 1929.

Karl Boehm.

Inhaltsverzeichnis.

Erster Teil.

Theorie der elliptischen Funktionen, aus analytischen Ausdrücken entwickelt.

Erstes Kapitel.

Einfach und zweifach ausgedehnte abzählbare Mengen; ihre Summen und Produkte.

Zweites Kapitel.

Untersuchung gewisser aus Partialbrüchen gebildeter zweistrahliger Reihen.

Drittes Kapitel.

Untersuchung gewisser zweistrahliger Produkte.

Viertes Kapitel.

Grundzüge einer allgemeinen Theorie der einfach periodischen Funktionen.

Erste Hälfte: Arithmetische Betrachtungen über Kongruenzen komplexer Zahlen.

Zweite Hälfte: Funktionentheoretische Betrachtungen.

Fünftes Kapitel.

Untersuchung gewisser aus Partialbrüchen gebildeter zweifach ausgedehnter Reihen. — Die Funktionen $\wp(u)$ und $\zeta(u)$.

Sechstes Kapitel.

Untersuchung gewisser Doppelprodukte. — Die Funktion $\sigma(u)$.

Siebentes Kapitel.

Arithmetische Betrachtungen über Kongruenzen komplexer Zahlen (Fortsetzung von Kap. IV, erste Hälfte).

Achtes Kapitel.

Elliptische Funktionen.
Eigenschaften, aus dem Begriffe entwickelt.

Neuntes Kapitel.

Verschiedenartige analytische Darstellungen der elliptischen Funktionen. Eigenschaften, welche sich daraus ergeben.

Elftes Kapitel.

Die Weierstraßschen Transzendenten. — Zusammenstellung von Lehrsätzen und Formeln.

Zwölftes Kapitel.

Die Jacobischen Transzendenten.

Erster Teil:

Theorie der elliptischen Funktionen, aus analytischen Ausdrücken entwickelt.

Erstes Kapitel.

Einfach und zweifach ausgedehnte abzählbare Mengen; ihre Summen und Produkte.

Dieses erste Kapitel bietet eine gedrängte Zusammenstellung von Tatsachen, welche für die Untersuchung der später auftretenden unendlichen Reihen und Produkte die unentbehrliche Grundlage bilden. Bei der Aufstellung der Definitionen und Sätze bin ich auf die ersten Elemente der Reihenlehre zurückgegangen, um dem Leser die Anknüpfung an bekannte Dinge zu erleichtern. Dagegen erschien es mir unnötig, auch alle Beweise zu geben; ich habe einige von ihnen ausgeführt, andere nur skizziert, wieder andere gänzlich weggelassen. Die hierdurch erzielte Kürze machte es möglich, die leitenden Gedanken schärfer herauszutreiben und straffer zu verketten. Durch einige eingestreute Beispiele sollte nicht nur das Verständnis der allgemeinen Entwickelungen erleichtert, sondern vor allem ein gewisses Material von Einzeltatsachen eingeführt und zum späteren Gebrauch bereit gelegt werden.

Einstrahlige und zweistrahlige Mengen. — Grenzwerte.

1. Eine einfach unendliche abzählbare Menge von reellen oder komplexen Größen wollen wir einstrahlig nennen, wenn die Größen eindeutig auf die Reihe der positiven ganzen Zahlen bezogen sind, zweistrahlig dagegen, wenn sich die Beziehung auf die Reihe der positiven und negativen ganzen Zahlen erstreckt.

Die Zuordnung wird in beiden Fällen durch die Bezeichnung mit Hilfe ganzzahliger Indizes angedeutet; es stellt also die Folge der Größen

$$(1) \qquad u_1, u_2, \ldots, u_n, \ldots$$

eine einstrahlige, die Folge der Größen

$$(2) \qquad \ldots, u_{-n}, \ldots, u_{-2}, u_{-1}, u_0, u_1, u_2, \ldots u_n, \ldots$$

eine zweistrahlige Menge dar.*)

Die Größen (1) konvergieren gegen einen endlichen Grenzwert, wenn für hinreichend großes n und jedes k die Differenz $u_{n+k} - u_n$ ihrem absoluten Betrage nach kleiner gemacht werden kann als eine vorgelegte beliebig kleine positive Größe ε, was wir so schreiben

$$(3) \qquad |u_{n+k} - u_n| < \varepsilon \qquad \text{für} \quad n \geqq m;$$

diese Bedingung ist notwendig und hinreichend.

Die Reihe (2) hat nach der Seite der positiven Indizes einen Grenzwert, wenn die Bedingung (3) erfüllt ist, und einen Grenzwert nach der Seite der negativen Indizes, wenn

$$(4) \qquad |u_{-n-k} - u_{-n}| < \delta \qquad \text{für} \quad n \geqq l.$$

Die Bedingungen (3) und (4) sind vollkommen unabhängig voneinander; es kann eine von ihnen erfüllt sein, während die andere nicht erfüllt ist, sie können aber auch beide erfüllt oder beide nicht erfüllt sein.

Summen von einstrahligen Reihen.

2. Mit den Elementen der Reihen (1) und (2) bilden wir nun neue Reihen und fragen für diese nach der Existenz von Grenzwerten; wir setzen zunächst:

$$(5) \qquad S_1 = u_1, \; S_2 = u_1 + u_2, \; \ldots, \; S_n = u_1 + u_2 + \ldots + u_n, \ldots$$

und erhalten so eine einstrahlige Menge

$$(6) \qquad S_1, S_2, \ldots, S_n, \ldots;$$

konvergiert diese Folge gegen einen endlichen Grenzwert S, so nennen wir ihn die Summe der unendlichen Reihe

$$(7) \qquad u_1 + u_2 + \ldots + u_n + \ldots$$

*) Man vergleiche hierzu die Anmerkung am Schluß der Nr. 5.

und schreiben dies in Form einer Gleichung

$$(8) \qquad S = u_1 + u_2 + \ldots + u_n + \ldots$$

Die Reihe (7) heißt alsdann konvergent; sie heißt dagegen divergent, wenn der Grenzwert der Größen (6) unendlich groß ist, oder wenn weder ein endlicher noch ein unendlich großer Grenzwert der Folge (6) existiert. Im ersten Fall sagt man wohl auch, die Reihe (7) habe eine unendlich große Summe. Nach (3) läßt sich die notwendige und hinreichende Bedingung für die Konvergenz der Reihe (7) so schreiben:

$$|S_{n+k} - S_n| < \varepsilon \qquad \text{für} \quad n \geqq m\,,$$

d. h.

$$(9) \qquad |u_{n+1} + u_{n+2} + \ldots + u_{n+k}| < \varepsilon \qquad \text{für} \quad n \geqq m\,.$$

Es ist von größter Wichtigkeit, zu bemerken, daß die Beziehung der Elemente einer abzählbaren Menge auf die Reihe der ganzen Zahlen in mannigfaltiger Weise realisiert werden kann; je nach der Wahl der Zuordnung enthält die Reihe (1) die Elemente der Menge in verschiedener Reihenfolge. Die Existenz des Grenzwertes S hängt im allgemeinen von dieser Reihenfolge ab; die Elemente derselben Menge können also, je nach der Reihenfolge, in der sie addiert werden, konvergente oder divergente Reihen bilden und die verschiedenen konvergenten Reihen können verschiedene Summen haben.

Man kann aber beweisen, daß die Reihe (7) bei beliebiger Anordnung der Glieder gegen denselben Grenzwert konvergiert, wenn die Reihe der absoluten Beträge

$$(10) \qquad |u_1| + |u_2| + \ldots + |u_n| + \ldots$$

konvergiert; und zwar ist diese Bedingung notwendig. Die Reihe (7) heißt in diesem Falle absolut oder unbedingt konvergent.*)

*) Es mag erwähnt werden, daß man diese beiden Begriffe, wenn sie auch praktisch als Wechselbegriffe gelten dürfen, logisch zu unterscheiden hat. Unbedingte Konvergenz bedeutet: Konvergenz bei beliebiger Anordnung der Glieder; absolute Konvergenz bedeutet: Konvergenz der absoluten Beträge.

Produkte von einstrahligen Reihen.

3. Wir setzen ferner

(11) $P_1 = u_1, \; P_2 = u_1 \cdot u_2, \; \ldots, \; P_n = u_1 \cdot u_2 \cdot \ldots \cdot u_n, \; \ldots$

und erhalten so wiederum eine einstrahlige Menge

(12) $$P_1, \; P_2, \; \ldots, \; P_n, \; \ldots;$$

diese reduziert sich auf eine endliche Anzahl von Elementen, wenn eine der Größen u_h verschwindet, was hier ausgeschlossen bleiben soll. Konvergieren die Größen (12) gegen einen endlichen und von Null verschiedenen Grenzwert P, so nennen wir P das Produkt der Größen (1) und schreiben dies in Formeiner Gleichung:

(13) $$P = u_1 \cdot u_2 \cdot \ldots \cdot u_n \cdot \ldots;$$

das unendliche Produkt

(14) $$u_1 \cdot u_2 \cdot \ldots \cdot u_n \cdot \ldots$$

heißt in diesem Falle konvergent; es heißt dagegen divergent, wenn der Grenzwert der Menge (12) unendlich groß ist, oder wenn ein solcher Grenzwert überhaupt nicht existiert.

Notwendige und hinreichende Bedingung für die Konvergenz des unendlichen Produktes (14) ist sonach:

$$|P_{n+k} - P_n| < \varepsilon \qquad \text{für} \quad n \geqq m,$$

d. h.

(15) $$|u_1 \cdot u_2 \cdot \ldots \cdot u_n (u_{n+1} \ldots u_{n+k} - 1)| < \varepsilon;$$

diese kann aber offenbar nur erfüllt sein, wenn entweder das Produkt $u_1 \cdot u_2 \cdot \ldots \cdot u_n$ gegen den Grenzwert Null konvergiert, ein Fall, welchen wir bereits von der Betrachtung ausgeschlossen haben, oder wenn

(16) $$|u_{n+1} \cdot u_{n+2} \cdot \ldots \cdot u_{n+k} - 1| < \delta \qquad \text{für} \quad n \geqq m;$$

da k eine beliebige Zahl bedeutet, so können wir $k = 1$ wählen und finden, daß auch

(17) $$|u_{n+1} - 1| < \delta$$

werden muß; setzen wir also allgemein

(18) $$u_i = 1 + v_i,$$

so müssen die Elemente der Menge

(19) $$v_1, v_2, \ldots, v_n, \ldots$$

gegen Null konvergieren; die Bedingung (16) nimmt hiernach die Form an

(20) $$|(1+v_{n+1})(1+v_{n+2})\ldots(1+v_{n+k})-1|<\varepsilon;$$

die linke Seite ist offenbar kleiner als die folgende Summe

$$|v_{n+1}|+|v_{n+2}|+\ldots+|v_{n+k}|+\sum_{r,s}|v_{n+r}|\,|v_{n+s}|$$
$$+\sum_{r,s,t}|v_{n+r}|\,|v_{n+s}|\,|v_{n+t}|+\ldots+|v_{n+1}|\,|v_{n+2}|\ldots|v_{n+k}|$$

und um so mehr kleiner als die Summe

(21) $$P_{nk}=\alpha_{nk}+\alpha_{nk}^2+\alpha_{nk}^3+\ldots+\alpha_{nk}^k=\alpha_{nk}\frac{1-\alpha_{nk}^k}{1-\alpha_{nk}},$$

wenn zur Abkürzung

$$\alpha_{nk}=|v_{n+1}|+|v_{n+2}|+\ldots+|v_{n+k}|$$

gesetzt wird. Ist nun die Reihe

(22) $$v_1+v_2+\ldots+v_n+\ldots$$

oder

(22a) $$(u_1-1)+(u_2-1)+\ldots+(u_n-1)+\ldots$$

absolut konvergent, so wird α_{nk} für hinreichend großes n und beliebiges k kleiner als eine beliebig kleine positive Größe δ und somit die Summe (21) kleiner als $\delta+\eta_2$, wo η_2 eine Größe bezeichnet, welche von derselben Ordnung wie δ^2 unendlich klein ist; wählen wir also δ kleiner als ε und zwar so, daß $\varepsilon-\delta$ und δ von derselben Ordnung unendlich klein sind (etwa $\varepsilon=2\delta$), so ist

$$P_{nk}<\delta+\eta_2<\delta+\varepsilon-\delta<\varepsilon$$

und die Bedingung (20) ist sicher erfüllt.

Die absolute Konvergenz der Reihe (22a) ist also jedenfalls eine hinreichende Bedingung für die Konvergenz des Produktes (14); und zwar nennt man in diesem Falle auch das Produkt absolut oder unbedingt konvergent*), weil die Anordnung der Faktoren ohne Ein-

*) Hier ist eine ähnliche logische Unterscheidung zu machen wie in Nr. 2.

fluß auf die Existenz und Größe des Grenzwertes P ist; diese letztere Eigenschaft des Produktes erschließt man ohne Schwierigkeit aus dem Umstande, daß die absolute Konvergenz der Reihe (22a) bei beliebiger Anordnung ihrer Glieder erhalten bleibt.

Beispiel: Ein Produkt der Form

$$\prod_{n=1}^{n=\infty}\left(1+\frac{c_n}{n^2}\right)$$

ist stets absolut konvergent, wenn

$$|c_n| < a \qquad \text{für} \quad n > m\,,$$

d. h. wenn für alle ganzen positiven Zahlen n, welche oberhalb einer bestimmten Zahl m liegen, die Moduln der Größen c_n kleiner sind als eine angebbare positive Größe a *).

Summen von zweistrahligen Reihen.

4. Bilden wir nun mit den Elementen der zweistrahligen Menge (2) die Summen

(23) $$S_{-l}^{+r} = u_{-l} + u_{-(l-1)} + \cdots + u_{-1} + u_0 + u_1 + \cdots + u_{r-1} + u_r\,,$$

so können wir auch diese wieder bei entsprechender Anordnung als Elemente einer einstrahligen Menge auffassen.

Seien nämlich

(24) $$l_1\,,\ l_2\,,\ \ldots,\ l_n\,,\ \ldots \qquad (l_1 < l_2 < \ldots)$$

(25) $$r_1\,,\ r_2\,,\ \ldots,\ r_n\,,\ \ldots \qquad (r_1 < r_2 < \ldots)$$

zwei unendliche Reihen steigender ganzer Zahlen, deren Elemente einander paarweise zugeordnet sind, wie es die Indizes andeuten, so bilden die Größen

(26) $$S_{-l_1}^{+r_1},\ S_{-l_2}^{+r_2},\ \ldots,\ S_{-l_n}^{+r_n},\ \ldots$$

die Elemente einer einstrahligen Menge; konvergieren diese für unendlich wachsende l_n, r_n gegen einen endlichen

---

*) Aus den Elementen ist bekannt, daß die Reihen

$$\frac{1}{1^\nu} + \frac{1}{2^\nu} + \frac{1}{3^\nu} + \cdots$$

für $\nu \geqq 2$ konvergieren. Zur Berechnung der Summenwerte für $\nu = 2$ und $\nu = 4$ wird sich im vierten Kapitel, Nr. 38 eine Gelegenheit bieten.

Grenzwert S, so können wir diesen als eine Summe der zweistrahligen unendlichen Reihe

(27) $\ldots + u_{-l} + u_{-(l-1)} + \ldots + u_{-1} + u_0 + u_1 + \ldots + u_{r-1} + u_r + \ldots$

bezeichnen; wir dürfen nicht sagen „die" Summe, da die Existenz des Grenzwertes S in diesem Falle nicht nur von der Anordnung der Glieder der Reihe*), sondern auch von der zwischen den Zahlen l_n und r_n festgesetzten Beziehung abhängen wird; so wird es im allgemeinen einen wesentlichen Unterschied bedingen, ob wir die Menge

(28) $u_0,\ S_{-1}^{+1},\ S_{-2}^{+2},\ \ldots,\ S_{-n}^{+n},\ \ldots$

oder

(29) $u_0,\ S_{-2}^{+1},\ S_{-4}^{+2},\ \ldots,\ S_{-2n}^{+n},\ \ldots$

auf die Existenz eines Grenzwertes hin untersuchen; im ersten Falle summieren wir stets gleichviel Glieder rechts und links von u_0, im zweiten Falle nehmen wir stets auf der linken Seite die doppelte Anzahl als auf der rechten. Es kann vorkommen, daß die eine Art der Summenbildung zu einem Grenzwerte führt, die andere aber nicht, oder daß wir zu verschiedenen Grenzwerten gelangen. In derartigen Fällen muß immer genau angegeben werden, in welcher Weise die zu definierende Summe gebildet werden soll.

Die notwendige und hinreichende Bedingung dafür, daß die Summen (26) unabhängig von der Art der Summenbildung, d. h. unabhängig von der zwischen den Zahlen l_n und r_n festgesetzten Beziehung, gegen einen festen endlichen Grenzwert konvergieren, ist offenbar in der folgenden Forderung enthalten: Es müssen sich zwei ganze Zahlen r und l so bestimmen lassen, daß, für beliebige Werte der ganzen Zahlen k und h, die beiden Ungleichungen erfüllt sind

(30) $|u_n + u_{n+1} + \cdots + u_{n+k}| \leqq \varepsilon, \qquad \text{wenn} \quad n \geqq r$

(31) $|u_{-n} + u_{-n-1} + \cdots + u_{-n-h}| \leqq \delta, \qquad \text{wenn} \quad n \geqq l,$

*) Unter Anordnung der Glieder verstehen wir die durch die Indizes zum Ausdruck gebrachte Beziehung der Elemente unserer zweistrahligen Menge auf die Menge der positiven und negativen ganzen Zahlen.

wobei ε und δ beliebig kleine vorgeschriebene positive Größen bezeichnen; denn nur in diesem Falle genügt die Festsetzung

$$r' > r, \quad r'' > r, \quad l' > l, \quad l'' > l, \tag{32}$$

um den absoluten Betrag der Differenz $S_{-l'}^{+r'} - S_{-l''}^{+r''}$ unter eine beliebig vorgeschriebene Größe ε' herabzudrücken, indem man ε und δ hinreichend klein annimmt.

Die in (30) und (31) ausgedrückte Bedingung ist die Bedingung dafür, daß jede der beiden Reihen

$$u_1 + u_2 + u_3 + \ldots \tag{33}$$

$$u_{-1} + u_{-2} + u_{-3} + \ldots \tag{34}$$

für sich konvergiert.

Die zweistrahlige Reihe

$$\ldots + u_{-l} + \ldots + u_{-2} + u_{-1} + u_0 + u_1 + u_2 + \ldots + u_r + \ldots \tag{35}$$

heißt absolut konvergent, wenn die Reihe der absoluten Beträge

$$\left\{\begin{array}{l} \ldots + |u_{-l}| + \ldots + |u_{-2}| + |u_{-1}| \\ \quad + |u_0| + |u_1| + |u_2| + \ldots + |u_r| + \ldots \end{array}\right. \tag{36}$$

unabhängig von der Art der Summenbildung konvergiert, d. h. nach dem Vorhergehenden, wenn die beiden Reihen (33), (34) absolut konvergieren.

In diesem besonderen Falle existiert ein endlicher Grenzwert der Summen (26), welcher nicht nur von der Art der Summenbildung, sondern auch von der Anordnung der Glieder der Reihe (27) unabhängig ist.

Als Beispiel einer zweistrahligen Reihe, welche nicht unabhängig von der Art der Summenbildung konvergiert, betrachten wir die folgende:

$$\ldots - \tfrac{1}{3} - \tfrac{1}{2} - \tfrac{1}{1} + \tfrac{1}{1} + \tfrac{1}{2} + \tfrac{1}{3} + \ldots \tag{37}$$

Die zu untersuchende Summe

$$\sum_{n=-l}^{n=+r}{}' \frac{1}{n}, \text{*)} \tag{38}$$

---

*) Anmerkung. Der Akzent an dem Summenzeichen Σ' soll, nach einem allgemein eingeführten Gebrauch, hier und überall im folgenden, sofern nichts besonderes angemerkt wird, die Unterdrückung des dem Index $n = 0$ entsprechenden Gliedes bezeichnen.

ist gleich der Summe

$$(39)\qquad \sum_{n=l+1}^{n=r}{}' \frac{1}{n} \qquad \text{für} \quad r > l\,,$$

der Summe

$$(40)\qquad -\sum_{n=r+1}^{n=l}{}' \frac{1}{n} \qquad \text{für} \quad r < l\,.$$

Für jedes $n > 1$ gilt die Reihenentwickelung

$$(41)\quad \begin{cases} \log\left(\dfrac{n+1}{n}\right) = \log\left(1 + \dfrac{1}{n}\right) \\ = \dfrac{1}{n} - \dfrac{1}{2n^2} + \dfrac{1}{3n^3} - \ldots + (-1)^{h-1}\dfrac{1}{h\,n^h} + \ldots \\ = \dfrac{1}{n} - \dfrac{1}{n^2}\left(\dfrac{1}{2} - \dfrac{1}{3n} + \ldots + (-1)^h \dfrac{1}{h\,n^{h-2}} + \ldots\right) \end{cases}$$

also, wenn die Klammergröße mit a_0 bezeichnet wird,

$$(42)\qquad \log\left(\frac{n+1}{n}\right) = \frac{1}{n} - \frac{a_0}{n^2}\,;$$

$$(43)\qquad |a_0| < 1 + \frac{1}{n} + \ldots + \frac{1}{n^h} + \ldots = \frac{n}{n-1}\,,$$

ebenso ergibt sich

$$(44)\qquad \log\left(\frac{n+2}{n+1}\right) = \frac{1}{n+1} - \frac{a_1}{(n+1)^2}\,,$$

worin a_1 eine Größe bezeichnet, deren Modul die Ungleichung erfüllt

$$(45)\qquad |a_1| < \frac{n+1}{n} < \frac{n}{n-1}\,.$$

Durch Fortsetzung des Verfahrens gelangen wir zu dem Resultat:

$$(46)\quad \begin{cases} \log\left(\dfrac{n+p}{n}\right) = \log\left(\dfrac{n+1}{n}\right) + \log\left(\dfrac{n+2}{n+1}\right) + \ldots \\ \qquad + \log\left(\dfrac{n+p}{n+p-1}\right) = \dfrac{1}{n} + \dfrac{1}{n+1} + \ldots \\ \qquad + \dfrac{1}{n+p-1} - \varepsilon(n,\,p)\,, \end{cases}$$

(47) $$\varepsilon(n, p) = \frac{a_0}{n^2} + \frac{a_1}{(n+1)^2} + \dots + \frac{a_{p-1}}{(n+p-1)^2},$$

(48) $$|\varepsilon(n, p)| < \frac{n}{n-1}\left[\frac{1}{n^2} + \frac{1}{(n+1)^2} + \dots + \frac{1}{(n+p-1)^2}\right].$$

Da die Reihe

(49) $$1 + \frac{1}{2^2} + \frac{1}{3^2} + \dots$$

konvergiert, so sinkt der Wert der Größe

(50) $$\frac{1}{n^2} + \frac{1}{(n+1)^2} + \dots + \frac{1}{(n+p-1)^2}$$

für hinreichend großes n und beliebiges p unter jede angebbare Grenze herab, während der Faktor $\frac{n}{n-1}$ der Einheit zustrebt; es ist also

(51) $$\lim_{n=\infty} [\varepsilon(n, p)] = 0$$

und daher

(52) $$\lim_{n=\infty}\left[\frac{1}{n} + \frac{1}{n+1} + \dots + \frac{1}{n+p-1}\right] = \lim_{n=\infty}\left[\log\left(\frac{n+p}{n}\right)\right].$$

Für die beiden Größen (31), (32) folgt hieraus:

(53) $$\lim_{l,r=\infty}\left[\sum_{n=l+1}^{n=r}{}' \frac{1}{n}\right] = \lim_{l,r=\infty}\left[\log\left(\frac{r+1}{l+1}\right)\right]$$

(54) $$\lim_{l,r=\infty}\left[-\sum_{n=r+1}^{n=l}{}' \frac{1}{n}\right] = \lim_{l,r=\infty}\left[\log\left(\frac{r+1}{l+1}\right)\right].$$

In jedem Falle also wird der Grenzwert der Summe (38) dargestellt durch den Ausdruck

(55) $$\lim_{l,r=\infty}\left[\log\left(\frac{r}{l}\right)\right];$$

dieser hängt ganz wesentlich von der Beziehung ab, welche zwischen den über alle Grenzen wachsenden Zahlen l und r festgesetzt wird; er kann unbestimmt oder unendlich groß werden oder auch einen bestimmten endlichen Wert annehmen.

Die soeben angestellte Betrachtung können wir leicht auf einen allgemeineren Fall ausdehnen. Wir erhalten dadurch ein Resultat, welches uns später von großem Nutzen sein wird *).

Es sei eine Reihe von Größen vorgelegt, welche eine arithmetische Progression bilden:

$$(56)\quad u_1, u_2 = u_1 + d,\ u_3 = u_1 + 2d,\ \ldots,\ u_g = u_1 + (g-1)d,\ \ldots,$$

die Moduln dieser Größen seien sämtlich größer als der Modul der Differenz d, und zwar sei:

$$(57)\qquad \frac{|d|}{|u_h|} \leqq \vartheta < 1 \qquad (h = 1, 2, 3, \ldots)$$

Unter dieser Voraussetzung konvergieren die Reihenentwickelungen:

$$(58)\quad \left\{\begin{aligned} &\log\left(\frac{u_{h+1}}{u_h}\right) = \log\left(1 + \frac{d}{u_h}\right) \\ &= \frac{d}{u_h} - \frac{d^2}{u_h^2}\left(\frac{1}{2} - \frac{1}{3}\frac{d}{u_h} - \ldots + (-1)^n \frac{1}{u}\frac{d^{n-2}}{u_h^{n-2}} + \ldots\right) \\ &\qquad (h = 1, 2, 3, \ldots) \end{aligned}\right.$$

aus denen wir entnehmen, daß

$$(59)\qquad \log\left(\frac{u_{h+1}}{u_h}\right) = \frac{d}{u_h} - \frac{d^2}{u_h^2} \cdot a_h\,; \qquad |a_h| < \frac{1}{1-\vartheta}\,;$$

$$(60)\quad \log\left(\frac{u_{g+1}}{u_1}\right) = d\sum_{h=1}^{h=g}\frac{1}{u_h} + \mathfrak{e}\, d\,, \qquad |\mathfrak{e}| < \frac{|d|}{1-\vartheta} \cdot \sum_{h=1}^{h=g}\frac{1}{|u_h|^2}\,;$$

also

$$(61)\qquad \frac{1}{u_1} + \frac{1}{u_2} + \ldots + \frac{1}{u_g} = \frac{1}{d}\log\left(\frac{u_{g+1}}{u_1}\right) - \mathfrak{e}\,.$$

Wegen der Vieldeutigkeit der logarithmischen Funktion müssen wir ausdrücklich bemerken, daß der Ausdruck $\log\left(\frac{u_{g+1}}{u_1}\right)$ einen ganz bestimmten Wert hat, den wir definieren können als den Zuwachs des Logarithmus auf der

*) Der Leser, welcher möglichst rasch zu dem eigentlichen Gegenstand dieses Buches gelangen will, kann das Folgende einstweilen überschlagen und sofort zu Nr. 5 übergehen.

geradlinigen Strecke von u_1 bis u_{g+1}; auf dieser Strecke liegen, da sie dem Vektor d parallel sein muß, auch die Punkte $u_2, u_3, \ldots$

Ganz ebenso erhalten wir:

$$(62)\quad \frac{1}{u_h + d} - \frac{1}{u_h} = \frac{1}{u_h}\left\{-\frac{d}{u_h} + \frac{d^2}{u_h^2} - \cdots + (-1)^n \frac{d^n}{u_h^n} + \cdots\right\};$$

$$(63)\quad \frac{1}{u_{h+1}} - \frac{1}{u_h} = -\frac{d}{u_h^2} + \frac{d^2}{u_h^3} b_h; \qquad |b_h| < \frac{1}{1-\vartheta};$$

$$(64)\quad \left\{\begin{aligned} &\frac{1}{u_{g+1}} - \frac{1}{u_1} = -d \sum_{h=1}^{h=g} \frac{1}{u_h^2} + \bar{\mathfrak{e}}\, d; \\ &|\bar{\mathfrak{e}}| < \frac{|d|}{1-\vartheta} \sum_{h=1}^{h=g} \frac{1}{|u_h|^3}, \end{aligned}\right.$$

also

$$(65)\quad \frac{1}{u_1^2} + \frac{1}{u_2^2} + \cdots + \frac{1}{u_g^2} = -\frac{1}{d}\left(\frac{1}{u_{g+1}} - \frac{1}{u_1}\right) + \bar{\mathfrak{e}}.$$

Die Beziehungen (61) und (65) werden besonders durch den Umstand interessant, daß es möglich ist, eine obere Grenze für die Moduln der Größen $\mathfrak{e}$ und $\bar{\mathfrak{e}}$ anzugeben. Ehe wir dies beweisen, müssen wir zunächst einen elementaren Hilfssatz vorausschicken, welcher so lautet:

Von den Größen einer arithmetischen Progression

$$(66)\quad \left\{\begin{aligned} &u_1, \quad u_2 = u_1 + d, \quad \ldots, \quad u_h = u_1 + (h-1)d, \quad \ldots, \\ &\qquad u_g = u_1 + (g-1)d \end{aligned}\right.$$

hat im allgemeinen eine einzige den kleinsten Modul; wir wollen sie u_{h_0} nennen. Alsdann wachsen die Moduln der Größen, für welche $h \geqq h_0$ ist, zugleich mit dem Index, während umgekehrt die Moduln der Größen, für welche $h < h_0$ ist, mit abnehmenden Werten des Index größer und größer werden.

Es gibt einen besonderen Fall, in welchem der kleinste Modul nicht nur einem einzigen, sondern zwei aufeinanderfolgenden Elementen u_{h_0} und u_{h_0+1} der Reihe (66) zukommt. Mit der Einschränkung $|u_{h_0}| = |u_{h_0+1}|$ bleibt der Inhalt unseres Satzes auch unter diesen Umständen richtig.

Um dies zu zeigen, bilden wir die Moduln zweier aufeinanderfolgender Glieder der Reihe (66), wobei wir setzen:

$$u_1 = u_1' + i u_1'', \quad d = d' + i d''; \tag{67}$$

$$|u_{h+1}|^2 = (u_1' + h d')^2 + (u_1'' + h d'')^2; \tag{68}$$

$$\left\{\begin{aligned} |u_h|^2 &= (u_1' + (h-1) d')^2 + (u_1'' + (h-1) d'')^2 \\ &= |u_{h+1}|^2 + (d'^2 + d''^2) \\ &\quad - 2(d' u_1' + d'' u_1'') - 2h(d'^2 + d''^2). \end{aligned}\right. \tag{69}$$

Es ist also

$$|u_{h+1}| \gtreqless |u_h|, \tag{70}$$

je nachdem

$$h \gtreqless \frac{1}{2} - \frac{d' u_1' + d'' u_1''}{d'^2 + d''^2} \tag{71}$$

ist. Wenn wir nun mit h_0 die kleinste (positive oder negative) ganze Zahl bezeichnen, welche nicht kleiner ist als

$$\frac{1}{2} - \frac{d' u_1' + d'' u_1''}{d'^2 + d''^2},$$

so sind die beiden korrespondierenden Ungleichungen (70) und (71) nichts anderes als der Ausdruck der Tatsache, welche wir beweisen wollten. —

Die Überlegungen, die wir zum Beweise des Hilfssatzes nötig hatten, gewinnen anschaulichen Inhalt, wenn wir die komplexen Größen u_h, d geometrisch repräsentieren, wie es in der nachstehenden Figur unter der Annahme $d' = 3$, $d'' = 2$, $u_1' = -14$, $u_1'' = 3$ geschehen ist; es ergibt sich für diesen Fall $h_0 = 4$.

Nach diesen Vorbereitungen soll jetzt gezeigt werden, daß der Wert der Summe

$$\frac{1}{|u_1|^2} + \frac{1}{|u_2|^2} + \dots + \frac{1}{|u_g|^2} \tag{72}$$

unterhalb einer positiven Größe liegt, welche nur abhängt von dem Modul der Differenz d und dem Werte des kleinsten der Moduln $|u_1|, |u_2|, \dots, |u_g|$, nicht aber etwa von der Zahl g; diese darf vielmehr ohne Störung des Resultates ins Unendliche wachsen.

Für alle Indizes h, welche der Bedingung genügen

(73) $$h \geqq h_0 ,$$

ist

(74) $$\begin{cases} |u_{h+1}|^2 = u_{h_0}'^2 + u_{h_0}''^2 + 2(h - h_0 + 1)(u_{h_0}' d' + u_{h_0}'' d'') \\ \qquad + (h - h_0 + 1)^2 (d'^2 + d''^2) , \end{cases}$$

(75) $$u_{h_0}' d' + u_{h_0}'' d'' = u_1' d' + u_1'' d'' + (h_0 - 1)(d'^2 + d''^2) ;$$

die Zahl h_0 war so definiert, daß notwendig

(76) $$2(u_1' d' + u_1'' d'') > -(d'^2 + d''^2)(2 h_0 - 1)$$

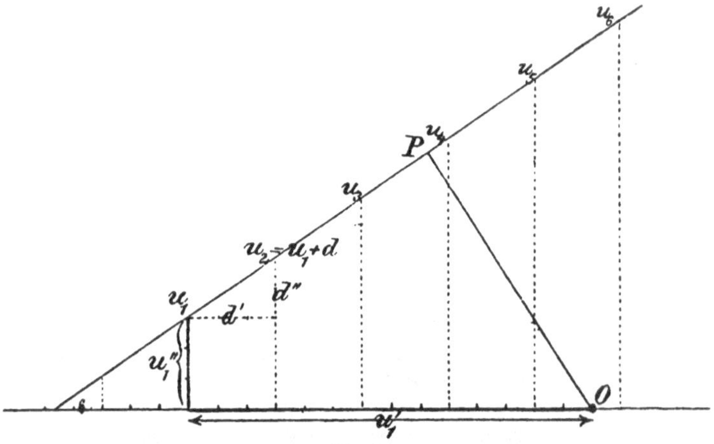

Fig. 1.

sein muß, woraus nachstehende Ungleichungen folgen:

(77) $$2(u_{h_0}' d' + u_{h_0}'' d'') > -(d'^2 + d''^2) ,$$

(78) $$\begin{cases} |u_{h+1}|^2 > u_{h_0}'^2 + u_{h_0}''^2 + \\ + [(h - h_0 + 1)^2 - (h - h_0 + 1)] (d'^2 + d''^2) : \end{cases}$$

a fortiori gilt dann

(79) $$|u_{h+1}|^2 > u_{h_0}'^2 + u_{h_0}''^2 + (h - h_0)^2 (d'^2 + d''^2) ,$$

(80) $$|u_{h+1}|^2 > |d|^2 [U + (h - h_0)^2] ,$$

wenn

(81) $$U = \frac{u_{h_0}'^2 + u_{h_0}''^2}{d'^2 + d''^2} = \frac{|u_{h_0}|^2}{|d|^2}$$

gesetzt wird; es ist demnach

(82) $$\frac{1}{|u_{h+1}|^2} < \frac{1}{|d|^2} \cdot \frac{1}{U + (h - h_0)^2},$$

(83) $$\left\{\begin{aligned} &\frac{1}{|u_{h_0}|^2} + \frac{1}{|u_{h_0+1}|^2} + \cdots + \frac{1}{|u_g|^2} \\ &< \frac{1}{|d|^2}\left\{\frac{1}{U} + \frac{1}{U+1^2} + \frac{1}{U+2^2} + \cdots + \frac{1}{U+(g-h_0-1)^2}\right\} \\ &< \frac{1}{|d|^2}\left\{\frac{1}{U} + \frac{1}{U+1^2} + \frac{1}{U+2^2} + \cdots \text{ in inf.}\right\}. \end{aligned}\right.$$

Wenn $h_0 > 1$ ist, so können wir für den übrigbleibenden Teil der Summe (72) dieselbe Betrachtung anstellen:

(84) $$\left\{\begin{aligned} &\frac{1}{|u_{h_0}|^2} + \frac{1}{|u_{h_0-1}|^2} + \cdots + \frac{1}{|u_1|^2} \\ &< \frac{1}{|d|^2}\left\{\frac{1}{U} + \frac{1}{U+1^2} + \frac{1}{U+2^2} + \cdots \text{ in inf.}\right\}, \end{aligned}\right.$$

und es ist daher sicher

(85) $$\left\{\begin{aligned} &\frac{1}{|u_1|^2} + \frac{1}{|u_2|^2} + \cdots + \frac{1}{|u_g|^2} \\ &< \frac{2}{|d|^2}\left\{\frac{1}{U} + \frac{1}{U+1^2} + \frac{1}{U+2^2} + \cdots\right\}, \end{aligned}\right.$$

Sei nun M die durch die Ungleichungen

(86) $$M^2 < U < (M+1)^2$$

bestimmte ganze Zahl; dann ist

(87) $$\frac{1}{U} + \frac{1}{U+1^2} + \cdots + \frac{1}{U+(M-1)^2} < \frac{M}{U} < \frac{1}{M},$$

(88) $$\left\{\begin{aligned} &\frac{1}{U+M^2} + \frac{1}{U+(M+1)^2} + \cdots \text{ in inf.} \\ &\qquad < \frac{1}{M^2} + \frac{1}{(M+1)^2} + \cdots \end{aligned}\right.$$

Wir fassen das Endresultat zusammen in dem

Satz: *Wenn die komplexen Größen* $u_1, u_2, \ldots, u_g$ *eine arithmetische Progression mit der Differenz* d *bilden, und wenn mit* u_{h_0} *diejenige unter ihnen bezeichnet wird, welche den kleinsten Modul besitzt (im besonderen Falle eine von den beiden aufeinanderfolgenden Größen, welche den kleinsten Modul besitzen), so ist die Summe*

$$(72)\qquad \frac{1}{|u_1|^2}+\frac{1}{|u_2|^2}+\dots+\frac{1}{|u_g|^2}$$

stets kleiner als die Größe

$$(89)\qquad \frac{2}{|d|^2}\left\{\frac{1}{M}+\frac{1}{M^2}+\frac{1}{(M+1)^2}+\frac{1}{(M+2)^2}+\dots\right\},$$

worin M diejenige ganze Zahl bezeichnet, welche der Ungleichung genügt

$$(90)\qquad M\leqq\frac{|u_{h_0}|}{|d|}<M+1\,.$$

Ist $h_0=1$, *so bleibt der Satz richtig, auch wenn in* (89) *der Faktor 2 weggelassen wird.*

Zusatz:

Wenn $|u_{h_0}|>1$, so wird die Summe

$$(91)\qquad \frac{1}{|u_1|^\nu}+\frac{1}{|u_2|^\nu}+\dots+\frac{1}{|u_g|^\nu}$$

um so kleiner, je größere Werte wir dem Index ν erteilen; sie bleibt also auch für $\nu=3,\ 4,\ \dots$ unter der oben für $\nu=2$ aufgestellten Grenze (89).

Besonders wichtig sind die Fälle, in welchen die Moduln der Größen (66) sämtlich über alle Grenzen wachsen, so daß wir zur Grenze $\lim M=\infty$ übergehen können; alsdann sinkt der Wert der Summe

$$(92)\qquad \frac{1}{|u_1|^\nu}+\frac{1}{|u_2|^\nu}+\dots+\frac{1}{|u_g|^\nu}$$

für $\nu\geqq 2$ unter jede noch so kleine positive Größe herab.

Setzen wir z. B.

$$(93)\qquad \begin{cases} u_1=a\pm m\,d\,, \quad u_2=a\pm(m+1)\,d\,, \quad \dots,\\ \qquad\qquad u_g=a\pm(m+g-1)\,d\,,\end{cases}$$

worin a irgend eine feste komplexe Größe, m eine positive ganze Zahl bedeutet, so haben wir, wenn nur die Zahl m hinreichend groß gewählt wird, die Ungleichungen

$$(94)\qquad |u_1|<|u_2|<\dots<|u_g|\,.$$

Außerdem übersteigt die positive Zahl $|u_1|$ jede Grenze, wenn die Zahl m unbeschränkt wächst. Es kann also, nach der zuletzt gemachten Bemerkung, jede der Summen

$$(95)\quad \frac{1}{|a \pm md|^\nu} + \frac{1}{|a \pm (m+1)d|^\nu} + \dots + \frac{1}{|a \pm (m+g-1)d|^\nu}$$
$$(\nu = 2,\ 3,\ \dots)$$

beliebig klein gemacht werden dadurch, daß m hinreichend groß gewählt wird. Dabei unterliegt die Zahl g gar keiner Beschränkung, sie kann unendlich groß angenommen werden. Damit ist aber der Satz bewiesen:

Bezeichnen a und d zwei beliebige komplexe Größen, so sind die zweistrahligen Reihen

$$(96)\quad \dots + \frac{1}{(a-2d)^\nu} + \frac{1}{(a-d)^\nu} + \frac{1}{a^\nu} + \frac{1}{(a+d)^\nu} + \frac{1}{(a+2d)^\nu} + \dots$$

für $\nu = 2,\ 3,\ \dots$ sämtlich absolut konvergent.

Was die für $\nu = 1$ gebildete Reihe betrifft, so folgt für sie, auf Grund des in (61) enthaltenen Resultates, daß

$$(97)\quad \begin{cases} \lim\limits_{m=\infty} \left[\dfrac{1}{a \pm md} + \dfrac{1}{a \pm (m+1)d} + \dots + \dfrac{1}{a \pm (m+g-1)d}\right] \\ = \dfrac{1}{d} \lim\limits_{m=\infty} \left[\log\left(\dfrac{a \pm (m+g)d}{a \pm md}\right)\right] = \dfrac{1}{d} \lim\limits_{m=\infty} \left[\log\left(1 + \dfrac{g}{m}\right)\right]. \end{cases}$$

Da dieser Ausdruck keinen von der Zahl g unabhängigen Wert hat, vielmehr, wenn auch g unendlich wird, von dem Grenzwert abhängt, welchem der Quotient $\frac{g}{m}$ zustrebt, so ist *die zweistrahlige Reihe*

$$(98)\quad \dots + \frac{1}{a-2d} + \frac{1}{a-d} + \frac{1}{a} + \frac{1}{a+d} + \frac{1}{a+2d} + \dots$$

sicher nicht für jede Art der Summenbildung konvergent.

Einen speziellen Fall dieses Resultates haben wir bei der Untersuchung der Reihe (37) bereits kennen gelernt. Andere Reihen dieser Art werden uns später noch beschäftigen.

Produkte von zweistrahligen Reihen.

5. Wie in Nr. 4 die Summen (23), so können wir jetzt die Produkte

$$(99)\quad P_{-l}^{+r} = u_{-l} \cdot u_{-l+1} \cdot \dots \cdot u_{-1} \cdot u_0 \cdot u_1 \cdot \dots \cdot u_{r-1} \cdot u_r$$

unter Zugrundelegung einer Beziehung von der Form (24), (25) als Elemente einer einstrahligen Menge

$$(100) \qquad P_{-t_1}^{-r_1},\ P_{-t_2}^{-r_2},\ \ldots,\ P_{-t_n}^{-r_n}$$

auffassen, deren Grenzwert P, wenn er überhaupt existiert und von Null verschieden ist, als Produkt der Größen (2) bezeichnet wird. Für die Abhängigkeit des Grenzwertes von der Art der Produktbildung gilt dasselbe, was oben für die Summenbildung auseinandergesetzt wurde. Soll eine solche Abhängigkeit nicht stattfinden, so finden wir durch dieselben Überlegungen, welche bei der zweistrahligen Summe maßgebend waren, die Bedingung, daß die Produkte

$$(101) \qquad u_n \cdot u_{n+1} \cdot \ldots \cdot u_{n+k}$$

$$(102) \qquad u_{-n} \cdot u_{-n-1} \cdot \ldots \cdot u_{-n-h}$$

für beliebige Zahlen h und k sich der Einheit unbegrenzt annähern müssen, sowie die Zahl n eine gewisse Grenze überschritten hat; d. h. wiederum erscheint die Konvergenz der einstrahligen Produkte

$$(103) \qquad u_{-1} \cdot u_{-2} \cdot \ldots \cdot u_{-l} \cdot \ldots$$

$$(104) \qquad u_1 \cdot u_2 \cdot \ldots \cdot u_r \cdot \ldots$$

als hinreichende und zugleich notwendige Bedingung dafür, daß die Art der Produktbildung keinen Einfluß auf den Grenzwert ausübt. Konvergieren endlich die beiden Produkte (103) und (104) absolut, so konvergiert auch das Produkt (99) absolut und damit unbedingt, d. h. unabhängig von der Reihenfolge der Faktoren.

Anmerkung. Es möge darauf hingewiesen werden, daß jede zweistrahlige Menge als einstrahlige Menge aufgefaßt werden kann und umgekehrt; z. B. können wir die Elemente der Menge (2) auf eine der beiden folgenden Arten anordnen:

$$u_0,\ u_1,\ u_{-1},\ u_2,\ u_{-2},\ \ldots,\ u_r,\ u_{-r},\ \ldots$$

$$u_0,\ u_1,\ u_{-1},\ u_{-2},\ u_2,\ u_{-3},\ u_{-4},\ \ldots,\ u_r,\ u_{-2r-1},\ u_{-2r},\ \ldots,$$

die beiden einstrahligen Mengen, die wir so erhalten, entsprechen den beiden Summierungsweisen (28) und (29), welche wir oben als Beispiel verwandt haben. Bei dieser Auffassung können die Konvergenzbedingungen der zweistrahligen Summen und Produkte ohne weiteres aus denen der einstrahligen Summen und Produkte hergeleitet werden.

Zweifach ausgedehnte Mengen. — Zahlengitter.

6. Wir betrachten nun Mengen, deren Elemente den aus je zwei ganzen Zahlen gebildeten Zahlenpaaren (m, n) zugeordnet sind, was wiederum durch die Verwendung ganzzahliger Indizes angedeutet werden soll, so daß also das allgemeine Element der Menge etwa durch u_{mn} zu bezeichnen ist.

Es wird nützlich sein, bei den folgenden Betrachtungen ein geometrisches Bild zu Hilfe zu nehmen. Wie wir die positiven und negativen ganzen Zahlen durch äquidistante Punkte auf den beiden Halbstrahlen einer Geraden repräsentieren können, so lassen sich die Zahlenpaare (m, n) durch ein System von Punkten der Ebene versinnlichen, das wir in folgender Weise erhalten: Wir fixieren auf der X-Achse eines kartesischen Koordinatensystems die den ganzen Zahlen m entsprechenden Punkte und ziehen durch jeden derselben eine Parallele zur y-Achse; alsdann fixieren wir auf der Y-Achse gleichfalls ein System äquidistanter Punkte, welche den ganzen Zahlen n entsprechen sollen, und ziehen durch jeden derselben eine Parallele zur X-Achse. Die Schnittpunkte dieser beiden Scharen von Parallelen sind die Repräsentanten der Zahlenpaare (m, n) und damit der Elemente $u_{m,n}$ unserer Menge in der Weise, daß auf jeder Parallelen zur X-Achse eine Reihe von Elementen $u_{m,n}$ abgebildet wird, die im zweiten Index n übereinstimmen, auf jeder Parallelen zur Y-Achse eine Reihe von Elementen u_{mn}, die denselben ersten Index m haben; auf der Abszissenachse selbst liegen demnach die Bildpunkte der Elemente $u_{m,0}$, auf der Ordinatenachse die Bildpunkte der Elemente $u_{0,n}$. Beschränken wir einen der Indizes oder beide auf Zahlen desselben Vorzeichens, so liegen die entsprechenden Bildpunkte in einer der vier Halbebenen, bzw. in einem der vier Quadranten, welche durch die Koordinatenachsen gebildet werden. Sind z. B. m und n positiv, so liegen die Bildpunkte aller $u_{m,n}$ in dem von der positiven X-Achse und der positiven Y-Achse eingeschlossenen Quadranten. Eine Beziehung zwischen m und n, welche jedem ganzzahligen Wert von m einen ganzzahligen Wert von n zuordnet, definiert eine einfach ausgedehnte Menge von Elementen, deren Bildpunkte auf einer Kurve liegend gedacht werden können.

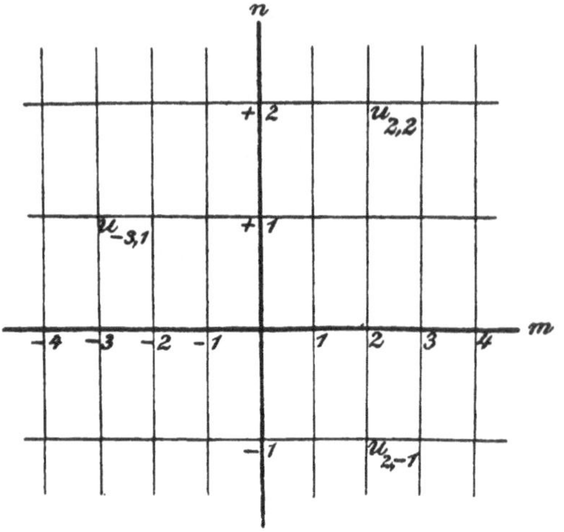

Fig. 2.

Summen von zweifach ausgedehnten Mengen.

7. Ziehen wir nun in der Ebene eine beliebige geschlossene Kurve c, so zerfallen die Punkte unseres Zahlengitters in zwei Klassen; die der ersten Klasse liegen im Innern der Kurve c bzw. auf der Kurve c, während die der zweiten Klasse außerhalb liegen; die entsprechenden Elemente unserer Menge wollen wir typisch mit

$$u_{m',n'} \quad \text{bzw.} \quad u_{m'',n''}$$

bezeichnen, je nachdem sie der ersten oder der zweiten Klasse angehören; die Anzahl der Elemente $u_{m',n'}$ ist endlich, ihre Summe möge durch das Zeichen S_c angedeutet werden, also

$$S_c = \sum_{m',n'} u_{m',n'} \,. \tag{105}$$

Es sei nun eine einfach unendliche, abzählbare, einstrahlige Menge (vgl. Nr. 1) von geschlossenen Kurven gegeben:

$$c_1, \; c_2, \; \ldots, \; c_p, \; \ldots, \tag{106}$$

welche folgende Eigenschaften besitzen:

1. jede der Kurven umschließt die vorhergehende, also auch alle vorhergehenden;

2. wenn wir ein beliebiges Element $u_{m,n}$ unserer Menge herausgreifen, so können wir den Index p stets so groß wählen, daß die Kurve c_p [und somit auch jede der folgenden Kurven der Reihe (106)] den Bildpunkt (m, n) des „Zahlengitters" umschließt. Geometrisch gesprochen heißt das: die Kurven (106) erstrecken sich mit wachsendem p allseitig ins Unendliche.

Eine Schar konzentrischer Kreise mit wachsenden Radien würde z. B. den oben gestellten Bedingungen genügen.

Für jede der Kurven (106) können wir nun die entsprechende Summe (105) bilden und erhalten so eine einfach ausgedehnte, abzählbare, einstrahlige Menge von Summenwerten:

(107) $$S_{c_1},\ S_{c_2},\ \ldots,\ S_{c_p},\ \ldots.$$

Konvergieren diese gegen einen endlichen Grenzwert S, so nennen wir S „eine Summe" der aus den Elementen

(108) $$\left\{\begin{array}{ccccccc} \cdots & \cdot & \cdot & \cdot & \cdot & \cdot & \cdots \\ \cdots & u_{-2,1} & u_{-1,1} & u_{0,1} & u_{1,1} & u_{2,1} & \cdots \\ \cdots & u_{-2,0} & u_{-1,0} & u_{0,0} & u_{1,0} & u_{2,0} & \cdots \\ \cdots & u_{-2,-1} & u_{-1,-1} & u_{0,-1} & u_{1,-1} & u_{2,-1} & \cdots \\ \cdots & \cdot & \cdot & \cdot & \cdot & \cdot & \cdots \end{array}\right.$$

gebildeten Doppelreihe. Die Bedingung für die Existenz eines solchen Grenzwertes würde [vgl. Nr. 1, (3)] sein, daß für beliebiges k

(109) $$\left|S_{c_{p+k}} - S_{c_p}\right| < \varepsilon, \qquad \text{wenn} \quad p > q;$$

d. h. wenn ε eine vorgelegte beliebig kleine positive Größe bezeichnet, kann eine ganze Zahl q angegeben werden, so daß für jedes $p > q$ die Ungleichung (109) erfüllt ist. Wenn wir an die geometrische Repräsentation denken, so bezeichnet die Differenz $S_{c_{p+k}} - S_{c_p}$ offenbar die Summe aller Elemente $u_{m,n}$, deren Bildpunkte in dem von den Kurven c_p und c_{p+k} begrenzten Ringraume liegen; der Betrag dieser Summe muß also unter jede beliebig kleine Größe herabgedrückt werden können, wenn wir den Ring allseitig hinreichend weit gegen das Unendliche hinausrücken lassen.

Man sieht leicht ein, daß die Existenz eines Grenzwertes S im allgemeinen nicht nur von der Art und Weise abhängen wird, in welcher wir die Elemente der Menge (108) den Zahlenpaaren (m, n) zugeordnet haben, sondern auch von der Wahl der Kurvenschar (106), die wir der Summation zugrunde legen. Wir werden Beispiele von Mengen kennen lernen, in welchen diese Verhältnisse klar zutage treten. Von besonderer Wichtigkeit ist der Fall, in welchem ein einziger Grenzwert existiert, wie auch die Summierung ausgeführt werden mag; es ist dies der Fall der **absoluten** oder **unbedingten Konvergenz**, den wir hier etwas näher betrachten wollen. Zunächst soll bewiesen werden:

Wenn die Summe der aus den absoluten Beträgen $|u_{m,n}|$ der Elemente (108) gebildeten Doppelreihe

(110) $$\sum_{m,n} |u_{m,n}|$$

unter Zugrundelegung des Kurvensystems (106) konvergiert, so konvergiert sie auch dann, wenn wir ein anderes, denselben beiden Bedingungen 1) und 2) genügendes Kurvensystem

(111) $$c_1', \; c_2', \; \ldots, \; c_p', \; \ldots$$

der Summierung zugrunde legen; dabei wollen wir vorerst die Anordnung der Elemente (108), d. h. ihre Beziehung zu den Zahlenpaaren (m, n) festhalten.

Es ist nach Voraussetzung die Bedingung

(112) $$S_{c_{p+k}} - S_{c_p} < \varepsilon$$

für die Doppelreihe (110) erfüllt (die beiden Striche, welche den absoluten Betrag bezeichnen, können auf der linken Seite von (112) wegbleiben, da ja die Differenz der Summen in unserem Falle nur positive Größen enthält). Vermöge der Bedingung 2. können wir in der Reihe (111) stets eine Kurve c_r' angeben, welche die Kurve c_p umschließt; ist nun k' eine beliebige ganze positive Zahl, so gibt es — wiederum vermöge der Bedingung 2. — auch eine ganze positive Zahl k, so daß die Kurve $c_{r+k'}'$ von der Kurve c_{p+k} umschlossen wird; in dem von den Kurven c_r' und $c_{r+k'}'$ eingeschlossenen Ringraume liegen also gewiß weniger Gitterpunkte (m, n) als in dem von c_p und c_{p+k} eingeschlossenen Ringraume; die Summe über alle zugehörigen $|u_{mn}|$ wird also, da nur positive Glieder vorhanden sind, für den ersten Ringraum geringer ausfallen als für den zweiten; d. h.

$$(113) \qquad S_{c'_{r+k'}} - S_{c'_r} < S_{c_{p+k}} - S_{c_p} < \varepsilon$$

und es wird somit

$$(114) \qquad S_{c'_{s+k'}} - S_{c'_s} < \varepsilon \quad \text{für} \quad s \geqq r\,.$$

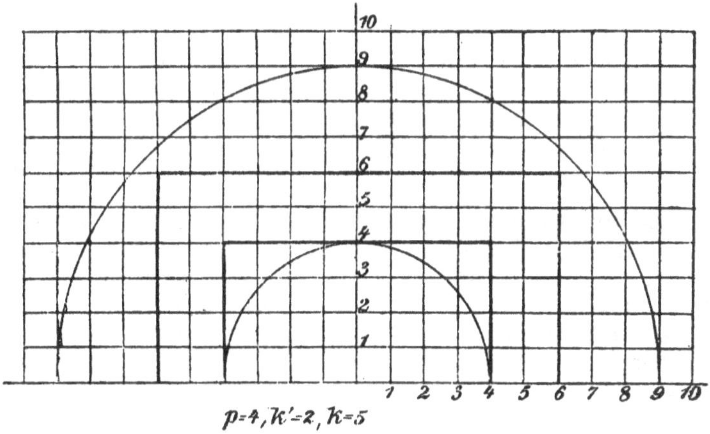

Fig. 3.

Der soeben durchgeführte Schluß soll jetzt durch ein einfaches Beispiel erläutert werden (Fig. 3). Die Kurvenschar (106) bestehe aus konzentrischen Kreisen um den Koordinatenanfangspunkt mit den Radien

$$\varrho = 1,\ 2,\ \ldots,\ p,\ \ldots;$$

die Kurvenschar (111) aber werde gebildet von Quadraten, deren Mittelpunkte sämtlich im Koordinatenanfangspunkt liegen und deren Seitenlängen gegeben sind durch

$$2a = 2,\ 4,\ \ldots,\ 2p,\ \ldots,$$

so ist die Kurve c_p ein Kreis mit dem Radius p und wird von dem Quadrat c'_p, welches die Seitenlänge $2p$ hat, und von allen folgenden Quadraten umschlossen; das Quadrat

$c'_{p+k'}$ hat die Seitenlänge $2p + 2k'$ und die Diagonale $(2p + 2k')\sqrt{2}$, wird also von allen Kreisen eingeschlossen, deren Radius größer als $(p + k')\sqrt{2}$ ist; für k haben wir also eine ganze Zahl zu wählen, die größer ist als $(p + k')\sqrt{2} - p$.

Die Ungleichung (114) besagt, daß unsere Summe auch bei der durch das Kurvensystem (111) definierten Art der Summation gegen einen endlichen Grenzwert konvergiert. Es läßt sich aber auch leicht einsehen, daß der Grenzwert in beiden Fällen derselbe ist; da nämlich $S_{c_{r'}} > S_{c_p}$ und $S_{c_{p+k}} > S_{c_{r'+k'}}$ ist, so könnte man von jedem der beiden Grenzwerte beweisen, daß er größer als der andere sei, wenn man voraussetzen wollte, sie seien verschieden. Man kann aber auch so schließen: die Größe

$$(115) \qquad S_{c_{p+k}} - S_{c_p} - (S_{c'_{r+k'}} - S_{c'_r}) = (S_{c'_r} - S_{c_p}) + (S_{c_{p+k}} - S_{c'_{r+k'}})$$

muß, als Differenz zweier positiven Größen, die kleiner als ε sind, selbst ihrem absoluten Betrage nach kleiner als ε sein; die rechte Seite von (115) zeigt, daß die Größe positiv ist, und daß jeder der beiden positiven Summanden, aus denen sie sich zusammensetzt, kleiner als ε sein muß; daher ist

$$(116) \qquad \lim S_{c'_r} = \lim S_{c_p}.$$

Wir haben nun weiter zu zeigen, daß die Konvergenz erhalten bleibt, wenn wir das Kurvensystem (106) festhalten und die Reihenfolge der Glieder vertauschen, d. h. die Elemente der Menge $|u_{m,n}|$ in anderer Weise den Punktepaaren (m, n) zuordnen. Zu diesem Zwecke betrachten wir den Inbegriff (J) aller Elemente, deren Bildpunkte bei der zweiten Art der Anordnung innerhalb einer beliebigen Kurve c_p aus (106) liegen; vermöge der Bedingung (2) gibt es gewiß eine Kurve c_q in (106), so daß die Bildpunkte aller Elemente aus (J) bei der ersten Art der Anordnung innerhalb c_q liegen; ihre Summe ist also, da es sich immer nur um Summen positiver Glieder handelt, gewiß kleiner als die Summe aller Elemente, die bei der ersten Art der Anordnung im Innern von c_q liegen, und somit endlich.

Unter der Annahme, daß die beiden Grenzwerte, deren Existenz wir soeben bewiesen haben, verschieden seien, könnten wir nun ebensowohl zu dem Resultate kommen, daß der erste von beiden der größere sei, als auch, daß der zweite größer sein müsse; dies ist aber absurd, und es bleibt nur die Möglichkeit, daß beide Grenzwerte übereinstimmen.

Nachdem so für die Reihe (110) der absoluten Beträge bewiesen ist, daß Konvergenz und Grenzwert der Summe unabhängig sind von der Anordnung der Glieder sowohl, als von der Wahl des Kurvensystems (106), läßt sich das gleiche Resultat auch für die Reihe

(117) $$\sum_{m,n} u_{m,n}$$

selbst herleiten, auf Grund von Schlüssen, welche aus der elementaren Reihenlehre bekannt sind.

Produkte von zweifach ausgedehnten Mengen.

8. Statt die im Innern einer Kurve c abgebildeten Elemente $u_{m',n'}$ zu addieren, wie es durch (105) angedeutet wird, können wir sie auch multiplizieren und das Produkt durch

(118) $$P_c = \prod_{m',n'} u_{m',n'}$$

bezeichnen. Der Reihe der Kurven (106) entspricht alsdann eine Reihe von Produkten

(119) $$P_{c_1},\ P_{c_2},\ \ldots,\ P_{c_p},\ \ldots,$$

deren Grenzwert P, wenn er existiert und von Null verschieden ist, als ein aus den Elementen der Menge (108) gebildetes unendliches Produkt bezeichnet wird.

Die Bedingung für die Existenz eines solchen Grenzwertes ist, in unserer symbolischen Schreibweise, durch die Ungleichung

(120) $$|P_{c_p}| \cdot \left| \frac{P_{c_{p+k}}}{P_{c_p}} - 1 \right| < \varepsilon \qquad (\text{für } p > q)$$

gegeben.

Den Fall, daß eines der Elemente u_{mn} verschwindet, sowie den Fall, daß die Größen (119) gegen Null konvergieren, haben wir bereits ausgeschlossen; es muß daher für wachsendes p und beliebiges k

$$(121) \qquad \left| \frac{P_{c_{p+k}}}{P_{c_p}} - 1 \right| < \delta$$

werden; der Quotient $\frac{P_{c_{p+k}}}{P_{c_p}}$ bezeichnet offenbar das Produkt aller Elemente u_{mn}, deren Bildpunkte in dem von den Kurven c_p und c_{p+k} begrenzten Ringraume liegen; der Betrag dieses Produktes muß also der Zahl 1 beliebig angenähert werden können, wenn wir den Ringraum hinreichend weit gegen das Unendliche hinausrücken lassen.

Stellen wir nun noch die Forderung auf, daß die Konvergenz für jede beliebige Wahl des Kurvensystems (106) bestehen soll, so können wir es stets so einrichten, daß ein solcher Ringraum nur ein einziges Punktepaar (μ, ν) enthält, und daß also

$$(122) \qquad |u_{\mu,\nu} - 1| < \delta$$

werden muß; setzen wir allgemein

$$(123) \qquad u_{m,n} = 1 + v_{mn},$$

so müssen die Elemente der Menge

$$(124) \qquad \left\{ \begin{array}{ccccccc} \cdots & \cdot & \cdot & \cdot & \cdot & \cdot & \cdots \\ \cdots & v_{-2,1}, & v_{-1,1}, & v_{0,1}, & v_{1,1}, & v_{2,1}, & \cdots \\ \cdots & v_{-2,0}, & v_{-1,0}, & v_{0,0}, & v_{1,0}, & v_{2,0}, & \cdots \\ \cdots & v_{-2,-1}, & v_{-1,-1}, & v_{0,-1}, & v_{1,-1}, & v_{2,-1}, & \cdots \\ \cdots & \cdot & \cdot & \cdot & \cdot & \cdot & \cdots \end{array} \right.$$

mit wachsenden Werten der Indizes beliebig klein werden; die Bedingung (121) nimmt die Form an

$$(125) \qquad |\Pi(1 + v_{\bar{m},\bar{n}}) - 1| < \delta;$$

durch das Symbol Π ist hier das Produkt aller $v_{\bar{m},\bar{n}}$ angedeutet, welche in einem Ringraume liegen, der sich um so mehr ins Unendliche ausweitet, je kleiner δ gewählt wird.

Wenn nun die Reihe

$$(126) \qquad \sum_{m,n} v_{m,n}$$

unbedingt konvergent ist, so muß für jeden Ringraum der hinreichend ausgeweitet ist, die Summe $\sum_{\bar{m}, \bar{n}} |v_{\bar{m}, \bar{n}}|$ eine beliebig kleine Größe sein, welche — wir übergehen den Beweis dieser Behauptung — mit der Größe, deren Betrag auf der linken Seite von (125) steht, bis auf unendlich kleine Größen höherer Ordnung übereinstimmt, so daß also die unbedingte Konvergenz der Reihe (126) die Konvergenz des Produktes $\Pi u_{m,n}$ nach sich zieht; und zwar hängt in diesem Falle der Grenzwert des Produktes wiederum ebensowenig als der Grenzwert der Reihe (126) von der Anordnung der Faktoren ab. Wir sagen, das Produkt konvergiert unbedingt oder absolut.

Zweites Kapitel.

Untersuchung gewisser aus Partialbrüchen gebildeter zweistrahliger Reihen.

Einleitung — eine Analogie.

9. Eine rationale Funktion $\frac{\varphi(u)}{\psi(u)}$, deren Nenner

$$(1)\quad \begin{cases} n_1 \text{ einfache Nullstellen } \alpha_1', \alpha_2', \ldots, \alpha_{n_1}' \\ n_2 \text{ zweifache } \quad ,, \quad ,, \quad \alpha_1'', \alpha_2'', \ldots, \alpha_{n_2}'' \\ \ldots\ldots\ldots\ldots\ldots\ldots \\ n_k\ k\text{-fache} \quad ,, \quad ,, \quad \alpha_1^{(k)}, \alpha_2^{(k)}, \ldots, \alpha_{n_k}^{(k)} \end{cases}$$

besitzt, läßt sich in der Form darstellen:

$$(2)\quad \frac{\varphi(u)}{\psi(u)} = g(u) + r(u)$$

$$\begin{cases} r(u) = \sum_{\nu=1}^{\nu=n_1} \frac{A_{\nu 1}'}{u-\alpha_\nu'} \\ \quad + \sum_{\nu=1}^{\nu=n_2} \frac{A_{\nu 1}''}{u-\alpha_\nu''} + \sum_{\nu=1}^{\nu=n_2} \frac{A_{\nu 2}''}{(u-\alpha_\nu'')^2} + \cdots \\ \quad + \sum_{\nu=1}^{\nu=n_k} \frac{A_{\nu 1}^{(k)}}{u-\alpha_\nu^{(k)}} + \sum_{\nu=1}^{\nu=n_k} \frac{A_{\nu 2}^{(k)}}{(u-\alpha_\nu^{(k)})^2} + \cdots + \sum_{\nu=1}^{\nu=n_k} \frac{A_{\nu k}^{(k)}}{(u-\alpha_\nu^{(k)})^k}. \end{cases}$$

Die rationale Funktion ist in zwei Bestandteile zerspalten, eine ganze Funktion $g(u)$ und eine rationale Funktion $r(u)$, deren Zähler von niedrigerem Grade ist als der Nenner; $r(u)$ selbst erscheint als Summe einer endlichen Anzahl von Partialbrüchen der allgemeinen Form

$$\frac{A_\nu}{(u-\alpha_\nu)^h}. \tag{4}$$

Umgekehrt entsteht durch additive Vereinigung einer endlichen Anzahl von solchen Partialbrüchen immer eine rationale Funktion; wenn es aber möglich ist, aus unendlich vielen Partialbrüchen konvergente Reihen zusammenzusetzen, so werden dadurch viel umfassendere Funktionsklassen definiert, welche — zunächst von einem rein formalen Standpunkte aus — als Verallgemeinerungen der rationalen Funktionen aufgefaßt werden können.

Diese Andeutungen mögen einstweilen genügen, um die folgenden Abschnitte einzuleiten, in welchen unendliche Reihen behandelt werden, deren allgemeines Glied die Form (4) hat, während der Index ν unendlich viele ganzzahlige Werte durchläuft.

Die Reihen $\xi_h(u)$, für $h = 2, 3, \ldots$.

10. Wir beschränken den Gegenstand der Untersuchung durch die doppelte Voraussetzung, daß in der Reihe

$$\sum_\nu \frac{A_\nu}{(u-\alpha_\nu)^h} \tag{5}$$

1. sämtliche Konstanten A_ν denselben Wert A haben (welcher alsdann vor das Summenzeichen tritt und ohne Einfluß auf die Konvergenz der Reihe ist),

2. die Größen α_ν eine zweistrahlige arithmetische Reihe

$$\ldots,\ \alpha-n\Pi,\ \ldots,\ \alpha-\Pi,\ \alpha,\ \alpha+\Pi,\ \ldots,\ \alpha+n\Pi,\ \ldots \tag{6}$$

bilden.

Es sind also die Reihen

$$\sum_{n=-\infty}^{n=+\infty} \frac{1}{[(u-\alpha)+n\Pi]^h} = \xi_h(u-\alpha), \tag{7}$$

welche wir für die verschiedenen Werte des Index h auf ihre Konvergenz zu prüfen haben.

Satz: *Die Reihen*

$$\sum_{n=-\infty}^{n=+\infty} \frac{1}{[u + n\Pi]^h} = \xi_h(u)\,, \tag{8}$$

für welche $h \geqq 2$ *ist, konvergieren absolut für jedes endliche* u *mit Ausschluß der Werte*

$$u = 0\,, \quad u = \pm \nu\Pi \qquad (\text{wenn} \quad \nu = 1, 2, 3, \ldots)\,, \tag{9}$$

und zwar konvergieren sie gleichmäßig in jedem endlichen Bereiche S_u, *welcher die Werte* (9) *nicht enthält**).

Beweis: Es sei ein endlicher Bereich S_u gegeben, und M eine positive Größe, die größer ist als alle Werte, welche $|u|$ innerhalb des Bereiches annimmt; die Glieder der Reihe (8) zerfallen nun in zwei Klassen, je nachdem

$$|n| \cdot |\Pi| \leqq M \tag{10}$$

oder

$$|n| \cdot |\Pi| > M \tag{11}$$

ist. Der größte Wert, welchen der absolute Betrag eines Index erster Klasse annehmen kann, ist die größte in $\frac{M}{|\Pi|}$ enthaltene ganze Zahl

$$\bar{n} = \mathsf{E}\left(\frac{M}{|\Pi|}\right). \tag{12}$$

Die Glieder der ersten Klasse sind in endlicher Anzahl vorhanden, ihre Summe ist daher gewiß endlich; für die Glieder der zweiten Klasse ist

$$|n| \cdot |\Pi| > M > |u|\,,$$

$$\left|\frac{u}{n\Pi}\right| < \varepsilon < 1\,, \tag{13}$$

---

*) Der Leser, welcher die zweite Hälfte von Nr. 4 nicht überschlagen hat, wird diesen Satz unmittelbar aus dem Resultate herleiten, welches in jener Nummer für die Reihen von der Form (96) gewonnen war. Auch die folgenden Sätze können auf die Untersuchungen aus Nr. 4 gegründet werden.

wenn

$$\varepsilon = \frac{M}{(\bar{n}+1)|\Pi|} \tag{14}$$

gesetzt wird; denn es ist ja $\bar{n}+1$ der kleinste Wert, welchen n für ein Glied dieser Klasse annehmen kann.

$$|u + n\Pi| = |n| \cdot |\Pi| \cdot \left|1 + \frac{u}{n\Pi}\right| > |n||\Pi| \cdot (1-\varepsilon); \tag{15}$$

$$|u + n\Pi|^{-h} < |n|^{-h} |\Pi|^{-h} (1-\varepsilon)^{-h}. \tag{16}$$

Die Konstante

$$\gamma = |\Pi| (1-\varepsilon) \tag{17}$$

ist von u unabhängig. Wie daher auch der Punkt u innerhalb des Bereiches S_u gewählt werden mag, immer gilt das Resultat:

Die Summe der Moduln aller Glieder zweiter Klasse, d. h. die Summe

$$\sum \frac{1}{|u + n\Pi|^h}, \tag{18}$$

erstreckt über alle positiven und negativen ganzzahligen Werte des Index n, deren absoluter Betrag größer als $\bar{n}$ ist, muß kleiner sein als die Summe

$$\sum \frac{1}{\gamma^h |n|^h}, \tag{19}$$

wenn diese über dieselben Werte des Index n erstreckt wird; da nun die Reihe

$$1 + \frac{1}{2^h} + \frac{1}{3^h} + \dots \tag{20}$$

für $h \geqq 2$ konvergiert, so ist die Summe (19) gleich der Summe

$$\frac{2}{\gamma^h} \sum_{n=\bar{n}+1}^{n=\infty} \frac{1}{n^h} \tag{21}$$

und also endlich; die Reihe der Glieder zweiter Klasse, und damit die gesamte Reihe (8), ist absolut konvergent, w. z. b. w.

Die Reihe $\xi_1(u)$.

11. Anders liegen die Verhältnisse für $h = 1$, da die Reihe

(22) $$1 + \tfrac{1}{2} + \tfrac{1}{3} + \cdots$$

divergiert; nicht nur versagt hier das oben angewandte Schlußverfahren, sondern es läßt sich unmittelbar zeigen, daß die Summe (18) für $h = 1$ keinen endlichen Wert haben kann. Benutzen wir nämlich statt der Ungleichung (15) die nachstehende, aus denselben Voraussetzungen sich ergebende

(23) $$|u + n\Pi| < |n|\,|\Pi|\,(1 + \varepsilon)$$

und setzen

(24) $$\delta = |\Pi|\,(1 + \varepsilon)\,,$$

so finden wir, daß die Summe

(25) $$\sum_{n=\bar{n}+1}^{n=\bar{n}+k} \frac{1}{|u + n\Pi|},$$

größer sein muß als die Summe

(26) $$\frac{1}{\delta}\left[\frac{1}{\bar{n}+1} + \frac{1}{\bar{n}+2} + \cdots + \frac{1}{\bar{n}+k}\right],$$

welche wegen der Divergenz von (22) mit k über alle Grenzen hinauswächst.

Satz: *Die Reihe*

(27) $$\sum_{n=-\infty}^{n=+\infty} \frac{1}{(u + n\Pi)}$$

konvergiert nicht absolut; sie konvergiert aber bei geeigneter Art der Summenbildung gleichmäßig innerhalb des Bereiches S_u, und zwar strebt die Summe

(28) $$S_{-l}^{+r} = \sum_{n=-l}^{n=+r} \frac{1}{(u + n\Pi)}$$

für unendlich wachsende Werte der ganzen Zahlen l, r einem Grenzwerte dann und nur dann zu, wenn der Quotient $\frac{r}{l}$ einem von Null verschiedenen endlichen Grenzwerte zustrebt.

Der Grenzwert der Summe (28) *fällt verschieden aus für verschiedene Grenzwerte des Verhältnisses* $\frac{r}{l}$.

Die erste Aussage dieses Satzes ist bereits im Vorhergehenden begründet worden; sein Hauptinhalt soll jetzt bewiesen werden.

Für $|n| > 0$ ist

$$(29)\quad \begin{cases} \dfrac{1}{u + n\Pi} = \dfrac{1}{n\Pi} - \dfrac{u}{(u + n\Pi)\,n\Pi} \\[2ex] \qquad\quad = \dfrac{1}{n\Pi} - \dfrac{1}{n^2\Pi^2}\cdot\dfrac{u}{1 + \dfrac{u}{n\Pi}}\,; \end{cases}$$

folglich können wir die Summe (28) in eine der beiden Formen setzen:

$$(30)\quad S_{-l}^{+r} = \sum_{n=l+1}^{n=r}{}' \frac{1}{n\Pi} + \frac{1}{u} - \sum_{n=-l}^{n=r}{}' \frac{u}{(u + n\Pi)\,n\Pi}\,,$$

$$(31)\quad S_{-l}^{+r} = -\sum_{n=r+1}^{n=l}{}' \frac{1}{n\Pi} + \frac{1}{u} + \sum_{n=-l}^{n=r}{}' \frac{u}{(u + n\Pi)\,n\Pi}\,;$$

(30) gilt für $r > l$, (31) für $l > r$.

Wenn wir nun wiederum die Indizes n durch die Ungleichungen (10) und (11) in zwei Klassen einteilen wie bei dem früheren Beweise, in Nr. 9, so ist für die Indizes der zweiten Klasse innerhalb des Bereiches S_u

$$(32)\quad \left|1 + \frac{u}{n\Pi}\right| > 1 - \varepsilon\,,$$

und es gilt also für die Glieder zweiter Klasse die Ungleichung

$$(33)\quad \left|\frac{u}{(u + n\Pi)\,n\Pi}\right| < \frac{1}{n^2}\,\frac{M}{|\Pi|^2(1 - \varepsilon)}\,;$$

der Faktor

$$\frac{M}{|\Pi|^2(1 - \varepsilon)}$$

ist, gleich den durch (17) und (24) definierten Ausdrücken, eine endliche positive, von der Wahl des Punktes u innerhalb S_u unabhängige Größe, und wir finden also durch denselben Schluß, welcher in Nr. 9 zum Ziele führte, daß *die Reihe*

$$(34) \qquad \sum_{n=-\infty}^{n=+\infty}{}' \frac{u}{(u+n\Pi)n\Pi}$$

innerhalb des Bereiches S_u gleichmäßig und absolut konvergiert.

Der dritte Bestandteil der Summen S_{-l}^{+r} in den Ausdrücken (30) und (31) wird also für unendlich wachsende Werte von l und r gegen einen endlichen Grenzwert konvergieren, gleichviel welche Beziehung zwischen l und r festgesetzt werden mag. Was den ersten Bestandteil betrifft, so wird dieser [vgl. Kap. I, Nr. 4, (53) und (54)] gegen den Grenzwert

$$\lim_{l,\,r=\infty}\left[\log\left(\frac{r}{l}\right)\right]$$

konvergieren, wenn die zwischen l und r festgesetzte Beziehung von solcher Art ist, daß der Quotient $\frac{r}{l}$ für wachsende l und r einer endlichen von Null verschiedenen Größe zustrebt; in allen anderen Fällen wird dieser Bestandteil unendlich groß oder unbestimmt sein. Der Grenzwert der Summe (28) hängt also — wenn er überhaupt existiert — ganz wesentlich von der Art und Weise ab, in welcher wir l und r unendlich werden lassen, und wenn wir durch die Reihe (27) eine Funktion von u definieren wollen, so müssen wir die Art der Summenbildung vorschreiben. Setzt man z. B. fest, daß

$$(35) \qquad r = l \pm p$$

sein soll, wo p eine beliebige, aber fest gegebene, endliche positive ganze Zahl bedeutet, so ist

$$(36) \qquad \lim_{r,\,l=\infty}\left(\frac{r}{l}\right) = \lim_{l=\infty}\left(\frac{l\pm p}{l}\right) = 1\,;$$

da der Logarithmus dieses Grenzwertes gleich Null ist, so ergibt sich aus (30) und (31)

$$(37) \qquad \lim S_{-l}^{+r} = \frac{1}{u} - \lim_{l=\infty}\sum_{n=-l}^{n=l\pm p}{}' \frac{u}{(u+n\Pi)n\Pi}\,;$$

die rechte Seite hängt nach dem, was wir über die Reihe (34) wissen, nicht mehr von der Beziehung ab, welche zwischen l und r besteht, und wir können also eine Funktion $\xi_1(u)$ durch folgende Gleichung definieren:

$$(38)\quad \xi_1(u) = \lim_{l=\infty}\left\{\sum_{n=-l}^{n=l+p}\frac{1}{u+n\Pi}\right\} = \frac{1}{u} - \sum_{n=-\infty}^{n=+\infty}{}' \frac{u}{(u+n\Pi)\,n\Pi};$$

diese Funktion $\xi_1(u)$ ist durch eine in dem Bereich S_u gleichmäßig und absolut konvergierende Reihe [die Reihe (34)] *dargestellt.*

Offenbar [vgl. (29)] ist diese Darstellung gleichbedeutend mit der folgenden:

$$(38\text{a})\qquad \xi_1(u) = \frac{1}{u} + \sum_{n=-\infty}^{n=+\infty}{}'\left\{\frac{1}{u+n\Pi} - \frac{1}{n\Pi}\right\},$$

und wenn wir hierbei nur festhalten, daß die innerhalb der geschweiften Klammern vereinigten Glieder der Summe auf der rechten Seite nicht auseinandergerissen werden dürfen, so ist eine Angabe über die Art der Summenbildung überflüssig.

Wir haben also die Reihe (27), deren Summe wesentlich von der Art der Summenbildung abhängig war, durch eine Reihe ersetzt, für welche eine solche Abhängigkeit nicht mehr besteht, indem wir von dem allgemeinen Gliede eine konstante, d. h. von u unabhängige Größe subtrahierten. Es ist dies ein besonderer Fall eines umfassenden Theorems, des Satzes von Mittag-Leffler*), der uns in noch anderen speziellen Formen im Verlauf der späteren Untersuchungen entgegentreten wird.

Es soll schließlich noch eine dritte Darstellung der Funktion $\xi_1(u)$ in Form einer absolut konvergierenden Reihe gegeben werden. Setzt man nämlich in (28) $r = l$ und macht von der Formel

$$(39)\qquad \frac{1}{u+n\Pi} + \frac{1}{u-n\Pi} = \frac{2u}{u^2 - n^2\Pi^2}$$

---

*) Vgl. Acta mathematica, Bd. 4, S. 1.

Gebrauch, so erhält man

(40) $$S_{-l}^{+r} = \frac{1}{u} + \sum_{n=1}^{n=l} \frac{2u}{u^2 - n^2 \Pi^2},$$

und also

(38b) $$\xi_1(u) = \lim_{r=l=\infty} \{S_{-l}^{+r}\} = \frac{1}{u} + \sum_{n=1}^{n=\infty} \frac{2u}{u^2 - n^2 \Pi^2}.$$

Daß diese einstrahlige Reihe absolut konvergiert, erkennt man durch Vergleichung mit der konvergenten Reihe

(41) $$1 + \frac{1}{2^2} + \frac{1}{3^2} + \dots$$

auf Grund der Identität

(42) $$\left|\frac{2u}{u^2 - n^2 \Pi^2}\right| = \frac{2|u|}{|\Pi|^2 \cdot \left|\frac{u^2}{n^2 \Pi^2} - 1\right|} \cdot \frac{1}{n^2}.$$

Analytischer Charakter der definierten Funktionen.

12. In jedem Punkte $u = a$, welcher nicht zu den Punkten

(9) $$u = 0, \quad u = \pm \nu \Pi \qquad (\nu = 1, 2, \dots)$$

gehört, lassen sich die sämtlichen Funktionen $\xi_h(u)$ $(h = 1, 2, 3, \dots)$ in konvergente Potenzreihen entwickeln.

Dies ergibt sich auf Grund eines Satzes über Potenzreihen, welcher von Weierstraß herrührt*), aus folgenden beiden Tatsachen:

---

*) Dieser Satz lautet:

„Es seien unendlich viele Potenzreihen einer Veränderlichen u, welche Potenzen dieser Größen mit ganzen positiven und negativen Exponenten in beliebiger Anzahl enthalten, in bestimmter Aufeinanderfolge gegeben

$$P_0(u),\ P_1(u),\ P_2(u),\ \dots;$$

und es sei möglich, zwei reelle Größen R, R', von denen $R' > R$, $R \geqq 0$ ist, so anzunehmen, daß für die der Bedingung

$$R < |u| < R'$$

1. Das allgemeine Glied der Reihen (8) und (38a) ist in der Umgebung von $u = a$ in eine solche Potenzreihe entwickelbar; denn die beiden Ausdrücke

$$\frac{1}{(u+n\Pi)^h} = \frac{1}{(u-a+a+n\Pi)^h} = \frac{1}{(a+n\Pi)^h} \cdot \frac{1}{\left(1+\frac{u-a}{a+n\Pi}\right)^h}$$

$$\frac{1}{u+n\Pi} - n\Pi = -n\Pi + \frac{1}{a+n\Pi} \cdot \frac{1}{1+\frac{u-a}{a+n\Pi}}$$

haben offenbar diese Eigenschaften für jedes u, welches der Bedingung

$$\left|\frac{u-a}{a+n\Pi}\right| < 1$$

entspricht, d. h. innerhalb eines um den Punkt $u = a$ beschriebenen Kreises, dessen Peripherie durch den Punkt $u = -n\Pi$ geht; sämtliche für $n = \pm 1, \pm 2, \pm 3, \ldots$ ge-

entsprechenden Werte von u nicht nur jede einzelne der gegebenen Reihen, sondern auch die Summe

$$\sum_{\nu=0}^{\infty} P_\nu(u)$$

konvergiert, und zwar die letztere für alle diejenigen Werte der Veränderlichen, die denselben absoluten Betrag haben, gleichmäßig. Dann hat, wenn $A_\mu^{(\nu)}$ der Koeffizient von u^μ in $P_\nu(u)$ ist, die Summe

$$\sum_{\nu=0}^{\infty} A_\mu^{(\nu)}$$

für jeden Wert von μ einen bestimmten endlichen Wert, der mit A_μ bezeichnet werde, und es läßt sich zeigen, daß für jeden Wert von u, dessen absoluter Betrag größer als R und kleiner als R' ist, die Reihe

$$\sum_\mu A_\mu u^\mu$$

konvergiert und die Gleichung

$$\sum_{\nu=0}^{\infty} P_\nu(u) = \sum_\mu A_\mu u^\mu$$

besteht." (Weierstraß, Mathematische Werke, Berlin 1895. Bd, II, S. 205.)

bildeten Ausdrücke der beiden obenstehenden Formen lassen sich in dieser Weise in Potenzreihen entwickeln; ihr gemeinsamer Konvergenzbereich ist ein Kreis, dessen Peripherie durch den nächstgelegenen der Punkte (9) geht.

2. Die Summen

$$\sum_{n=-\infty}^{n=+\infty} \frac{1}{(u+n\Pi)^h} \quad \text{und} \quad \sum_{n=-\infty}^{n=+\infty}{}' \left\{\frac{1}{u+n\Pi} - \frac{1}{n\Pi}\right\}$$

konvergieren in jenem Bereiche gleichmäßig, denn sie sind die analytischen Ausdrücke der Größen $\xi_h(u)$ und $\xi_1(u)$.

Wir haben also in jedem Punkte $u = a$ des Bereiches S_u eine Potenzreihenentwickelung

$$\xi_h(u) = \mathfrak{P}_h(u-a)\,, \tag{43}$$

deren Konvergenzkreis durch die oben ausgesprochene Bestimmung gegeben ist.

In jedem Punkte der Reihe (9) hat die Funktion $\xi_h(u)$ ($h = 1, 2, \ldots$) einen Pol von der $h$ten Ordnung; die Entwickelung nach Potenzen von $u - m\Pi$ lautet

$$\xi_h(u) = \frac{1}{(u-m\Pi)^h} + \overline{\mathfrak{P}}_h(u-m\Pi)\,; \tag{44}$$

um uns davon zu überzeugen, brauchen wir nur aus den Reihen (8) bzw. (38a) das eine Glied herauszunehmen, welches für $u = m\Pi$ unendlich wird; auf die übrigen Glieder der Reihen und ihre Summen können wir dann wieder die Schlußweise anwenden, welche für die ursprünglichen Reihen und einen regulären Punkt zu dem Resultat (43) geführt hat*). Wir fassen das Vorstehende zusammen in der Aussage:

---

*) Handelt es sich etwa darum, die Funktion $\xi_1(u)$ nach Potenzen von u zu entwickeln, so schreiben wir

$$\xi_1(u) = \frac{1}{u} + \lim_{m_1=\infty}\left[\sum_{m=-m_1}^{m=+m_1}{}' \frac{1}{m\Pi\left(1+\frac{u}{m\Pi}\right)}\right]$$

$$= \frac{1}{u} + \lim_{m_1=\infty}\left[\sum_{m=-m_1}^{m=+m_1}{}' \left(\frac{1}{m\Pi} - \frac{u}{m^2\Pi^2} + \frac{u^2}{m^3\Pi^3} - \frac{u^3}{m^4\Pi^4} + \ldots\right)\right].$$

Sämtliche Funktionen $\xi_h(u)$ $(h=1, 2, \ldots)$ sind in jedem beliebigen Bereich S_u meromorph).*

Relationen zwischen den verschiedenen Funktionen $\xi_h(u)$.

13. Die absolut und gleichmäßig konvergierenden Reihen (8) und (38) können auf jedem innerhalb S_u verlaufenden, die Punkte (9) vermeidenden Integrationswege gliedweise integriert werden. Wenn wir sie gliedweise differenzieren, so entstehen Reihen von der Form $\xi_h(u)$ $(h > 1)$, welche also gleichmäßig konvergieren und somit die Differentialquotienten der Reihensumme darstellen. Auf diesem Wege gelangen wir zu der folgenden *allgemeinen Relation zwischen den Funktionen $\xi_h(u)$ für verschiedene Indizes*

$$\xi_{h+r}(u) = \frac{(-1)^r}{h(h+1)\cdot\ldots\cdot(h+r-1)} \frac{d^r[\xi_h(u)]}{du^r}; \quad (h=1, 2, \ldots) \tag{45}$$

im besonderen können also sämtliche $\xi_h(u)$ aus der Funktion $\xi_1(u)$ durch Differentiation abgeleitet werden.

$$\xi_h(u) = \frac{(-1)^{h-1}}{1\cdot 2\cdot\ldots\cdot(h-1)} \frac{d^{h-1}[\xi_1(u)]}{du^{h-1}}. \tag{46}$$

Es mag hier die Anmerkung Platz finden, daß wir die Konvergenz der Reihe (38a), unter Umgehung der in

---

Die Anfangsglieder der gesuchten Entwickelung sind demnach

$$\xi_1(u) = \frac{1}{u} - \frac{2 s_2}{\Pi^2} u - \frac{2 s_4}{\Pi^4} u^3 - \ldots,$$

wenn zur Abkürzung

$$s_{2\nu} = \sum_{m=1}^{m=\infty} \frac{1}{m^{2\nu}}$$

gesetzt wird.

*) Wir sagen von einer Funktion, sie sei meromorph in einem gewissen endlichen Bereiche, wenn sie in diesem Bereiche eindeutig ist und sich in der Umgebung eines jeden seiner Punkte in eine Potenzreihe entwickeln läßt, welche höchstens eine endliche Anzahl negativer Potenzen enthält.

Besitzt eine Funktion diese Eigenschaften für jeden endlichen Bereich, so nennen wir sie **unbeschränkt meromorph**.

Nr. 10 durchgeführten direkten Untersuchung, mittelbar aus der Tatsache erschließen können, daß die Reihe

$$(47)\qquad \xi_2(u) - \frac{1}{u^2} = \sum_{n=-\infty}^{n=+\infty}{}' \frac{1}{(u + n\Pi)^2}$$

zwischen den Grenzen 0 und u gliedweise integriert werden darf, sofern der Integrationsweg keinen der Punkte $u = n\Pi$ berührt; es ergibt sich so:

$$(48)\qquad \int_0^u \left[\xi_2(u) - \frac{1}{u^2}\right] du = -\sum_{n=-\infty}^{n=+\infty}{}' \left\{\frac{1}{u + n\Pi} - \frac{1}{n\Pi}\right\},$$

eine Reihe, welche wieder gleichmäßig und absolut konvergieren muß; daher besteht die Beziehung

$$(49)\qquad \xi_1(u) = \frac{1}{u} - \int_0^u \left[\xi_2(u) - \frac{1}{u^2}\right] du\,.$$

Periodizität.

14. *Vermehrung des Argumentes einer Funktion $\xi_h(u)$ um ganzzahlige Vielfache der Größe $\pm\Pi$ ändert den Wert der Funktion nicht: die Funktionen $\xi_h(u)$ sind periodisch mit der Periode Π.*

Für $h > 1$ erkennt man dies unmittelbar aus der Gleichung

$$(50)\qquad \begin{cases} \xi_h(u \pm \Pi) = \displaystyle\sum_{n=-\infty}^{n=+\infty} \frac{1}{[u + (n \pm 1)\Pi]^h} \\ \qquad = \displaystyle\sum_{n\pm 1=-\infty}^{n\pm 1=+\infty} \frac{1}{[u + (n \pm 1)\Pi]^h} = \xi_h(u)\,; \end{cases}$$

für $h = 1$ hat man:

$$(51)\qquad \xi_1(u + \Pi) = \frac{1}{u + \Pi} + \sum_{n=-\infty}^{n=+\infty}{}' \left\{\frac{1}{u + (n+1)\Pi} - \frac{1}{n\Pi}\right\}$$

$$(52)\qquad \xi_1(u) = \frac{1}{u} + \sum_{n=-\infty}^{n=+\infty}{}' \left\{\frac{1}{u + (n+1)\Pi} - \frac{1}{(n+1)\Pi}\right\}.$$

In (51) bezeichnet der Akzent an dem Summenzeichen die Ausschließung des dem Index $n = 0$ entsprechenden Gliedes, in (52) die Ausschließung des dem Index $n = -1$ entsprechenden Gliedes. Deuten wir nun durch einen doppelten Akzent an, daß beide Werte des Index gleichzeitig ausgeschlossen sein sollen, so können wir den Ausdrücken (51) und (52) folgende Gestalt geben:

$$(51\text{a})\quad \left\{\begin{aligned} \xi_1(u+\Pi) &= \frac{1}{\Pi} + \frac{1}{u} + \frac{1}{u+\Pi} \\ &\quad + \sum_{n=-\infty}^{n=+\infty}{}'' \left\{\frac{1}{u+(n+1)\Pi} - \frac{1}{n\Pi}\right\}; \end{aligned}\right.$$

$$(52\text{a})\quad \left\{\begin{aligned} \xi_1(u) &= -\frac{1}{\Pi} + \frac{1}{u} + \frac{1}{u+\Pi} \\ &\quad + \sum_{n=-\infty}^{n=+\infty}{}'' \left\{\frac{1}{u+(n+1)\Pi} - \frac{1}{(n+1)\Pi}\right\}; \end{aligned}\right.$$

um die Differenz dieser beiden Ausdrücke zu bilden, dürfen wir, da die Summen rechts absolut konvergieren, Glied von Glied subtrahieren; auf diese Weise ergibt sich

$$(53)\quad \left\{\begin{aligned} \xi_1(u+\Pi) - \xi_1(u) &= \frac{2}{\Pi} - \frac{1}{\Pi}\sum_{n=-\infty}^{n=+\infty}{}'' \frac{1}{n(n+1)} \\ &= \frac{2}{\Pi} - \frac{2}{\Pi}\sum_{n=1}^{n=\infty} \frac{1}{n(n+1)}, \end{aligned}\right.$$

woraus die zu beweisende Identität

$$(54)\qquad \xi_1(u+\Pi) - \xi_1(u) = 0$$

folgt, denn es ist

$$\begin{aligned} \sum_{n=1}^{n=\infty} \frac{1}{n(n+1)} &= \sum_{n=1}^{n=\infty}\left(\frac{1}{n} - \frac{1}{n+1}\right) \\ &= 1 - \tfrac{1}{2} + \tfrac{1}{2} - \tfrac{1}{3} + \tfrac{1}{3} - \dots = 1. \end{aligned}$$

Homogeneität.

15. Wenn wir die Funktionen $\xi_h(u)$ als Funktionen der beiden Argumente u, Π auffassen und dies durch

die Bezeichnung $\xi_h(u, \Pi)$ andeuten, so haben wir, auf Grund der analytischen Ausdrücke (8) und (38) die Identität

$$\xi_h(\lambda u, \lambda \Pi) = \lambda^{-h} \cdot \xi_h(u, \Pi), \tag{55}$$

d. h.

Die Funktionen $\xi_h(u, \Pi)$ sind homogen in u und Π vom Grade $-h$.

Setzen wir in (55)

$$\lambda = \frac{\Omega}{\Pi},$$

wo Ω eine ganz beliebige Größe bezeichnet, so ergibt sich die Beziehung

$$\xi_h(u, \Pi) = \left(\frac{\Omega}{\Pi}\right)^h \cdot \xi_h\left(\frac{\Omega}{\Pi} u, \Omega\right), \tag{56}$$

welche für $h = 1, 2, \ldots$ gilt und eine Verknüpfung zwischen den mit verschiedenen Werten der Periode Π gebildeten Ausdrücken der Form (8) bzw. (38) herstellt. —

Gerade und ungerade Funktionen.

16. Es ist

$$\frac{1}{[-u + m\Pi]^h} = \frac{(-1)^h}{[u + (-m)\Pi]^h}; \tag{57}$$

$$\frac{1}{-u + m\Pi} - \frac{1}{m\Pi} = -\left\{\frac{1}{u + (-m)\Pi} - \frac{1}{(-m)\Pi}\right\}; \tag{58}$$

folglich haben wir, da in den Summen (8) und (38) der Index alle positiven und negativen ganzzahligen Werte annimmt, die *identische Relation*

$$\xi_h(u) = (-1)^h \xi_h(-u); \qquad (h = 1, 2, \ldots) \tag{59}$$

ferner ergeben sich, auf Grund der Formeln (57) und (58), für *ungerades h die speziellen Werte*

$$\left[\xi_{2n+1}(u) - \frac{1}{u^{2n+1}}\right]_{u=0} = 0; \tag{60}$$

$$\xi_{2n+1}\left(\frac{\Pi}{2}\right) = 0. \tag{61}$$

Eine besondere Eigenschaft.

17. Es soll jetzt der Satz bewiesen werden:
Wenn man die Variable $u = u' + iu''$ in der Weise ins Unendliche gehen läßt, daß der reelle Bestandteil u' innerhalb endlicher Grenzen variiert, während die Größe u'' positiven bzw. negativen unendlich großen Werten zustrebt, so konvergiert

die Funktion $\xi_1(u, 1)$ *gegen* $-\pi i$ *bzw.* $+\pi i$,

während die Funktionen $\xi_h(u, 1)$ *für* $h > 1$ *in beiden Fällen gegen Null konvergieren*).*

Beschäftigen wir uns zunächst mit der Funktion $\xi_1(u, 1)$, so haben wir folgenden Ausdruck zu untersuchen:

$$(62)\quad \left\{\begin{aligned} &\lim_{u''=\pm\infty}\left[\lim_{m=\infty}\left[\frac{1}{u'+iu''-m}+\cdots+\frac{1}{u'+iu''-1}\right.\right.\\ &\left.\left.+\frac{1}{u'+iu''}+\frac{1}{u'+iu''+1}+\cdots+\frac{1}{u'+iu''+m}\right]\right], \end{aligned}\right.$$

wobei zu bemerken ist, daß die Reihenfolge der beiden Grenzübergänge nicht umgekehrt werden darf.

Die Größen

$$(63)\quad u'+iu''+n \qquad (n=-m, \ldots, -1, 0, +1, \ldots, +m)$$

bilden eine arithmetische Progression mit der Differenz 1; der kleinste unter den Moduln

$$(64)\qquad |u'+iu''+n| = \sqrt{(u'+n)^2+u''^2}$$

wächst über alle Grenzen, wenn $|u''|$ unendlich groß wird.

Nun können wir, auf Grund der im ersten Kapitel, Nr. 4 gewonnenen Resultate, setzen

$$(19)\quad \left\{\begin{aligned} &\frac{1}{u'+iu''-m}+\cdots+\frac{1}{u'+iu''+m}\\ &\qquad=\log\frac{u'+iu''+m}{u'+iu''-m}+\mathfrak{e}(u, m), \end{aligned}\right.$$

*) Der Leser, welcher die zweite Hälfte der Nr. 4 überschlagen hat, möge sich damit begnügen, den Sinn der beiden Sätze von Nr. 17 sich anzueignen. Das Studium des Beweises kann einer zweiten Lektüre vorbehalten bleiben.

wo $\mathfrak{e}(u, m)$ eine Größe bezeichnet, welche zunächst natürlich von m abhängt, deren Modul aber für jeden (auch unendlich großen) Wert von m unter eine beliebig kleine positive Zahl ε herabgedrückt werden kann, wenn der kleinste unter den Moduln (64) über alle Grenzen wächst, so daß also

(66) $$\lim_{u''=\infty}\left[\lim_{m=\infty}[\mathfrak{e}(u, m)]\right] = 0$$

ist.

Der Logarithmus

(67) $$\log\frac{u'+iu''+m}{u'+iu''-m}$$

bedeutet den Zuwachs, welchen die logarithmische Funktion erfährt, wenn ihr Argument auf einer geraden Linie vom Punkte $u'+iu''-m$ bis zum Punkte $u'+iu''+m$ oder vom Punkte 1 bis zum Punkte $a_m = \frac{u'+iu''+m}{u'+iu''-m}$ sich bewegt. Nun ist

(68) $$a_m = -1 + \alpha_m' + i\alpha_m'',$$

wenn

(69) $$\alpha_m' = \frac{2(u'^2+u''^2-u'm)}{(u'-m)^2+u''^2}, \quad \alpha_m'' = -\frac{2u''m}{(u'-m)^2+u''^2}$$

gesetzt wird. Sowohl α_m' als α_m'' konvergieren für $m=\infty$ gegen Null, der Punkt a_m rückt dem Punkte -1 unbegrenzt nahe. Der Grenzwert des Logarithmus ist also $+\pi i$ oder $-\pi i$, je nachdem der Punkt a_m von der positiven oder negativen Halbebene her an den Punkt -1 heranrückt, d. h. je nachdem das Vorzeichen der reellen Größe α_m'' schließlich positiv oder negativ ist; das Vorzeichen von α_m'' ist aber dem Vorzeichen von u'' entgegengesetzt gleich. Wir finden daher

(70) $$\lim_{m=\infty}\left[\log\frac{u'+iu''+m}{u'+iu''-m}\right] = \begin{cases}-\pi i & \text{für } u''>0\\ +\pi i & \text{für } u''<0\end{cases},$$

also

1) $$\begin{cases}\lim\limits_{u''=\pm\infty}[\xi_1(u'+iu'', 1)]\\ = \lim\limits_{u''=\pm\infty}\left[\lim\limits_{m=\infty}\left[\frac{1}{u'+iu''-m}+\dots+\frac{1}{u'+iu''+m}\right]\right] = \mp\pi i.\end{cases}$$

Die Aussage, welche unser Satz über die Funktionen $\xi_h(u, 1]$ $(h \geqq 2)$ macht, wollen wir hier nicht beweisen, einerseits weil wir von dem Resultat nicht unmittelbar Gebrauch machen werden, andererseits weil der Beweis auf denselben Grundlagen ruht wie der soeben durchgeführte, und daher dem Leser überlassen werden darf. —

Der Satz dieser Nummer kann leicht auf ξ-Funktionen mit beliebiger Periode Π übertragen werden:

Wenn man die Variable $u = u' + i u''$ in der Weise ins Unendliche gehen läßt, daß der reelle Bestandteil der Größe

$$v' + i v'' = \frac{u' + i u''}{\Pi' + i \Pi''}$$

innerhalb endlicher Grenzen variiert, während die Größe v'' positive bzw. negative unendlich große Werte annimmt, so konvergiert die Funktion $\xi_1(u, \Pi)$ gegen $-\frac{\pi i}{\Pi}$ bzw. $+\frac{\pi i}{\Pi}$, während die Funktionen

$$\xi_h(u, \Pi) \qquad \text{(für } h \geqq 2\text{)}$$

in beiden Fällen gegen Null konvergieren.

Zum Beweise operiert man entweder direkt mit dem analytischen Ausdruck, wie es vorhin geschehen ist, oder man bringt das Resultat des ersten Satzes in Verbindung mit der in (55) enthaltenen Relation

$$(72) \qquad \xi_h(v, 1) = \Pi^h \cdot \xi_h(\Pi v, \Pi)\,.$$

Wir brauchen das nicht näher auszuführen.

Drittes Kapitel.

Untersuchung gewisser zweistrahliger Produkte.

Einleitung — eine Analogie.

18. Bei der Bildung der unendlichen Summen, welche, nachdem ihre Konvergenz bewiesen war, zur Definition der Funktionen $\xi_h(u)$ $(h = 1, 2, 3, \ldots)$ verwandt wurden, hatten wir uns (vgl. Nr. 9) von einer Analogie leiten lassen. Diese wird bei unseren späteren Untersuchungen als recht

tiefgehend erkannt werden. Bis jetzt beschränkt sie sich lediglich auf eine formelle Verallgemeinerung der Summen, welche bei der Partialbruchzerlegung einer rationalen Funktion auftreten. Es liegt nahe, nun auch die Konstruktion von Ausdrücken zu versuchen, welche in ähnlicher Weise eine Verallgemeinerung der anderen Form darstellen, in der die rationale Funktion als Quotient zweier ganzer rationaler Funktionen erscheint. Die ganze rationale Funktion als Polynom hat ihre Verallgemeinerung in der unendlichen Potenzreihe; als Produkt von Potenzen linearer Faktoren leitet sie zu der Konstruktion unendlicher Produkte über, welche den Gegenstand dieses Abschnittes bilden soll.

In der Nennerfunktion $\psi(u)$ der linken Seite von II, (1) treten

die n_1 Linearfaktoren $u - \alpha_\nu'$ in der ersten Potenz,

die n_2 Linearfaktoren $u - \alpha_\nu''$ in der zweiten Potenz,

allgemein:

die n_i Linearfaktoren $u - \alpha_\nu^{(i)}$ in der i-ten Potenz auf:

$$\psi(u) = \text{const.} \times \prod_{\nu=1}^{\nu=n_1} (u - \alpha_\nu') \cdot \left[\prod_{\nu=1}^{\nu=n_2} (u - \alpha_\nu'')\right]^2 \cdot \ldots \cdot \left[\prod_{\nu=1}^{\nu=n_k} (u - \alpha_\nu^{(k)})\right]^k$$

Die Produkte $\prod_{\nu=1}^{\nu=n_i} (u - \alpha_\nu^{(i)})$ nun sind es, die wir verallgemeinern wollen, indem wir, wie bei der Konstruktion der Summen II, (5) die Annahme machen, daß die Größen $\alpha_\nu^{(i)}$ eine zweistrahlige arithmetische Reihe

$$(1) \qquad \ldots,\ \alpha - n\Pi,\ \ldots,\ \alpha - \Pi,\ \alpha,\ \alpha + \Pi,\ \ldots,\ \alpha + n\Pi,\ \ldots$$

bilden.

Wir betrachten aber nicht das unendliche Produkt

$$\prod_{n=-\infty}^{n=+\infty} ((u - \alpha) + n\Pi),$$

welches ganz gewiß nicht konvergiert, da seine Faktoren mit n ins Unendliche wachsen, sondern das Produkt

$$(2)\qquad (u-\alpha)\cdot\prod_{n=-\infty}^{n=+\infty}{}'\left(1-\frac{u-\alpha}{n\Pi}\right)=P(u-\alpha)\ ^{*}),$$

welches, wenn es wirklich eine Funktion von u definiert, die Elemente der zweistrahligen arithmetischen Reihe (1) als Nullstellen besitzt.

Definition der Funktion $o(u)$.

19. Satz: *Das Produkt*

$$(3)\qquad u\cdot\prod_{n=-\infty}^{n=+\infty}{}'\left(1-\frac{u}{n\Pi}\right)$$

konvergiert nicht absolut; es konvergiert aber bei geeigneter Art der Produktbildung gleichmäßig für jeden endlichen Bereich der Variablen u; und zwar strebt das Produkt

$$(4)\qquad P_{-l}^{+r}(u)=u\cdot\prod_{n=-l}^{n=+r}{}'\left(1-\frac{u}{n\Pi}\right)$$

für unendlich wachsende l und r einem Grenzwerte dann und nur dann zu, wenn der Quotient $\frac{r}{l}$ einem von Null verschiedenen endlichen Grenzwerte zustrebt; der Grenzwert des Produktes (4) fällt verschieden aus für verschiedene Grenzwerte des Verhältnisses $\frac{r}{l}$.

Wir haben in Nr. 3 ein Produkt $\Pi(1+v_n)$ absolut konvergent genannt, wenn die Reihe $\sum_{n=1}^{n=\infty}|v_n|$ konvergierte; in dem vorliegenden Falle ist $v_n=\frac{u}{n\Pi}$ zu setzen, und da die Reihe $\sum_{n=1}^{n=\infty}\frac{1}{n}$ divergiert, so kann die Reihe $\sum_{n=1}^{n=\infty}\frac{|u|}{n|\Pi|}$

---

*) Anmerkung. Der Akzent an dem Produktzeichen Π' bedeutet wieder, daß der Wert $n=0$ des Index ausgeschlossen sein soll.

nicht konvergent sein; es ist damit bereits der erste Teil unserer Behauptung bewiesen.

Da also das Kriterium der absoluten Konvergenz versagt, so müssen wir das Produkt (4) direkt untersuchen, um die Frage der Konvergenz zu entscheiden und den Einfluß der Summierungsweise festzustellen.

Für $r > l$ ist

$$P_{-l}^{+r}(u) = p_1(u) \cdot p_2(u)\,, \tag{5}$$

wenn

$$p_1(u) = u\left(1 - \frac{u^2}{\Pi^2}\right)\left(1 - \frac{u^2}{4\,\Pi^2}\right) \cdot \ldots \cdot \left(1 - \frac{u}{l^2\,\Pi^2}\right) \tag{6}$$

und

$$p_2(u) = \left(1 - \frac{u}{(l+1)\,\Pi}\right)\left(1 - \frac{u}{(l+2)\,\Pi}\right) \cdot \ldots \cdot \left(1 - \frac{u}{r\,\Pi}\right) \tag{7}$$

gesetzt wird.

Was nun zunächst den ersten Bestandteil $p_1(u)$ betrifft, so geht dieser für $l = \infty$, nach der in Nr. 3 gegebenen Definition, in ein absolut konvergentes Produkt über, da die Reihen

$$\sum_{n=1}^{n=\infty} \frac{1}{n^2}\,, \quad \sum_{n=1}^{n=\infty} \frac{|u|^2}{n^2\,|\Pi|^2} \tag{8}$$

konvergieren; wir setzen daher

$$\lim_{l=\infty} [p_1(u)] = o(u) = u \prod_{n=1}^{n=\infty} \left(1 - \frac{u^2}{n^2\,\Pi^2}\right) \tag{9}$$

und richten unser Augenmerk auf den anderen Faktor $p_2(u)$.

In dieser Absicht stützen wir uns auf eine Identität, welche sich mit Benutzung der Exponentialreihe gewinnen läßt, und für jedes positive ganzzahlige m gilt:

$$\left\{\begin{aligned} &\left(1 - \frac{u}{m\,\Pi}\right) e^{\frac{u}{m\,\Pi}} \\ &= 1 - \left(1 - \frac{1}{2}\right)\frac{u^2}{m^2\,\Pi^2} - \ldots - \left(\frac{1}{(h-1)!} - \frac{1}{h!}\right)\frac{u^h}{m^h\,\Pi^h} - \ldots \end{aligned}\right. \tag{10}$$

$$\left(1 - \frac{u}{m\,\Pi}\right) = e^{-\frac{u}{m\,\Pi}}\left(1 - \frac{u^2}{m^2\,\Pi^2}\,\varepsilon_m(u)\right), \tag{11}$$

wenn

$$(12)\quad \varepsilon_m(u) = \frac{1}{2} + \frac{1}{3}\,\frac{u}{m\Pi} + \cdots + \frac{1}{h}\,\frac{1}{(h-2)!}\,\frac{u^{h-2}}{m^{h-2}\Pi^{h-2}} + \cdots$$

gesetzt wird. Offenbar ist

$$(13)\quad |\varepsilon_m(u)| < e^{\frac{|u|}{m|\Pi|}} < e^{\frac{|u|}{|\Pi|}}.$$

Auf Grund der Formel (11) erhalten wir nun

$$(14)\quad \begin{cases} p_2(u) = \prod_{m=l+1}^{m=r}\left(1 - \frac{u}{m\Pi}\right) \\ = e^{-\frac{u}{\Pi}\left(\frac{1}{l+1} + \frac{1}{l+2} + \cdots + \frac{1}{r}\right)} \prod_{m=l+1}^{m=r}\left(1 - \frac{u^2\cdot\varepsilon_m(u)}{m^2\Pi^2}\right). \end{cases}$$

Nach (13) liegen die Moduln der Koeffizienten $\frac{u^2\cdot\varepsilon_m(u)}{\Pi^2}$ unterhalb einer angebbaren positiven Größe a, wie groß auch die Zahl m gewählt sein möge. Infolgedessen ist (vgl. das Beispiel am Schluß von Nr. 3) das Produkt auf der rechten Seite von (14) ein Stück eines absolut konvergenten Produktes und kann daher dem Werte 1 dadurch beliebig nahe gebracht werden, daß l hinreichend groß angenommen wird; an dieser Tatsache wird nichts geändert, wenn die Anzahl $r-l$ der Faktoren über alle Grenzen wächst. Die in dem Exponentialfaktor der Formel (14) auftretende Summe konvergiert, wie wir in Nr. 4 gesehen haben, für unendlich wachsende l und r gegen den Grenzwert $\log\left(\frac{r}{l}\right)$, sofern der Quotient $\frac{r}{l}$ einer von Null verschiedenen Größe zustrebt; unter dieser Bedingung ist also

$$(15)\quad \lim_{l,r=\infty}[p_2(u)] = \lim_{l,r=\infty}\left[e^{-\frac{u}{\Pi}\log\left(\frac{r}{l}\right)}\right] = \lim_{l,r=\infty}\left[\left(\frac{l}{r}\right)^{\frac{u}{\Pi}}\right].$$

Unter der Annahme $l > r$ wären wir durch die entsprechenden Schlüsse zu demselben Resultate gelangt. Demnach haben wir stets

$$(16)\quad \lim_{l,r=\infty}[P_{-l}^{+r}(u)] = o(u)\cdot\lim_{l,r=\infty}\left[\left(\frac{l}{r}\right)^{\frac{u}{\Pi}}\right],$$

und es ist damit unser Satz auch in seiner zweiten Aussage bewiesen*). Setzen wir, wie in Nr. 11, (35) und (36), fest, daß $\lim\limits_{l,r=\infty}\left(\frac{l}{r}\right) = 1$ sein soll, so konvergiert das Produkt (4) selbst gegen die *Funktion* $o(u)$, *welche in Formel* (9) *durch ein für jedes endliche* u *gleichmäßig konvergierendes einstrahliges Produkt dargestellt erscheint.*

Wie wir uns in Nr. 11 bei der Definition der Funktion $\xi_1(u)$ von der Bestimmung über die Art der Summenbildung frei machen konnten, indem wir von der Definition (38) zu (38a) übergingen, d. h. von jedem Gliede der Summe (27) ein konstantes Glied subtrahierten, so können wir auch hier die Festsetzung über den Grenzwert des Verhältnisses $l:r$ überflüssig machen, indem wir jeden Faktor des Produktes (4) mit einer gewissen Größe multiplizieren.

Bildet man nämlich statt (4) das Produkt

$$(17) \qquad Q_{-l}^{+r}(u) = u \cdot \prod_{n=-l}^{n=+r}{}' \left\{\left(1 - \frac{u}{n\Pi}\right) \cdot e^{\frac{u}{n\Pi}}\right\},$$

so erhält man statt (5) die Gleichung

$$(18) \qquad Q_{-l}^{+r}(u) = p_1(u) \cdot q_2(u),$$

worin $p_1(u)$ dieselbe Bedeutung hat wie in (6), während

$$(19) \qquad \begin{cases} q_2(u) = \left\{\left[1 - \frac{u}{(l+1)\Pi}\right] e^{\frac{u}{(l+1)\Pi}}\right\} \\ \cdot \left\{\left[1 - \frac{u}{(l+2)\Pi}\right] e^{\frac{u}{(l+2)\Pi}}\right\} \cdot \ldots \cdot \left\{\left[1 - \frac{u}{r\Pi}\right] e^{\frac{u}{r\Pi}}\right\} \end{cases}$$

zu setzen ist. Aus (11) folgt dann

$$(20) \qquad q_2(u) = \prod_{m=l+1}^{m=r} \left(1 - \frac{u^2 \cdot \varepsilon_m(u)}{m^2 \Pi^2}\right),$$

---

*) Wenn der reelle Bestandteil des Quotienten $\frac{u}{\Pi}$ negativ ist, konvergiert die Größe (15), und damit das Produkt (4), unter der Annahme

$$\lim_{l,r=\infty}\left[\frac{r}{l}\right] = 0$$

gegen den Grenzwert Null. Diese Möglichkeit aber hat für uns kein Interesse.

dieses Produkt kommt, wie wir vorhin gesehen haben, für hinreichend großes l und jedes $r > l$ dem Werte 1 beliebig nahe, und wir haben also, ohne eine Beziehung zwischen r und l festzusetzen,

$$\lim_{r,l=\infty} [Q_{-l}^{+r}(u)] = \lim_{l=\infty} [p_1(u)] = o(u)\,. \tag{21}$$

Sofern wir nur festhalten, daß die in geschweifte Klammern eingeschlossenen Faktoren bei der Produktbildung nicht auseinander gerissen werden dürfen, ist das unendliche Produkt

$$u \cdot \prod_{n=-\infty}^{n=+\infty}{}' \left\{\left(1 - \frac{u}{n\Pi}\right) \cdot e^{\frac{u}{n\Pi}}\right\} \tag{22}$$

absolut und unabhängig von der Art der Produktbildung konvergent *); während die Grenzwerte des Produktes (3), auch wenn sie existieren, sich durch verschiedene Faktoren voneinander unterscheiden, je nach der Art, in welcher die Produktbildung ausgeführt wurde.

Wir haben also in (22) eine zweite Darstellung der Funktion $p_1(u)$ und können setzen:

$$\lim_{l=\infty}[p_1(u)] = o(u) = u \cdot \prod_{n=-\infty}^{n=+\infty}{}' \left\{\left(1 - \frac{u}{n\Pi}\right) \cdot e^{\frac{u}{n\Pi}}\right\}. \tag{9a}$$

Dieser Übergang von (9) zu (9a) ist wiederum nur ein besonderer Fall eines umfassenden Theorems, welches von Weierstraß**) aufgestellt worden ist.

Zusammenhang der Funktion $o(u)$ mit den im vorhergehenden Kapitel definierten Funktionen.

20. In der vorhergehenden Nummer haben wir die Funktion $o(u)$ direkt durch ihre Produktdarstellung definiert. Wir hätten auch, von der Funktion $\xi_1(u)$ ausgehend, durch Integration zu der Funktion $o(u)$ gelangen können;

*) Anmerkung. Die absolute Konvergenz des Produktes (22) kann man auch direkt nachweisen, indem man die Faktoren $\left\{\left(1 - \frac{u}{n\Pi}\right)e^{\frac{u}{n\Pi}}\right\}$ auf die Form $1 + v_n$ bringt.

**) Zur Theorie der eindeutigen analytischen Funktionen. Weierstraß, Mathematische Werke, Berlin 1895. Bd. 2.

die Sätze, welche für die Integration gleichmäßig konvergenter Funktionalreihen gelten, hätten dann die für die Produkte (4) und (17) angestellten Konvergenzbetrachtungen entbehrlich gemacht. Wir wollen nun nachträglich diesen wichtigen Zusammenhang der Funktionen $\xi_1(u)$ und $o(u)$ aufdecken, indem wir die Funktion $\xi_1(u) - \frac{1}{u}$ von der unteren Grenze $u = 0$ bis zu einer variablen oberen Grenze u integrieren, auf einem Integrationswege, welcher keinen der Punkte

$$u = \pm \nu \Pi \qquad (\nu = 1, 2, \ldots) \tag{23}$$

berührt.

Gehen wir von der in II, (38a) gegebenen Form aus, so erhalten wir:

$$\int_0^u \left(\xi_1(u) - \frac{1}{u}\right) du = \sum_{n=-\infty}^{n=+\infty}{}' \left[\log\left(\frac{u + n\Pi}{n\Pi}\right) - \frac{u}{n\Pi}\right], \tag{24}$$

oder, indem wir unter dem Summenzeichen n durch $-n$ ersetzen:

$$\int_0^u \left(\xi_1(u) - \frac{1}{u}\right) du = \sum_{n=-\infty}^{n=+\infty}{}' \log\left\{\left(1 - \frac{u}{n\Pi}\right) \cdot e^{\frac{u}{n\Pi}}\right\}. \tag{25}$$

Diese Reihe muß für jedes u des Bereiches S_u (vgl. Nr. 10 u. f.) konvergent sein, da wir sie durch Integration aus einer in S_u gleichmäßig konvergierenden Reihe erhalten haben; machen wir nun von der Formel

$$\sum_{n=-\infty}^{n=+\infty} \log a_n = \log\left(\prod_{n=-\infty}^{n=+\infty} a_n\right) \tag{26}$$

Gebrauch, welche stets gilt, wenn die links stehende Reihe konvergiert, so erhalten wir mit Rücksicht auf (9a):

$$\begin{cases} \int_0^u \left(\xi_1(u) - \frac{1}{u}\right) du \\ = \log\left(\prod_{n=-\infty}^{n=+\infty}{}' \left\{\left(1 - \frac{u}{n\Pi}\right) \cdot e^{\frac{u}{n\Pi}}\right\}\right) = \log\left(\frac{o(u)}{u}\right). \end{cases} \tag{27}$$

Wenn wir von der Darstellung II, (38b) ausgehen und diese mit der Formel (9) des gegenwärtigen Kapitels verbinden, so ergibt sich in derselben Weise

$$\text{(28)}\quad \begin{cases} \int\limits_0^u \left(\xi_1(u) - \frac{1}{u}\right) du = \sum\limits_{n=1}^{n=\infty} \log\left(1 - \frac{u^2}{n^2 \Pi^2}\right) \\ = \log\left(\prod\limits_{n=1}^{n=\infty}\left(1 - \frac{u^2}{n^2\Pi^2}\right)\right) = \log\left(\frac{o(u)}{u}\right). \end{cases}$$

Es ist also:

$$\text{(29)}\qquad o(u) = u \cdot e^{\int\limits_0^u \left(\xi_1(u) - \frac{1}{u}\right) du};$$

$$\text{(30)}\qquad \frac{d \log(o(u))}{du} = \frac{o'(u)}{o(u)} = \xi_1(u);$$

$$\text{(31)}\qquad \frac{d^h \log(o(u))}{du^h} = 1 \cdot 2 \cdot \ldots \cdot (h-1) \cdot (-1)^{h-1} \cdot \xi_h(u),$$

vgl. II, (46)

Analytischer Charakter der Funktion $o(u)$, ihre Nullstellen.

21. Aus der Darstellung (29) erkennt man, daß die Funktion $o(u)$ in der Umgebung jedes endlichen Wertes von u regulär ist; denn die Funktion

$$\text{(32)}\qquad Z(u) = \int\limits_0^u \left(\xi_1(u) - \frac{1}{u}\right) du$$

hat, wie $\xi_1(u) - \frac{1}{u}$, keine anderen kritischen Stellen als die Werte (23); in der Umgebung einer solchen Stelle ist aber

$$\text{(33)}\qquad Z(u) = \log\left(1 - \frac{u}{\nu\Pi}\right) + \mathfrak{P}(u - \nu\Pi),$$

wo $\mathfrak{P}(u - \nu\Pi)$ eine nach Potenzen von $u - \nu\Pi$ fortschreitende reguläre Entwickelung bezeichnet, also

$$\text{(34)}\qquad e^{Z(u)} = \left(1 - \frac{u}{\nu\Pi}\right) \cdot e^{\mathfrak{P}(u-\nu\Pi)} = \mathfrak{P}_1(u - \nu\Pi)$$

ebenfalls eine nach Potenzen von $u - \nu\Pi$ fortschreitende konvergente Potenzreihe*). Daraus folgt:

Die Funktion $o(u)$ hat in der ganzen unendlichen Ebene den Charakter einer ganzen Funktion, sie ist unbeschränkt holomorph.

Die durch (34) gegebene Entwickelung beginnt mit der ersten Potenz von $u - \nu\Pi$; $Z(u)$ hat keine anderen Unendlichkeitsstellen, folglich $e^{Z(u)}$ keine anderen Nullstellen als die Werte (23). Demnach können wir, auf Grund der Formel (29), das Ergebnis feststellen:

Die Funktion $o(u)$ hat für die Werte

(35) $$u = 0, \quad u = \pm\nu\Pi \qquad (\nu = 1, 2, \ldots)$$

einfache Nullstellen, und sie hat keine anderen Nullstellen.

Für $u = 0$ ist

(36) $$\frac{o(u)}{u} = 1 .$$

Die Funktion $o(u)$ ist eine ungerade Funktion.

22. *Die Funktion $o(u)$ ist eine ungerade Funktion, d. h.*

(37) $$o(-u) = -o(u) .$$

Dies ergibt sich unmittelbar aus einer der Darstellungen (9) oder (9a), sowie auch durch Integration aus (30), wenn zur Bestimmung der Integrationskonstanten die in (36) niedergelegte Tatsache benutzt wird.

Periodizität.

23. *Die Funktion $o(u)$ geht bei Vermehrung des Argumentes um die Größe $\pm\Pi$ in $-o(u)$ über:*

(38) $$o(u \pm \Pi) = -o(u) .$$

*) Nach dem in der Fußnote zu S. 37 abgeleiteten Resultate haben wir zu setzen

$$\int_0^u \left(\xi_1(u) - \frac{1}{u}\right) du = -\frac{s_2}{\Pi^2} u^2 - \frac{s_4}{2\Pi^4} u^4 - \ldots$$

$$o(u) = u \cdot e^{-\frac{s_2}{\Pi^2} u^2 - \frac{s_4}{2\Pi^4} u^4 - \ldots}$$
$$= u - \frac{s_2}{\Pi^2} u^3 + \frac{1}{2} \frac{s_2^2 - s_4}{\Pi^4} u^5 - \ldots$$

Diese Eigenschaft können wir ebenfalls unmittelbar aus der Produktdarstellung (9a) entnehmen; wir können aber auch von der Formel (30) ausgehen und zunächst schließen:

$$(39)\qquad \frac{o'(u \pm \Pi)}{o(u \pm \Pi)} = \xi_1(u \pm \Pi) = \xi_1(u) = \frac{o'(u)}{o(u)},$$

$$(40)\qquad o(u \pm \Pi) = k \cdot o(u);$$

zur Bestimmung der Konstanten k setzen wir $u = \mp \frac{\Pi}{2}$ und benutzen die Identität (37); es ergibt sich $k = -1$, w. z. b. w.

Durch wiederholte Anwendung von (38) findet man: *Die Funktion $o(u)$ ist periodisch mit der Periode $\pm 2\,\Pi$.*

Homogenität.

24. Aus der Produktdarstellung der Funktion $o(u)$ oder aus ihrem Zusammenhange mit der Funktion $\xi_1(u)$, welche nach Nr. 15 homogen vom Grade -1 ist, entnimmt man, daß

$$(41)\qquad o(\lambda u, \lambda \Pi) = \lambda \cdot o(u, \Pi)$$

sein muß, wenn λ eine beliebige Konstante bedeutet. Wir sprechen dieses Resultat so aus:

Als Funktion zweier Variablen, des Argumentes u und des Parameters Π, ist die Funktion $o(u)$ oder $o(u, \Pi)$ homogen vom ersten Grade.

Im besonderen ist also

$$(42)\qquad o(u, \Pi) = \frac{\Pi}{\Omega} \cdot o\left(\frac{\Omega}{\Pi} u, \Omega\right).$$

Eine Darstellung der Funktion $o(u - \alpha)$.

25. Infolge der Identität

$$(43)\qquad 1 - \frac{u - \alpha}{n\Pi} = \left(1 + \frac{\alpha}{n\Pi}\right)\left(1 - \frac{u}{\alpha + n\Pi}\right)$$

ist für jedes k

$$
(44)\quad \left\{\begin{aligned} &\prod_{n=-k}^{n=+k}{}'\left(1-\frac{u}{\alpha+n\Pi}\right)\\ &=\prod_{n=-k}^{n=+k}{}'\left(1-\frac{u-\alpha}{n\Pi}\right):\prod_{n=-k}^{n=+k}{}'\left(1+\frac{\alpha}{n\Pi}\right)\end{aligned}\right.
$$

und daher auf Grund der Definition (9):

$$
(45)\qquad \frac{o(u-\alpha)}{o(-\alpha)}=\lim_{k=\infty}\left\{\prod_{n=-k}^{n=+k}\left(1-\frac{u}{\alpha+n\Pi}\right)\right\}.
$$

Eine besondere Eigenschaft.

26. *Wenn die Variable u in der Weise ins Unendliche geht, daß der reelle Bestandteil der Größe*

$$
v'+iv''=\frac{u'+iu''}{\Pi'+i\Pi''}
$$

innerhalb endlicher Grenzen variiert, während die Größe v'' positive oder negative unendlich große Werte annimmt, so strebt die Funktion $o(u,\Pi)$ in beiden Fällen einem unendlich großen Grenzwerte zu.

Wir unterlassen es, diesen Satz zu beweisen, da wir keinen Gebrauch von ihm machen werden. Seine Richtigkeit wird sich mittelbar im nächsten Kapitel, Nr. 38 ergeben, wo der Zusammenhang der Funktion $o(u)$ mit der Exponentialfunktion aufgedeckt werden wird.

Viertes Kapitel.

Grundzüge einer allgemeinen Theorie der einfach periodischen Funktionen.

Einleitung.

27. Die im zweiten und dritten Kapitel behandelten analytischen Ausdrücke umfassen die gesamte Theorie der trigonometrischen Funktionen. Die wichtigste Eigenschaft der Funktionen $\xi_h(u)$ und $o(u)$, welche wir aus ihren Darstellungsformen ablesen konnten, war die

Periodizität. Indem wir den Begriff der Periodizität entwickeln und die Resultate mit den analytischen Ausdrücken jener Funktionen in Verbindung bringen, werden wir die volle Bedeutung des in den vorhergehenden Kapiteln niedergelegten Formelmaterials ans Licht setzen können.

Erste Hälfte: Arithmetische Betrachtungen über Kongruenzen komplexer Zahlen.

Definition der Kongruenz.

28. Es seien

$$\left\{\begin{aligned} \Pi &= \Pi' + i\,\Pi'' \\ \theta &= \theta' + i\,\theta'' \end{aligned}\right. \tag{1}$$

zwei komplexe Größen, deren Quotient keine reelle Zahl sein soll. Da

$$\left\{\begin{aligned} \frac{\Pi}{\theta} &= \frac{(\Pi' + i\,\Pi'')(\theta' - i\,\theta'')}{\theta'^2 + \theta''^2} \\ &= \frac{\Pi'\theta' + \Pi''\theta''}{\theta'^2 + \theta''^2} - i\,\frac{\Pi'\theta'' - \Pi''\theta'}{\theta'^2 + \theta''^2} \end{aligned}\right. \tag{2}$$

ist, so muß notwendig die Größe

$$\Delta = \Pi'\theta'' - \Pi''\theta', \tag{3}$$

welche wir das Moment der Größen Π, θ nennen, von Null verschieden sein, damit der imaginäre Bestandteil des Quotienten $\frac{\Pi}{\theta}$ nicht verschwindet; umgekehrt kann man schließen: wenn Δ eine nicht verschwindende positive oder negative Zahl ist, so hat der Quotient $\frac{\Pi}{\theta}$ einen nicht verschwindenden negativen oder positiven Bestandteil.

Jeder komplexe Wert $u = u' + i\,u''$ läßt sich linear und homogen mit reellen Koeffizienten a, b durch zwei gegebene komplexe Größen Π, θ von nicht verschwindendem Momente ausdrücken; denn die Gleichung

$$u = a\,\Pi + b\,\theta \tag{4}$$

ist befriedigt, wenn die beiden reellen Gleichungen

$$(5)\qquad \begin{cases} u' = a\Pi' + b\theta' \\ u'' = a\Pi'' + b\theta'' \end{cases}$$

es sind; notwendige und hinreichende Bedingung für deren Auflösbarkeit ist aber, daß ihre Determinante, welche nichts anderes ist als das Moment Δ der Größen Π, θ, von Null verschieden sei.

Jede reelle Zahl läßt sich schreiben als Summe einer positiven oder negativen ganzen Zahl und einer positiven Zahl, welche kleiner als die Einheit ist; also

$$a = \alpha + m\,,\quad b = \beta + n\,,\qquad (0 \leqq \alpha < 1\,,\quad 0 \leqq \beta < 1)$$

worin m und n irgendwelche positive oder negative ganze Zahlen bedeuten; wir können daher der Gleichung (4) eine der beiden Formen

$$(4\text{a})\qquad u = \alpha\Pi + b\theta + m\Pi \qquad (0 \leqq \alpha < 1)$$

oder

$$(4\text{b})\qquad u = \alpha\Pi + \beta\theta + m\Pi + n\theta \qquad (0 \leqq \alpha < 1\,,\quad 0 \leqq \beta < 1)$$

geben, von denen uns die erste sogleich, die zweite in einem späteren Abschnitte nützlich sein wird. Eine dritte Form der Darstellung, deren Möglichdeit man unmittelbar einsieht, wäre

$$(4\text{c})\qquad u = \gamma\Pi + \delta\theta + m\Pi + n\theta\,.$$

$$(-\tfrac{1}{2} < \gamma \leqq +\tfrac{1}{2}\,,\quad -\tfrac{1}{2} < \delta \leqq +\tfrac{1}{2})$$

Die Differenz zweier komplexer Größen u und u_0 ist selbst eine komplexe Größe und daher in jeder der Formen (4), (4a), (4b), (4c) darstellbar; wir haben also für zwei ganz beliebige komplexe Größen u, u_0 stets eine Beziehung

$$(6)\qquad u = u_0 + a\Pi + b\theta\,.$$

Betrachten wir in dieser Gleichung u_0, Π, θ als unveränderliche komplexe Größen, a und b als unbeschränkt variable reelle Größen, so nimmt u jeden beliebigen komplexen Wert an. Auch alle unendlich großen Werte von u sind in den Formen (4) bzw. (6) enthalten, wenn die reellen Zahlen a, b einzeln oder gleichzeitig auf alle möglichen Arten ins Unendliche wachsen.

Zwei u-Werte u_1, u_2, welche sich um ganzzahlige Vielfache einer komplexen Größe Π unterscheiden, heißen **kongruent nach dem Modul** Π, oder, wenn der Modul nicht zweifelhaft sein kann, schlechtweg **kongruent**. Indem wir die Null unter die ganzzahligen Vielfachen von Π rechnen $(0 = 0 \cdot \Pi)$, können wir sagen:

Jede komplexe Zahl ist sich selbst nach jedem Modul kongruent.

Wir bezeichnen die Kongruenz mit dem in der Zahlentheorie gebräuchlichen Gaußschen Zeichen

$$u_1 \equiv u_2 \pmod{\Pi}, \tag{7}$$

oder, wenn sich der Modul aus dem Zusammenhang ergibt, schlechtweg

$$u_1 \equiv u_2 . \tag{7a}$$

Nach (4a) ist jeder beliebige u-Wert einem Werte $\alpha\Pi + b\theta$ nach dem Modul Π kongruent; dabei bedeutet wiederum α einen positiven echten Bruch, b eine positive oder negative reelle Zahl und θ eine komplexe Größe, welche der Bedingung $\Delta \neq 0$ genügen muß [vgl. (3)], sonst aber beliebig ist. Wir haben also:

$$u \equiv \alpha\Pi + b\theta \pmod{\Pi}. \tag{8}$$

Genau in derselben Weise läßt sich die Gleichung (6) als Kongruenz nach dem Modul Π schreiben:

$$u \equiv u_0 + \alpha\Pi + b\theta \pmod{\Pi}. \tag{9}$$

Im besonderen ist jeder unendlich große Wert von u einem von den Werten u kongruent, welche wir erhalten, wenn wir in dem Ausdrucke $\alpha\Pi + b\theta$ oder $u_0 + \alpha\Pi + b\theta$ die Größe α alle positiven Werte zwischen Null und 1, die Größe b alle positiven und negativen reellen Werte durchlaufen lassen.

Repräsentation in der Zahlenebene. — Kongruenzenstreifen.

29. Indem wir die komplexen Größen in bekannter Weise durch Punkte der Gaußschen Zahlenebene repräsentieren, oder auch durch die Länge und Richtung der Verbindungsstrecken (Vektoren) zwischen diesen Punkten und einem willkürlich gewählten Anfangspunkte, können wir allen in der vorhergehenden Nummer erwähnten arithmetischen Beziehungen eine anschauliche Bedeutung geben.

Zwei komplexe Größen, deren Quotient eine reelle Zahl ist, werden durch zwei in dieselbe Gerade fallende Strecken dargestellt.

Zwei komplexe Größen mit nicht verschwindendem Moment sind durch Strecken verschiedener Richtung dargestellt, und zwar ist der absolute Betrag des Momentes gleich dem doppelten Inhalt des von beiden Strecken eingeschlossenen Dreiecks. Wenn der Übergang aus der Richtung von Π in die Richtung von θ durch eine Drehung um einen Winkel von weniger als 180° bewirkt wird, welche gleichsinnig ist mit der Drehung, welche von der Halbachse der reellen positiven Zahlen zu der Halbachse der positiv imaginären Zahlen überleitet, so ist das Moment (3) positiv, im anderen Falle negativ.

Die in (4) gegebene Darstellung besagt, daß jede vom Anfangspunkt der Zahlenebene aus gezogene Strecke aufgefaßt werden kann als Diagonale eines Parallelogramms, dessen zwei im Anfangspunkt zusammenstoßende Seiten in die Richtungen von Π und θ fallen. Die Bedeutung der Formeln (4a), (4b), (4c) ist hiernach ohne weiteres klar. Um zu einer geometrischen Interpretation von (6) zu gelangen, braucht man nur den Anfangspunkt der Achsen in den Punkt u_0 zu verlegen.

Die Bildpunkte zweier kongruenter u-Werte heißen kongruente Punkte; die Verbindungsstrecke zweier nach dem Modul Π kongruenter Punkte ist parallel der Richtung von Π und der Länge nach gleich einem ganzzahligen Vielfachen der Strecke Π.

Wenn wir in dem Ausdruck $a\Pi + b\theta$ den Koeffizienten a zwischen 0 und +1, b aber unbeschränkt (reell) variieren lassen, so umfaßt er alle Punkte innerhalb eines Streifens der u-Ebene, dessen Begrenzung gebildet wird von zwei durch die Punkte 0 und Π gelegten, zu der Größe θ parallelen Geraden. Einen solchen Streifen nennen wir einen geradlinigen Kongruenzenstreifen für den Modul Π. Statt durch die Punkte 0 und Π können die begrenzenden Geraden auch durch zwei beliebige kongruente Punkte u_0 und $u_0 + \Pi$ gezogen werden; die Punkte im Innern des Streifens sind alsdann die Bildpunkte der in dem Ausdruck $u_0 + \alpha \Pi + b \theta$ enthaltenen Werte von u. Die Formeln (8) und (9) besagen:

Jeder Punkt der Ebene ist einem Punkte kongruent, welcher im Innern oder auf einer der Begrenzungsgeraden eines beliebigen Kongruenzenstreifens gelegen ist. Im besonderen ist jeder unendlich ferne Punkt einem solchen Punkte kongruent.

Die Punkte, zu welchen wir gelangen, indem wir auf einer zu den Begrenzungslinien parallelen Geraden im Innern des Kongruenzenstreifens oder auch auf einer der Begrenzungslinien nach der einen oder der anderen Richtung ins Unendliche gehen, spielen bei Untersuchungen, in denen kongruente Punkte einander vertreten können, die Rolle der wirklichen unendlich fernen Punkte.

Zur Vereinfachung der Ausdrucksweise wollen wir ein für alle Male die eine der beiden Begrenzungslinien (etwa die dem Werte $\alpha = 0$ entsprechende) zu dem Kongruenzenstreifen rechnen, während die andere, da sie nur Punkte enthält, die den Punkten der ersten Begrenzungslinie kongruent sind, nicht mehr als zu dem Streifen gehörig betrachtet werden soll. Bei dieser Festsetzung können wir den oben angeführten Satz einfach so formulieren:

Jeder Punkt der Ebene ist einem Punkte eines beliebigen Kongruenzenstreifens kongruent.

Wir hätten eigentlich sagen sollen: „eines beliebigen geradlinigen Kongruenzenstreifens"; doch lehrt eine Betrachtung (welche wir hier übergehen), daß auch krumme Linien als Begrenzungslinien eines Kongruenzenstreifens gewählt werden dürfen, wenn nur die Bedingung hinzugefügt wird, daß eine Begrenzungslinie nicht durch zwei kongruente Punkte hindurchgehen, also auch nicht sich selbst schneiden darf.

Wir können die ganze Zahlenebene lückenlos mit Kongruenzenstreifen überdecken, indem wir parallele Begrenzungslinien durch alle Punkte der Menge $u_0 \pm m \Pi$ $(m = 0, 1, 2, \ldots)$ hindurchlegen.

Sätze über komplexe Größen, welche in reellem Verhältnis zueinander stehen.

30. *Wenn zwei komplexe Größen Π_1 und Π_2 in einem rationalen Verhältnisse stehen, ohne daß jedoch die eine ein* *ganzzahliges Vielfaches der anderen wäre, so gibt es eine komplexe Größe* Π_3, *welche sich linear und homogen mit ganzzahligen Koeffizienten durch* Π_1 *und* Π_2 *ausdrücken läßt, während gleichzeitig* Π_1 *und* Π_2 *ganzzahlige Vielfache von* Π_3 *sind.*

Beweis: Sei

(10) $$\Pi_1 : \Pi_2 = p_1 : p_2 ,$$

wo p_1 und p_2 teilerfremde ganze Zahlen bezeichnen; nach einem Satze der Zahlentheorie gibt es dann stets zwei ebenfalls teilerfremde ganze Zahlen k_1, k_2, so daß

(11) $$k_1 p_1 + k_2 p_2 = 1 .$$

Bezeichnen wir nun die Größe $\frac{\Pi_1}{p_1} = \frac{\Pi_2}{p_2}$ mit Π_3, so ist

(12) $$k_1 \Pi_1 + k_2 \Pi_2 = (k_1 p_1 + k_2 p_2) \Pi_3 = \Pi_3$$

(13) $$\Pi_1 = p_1 \Pi_3 , \quad \Pi_2 = p_2 \Pi_3 .$$

Der hiermit bewiesene Satz läßt sich in folgender Weise verallgemeinern:

Wenn m komplexe Größen $\Pi_1, \Pi_2, \ldots, \Pi_m$ *zueinander in rationalem Verhältnisse stehen:*

(14) $$\Pi_1 : \Pi_2 : \ldots : \Pi_m = p_1 : p_2 : \ldots : p_m ,$$

so lassen sie sich sämtlich als ganzzahlige Vielfache einer einzigen Größe Π_{m+1} *darstellen, welche selbst als lineare homogene Funktion mit ganzzahligen Koeffizienten der m Größen* $\Pi_1, \Pi_2, \ldots, \Pi_m$ *ausgedrückt werden kann.*

Es möge dem Leser überlassen bleiben, diesen Satz durch vollständige Induktion zu beweisen.

Wenn zwei komplexe Größen Π_1, Π_2 *in einem reellen aber irrationalen Verhältnisse stehen, so gibt es eine mit ganzzahligen Koeffizienten gebildete lineare homogene Funktion von* Π_1 *und* Π_2, *deren Modul kleiner ist als eine beliebig vorgeschriebene positive Zahl, wie klein diese auch gewählt sein mag.*

Beweis: Wir wollen annehmen, daß

(15) $$|\Pi_1| > |\Pi_2|$$

und setzen

(16) $$\Pi_1 : \Pi_2 = 1 : r ,$$

so daß also r eine reelle Zahl bedeutet und $|r| < 1$ ist.

Wir können nun eine unbegrenzte Reihe von reellen irrationalen Zahlen $r_1, r_2, r_3, \ldots, r_n, \ldots$, die dem absoluten Betrage nach alle kleiner als $\frac{1}{2}$ sein sollen, aus dem unendlichen Algorithmus

$$(17)\quad \begin{cases} \frac{1}{r} = g_1 + r_1\,, \quad \frac{1}{r_1} = g_2 + r_2\,, \quad \frac{1}{r_2} = g_3 + r_3\,, \ldots, \\ \qquad\qquad \frac{1}{r_{n-2}} = g_{n-1} + r_{n-1}\,, \ldots \end{cases}$$

bestimmen, worin mit $g_1, g_2, g_3, \ldots, g_{n-1}, \ldots$ positive oder negative ganze Zahlen bezeichnet sind. Setzen wir nun

$$(18)\quad \Pi_3 = r_1 \Pi_2\,, \quad \Pi_4 = r_2 \Pi_3\,, \quad \ldots, \quad \Pi_n = r_{n-2} \Pi_{n-1}\,,$$

so drücken sich sämtliche Größen $\Pi_3, \Pi_4, \ldots, \Pi_n$ linear und homogen mit ganzzahligen Koeffizienten durch Π_1 und Π_2 aus, z. B.

$$(19)\quad \begin{cases} \Pi_3 = \Pi_1 - g_1 \Pi_2 \\ \Pi_4 = \Pi_2 - g_2 \Pi_3 = -g_2 \Pi_1 + (1 + g_1 g_2) \Pi_2\,; \end{cases}$$

andererseits ist

$$(20)\quad |\Pi_3| < \tfrac{1}{2} |\Pi_2|\,, \quad |\Pi_4| < \tfrac{1}{2} |\Pi_3|\,,$$

$$(21)\quad |\Pi_n| < \frac{1}{2^{n-2}} |\Pi_2|\,.$$

Wir brauchen also nur n hinreichend groß zu wählen, d. h. den Algorithmus (17) hinreichend weit fortzusetzen, um zu einer Größe Π_n zu gelangen, deren Modul unterhalb einer beliebig angenommenen positiven Zahl liegt, wie klein diese auch sein mag.

Damit ist unser Satz bewiesen.

Zweite Hälfte: Funktionentheoretische Betrachtungen.

Definition der Periodizität und erste Folgerungen.

31. Wenn eine Funktion der Funktionalgleichung

$$(22)\quad f(u + \Pi) = f(u)$$

genügt, d. h. wenn sie bei Vermehrung des Arguments um die Größe Π ihren Wert nicht ändert, so heißt sie periodisch; die Konstante Π ist eine Periode der Funktion $f(u)$.

Durch wiederholte Anwendung der Funktionalgleichung (22) erhält man:

$$f(u \pm m\Pi) = f(u), \qquad (m = 1, 2, 3, \ldots) \tag{23}$$

d. h. die Funktion $f(u)$ nimmt für alle Werte von u, welche nach dem Modul Π einander kongruent sind (in allen kongruenten Punkten), denselben Wert an. — Ferner folgt aus (23):

Jedes positive oder negative ganzzahlige Vielfache einer Periode ist wieder eine Periode.

Aus dem Begriff der Periodizität ergibt sich unmittelbar die Tatsache:

Wenn $f(u)$ die Periode Π besitzt, so muß die Funktion

$$\varphi(u) = f(au + b), \quad wo \quad a = \text{konst.} \neq 0, \quad b = \text{konst.}$$

die Periode $\dfrac{\Pi}{a}$ besitzen.

Wird die Funktionalgleichung (22) nach u differentiiert, so liefert sie den Satz:

Jede Periode einer Funktion $f(u)$ ist zugleich eine Periode ihrer sämtlichen Ableitungen.

Wir können ferner beweisen:

Die Potenzreihenentwickelungen einer periodischen Funktion in zwei kongruenten Punkten haben gleiche Koeffizienten und gleichen Konvergenzradius.

Es sei nämlich die Entwickelung der Funktion $f(u)$ im Punkte u_0 gegeben in der Form

$$\left\{\begin{aligned} f(u) &= \frac{A_{-k}}{(u-u_0)^k} + \cdots + \frac{A_{-1}}{(u-u_0)} \\ &+ A_0 + A_1(u-u_0) + A_2(u-u_0)^2 + \cdots; \end{aligned}\right. \tag{24}$$

ihr Konvergenzradius sei r.

Führen wir nun die Bezeichnungen ein:

$$\bar{u} = u + m\Pi, \quad \bar{u}_0 = u_0 + m\Pi, \tag{25}$$

so ist

$$\bar{u} - \bar{u}_0 = u - u_0$$

und, wegen der vorausgesetzten Periodizität von $f(u)$

$$f(\bar{u}) = f(u);$$

wir können daher die obige Entwickelung auch so schreiben:

$$f(\bar{u}) = \frac{A_{-k}}{(\bar{u} - \bar{u}_0)^k} + \dots + \frac{A_{-1}}{(\bar{u} - \bar{u}_0)}$$
$$+ A_0 + A_1(\bar{u} - \bar{u}_0) + A_2(\bar{u} - \bar{u}_0)^2 + \dots;$$

sie gilt in dieser Form für alle $\bar{u}$, welche der Bedingung genügen, daß

$$|\bar{u} - \bar{u}_0| < r;$$

wir dürfen nun den Strich über dem u wieder weglassen und schreiben

$$(26) \quad \begin{cases} f(u) = \dfrac{A_{-k}}{(u - \bar{u}_0)^k} + \dots + \dfrac{A_{-1}}{(u - \bar{u}_0)} \\ + A_0 + A_1(u - \bar{u}_0) + A_2(u - \bar{u}_0)^2 + \dots, \end{cases}$$

wenn wir nur für u die Bedingung festhalten:

$$(27) \qquad |u - \bar{u}_0| < r.$$

Hiermit ist die Richtigkeit unserer Behauptung dargetan.

Es gilt aber auch folgende Umkehrung:

Wenn die Entwickelung einer Funktion $f(u)$ nach Potenzen von $u - u_0$ dieselben Koeffizienten hat wie die Entwickelung nach Potenzen von $u - \bar{u}_0$, so ist die Differenz $\bar{u}_0 - u_0$ eine Periode der Funktion $f(u)$.

Seien (24) und (26) die beiden Entwickelungen, r der kleinste der beiden Konvergenzradien, welche wir von vornherein noch nicht als gleich ansehen wollen; aus (26) folgt:

$$f(u + \bar{u}_0 - u_0) = \frac{A_{-k}}{(u - u_0)^k} + \dots + \frac{A_{-1}}{(u - u_0)}$$
$$+ A_0 + A_1(u - u_0) + \dots,$$

gültig für $|u - u_0| < r$; innerhalb dieses Bereiches können wir also zunächst setzen

$$(28) \qquad f(u + \bar{u}_0 - u_0) = f(u);$$

durch analytische Fortsetzung läßt sich alsdann die unbeschränkte Gültigkeit dieser Identität beweisen.

Mehrere Perioden, welche in rationalem Verhältnis stehen.

32. Aus den Sätzen der Nr. 30 lassen sich unmittelbar die folgenden Resultate gewinnen:

Wenn eine Funktion $f(u)$ zwei Perioden Π_1 und Π_2 besitzt, welche in einem rationalen Verhältnisse stehen, ohne daß jedoch die eine ein Vielfaches der anderen wäre, so gibt es eine Periode Π_3 der Funktion $f(u)$, von welcher Π_1 und Π_2 ganzzahlige Vielfache sind.

Wenn eine Funktion $f(u)$ zwei Perioden Π_1 und Π_2 besitzt, deren Quotient reell, aber irrational ist, so besitzt sie eine Periode von beliebig kleinem Modul.

Eine meromorphe Funktion kann nicht zwei Perioden besitzen, welche in einem reellen irrationalen Verhältnisse stehen.

Denn da die Punkte, in welchen eine meromorphe Funktion denselben Wert annimmt, stets voneinander isoliert sind, so kann sie keine unendlich kleine Periode besitzen.

Einfach periodische Funktionen. — Elementarperioden. — Periodenstreifen.

33. In diesem Buche wird nur von unbeschränkt meromorphen periodischen Funktionen die Rede sein (vgl. S. 38, Fußnote). Wenn wir nun unter dieser Einschränkung die Existenz mehrerer Perioden diskutieren wollen, welche sich nicht als ganzzahlige Vielfache einer einzigen Periode darstellen, so müssen wir die Quotienten der Perioden als komplexe Größen mit nicht verschwindendem imaginären Bestandteil annehmen. Die hierbei sich bietenden Möglichkeiten sollen im siebenten Kapitel auseinandergesetzt werden.

Zunächst befassen wir uns mit der anderen, dem Begriff der meromorphen Funktion nicht widerstreitenden Möglichkeit, daß sämtliche Perioden aus einer einzigen Periode Π durch Multiplikation mit ganzen positiven oder negativen Zahlen erhalten werden. Eine Funktion, für welche diese Voraussetzung zutrifft, nennen wir einfach periodisch mit der Elementarperiode Π.

Der Modul der Elementarperiode ist offenbar kleiner als der Modul irgend einer anderen aus ihr abgeleiteten Periode.

Die Kongruenzenstreifen für den Modul Π heißen mit Beziehung auf eine Funktion, welche die Periode Π besitzt, Periodenstreifen, und zwar Elementarperiodenstreifen, wenn Π Elementarperiode ist, und diese Tatsache durch die Benennung hervorgehoben werden soll.

Der Elementarperiodenstreifen hat geringere Breite als jeder andere Periodenstreifen für dieselbe Funktion.

Aus dem Begriff der Periodizität folgt unmittelbar: *Eine periodische Funktion nimmt alle Werte, die sie überhaupt annehmen kann, innerhalb jedes Periodenstreifens an.*

Da nun eine unbeschränkt meromorphe Funktion den Wert ∞ und auch jeden endlichen Wert mindestens einmal erreichen muß*), so können wir den Satz aussprechen: *Eine unbeschränkt meromorphe periodische Funktion nimmt den Wert ∞ und auch jeden endlichen Wert mindestens einmal innerhalb jedes Periodenstreifens an.*

Auf Grund der Formel (8) dieses Kapitels und der von ihr gegebenen Interpretation können wir den Schluß ziehen:

Eine periodische Funktion $f(u)$ nimmt für $u = \infty$ jeden Wert an, den sie irgendwo innerhalb eines beliebigen Periodenstreifens annimmt.

Diese Bemerkung führt, in Verbindung mit dem zuletzt ausgesprochenen Satze, zu dem Ergebnis: *Eine periodische Funktion, welche unbeschränkt meromorph ist, nimmt für $u = \infty$ den Wert ∞ und auch jeden endlichen Wert an; sie kann daher in dem Punkte $u = \infty$ selbst nicht meromorph, also im besonderen keine rationale Funktion sein.*

Polarisierte Funktionen.

34. Unter den Werten, welche eine periodische Funktion $f(u)$ innerhalb des Periodenstreifens annimmt, sind diejenigen von besonderer Wichtigkeit, welche wir erhalten, indem wir die Variable u innerhalb des Periodenstreifens ins Unendliche wandern lassen. Der Einfachheit halber

---

*) Es gibt allerdings Werte (nach dem Picardschen Satze höchstens zwei), welchen die Funktion nur unbegrenzt nahe kommt. Diese Werte wollen wir hier und im folgenden mit einbegreifen.

beschränken wir uns auf die Betrachtung von Periodenstreifen, deren Begrenzung von geraden Linien gebildet wird. Wir stützen uns also auf die Formeln (8) bzw. (9) dieses Kapitels und erteilen der darin auftretenden Konstanten b unbegrenzt wachsende positive oder negative Werte. Die Größe θ in jenen Formeln ist nur der einen Bedingung unterworfen, daß ihre Richtung nicht mit der Richtung von Π zusammenfallen darf (Moment $\Delta \neq 0$), der Buchstabe α bezeichnet einen beliebigen positiven echten Bruch. Wird der Wert von α festgehalten, während b über alle Grenzen wächst, so rückt die Variable u auf einer zu den Begrenzungslinien des Periodenstreifens parallelen Geraden in die Unendlichkeit; um den allgemeinen Fall zu erhalten, müssen wir zulassen, daß α zwischen den Grenzen 0 und 1 variiert, während b wächst.

Wenn unter den angegebenen Verhältnissen der Ausdruck

$$f(\alpha \Pi + b\,\theta) \tag{29}$$

für $b = +\infty$ und für $b = -\infty$ gegen bestimmte endliche oder unendlich große Werte konvergiert, so bezeichnen wir diese als die Polarwerte*) der Funktion $f(u)$, und zwar unterscheiden wir einen nördlichen*) und einen südlichen*) Polarwert. Diese Terminologie beruht auf folgender Vorstellung: Wenn die Richtung der Periode Π als Richtung von Westen nach Osten angesehen wird, so wandert die Variable u entweder in der nördlichen oder in der südlichen Halbebene nach der Unendlichkeit. Liegt die Richtung von θ zu der Richtung von Π wie die Richtung von Süden nach Norden zu der Richtung von Westen nach Osten, so erhalten wir den nördlichen Polarwert für $\lim b = +\infty$, den südlichen für $\lim b = -\infty$. Liegt aber die Richtung von θ zu der Richtung von Π wie die Richtung von Norden nach Süden zu der Richtung von Westen nach Osten, so erhalten wir den nördlichen Polarwert für $\lim b = -\infty$, den südlichen für $\lim b = +\infty$. Der erste dieser beiden Fälle tritt ein, wenn das Moment $\Delta = \Pi'\theta'' - \theta'\Pi''$ positiv ist, der zweite, wenn das Mo-

*) Anmerkung. Die Benennungen sind von Méray angegeben worden (Leçons nouvelles sur l'analyse infinitesimale, tome II, no. 264. Paris 1895).

ment Δ negativ ist (vgl. Nr. 29). In jedem Falle bezeichnet also der Grenzwert des Ausdruckes (29) den nördlichen Polarwert dann, wenn das Produkt

$$\Delta \cdot \lim b = +\infty \tag{30}$$

ist, den südlichen Polarwert dagegen, wenn

$$\Delta \cdot \lim b = -\infty \tag{31}$$

ist. Erinnern wir uns an die Formeln (2), (3) dieses Kapitels, so können wir die beiden Fälle auch so unterscheiden:

Je nachdem der Quotient $\frac{b\theta}{\Pi}$ für hinreichend großes $|b|$ stets positiven oder negativen imaginären Bestandteil hat, strebt der Ausdruck (29) dem nördlichen oder dem südlichen Polarwerte der Funktion $f(u)$ zu.

Eine einfach periodische Funktion, welche in beiden Richtungen Polarwerte besitzt, heißt polarisiert.

Die nachstehende Fig. 4 bringt die Lagenverhältnisse für positives und negatives Δ zur Anschauung.

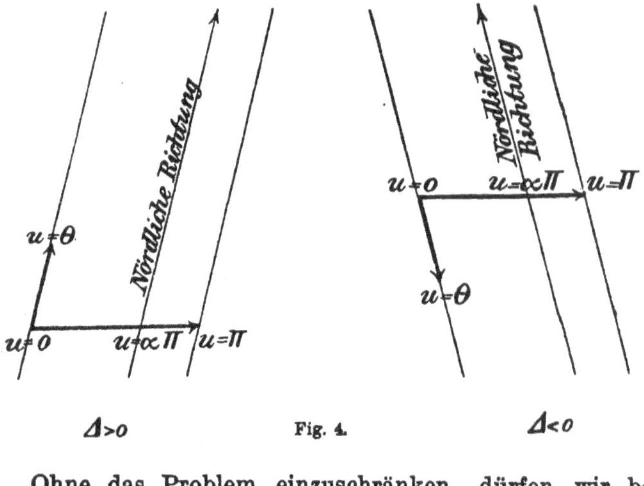

Fig. 4.

Ohne das Problem einzuschränken, dürfen wir bei Untersuchung der Polarwerte stets annehmen, daß die Richtung von θ senkrecht zu der Richtung der Periode Π stehe. Ist nämlich der Vektor θ schief gegen den Vektor Π

gerichtet, so können wir stets zwei reelle Zahlen γ, δ so bestimmen, daß

$$\theta = \gamma \Pi + \delta \mathsf{H}$$

ist, worin H eine komplexe Größe bezeichnet, deren Richtung senkrecht zu der Richtung von Π steht (vgl. Fig. 5); die Formel (8) geht dann über in:

$$u \equiv (\alpha + b\gamma)\Pi + b\delta \mathsf{H} \quad (\operatorname{mod} \Pi).$$

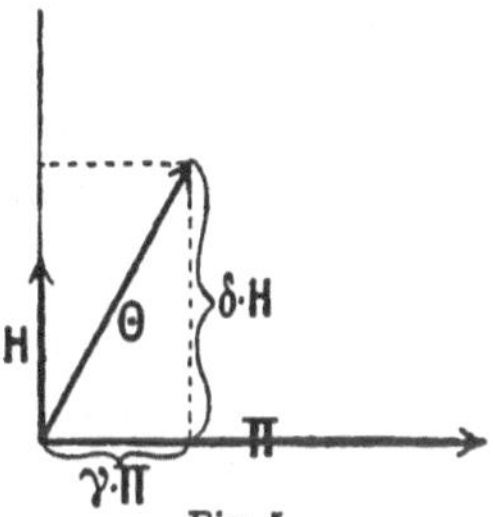

Fig. 5.

Da nur die Kongruenz nach dem Modul Π in Frage kommt, so können wir den Koeffizienten $\alpha + b\gamma$ stets durch eine reelle Zahl α' ersetzen, welche zwischen 0 und 1 liegt und innerhalb dieser Grenzen variiert, während b über alle Grenzen wächst.

Polarwerte der Funktionen e^u, $\mathfrak{s}\mathfrak{n}(u)$, $o(u)$.

35. Die Polarwerte der Exponentialfunktion $f(u) = e^u$, welche die Periode $\Pi = 2\pi i$ besitzt, erhalten wir, indem wir in dem Ausdruck

$$e^{2\alpha\pi i + b\theta} = e^{(2\alpha\pi + b\theta'')i} \cdot e^{b\theta'}$$

(worin θ' von Null verschieden sein muß, da sonst das Moment der Größen θ und $\Pi = 2\pi i$ gleich Null wäre) die reelle Zahl b positiv oder negativ unendlich werden lassen; da θ' positiv angenommen wird, so erhalten wir im ersten Falle den südlichen, im zweiten Falle den nördlichen Polarwert; denn

$$\frac{b\theta}{\Pi} = \frac{b(\theta' + i\theta'')}{2\pi i} = \frac{b\theta''}{2\pi} - \frac{b\theta'}{2\pi} i.$$

Nun ist der absolute Betrag von $e^{(2\alpha\pi + b\theta'')i}$ für jeden Wert von α und auch für unendlich große Werte von $b\theta''$ gleich 1, die reelle Größe $e^{b\theta'}$ aber gleich ∞ für $b\theta' = +\infty$, gleich 0 für $b\theta' = -\infty$; sonach ist für e^u

der nördliche Polarwert gleich Null,

der südliche Polarwert gleich ∞.

Nach dem Satze Nr. 17 sind die Funktionen $\xi_h(u)$ sämtlich polarisiert, und zwar ist für $\xi_1(u)$

der nördliche Polarwert gleich $-\pi i$,

der südliche Polarwert gleich $+\pi i$,

während für alle $\xi_h(u)$ $(h > 1)$ beide Polarwerte gleich Null sind.

Die Funktion $o(u)$ ist nach Satz Nr. 26 gleichfalls polarisiert, ihre beiden Polarwerte sind unendlich.

Darstellung meromorpher, einfach periodischer, polarisierter Funktionen mit Hilfe der Exponentialfunktion.

36. *Jede rationale Funktion $R(e^{au})$ der Exponentialfunktion e^{au} ist einfach periodisch und polarisiert.*

Beweis: Daß die Funktion R die Periode der Exponentialfunktion besitzen muß, ist klar; daß sie keine andere Periode als diese besitzen kann, folgt aus der bekannten Eigenschaft einer rationalen Funktion $R(w)$, nur für eine endliche Anzahl verschiedener w denselben Wert annehmen zu können. Eine rationale Funktion $R(w)$ nimmt ferner für jeden endlichen Wert von w und für $w = \infty$ einen bestimmten Wert (eventuell den Wert ∞) an, also auch für die beiden Polarwerte (vgl. Nr. 35) 0 und ∞ der Exponentialfunktion; die Werte $R(0)$ und $R(\infty)$ sind aber nichts anderes als der nördliche und südliche Polarwert der Funktion $R(e^{au})$.

Die Exponentialfunktion nimmt jeden Wert w einmal und nur einmal innerhalb eines Elementarperiodenstreifens an. Eine rationale Funktion $R(w)$ nimmt jeden Wert A genau m-mal an, wenn m die Ordnung der rationalen Funktion ist.

Aus diesen beiden Tatsachen kombinieren wir den Satz: *Eine aus der Exponentialfunktion e^{au} rational zusammengesetzte einfach periodische Funktion $R(e^{au})$ nimmt jeden endlichen Wert und den Wert ∞ innerhalb des Periodenstreifens gleich oft an, und zwar m-mal innerhalb des Elementarperiodenstreifens, wenn m die Ordnung der rationalen Funktion $R(w)$ bezeichnet. Diese Zahl m heißt die Ordnung der einfach periodischen Funktion $R(e^{au})$.*

Nun gilt aber auch die folgende Umkehrung des ersten Satzes dieser Nummer:

Jede überall im Endlichen meromorphe, einfach periodische, in beiden Richtungen polarisierte Funktion $f(u)$ mit der Periode Π ist eine rationale Funktion der Exponentialgröße $e^{2\pi i u/\Pi}$.

Beweis: Wir setzen

$$t = e^{2\pi i u/\Pi}, \qquad \tau = e^{2\pi i a/\Pi}. \tag{32}$$

Alle Werte von u, für welche t einen bestimmten Wert annimmt, unterscheiden sich voneinander um ganzzahlige Vielfache von Π; für alle diese Werte von u hat aber die Funktion $f(u)$ ebenfalls nur einen einzigen Wert; daher ist $f(u)$ jedenfalls eine eindeutige Funktion von t, welche wir mit $\Phi(t)$ bezeichnen wollen.

Für jedes endliche u ist:

$$t - \tau = e^{\frac{2\pi i a}{\Pi}}\left(e^{\frac{2\pi i(u-a)}{\Pi}} - 1\right),$$

$$t - \tau = (u - a)\left(c_0 + c_1(u - a) + \ldots\right),$$

worin

$$c_0 = \frac{2\pi i}{\Pi}\tau, \qquad c_1 = -\frac{4\pi^2}{\Pi^2}\,\frac{\tau}{2!}, \qquad \ldots;$$

hieraus folgt durch Umkehrung der Potenzreihenentwickelung:

$$u - a = (t - \tau)\left(d_0 + d_1(t - \tau) + \ldots\right). \qquad (d_0 \neq 0)$$

Es muß daher $\Phi(t)$ meromorph sein in der Umgebung aller Werte t, welche zu endlichen Werten von u gehören, und wenn $f(u)$, als Funktion von u, in $u = a$ einen Nullpunkt oder Pol m-ter Ordnung besitzt, so muß auch $\Phi(t)$ einen Nullpunkt oder Pol m-ter Ordnung in $t = \tau$ besitzen.

Nach der Theorie der Exponentialfunktion nimmt die Größe t innerhalb eines Periodenstreifens der u-Ebene alle denkbaren Werte an, wenn wir die Polarwerte mitrechnen. Die beiden Polarwerte der Funktion $t = e^{2\pi i u/\Pi}$ sind aber $t = 0$ und $t = \infty$ (vgl. Nr. 35); für sie muß die Funktion $\Phi(t)$ bestimmte Werte annehmen, da, nach Voraussetzung, $f(u)$ in beiden Richtungen polarisiert ist. Daraus schließen wir nun, daß $\Phi(t)$ auch in der Umgebung der Punkte $t = 0$ und $t = \infty$ (der einzigen Punkte, welche vorhin ausgeschlossen waren) eine meromorphe Funktion sein muß. Die Funktion $\Phi(t)$ hat also diese Eigenschaft für jeden Wert ihres Argumentes und ist daher notwendig eine rationale Funktion von t, womit unser Satz bewiesen ist.

Wir wollen dieses Resultat zunächst auf eine Funktion $\bar{f}(u)$ anwenden, welche nirgends im Endlichen einen Pol oder eine Nullstelle besitzt. Eine solche muß, wenn sie nicht in eine Konstante ausarten soll, die Werte 0 und ∞ als Polarwerte annehmen; sie muß daher, als Funktion von t betrachtet, für den einen der beiden Werte $t = 0$, $t = \infty$ Null, für den anderen unendlich groß werden. Da kein von Null verschiedener endlicher Wert von t eine Nullstelle oder einen Pol bezeichnen darf, so hat eine Funktion von der hier betrachteten besonderen Art jedenfalls die Form

$$\bar{f}(u) = C \cdot t^l = C \cdot e^{2\pi i l u / \Pi}, \tag{33}$$

worin l eine positive oder negative ganze Zahl oder Null, C eine Konstante bedeutet.

Gehen wir nun zu dem allgemeinen Falle über. Es handle sich darum, den analytischen Ausdruck für eine Funktion $f(u)$ zu konstruieren, welche in einem bestimmten Periodenstreifen die Nullpunkte

$$a_1, a_2, \ldots, a_\mu \tag{34}$$

mit den Ordnungszahlen

$$m_1, m_2, \ldots, m_\mu; \tag{35}$$

die Pole

$$b_1, b_2, \ldots, b_\nu \tag{36}$$

mit den Ordnungszahlen

$$n_1, n_2, \ldots, n_\nu \tag{37}$$

besitzt. Wir setzen

$$e^{2\pi i a_h / \Pi} = \tau_h, \qquad e^{2\pi i b_k / \Pi} = \bar{\tau}_k \tag{38}$$

$$(h = 1, 2, \ldots, \mu) \qquad (k = 1, 2, \ldots, \nu)$$

und

$$\Phi_1(t) = \frac{(t - \tau_1)^{m_1} \cdot (t - \tau_2)^{m_2} \cdot \ldots \cdot (t - \tau_\mu)^{m_\mu}}{(t - \bar{\tau}_1)^{n_1} \cdot (t - \bar{\tau}_2)^{n_2} \cdot \ldots \cdot (t - \bar{\tau}_\nu)^{n_\nu}}. \tag{39}$$

Wird dann wiederum die Funktion $f(u)$ als Funktion von t mit $\Phi(t)$ bezeichnet, so ist der Quotient $\Phi(t) : \Phi_1(t)$ offenbar eine rationale Funktion von t, welche für keinen von Null verschiedenen endlichen Wert von t verschwinden oder unendlich werden darf und daher die Form (33) haben muß. Folglich ist

$$(40)\qquad \Phi(t) = C \cdot t^l \frac{(t - \tau_1)^{m_1} \cdot (t - \tau_2)^{m_2} \cdot \ldots \cdot (t - \tau_\mu)^{m_\mu}}{(t - \bar{\tau}_1)^{n_1} \cdot (t - \bar{\tau}_2)^{n_2} \cdot \ldots \cdot (t - \tau_\nu)^{n_\nu}}$$

$$)\qquad f(u) = C \cdot e^{2\pi i l u / \Pi} \frac{(e^{2\pi i u / \Pi} - e^{2\pi i a_1 / \Pi}) \cdot \ldots \cdot (e^{2\pi i u / \Pi} - e^{2\pi i a_\mu / \Pi})}{(e^{2\pi i u / \Pi} - e^{2\pi i b_1 / \Pi}) \cdot \ldots \cdot (e^{2\pi i u / \Pi} - e^{2\pi i b_\nu / \Pi})}.$$

Dieser analytische Ausdruck lehrt uns, welche Stücke zur Bestimmung einer Funktion $f(u)$ willkürlich vorgeschrieben werden dürfen. Hat man die im Endlichen gelegenen Nullstellen und Pole durch die Angaben (34) bis (37) fixiert, so kann man jedenfalls den einen der beiden Polarwerte noch beliebig wählen; schreibt man als solchen eine endliche Größe vor, so ist nunmehr die Funktion $f(u)$ vollständig bestimmt und daher auch der zweite Polarwert festgelegt; verlangt man, daß der eine Polarwert 0 oder ∞ sein soll, so darf man zunächst noch die Ordnungszahl dieses Nullpunktes bzw. Poles vorschreiben, wodurch die Funktion $f(u)$ bis auf einen von u unabhängigen Faktor bestimmt wird; um auch diesen Faktor noch zu fixieren, kann man etwa den ersten Koeffizienten in der Reihenentwickelung nach Potenzen von t bzw. t^{-1} vorschreiben, welche das Verhalten der Funktion $\Phi(t)$ in der Umgebung der Stelle $t = 0$ bzw. $t = \infty$ charakterisiert.

Durch Verbindung des zuletzt bewiesenen Satzes (S. 71) mit dem vorhergehenden (S. 70) erhalten wir das wichtige Resultat:

Jede überall im Endlichen meromorphe, einfach periodische, in beiden Richtungen polarisierte Funktion nimmt innerhalb des Periodenstreifens jeden endlichen Wert ebensooft an als den Wert ∞. Die Anzahl der zu einem und demselben Funktionswert gehörigen Punkte innerhalb des Periodenstreifens heißt „Ordnung" der einfach-periodischen Funktion.

Ein mehrfacher Punkt ist dabei natürlich mit seiner Ordnungszahl in Rechnung zu bringen, d. h. ein k-facher Nullpunkt oder Pol vertritt k einfache Nullpunkte oder Pole. Die Polarwerte müssen unter die Funktionswerte gerechnet werden.

Algebraische Gleichungen zwischen Funktionen derselben Periode. Algebraische Differentialgleichungen erster Ordnung.

37. Wenn wir zwei Funktionen $f_1(u)$ und $f_2(u)$ rational durch die Exponentialfunktion $t = e^{2\pi i u / \Pi}$ ausgedrückt haben:

$$f_1(u) = r_1(t)\,, \qquad f_2(u) = r_2(t)\,, \tag{42}$$

so können wir t zwischen diesen beiden Gleichungen eliminieren und erhalten so eine algebraische Beziehung zwischen $f_1(u)$ und $f_2(u)$:

$$F(f_1(u)\,,\, f_2(u)) = 0\,; \tag{43}$$

daher der Satz:

Zwischen zwei überall im Endlichen meromorphen Funktionen, welche eine gemeinsame Periode Π und je zwei bestimmte Polarwerte besitzen, besteht eine algebraische Beziehung.

Im besonderen gilt dies für zwei Funktionen, von welchen eine die Ableitung der anderen ist, und wir haben daher ferner den wichtigen Satz:

Jede überall im Endlichen meromorphe periodische Funktion, welche in beiden Richtungen des Periodenstreifens polarisiert ist, genügt einer algebraischen Differentialgleichung erster Ordnung.

Zusammenhang der Funktionen $\xi_h(u)$ und $o(u)$ mit der Exponentialfunktion und den trigonometrischen Funktionen.

38. Wir wollen jetzt eine Anwendung der in Nr. 37 bewiesenen Sätze machen und die Funktion $\xi_1(u)$ als rationale Funktion $R(t)$ der Exponentialfunktion $t = e^{\frac{2\pi i u}{\Pi}}$ darstellen.

Allen Polen der Funktion $\xi_1(u)$, d. h. allen Werten $u = \pm \nu \Pi$ $(\nu = 0, 1, 2, \ldots)$, entspricht der Wert $t = 1$; die Funktion $R(t)$ hat daher im Endlichen keinen anderen Pol als $t = 1$; da die Pole der Funktion $\xi_1(u)$ sämtlich einfache Pole sind, so muß auch der Wert $t = 1$ einen einfachen Pol der Funktion $R(t)$ bezeichnen, welche sich daher in die Form setzen läßt:

$$R(t) = \frac{g(t)}{t - 1}\,, \tag{44}$$

worin $g(t)$ eine ganze Funktion bedeutet.

Die Polarwerte der Exponentialfunktion $t = e^{2\pi i u/\Pi}$ sind: Null in nördlicher, ∞ in südlicher Richtung; die Polarwerte der Funktion $R(t)$ werden also erhalten, wenn $t = 0$ bzw. $t = \infty$ gesetzt wird; sie müssen mit den Polarwerten der Funktion $\xi_1(u)$ übereinstimmen, d. h. (vgl. Nr. 17)

$$R(0) = \frac{g(0)}{-1} = -\frac{\pi i}{\Pi}; \qquad R(\infty) = \frac{g(\infty)}{\infty - 1} = +\frac{\pi i}{\Pi};$$

Aus der zweiten dieser Bestimmungsgleichungen folgt, daß die ganze Funktion $g(t)$ vom ersten Grade sein und die Form haben muß

$$g(t) = \frac{\pi i t}{\Pi} + \text{konst.},$$

für die Konstante aber finden wir aus der ersten Bestimmungsgleichung den Wert $\frac{\pi i}{\Pi}$, so daß also

$$R(t) = \frac{\pi i}{\Pi} \cdot \frac{t+1}{t-1}, \tag{45}$$

d. h.

$$\left\{\begin{aligned} \xi_1(u) &= \frac{\pi i}{\Pi} \cdot \frac{e^{\frac{2\pi i u}{\Pi}} + 1}{e^{\frac{2\pi i u}{\Pi}} - 1} = \frac{\pi i}{\Pi} \cdot \frac{e^{\frac{\pi i u}{\Pi}} + e^{-\frac{\pi i u}{\Pi}}}{e^{\frac{\pi i u}{\Pi}} - e^{-\frac{\pi i u}{\Pi}}} \\ &= \frac{\pi}{\Pi} \frac{\cos\left(\frac{\pi u}{\Pi}\right)}{\sin\left(\frac{\pi u}{\Pi}\right)} = \frac{\pi}{\Pi} \operatorname{cotan}\left(\frac{\pi u}{\Pi}\right). \end{aligned}\right. \tag{46}$$

Genau in derselben Weise können wir die Funktionen $\xi_2(u)$, $\xi_3(u)$, ... und $o(u)$ als rationale Funktionen von t darstellen, indem wir unmittelbar auf ihre analytischen Ausdrücke zurückgehen. Der Kürze halber ziehen wir es jedoch vor, von dem Zusammenhange Gebrauch zu machen, in welchem diese Funktionen mit der Funktion $\xi_1(u)$ stehen. Nach Nr. 13 ist

$$\xi_h(u) = \frac{(-1)^{h-1}}{(h-1)!} \frac{d^{h-1}[\xi_1(u)]}{du^{h-1}},$$

also z. B.

$$(47)\quad \begin{cases} \xi_2(u) = -\frac{4\pi^2}{\Pi^2}\frac{t}{(t-1)^2} = -\frac{4\pi^2}{\Pi^2}\cdot\frac{1}{\left[e^{\frac{\pi i u}{\Pi}} - e^{-\frac{\pi i u}{\Pi}}\right]^2} \\ = \frac{\pi^2}{\Pi^2}\frac{1}{\left[\sin\left(\frac{\pi u}{\Pi}\right)\right]^2}. \end{cases}$$

Nach Nr. 20 ist ferner

$$\frac{o'(u)}{o(u)} = \xi_1(u) = \frac{\frac{d}{du}\left[e^{\frac{\pi i u}{\Pi}} - e^{-\frac{\pi i u}{\Pi}}\right]}{e^{\frac{\pi i u}{\Pi}} - e^{-\frac{\pi i u}{\Pi}}},$$

also

$$o(u) = c\cdot\left[e^{\frac{\pi i u}{\Pi}} - e^{-\frac{\pi i u}{\Pi}}\right] = 2ci\cdot\sin\left(\frac{\pi u}{\Pi}\right).$$

Zur Bestimmung der Konstanten c können wir von der Formel Nr. 21, (36) Gebrauch machen und erhalten so

$$\left|\frac{o(u)}{u}\right]_{u=0} = \frac{2\pi i c}{\Pi} = 1$$

$$(48)\qquad o(u) = \frac{\Pi}{2\pi i}\left[e^{\frac{\pi i u}{\Pi}} - e^{-\frac{\pi i u}{\Pi}}\right] = \frac{\Pi}{\pi}\sin\left(\frac{\pi u}{\Pi}\right)^{*)}$$

---

*) Hieraus ergibt sich die bekannte Form der Entwickelung nach Potenzen von u:

$$o(u) = u - \frac{\pi^2}{\Pi^2}\frac{u^3}{3!} + \frac{\pi^4}{\Pi^4}\frac{u^5}{5!} - \dots$$

Vergleichen wir hiermit die in der Fußnote zu S. 53 aufgestellte Potenzreihe, so finden wir, daß

$$s_2 = \frac{\pi^2}{3!},\quad s_2^2 - s_4 = \frac{\pi^4}{5\cdot 4\cdot 3},\ \dots$$

sein muß, also

$$\sum_{m=1}^{m=\infty}\frac{1}{m^2} = \frac{\pi^2}{6},\quad \sum_{m=1}^{m=\infty}\frac{1}{m^4} = \frac{\pi}{2\cdot 3^2\cdot 5}.$$

Dieser ungeraden Funktion wollen wir noch folgende gerade Funktion von u zur Seite stellen

$$(49)\qquad o\left(\frac{\Pi}{2}-u\right)=\frac{\Pi}{2\pi}\left[e^{\frac{\pi i u}{\Pi}}+e^{-\frac{\pi i u}{\Pi}}\right]=\frac{\Pi}{\pi}\cos\left(\frac{\pi u}{\Pi}\right).$$

Durch einfache Rechnung ergeben sich dann die beiden nachstehenden Beziehungen, welche aus der elementaren Trigonometrie bekannt sind:

$$(50)\qquad [o(u+a)]\cdot[o(u-a)]=\left[o\left(\frac{\Pi}{2}-a\right)\right]^2-\left[o\left(\frac{\Pi}{2}-u\right)\right]^2$$

$$(51)\qquad [o(u)]^2=\frac{\Pi^2}{\pi^2}-\left[o\left(\frac{\Pi}{2}-u\right)\right]^2.$$

Nach dem in Nr. 37 auseinandergesetzten Verfahren sind wir nun auch imstande, die zwischen den verschiedenen Funktionen $\xi_h(u)$, $o(u)$ bestehenden algebraischen Beziehungen abzuleiten und im besonderen die algebraischen Differentialgleichungen 1. Ordnung aufzustellen, welchen diese Funktionen genügen müssen. Wir beschränken uns hier auf zwei Beispiele, da wir auf den Punkt noch einmal in Nr. 41 zurückkommen werden.

Es war gefunden:

$$(46)\qquad \xi_1(u)=r_1(t)=\frac{\pi i}{\Pi}\,\frac{t+1}{t-1}$$

$$(47)\qquad \xi_2(u)=r_2(t)=-\frac{4\pi^2}{\Pi^2}\,\frac{t}{(t-1)^2}.$$

Durch algebraische Elimination der Größe t zwischen diesen beiden Gleichungen ergibt sich

$$(52)\qquad \xi_2(u)=[\xi_1(u)]^2+\frac{\pi^2}{\Pi^2}$$

$$(53)\qquad \xi_1'(u)=-[\xi_1(u)]^2-\frac{\pi^2}{\Pi^2}.$$

Die letzte dieser Formeln liefert die Differentialgleichung für $\xi_1(u)$ und geht, wenn $\frac{u\pi}{\Pi}=w$ gesetzt wird, über in

$$(54)\qquad \frac{d(\operatorname{cotan} w)}{dw}=-(\operatorname{cotan} w)^2-1.$$

Auch die algebraische Differentialgleichung erster Ordnung, welcher die Funktion $o(u)$ — als periodische Funktion mit der Periode 2Π — offenbar genügen muß, ist auf dieselbe Weise leicht herzuleiten.

Aus (48) folgt zunächst:

$$o(u) = \frac{\Pi}{2\pi i} e^{-\pi i u/\Pi}(t-1) \tag{55}$$

und hieraus:

$$[o(u)]^2 = -\frac{\Pi^2}{4\pi^2}\frac{(t-1)^2}{t^2}.$$

Andererseits ist nach (46)

$$\frac{o'(u)}{o(u)} = \frac{\pi i}{\Pi}\frac{t+1}{t-1},$$

$$\left[\frac{o'(u)}{o(u)}\right]^2 + \frac{\pi^2}{\Pi^2} = -\frac{\pi^2}{\Pi^2}\frac{4t}{(t-1)^2} = +\frac{1}{[o(u)]^2}.$$

Die gesuchte Differentialgleichung lautet also:

$$[o'(u)]^2 = 1 - \frac{\pi^2}{\Pi^2}[o(u)]^2; \tag{56}$$

sie geht für

$$\frac{u\pi}{\Pi} = w$$

über in:

$$\left[\frac{d\sin w}{dw}\right]^2 = 1 - \sin^2 w. \tag{57}$$

Darstellung einfach periodischer Funktionen mit Hilfe der Funktion $o(u)$.

39. Wir haben soeben die Formel benutzt:

$$o(u) = \frac{\Pi}{2\pi i}\cdot e^{-\pi i u/\Pi}(t-1), \tag{55}$$

aus welcher, mit der in (32) gegebenen Bezeichnung, folgt, daß

$$o(u-a) = \frac{\Pi}{2\pi i}\cdot e^{-\pi i(u+a)/\Pi}(t-\tau). \tag{55a}$$

Indem wir in der zweiten dieser Formeln für a die verschiedenen Werte (34), (36), für τ dementsprechend die Werte (38) einzetzen und die sich ergebenden Ausdrücke

$$(58)\qquad \begin{cases} t - \tau_h = \dfrac{2\pi i}{\Pi} e^{\pi i (u + a_h)/\Pi} \cdot o(u - a_h) \\ t - \tau_k = \dfrac{2\pi i}{\Pi} e^{\pi i (u + b_k)/\Pi} \cdot o(u - b_k) \end{cases}$$

in (40) einführen, so erhalten wir für $f(u)$ die Darstellung:

$$(59)\qquad \begin{cases} f(u) = K \cdot e^{\frac{\pi i u}{\Pi}(2l + \Sigma m_h - \Sigma n_k)} \\ \cdot \dfrac{[o(u - a_1)]^{m_1} [o(u - a_2)]^{m_2} \cdot \ldots \cdot [o(u - a_\mu)]^{m_\mu}}{[o(u - b_1)]^{n_1} [o(u - b_2)]^{n_2} \cdot \ldots \cdot [o(u - b_\nu)]^{n_\nu}} . \end{cases}$$

Dieses Resultat fassen wir in folgendem Satze zusammen:

Jede überall im Endlichen meromorphe, einfach periodische, polarisierte Funktion $f(u)$ mit der Periode Π, deren sämtliche innerhalb eines beliebigen Periodenparallelogramms gelegene Nullstellen und Pole samt den zugehörigen Ordnungszahlen durch (34), (35), (36), (37) *gegeben sind, läßt sich in der Form darstellen:*

$$(60)\qquad f(u) = K \cdot e^{(2k + \varepsilon)\pi i u/\Pi} \frac{[o(u - a_1)]^{m_1} \ldots [o(u - a_\mu)]^{m_\mu}}{[o(u - b_1)]^{n_1} \ldots [o(u - b_\nu)]^{n_\nu}} ,$$

wo k irgend eine positive oder negative ganze Zahl oder Null, K eine Konstante bezeichnet, und für ε Null oder 1 *zu setzen ist, je nachdem die Zahl $m_1 + \ldots + m_\mu - n_1 - \ldots - n_\nu$ eine gerade oder ungerade ist.*

Ist $f(u)$ eine gerade Funktion, d. h.

$$f(-u) = f(u) ,$$

so gehört zu jedem Nullpunkt a_i ein Nullpunkt $-a_i$, und zu jedem Pol b_i ein Pol $-b_i$, wenn wir die Begrenzungslinien des Periodenstreifens durch die Punkte $-\frac{\Pi}{2}$ und $+\frac{\Pi}{2}$ parallel der imaginären Achse oder, wenn die Periode rein imaginär ist, parallel der reellen Achse legen. Wenn der Punkt $u = 0$ ein Nullpunkt oder Pol ist, so ist seine Ordnungszahl jedenfalls gerade.

Daraus folgt zunächst, daß die Zahl $m_1 + \ldots + m_\mu - n_1 - \ldots - n_\nu$ gerade, also $\varepsilon = 0$ zu setzen ist.

Auf Grund der Formeln (50) und (51) erkennt man, daß der auf der rechten Seite von (60) auftretende Quotient

$$\frac{[o(u-a_1)]^{m_1}\cdot\ldots\cdot[o(u-a_\mu)]^{m_\mu}}{[o(u-b_1)]^{n_1}\cdot\ldots\cdot[o(u-b_\nu)]^{n_\nu}}$$

sich in unserem Falle als eine rationale Funktion von $\left[o\left(\frac{\Pi}{2}-u\right)\right]^2$ darstellt und an sich eine gerade Funktion von u ist; es muß deshalb auch die Zahl k gleich Null gesetzt werden, und wir haben den Satz:

Jede überall im Endlichen meromorphe, einfach periodische, polarisierte, gerade Funktion $f(u)$ mit der Periode Π läßt sich als eine rationale Funktion von $\left[o\left(\frac{\Pi}{2}-u\right)\right]^2$, d. h. von $\left[\cos\left(\frac{\pi u}{\Pi}\right)\right]^2$ darstellen.

Ist $f(u)$ eine ungerade Funktion, so muß der Punkt $u=0$ ein Nullpunkt ungerader Ordnung sein; folglich tritt auf der rechten Seite von (60) der Faktor $o(u)$ in ungerader Potenz auf. Der Quotient $\frac{f(u)}{o(u)}$ ist eine gerade Funktion, welche, bei Vermehrung der Variablen u um die Größe Π, ihr Vorzeichen wechselt; $\frac{f(u)}{o(u)\cdot\left[o\left(\frac{\Pi}{2}-u\right)\right]}$ ist eine gerade periodische Funktion.

Wir haben daher den Satz:

Jede überall im Endlichen meromorphe, einfach periodische, polarisierte, ungerade Funktion $f(u)$ mit der Periode Π läßt sich in der Form

$$\begin{cases} o(u)\cdot o\left(\frac{\Pi}{2}-u\right)\cdot R\left(\left[o\left(\frac{\Pi}{2}-u\right)\right]^2\right) \\ = \sin\frac{\pi u}{\Pi}\cdot\cos\frac{\pi u}{\Pi}\cdot R\left(\left[\cos\frac{\pi u}{\Pi}\right]^2\right) \end{cases}$$

darstellen, wo R eine rationale Funktion von $\left[o\left(\frac{\Pi}{2}-u\right)\right]^2$ bezeichnet.

Darstellung einfach periodischer Funktionen, welche der Partialbruchzerlegung rationaler Funktionen analog ist.

40. In den beiden vorhergehenden Nummern diente zur Bestimmung der meromorphen einfach periodischen Funktion $f(u)$ die Angabe der Pole und der Nullpunkte, sowie der beiden Polarwerte. Es soll nun untersucht werden, inwieweit eine derartige Funktion bestimmt ist, wenn zwar nicht die Nullpunkte, aber die Pole und von den Entwickelungen der Funktion in der Umgebung der Pole alle die Glieder gegeben sind, welche negative Potenzen enthalten. Wir werden mit dieser Voraussetzung zu anders gearteten analytischen Ausdrücken gelangen, welche ein Analogon zu der Partialbruchentwickelung rationaler Funktionen darstellen.

Zur Bestimmung der Funktion $f(u)$ seien uns also nunmehr gegeben die Pole (36) mit den Ordnungszahlen (37); ferner sei uns bekannt, daß die Entwickelungen in der Umgebung dieser Pole so aussehen:

$$\tag{61} \left\{ \begin{aligned} & B_{k,n_k}(u-b_k)^{-n_k} + B_{k,n_k-1}(u-b_k)^{-n_k+1} + \dots \\ & \qquad + B_{k,1}(u-b_k)^{-1} + \mathfrak{P}_k(u-b_k) \end{aligned} \right.$$

$$(k = 1, 2, \dots, \nu)$$

wo die Koeffizienten $B_{k,r}$ gegebene Größen sind, während die $\mathfrak{P}_k(u-b_k)$ irgendwelche Potenzreihen bezeichnen.

Die Funktion

$$\tag{62} \left\{ \begin{aligned} \varphi(u) = {} & B_{1,n_1}\xi_{n_1}(u-b_1) + B_{1,n_1-1}\xi_{n_1-1}(u-b_1) + \dots + B_{1,1}\xi_1(u-b_1) \\ & + B_{2,n_2}\xi_{n_2}(u-b_2) + B_{2,n_2-1}\xi_{n_2-1}(u-b_2) + \dots + B_{2,1}\xi_1(u-b_2) \\ & + \dots\dots\dots\dots\dots\dots \\ & + B_{\nu,n_\nu}\xi_{n_\nu}(u-b_\nu) + B_{\nu,n_\nu-1}\xi_{n_\nu-1}(u-b_\nu) + \dots + B_{\nu,1}\xi_1(u-b_\nu) \end{aligned} \right.$$

ist eine meromorphe, einfach periodische, polarisierte Funktion mit der Periode Π; sie hat dieselben Pole wie $f(u)$ und keine anderen. Ihre Entwickelungen nach Potenzen der Größen $u - b_\nu$ stimmen in den Gliedern, welche negative Potenzen enthalten, überein mit den in (61) gegebenen Entwickelungen der Funktion $f(u)$. Die Differenz

$$f(u) - \varphi(u)$$

ist also eine überall im Endlichen meromorphe, einfach periodische, polarisierte Funktion, welche innerhalb des mit der Periode Π konstruierten Periodenstreifens keine Pole im Endlichen haben kann; sie muß also nach Nr. 36 eine ganze rationale Funktion der Größe $t = e^{2\pi i u/\Pi}$ sein; bezeichnen wir diese ganze Funktion mit $g(t)$, so haben wir für die allgemeinste Funktion $f(u)$ folgende Form der analytischen Darstellung:

$$(63)\quad \begin{cases} f(u) = g(e^{2\pi i u/\Pi}) \\ + \sum_{k=1}^{k=\nu} \{B_{k,m_k}\, \xi_{m_k}(u - b_k) + \ldots + B_{k,1}\, \xi_1(u - b_k)\}\,. \end{cases}$$

Jede überall im Endlichen meromorphe, einfach periodische, polarisierte Funktion $f(u)$ läßt sich additiv aus zwei Bestandteilen zusammensetzen: 1. einer ganzen rationalen Funktion der Größe $e^{2\pi i u/\Pi}$ und 2. einer mit konstanten Koeffizienten gebildeten linearen Verbindung einer endlichen Anzahl von ξ_h — Funktionen.

Es ist leicht einzusehen, weshalb wir diese Darstellung mit der Partialbruchentwickelung der rationalen Funktionen vergleichen durften. Was in der Theorie der letzteren die einzelnen Partialbrüche der Form

$$\frac{1}{u - b_k}\,, \quad \frac{1}{(u - b_k)^2}\,, \quad \ldots, \quad \frac{1}{(u - b_k)^p}\,,$$

das sind in der Theorie der meromorphen einfach periodischen Funktionen die verschiedenen ξ-Funktionen,

$$\xi_1(u - b_k)\,, \quad \xi_2(u - b_k)\,, \quad \ldots, \quad \xi_p(u - b_k)\,,$$

deren jede eine unendliche Anzahl von Partialbrüchen zusammenfaßt. Man vergleiche hiermit die in Nr. 9 angestellten Betrachtungen, welche das zweite Kapitel einleiteten.

Bezeichnen wir die Polarwerte der Funktion $f(u)$ in nördlicher und südlicher Richtung mit P_+ und P_-, so ergibt sich

$$(64)\qquad P_+ = g(0) - \frac{\pi i}{\Pi} \sum_{k=1}^{k=\nu} B_{k,1}\,,$$

$$(65)\qquad P_- = g(\infty) + \frac{\pi i}{\Pi} \sum_{k=1}^{k=\nu} B_{k,1}\,.$$

Soll also P_- eine endliche Größe sein, so muß sich die ganze Funktion $g(t)$ auf eine Konstante C reduzieren, und es besteht die Beziehung

$$(66) \qquad P_+ + P_- = 2C .$$

Die Funktionen $\xi_n(u)$ als ganze rationale Funktionen der Funktion $\xi_1(u)$.

41. Auf Grund der soeben erhaltenen Resultate können wir nun eine neue Herleitung der algebraischen Beziehungen geben, welche nach den Sätzen der Nummer 37 zwischen den Funktionen $\xi_h(u)$, $o(u)$ bestehen müssen, sowie für die algebraischen Differentialgleichungen erster Ordnung, welchen diese Funktionen genügen.

Die Potenzen der Funktion $\xi_1(u)$ sind offenbar überall im Endlichen meromorphe, einfach periodische Funktionen mit der Periode Π und haben zwei endliche Polarwerte; ihre einzigen Unstetigkeiten liegen in den Punkten $u \equiv 0 (\mathrm{mod}\, \Pi)$; die Ordnungszahl dieser Pole ist gleich dem Exponenten der betreffenden Potenz von $\xi_1(u)$. Folglich existiert eine Beziehung der Form

$$(67) \qquad [\xi_1(u)]^n = A_0 + A_1 \cdot \xi_1(u) + A_2 \cdot \xi_2(u) + \ldots + A_n \cdot \xi_n(u) ,$$

wo die $A_0, A_1, \ldots, A_n$ Konstanten sind. Bilden wir nun diese Gleichungen für $n = 1, 2, \ldots$ und lösen sie sukzessive nach $\xi_1(u)$, $\xi_2(u)$, ... auf, so erhalten wir für ein beliebiges $\xi_n(u)$ einen Ausdruck der Form

$$(68) \qquad \xi_n(u) = B_0 + B_1 \cdot \xi_1(u) + B_2 \cdot [\xi_1(u)]^2 + \ldots + B_n [\xi_1(u)]^n ;$$

die Koeffizienten $B_0, B_1, \ldots, B_n$ sind Konstanten, welche sich in Gestalt von Determinanten aus den $A_0, A_1, \ldots, A_n$ zusammensetzen.

Wir können also die durch (62) definierte Funktion $\varphi(u)$ als lineare, mit konstanten Koeffizienten gebildete Funktion von Potenzen der Funktionen

$$\xi_1(u - b_1) , \quad \xi_1(u - b_2) , \quad \ldots , \quad \xi_1(u - b_\nu)$$

darstellen, wodurch die Analogie zwischen der Formel (63) und der Partialbruchzerlegung rationaler Funktionen noch mehr in die Augen fällt.

Stellen wir mit der Identität (68) eine andere von derselben Form zusammen

$$\xi_m(u) = C_0 + C_1 \cdot \xi_1(u) + C_2 \cdot [\xi_1(u)]^2 + \dots + C_m [\xi_1(u)]^m, \tag{69}$$

so können wir zwischen beiden die Größe $\xi_1(u)$ eliminieren und auf diese Weise die algebraische Beziehung

$$F(\xi_n(u), \xi_m(u)) = 0 \tag{70}$$

erhalten, welche der Formel (43) entspricht.

Wird $m = n + 1$ angenommen, so stellt die Identität (70) eine algebraische Differentialgleichung erster Ordnung für die Funktion $\xi_n(u)$ dar; denn nach Nr. 13 ist

$$\xi_{n+1}(u) = -\frac{1}{n}\xi_n'(u);$$

es geht also (70) über in

$$F_1(\xi_n(u), \xi_n'(u)) = 0. \tag{71}$$

Für $n = 1$ haben wir

$$\xi_1'(u) = C_0 + C_1 \cdot \xi_1(u) + C_2 [\xi_1(u)]^2. \tag{72}$$

Da $\xi_1(u)$ eine ungerade, $\xi_2(u) = -\xi_1'(u)$ aber eine gerade Funktion ist, so muß $C_1 = 0$ sein; da $\xi_1(u)$ die Polarwerthe $\mp \frac{\pi i}{\Pi}$, $\xi_1'(u)$ aber zwei verschwindende Polarwerte besitzt, so muß

$$C_0 - \frac{\pi^2}{\Pi^2} C_2 = 0$$

sein, und (72) geht über in

$$\xi_1'(u) = C_0 \left(1 + \frac{\Pi^2}{\pi^2} [\xi_1(u)]^2\right). \tag{73}$$

Zur Bestimmung der Konstanten C_0 können wir die Reihenentwickelungen der Funktionen $[\xi_1(u)]^2$ und $\xi_1'(u) = -\xi_2(u)$ nach steigenden Potenzen von u in der Umgebung des Punktes $u = 0$ benutzen; wir haben, wenn wir nur die ersten Glieder berücksichtigen,

$$\xi_1'(u) = -\frac{1}{u^2} + \dots; \quad [\xi_1(u)]^2 = \frac{1}{u^2} + \dots,$$

folglich ist

$$-1 = \frac{C_0 \Pi^2}{\pi^2}$$

zu setzen, und die Differentialgleichung für $\xi_1(u)$ nimmt die Form an, welche uns bereits aus Nr. 38 (53) bekannt ist:

$$\xi_1'(u) = -\frac{\pi^2}{\Pi^2}\left(1 + \frac{\Pi^2}{\pi^2}[\xi_1(u)]^2\right). \tag{74}$$

Additionstheorem der polarisierten einfach periodischen Funktionen.

42. Aus der in Nr. 36 gegebenen allgemeinen Darstellung meromorpher, polarisierter, einfach periodischer Funktionen folgt unmittelbar eine höchst wichtige Tatsache, die wir hier kurz erwähnen wollen.

Setzen wir

$$e^{2\pi i u/\Pi} = t\,, \quad e^{2\pi i v/\Pi} = s\,, \tag{75}$$

so ist

$$e^{2\pi i (u+v)/\Pi} = t \cdot s\,, \tag{76}$$

und wir haben für die in Nr. 36 charakterisierte Funktion $f(u)$ folgende Ausdrücke

$$f(u) = R(t)\,, \quad f(v) = R(s)\,, \quad f(u+v) = R(t \cdot s)\,, \tag{77}$$

wo der Buchstaben R wieder eine rationale Funktion andeutet. Zwischen den drei Gleichungen (77) können wir nun auf alle Fälle die beiden Größen t und s eliminieren; das Resultat der Elimination:

$$F(f(u), f(v), f(u+v)) = 0 \tag{78}$$

ist eine algebraische Gleichung zwischen den drei Funktionswerten $f(u)$, $f(v)$, $f(u+v)$. Eine solche besteht also immer, welche Werte auch für u und v gesetzt werden mögen. Diese Eigenschaft sprechen wir aus in dem Satze:

Jede überall im Endlichen meromorphe, einfach periodische, in beiden Richtungen polarisierte Funktion $f(u)$ besitzt ein algebraisches Additionstheorem.

Integrale einfach periodischer Funktionen.

43. Integrale meromorpher Funktionen sind im allgemeinen nicht mehr eindeutige, sondern unendlich vieldeutige Funktionen. Bezeichnet

$$F_1(u) = \int_{u_0}^{u} f(\zeta)\, d\zeta \tag{79}$$

das über eine bestimmte Kurve genommene Integral der meromorphen Funktion $f(\zeta)$, so unterscheiden sich alle anderen Werte des Integrals

$$F(u) = \int_{u_0}^{u} f(\zeta)\, d\zeta \tag{80}$$

von dem festen Werte $F_1(u)$ um ein mit ganzzahligen Koeffizienten $m_1, m_2, \ldots$ gebildetes lineares homogenes Aggregat der in geschlossenen Kurven um die einzelnen Unstetigkeitspunkte der Funktion $f(u)$ genommenen Integrale $J_1, J_2, \ldots$; d. h. es ist

$$F(u) = F_1(u) + m_1 J_1 + m_2 J_2 + \ldots \tag{81}$$

Nur wenn im speziellen Falle die sämtlichen Integrale $J_1, J_2, \ldots$ den Wert Null haben, ist die Funktion $F(u)$ eine eindeutige.

Es sei nun $f(u)$ eine einfach periodische Funktion, deren Pole und Entwickelungen in der Umgebung der Pole durch dieselben Buchstaben bezeichnet sein mögen wie in Nr. 40. Alsdann ist

$$J_k = \int_{(b_k)} f(\zeta)\, d\zeta = 2\pi i B_{k,1}. \qquad (k = 1, 2, \ldots, \nu) \tag{82}$$

Um bei den folgenden Betrachtungen nicht fortwährend auf die mögliche Vieldeutigkeit Rücksicht nehmen zu müssen, wenden wir das in der Funktionentheorie übliche Verfahren der Zerschneidung an: Wir führen in der u-Ebene von allen Unstetigkeitspunkten aus, deren Residuen $B_{k,1}$ von Null verschieden sind, Querschnitte bis in die Unendlichkeit und statuieren, daß kein Integrationsweg einen Querschnitt kreuzen dürfe. Dabei haben wir darauf zu achten, daß die Ebene zusammenhängend bleibt,

d. h. daß man von jedem Werte von u zu jedem anderen gelangen kann, ohne einen Querschnitt zu überschreiten. Der Bequemlichkeit halber ziehen wir alle Querschnitte, welche durch kongruente Unstetigkeitspunkte gehen, parallel zueinander. In der zerschnittenen Ebene ist nun das Integral eine eindeutige Funktion, welche wir mit $F_1(u)$ bezeichnen; nur in den Punkten der Querschnitte selbst nimmt sie zwei verschiedene Werte an, je nachdem die Variable sich diesen Punkten von dem einen oder von dem anderen „Ufer" her nähert.

Es soll nun untersucht werden, wie sich diese Funktion verhält, wenn die Variable u um die Periode Π wächst.

$$F_1(u + \Pi) = \int_{u_0}^{u+\Pi} f(\zeta)\, d\zeta = \int_{u_0}^{u_0+\Pi} f(\zeta)\, d\zeta + \int_{u_0+\Pi}^{u+\Pi} f(\zeta)\, d\zeta\,; \tag{83}$$

nun ist, vermöge der Periodizität von $f(u)$,

$$\int_{u_0+\Pi}^{u+\Pi} f(\zeta)\, d\zeta = \int_{u_0}^{u} f(\zeta)\, d\zeta = F_1(u)\,; \tag{84}$$

das Integral

$$\int_{u_0}^{u_0+\Pi} f(\zeta)\, d\zeta \tag{85}$$

aber hat, da nur Integrationswege in der zerschnittenen Ebene in Betrachtung zu ziehen sind, einen festen Wert, welchen wir mit η bezeichnen wollen. Es ergibt sich also für $F_1(u)$ eine Funktionalgleichung

$$F_1(u + \Pi) = F_1(u) + \eta\,, \tag{86}$$

aus welcher wir leicht die allgemeinere herleiten:

$$F_1(u + m\,\Pi) = F_1(u) + m\,\eta\,, \tag{87}$$

worin m eine beliebige positive oder negative ganze Zahl bedeutet.

Um von der Funktion $F_1(u)$ wieder zu der allgemeinen Funktion $F(u)$ überzugehen, d. h. die Beschränkung des Integrationsweges aufzuheben, brauchen wir nur zu der rechten Seite von (86) eine lineare Funktion der Unstetigkeitsintegrale $J_1, J_2, \ldots, J_\nu$ mit ganzzahligen Koeffizienten hinzuzufügen:

(88) $F(u+m\,\Pi)=F(u)+m\,\eta+m_1 J_1+m_2 J_2+\ldots+m_\nu J_\nu\,.$

Das Ergebnis dieser Betrachtungen läßt sich in folgendem Satze zusammenfassen:

Das Integral einer meromorphen einfach periodischen Funktion ist im allgemeinen eine unendlich vieldeutige Funktion von u, deren Werte für denselben Wert der Variablen um ganzzahlige Vielfache einer Reihe fester Größen $J_1, J_2, \ldots$ unterschieden sind, und welche die Eigenschaft hat, um ein positives oder negatives ganzzahliges Vielfaches einer festen Größe η zuzunehmen, wenn das Argument u um dasselbe ganzzahlige Vielfache der Periode Π vermehrt wird.

Man bezeichnet diese Größe η, in unserem Falle das Integral (85), als Periodizitätsmodul der Funktiou $F(u)$. Wenn für eine spezielle Funktion $f(u)$ das Integral (85) verschwindet, so ist $F(u)$ eine periodische Funktion mit der Periode Π.

Um die vorstehenden Betrachtungen an einem Beispiele zu erläutern, wählen wir die Funktion

$$f(u)=\xi_1(u)=\frac{\pi}{\Pi}\cdot\cot\left(\frac{\pi u}{\Pi}\right),$$

$$F(u)=\int_{\frac{\Pi}{2}}^{u}\xi_1(\zeta)\,d\zeta=\log[o(u)]=\log\frac{\Pi}{\pi}+\log\sin\frac{\pi u}{\Pi}.$$

Unstetigkeitspunkte der Funktion $\xi_1(u)$ sind die Punkte $u\equiv 0\ (\mathrm{mod}\,\Pi)$; die zugehörigen Residuen sind gleich 1, also ist

$$F(u)=F_1(u)+2\pi i\,m_1$$

zu setzen. Ferner ist

$$\int_{\frac{\Pi}{2}}^{\frac{3\Pi}{2}}\xi_1(\zeta)\,d\zeta=\pi i\,,$$

wenn wir die in nebenstehender Figur angedeutete Zerschneidung zugrunde legen (die stark ausgezeichneten

Querschnitte hat man sich in der Pfeilrichtung bis ins Unendliche verlängert zu denken). Alsdann darf nämlich das Integral

$$\int_{\frac{\Pi}{2}}^{\frac{3\Pi}{2}} \xi_1(\zeta)\, d\zeta$$

auf dem in der Figur gezeichneten Halbkreis genommen werden. Auf Grund der Identität

$$\xi(\Pi + u) = -\xi(\Pi - u)$$

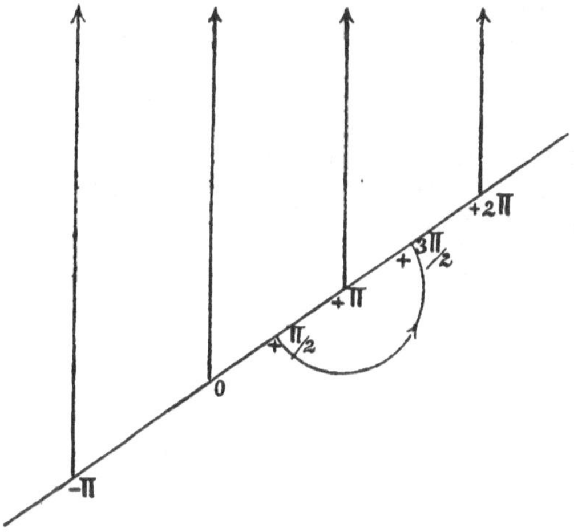

Fig. 6.

ist aber der Wert des Integrals über dem Halbkreis gleich der Hälfte des über einen vollen Kreis mit dem Mittelpunkte Π und dem Radius $\frac{|\Pi|}{2}$ erstreckten Integrals, d. h. gleich dem oben gegebenen Werte πi. Dies ist für unser Beispiel der Periodizitätsmodul. Wir haben also

$$F_1(u + \Pi) = F_1(u) + \pi i \, ,$$

$$F_1(u + m\,\Pi) = F_1(u) + m\,\pi i \, ,$$

$$F(u + m\,\Pi) = F(u) + m\,\pi i + 2\,m_1\,\pi i \, .$$

Fünftes Kapitel.

Untersuchung gewisser aus Partialbrüchen gebildeter zweifach ausgedehnter Reihen. — Die Funktionen $p(u)$ und $\zeta(u)$.

Die Funktionen $\Xi_h(u)$, für $h \geqq 3$.

44. Der Gegenstand dieses Kapitels wird dem des zweiten analog sein. Wir werden wiederum Summen von unendlich vielen Partialbrüchen zu untersuchen haben. Aber diese Summen werden jetzt zweifach ausgedehnt sein, da wir eine zweifach unendliche Anzahl von Polen zugrunde legen. Als solche wählen wir nämlich die Punkte

$$(1) \qquad u = 0\,, \quad u = m\Pi + n\theta\,,$$

wo m und n alle positiven und negativen ganzen Zahlen durchlaufen, Π und θ zwei beliebige komplexe Größen mit nicht verschwindendem Momente (Nr. 28) bezeichnen.

Satz: *Die Reihen*

$$(2) \qquad \sum_{n=-\infty}^{n=+\infty}\sum_{m=-\infty}^{m=+\infty}\frac{1}{[u+m\Pi+n\theta]^h} = \Xi_h(u)\,,$$

für welche $h \geqq 3$ *ist, konvergieren absolut für jedes endliche* u, *mit Ausschluß der Werte* (1), *und zwar konvergieren sie gleichmäßig in jedem endlichen Bereiche* T_u, *welcher diese Werte nicht enthält.*

Um diesen Satz zu beweisen, verfahren wir genau wie in Nr. 10:

$$(3) \quad \left\{\begin{aligned} m\Pi + n\theta &= (m\Pi' + n\theta') + i(m\Pi'' + n\theta'')\,,\\ |m\Pi + n\theta|^2 &= (m\Pi' + n\theta')^2 + (m\Pi'' + n\theta'')^2\\ &= m^2(\Pi'^2 + \Pi''^2) + 2mn(\Pi'\theta' + \Pi''\theta'')\\ &\quad + n^2(\theta'^2 + \theta''^2)\\ &= m^2\frac{(\Pi'\theta'' - \Pi''\theta')^2}{\theta'^2 + \theta''^2}\\ &\quad + \frac{[m(\Pi'\theta' + \Pi''\theta'') + n(\theta'^2 + \theta''^2)]^2}{\theta'^2 + \theta''^2}\end{aligned}\right.$$

Und ganz ebenso

$$(4) \quad \begin{cases} |m\Pi + n\theta|^2 = n^2 \dfrac{(\theta'\Pi'' - \theta''\Pi')^2}{\Pi'^2 + \Pi''^2} \\ + \dfrac{[n(\theta'\Pi' + \theta''\Pi'') + m(\Pi'^2 + \Pi''^2)]^2}{\Pi'^2 + \Pi''^2}. \end{cases}$$

Für ein Paar von Werten m, n, von welchen mindestens einer dem absoluten Betrage nach gleich der positiven ganzen Zahl k ist, haben wir daher die Ungleichung

$$(5) \qquad |m\Pi + n\theta| \geqq k \cdot d,$$

wo d die kleinste der beiden Größen

$$(6) \quad \frac{|\Delta|}{|\theta|} = \frac{|\Pi'\theta'' - \Pi''\theta'|}{+\sqrt{\theta'^2 + \theta''^2}} \quad \text{und} \quad \frac{|\Delta|}{|\Pi|} = \frac{|\Pi'\theta'' - \Pi''\theta'|}{+\sqrt{\Pi'^2 + \Pi''^2}}$$

bezeichnet. Aus (3) folgt aber ferner

$$|m\Pi + n\theta|^2 < m^2(\Pi'^2 + \Pi''^2) + 2|m|\,|n|\,|\Pi'\theta' + \Pi''\theta''| + n^2(\theta'^2 + \theta''^2).$$

Für ein Paar von Werten m, n, von welchen keiner dem absoluten Betrage nach die positive ganze Zahl k überschreitet, ist also

$$(7) \qquad |m\Pi + n\theta| \leqq k \cdot D,$$

wo

$$(8) \quad D = +\sqrt{\Pi'^2 + \Pi''^2 + 2|\Pi'\theta' + \Pi''\theta''| + \theta'^2 + \theta''^2}$$

gesetzt ist.

Diese Beziehungen lassen sich unmittelbar aus dem geometrischen Bilde ablesen, wenn wir die Größen $m\Pi + n\theta$ in der Gaußschen Zahlenebene repräsentieren; die Werte $0, \Pi, \theta, \Pi + \theta$ werden abgebildet durch die vier Ecken eines Parallelogramms, in welchem die kürzere Normaldiztanz zweier gegenüberliegender Seiten gleich d, die längere der beiden Diagonalen gleich D ist. —

Nun bezeichnen wir mit σ_k die Summe aller derjenigen Ausdrücke

$$(9) \qquad |m\Pi + n\theta|^{-h},$$

für welche mindestens eine der Zahlen m, n, absolut genommen, gleich der positiven ganzen Zahl k ist, während die absoluten Werte der anderen nicht größer sind als k; d. h. die Summe aller Ausdrücke, die den folgenden Wertekombinationen entsprechen:

$$(10)\quad \begin{cases} m = \pm k\,, & n = 0,\ \pm 1,\ \pm 2,\ \ldots,\ \pm k\,; \\ n = \pm k\,, & m = 0,\ \pm 1,\ \pm 2,\ \ldots,\ \pm (k-1)\,. \end{cases}$$

Die Bildpunkte der zu diesen gehörigen Größen $m\Pi + n\theta$ liegen auf der Begrenzung eines Parallelogramms mit den Ecken

$$(11)\quad -k(\Pi+\theta)\,,\quad +k(\Pi-\theta)\,,\quad +k(\Pi+\theta)\,,\quad -k(\Pi-\theta)\,;$$

ihre Anzahl ist gleich $8k$, und für jede von ihnen gelten die beiden Ungleichungen (5) und (7), so daß also

$$(12)\qquad \sigma_k < 8\,k^{1-h}\,d^{-h}\,,$$

$$(13)\qquad \sigma_k > 8\,k^{1-h}\,D^{-h}\,.$$

Nun ist

$$(14)\qquad \sum_{n=-\infty}^{n=+\infty}\ \sum_{m=-\infty}^{m=+\infty}{}' \,|m\Pi + n\theta|^{-h} = \sum_{k=1}^{k=+\infty}\sigma_k\,,$$

d. h. die Summe der Ausdrücke (9), erstreckt über alle ganzzahligen Indizes m, n, mit Ausschluß der Wertekombination $m = 0$, $n = 0$, wird erhalten, indem man die Summe der Größen σ_k für alle von Null verschiedenen positiven ganzzahligen Werte des Index k bildet. Diese Summe konvergiert also auf Grund von (12), wenn die Reihe

$$(15)\qquad \sum_{k=1}^{k=+\infty} k^{1-h}$$

konvergiert; sie divergiert dagegen auf Grund von (13), wenn die Reihe (15) divergiert. Ersteres ist der Fall, wenn $h \geqq 3$, letzteres, wenn $h = 2$ oder $h = 1$. Wir haben also den Satz:

Sind Π, θ zwei komplexe Größen, deren Moment von Null verschieden ist, so konvergiert die Summe (14) *für $h \geqq 3$, während sie für $h = 1$ und $h = 2$ divergiert.*

Es sei nun ein endlicher Bereich T_u gegeben und M eine positive Größe, welche größer ist als alle Werte, die

$|u|$ innerhalb des Bereiches annimmt; die Glieder der Reihe (2) können wir in zwei Klassen einteilen, je nachdem

$$|m\Pi + n\theta| \leqq M \tag{16}$$

oder

$$|m\Pi + n\theta| > M \tag{17}$$

ist; der größte Wert, welchen eine der beiden Zahlen $|m|$, $|n|$ für ein Glied der ersten Klasse annehmen kann, ist nicht größer als die größte in $\frac{M}{d}$ enthaltene ganze Zahl N; denn sowie eine der Zahlen $|m|$ oder $|n|$ einen Wert k annimmt, welcher größer als $\frac{M}{d}$ ist, muß nach (5)

$$|m\Pi + n\theta| \geqq kd > M$$

werden; die Glieder der ersten Klasse sind daher in endlicher Anzahl vorhanden, und die Summe ihrer Moduln ist gewiß endlich; für die Glieder der zweiten Klasse ist

$$|m\Pi + n\theta| > M > |u| \tag{18}$$

und daher

$$\frac{|u|}{|m\Pi + n\theta|} < \varepsilon < 1\,, \tag{19}$$

wenn

$$\varepsilon = \frac{M}{|m'\Pi + n'\theta|} \tag{20}$$

gesetzt wird, wobei m' und n' die Zahlen bedeuten, für welche $|m\Pi + n\theta|$ den kleinsten Wert zweiter Klasse annimmt.

$$\left\{\begin{aligned} &|u + m\Pi + n\theta| \\ &= |m\Pi + n\theta| \cdot \left|1 + \frac{u}{m\Pi + n\theta}\right| > |m\Pi + n\theta| \cdot (1 - \varepsilon)\,, \end{aligned}\right. \tag{21}$$

$$|u + m\Pi + n\theta|^{-h} < |m\Pi + n\theta|^{-h} \cdot (1 - \varepsilon)^{-h}. \tag{22}$$

Die Größe $1 - \varepsilon$ ist eine von Null verschiedene endliche Größe, welche von der Wahl des Punktes u innerhalb des Bereiches T_u unabhängig ist. Die Reihe

$$\sum_{n=-\infty}^{n=+\infty} \sideset{}{'}\sum_{m=-\infty}^{m=+\infty} |u + m\Pi + n\theta|^{-h} \tag{23}$$

ist kleiner als die mit dem Faktor $(1-\varepsilon)^{-h}$ multiplizierte Summe (14), muß also unter der Annahme $h \geqq 3$ konvergieren, womit der auf S. 90 ausgesprochene Satz bewiesen ist*).

Doppelsummen, welche nicht absolut konvergieren. — Die Doppelsumme $\Sigma\Sigma(u+\Omega)^{-2}$.

45. Genau auf dieselbe Weise wie die Ungleichung (21) erhalten wir für die Glieder zweiter Klasse die Ungleichung

$$(24) \qquad |u + m\Pi + n\theta| < |m\Pi + n\theta| \cdot (1+\varepsilon)$$

und daher

$$(25) \qquad |u + m\Pi + n\theta|^{-h} > |m\Pi + n\theta|^{-h} \cdot (1+\varepsilon)^{-h}.$$

Die Reihe (23) ist folglich größer als die mit dem Faktor $(1+\varepsilon)^{-h}$ multiplizierte Summe (14), muß also für $h=1$, $h=2$ divergieren.

Wenn sonach die Reihen

$$(26) \qquad \sum_{n=-\infty}^{n=+\infty} \sum_{m=-\infty}^{m=+\infty} [u + m\Pi + n\theta]^{-2}$$

und

$$(27) \qquad \sum_{n=-\infty}^{n=+\infty} \sum_{m=-\infty}^{m=+\infty} [u + m\Pi + n\theta]^{-1}$$

keinesfalls absolut konvergieren, so ist doch die Möglichkeit noch offen, daß sie bei geeigneter Art der Summenbildung bestimmten endlichen Grenzwerten zustreben. Dies ist, wie im folgenden gezeigt werden soll, in der Tat der Fall. Wir sprechen zunächst den Satz aus:

Die Summe (26) *konvergiert gegen einen endlichen Grenzwert, wenn bei gleicher Art der Summenbildung die Reihe*

$$(28) \qquad \sum_{n=-\infty}^{n=+\infty} \sum_{m=-\infty}^{m=+\infty}{}' [m\Pi + n\theta]^{-2}$$

gegen einen endlichen Grenzwert konvergiert.

---

*) Die folgenden fünf Nummern enthalten höchst interessante, aber auch recht schwierige Untersuchungen, deren Studium für die erste Lektüre nicht unerläßlich ist. Der Leser kann sofort auf Nr. 50 überspringen; er wird sogar genötigt sein, dies zu tun, wenn er die zweite Hälfte von Nr. 4 ausgelassen hat.

Wird zur Abkürzung

$$(29)\qquad m\Pi + n\theta = \Omega$$

gesetzt, so ergibt sich, unter der Annahme, daß nicht m und n beide zugleich Null sind:

$$(30)\qquad \frac{1}{[u+m\Pi+n\theta]^2} = \frac{1}{[u+\Omega]^2} = \frac{1}{\Omega^2} - \frac{1}{\Omega^3}\cdot\frac{u\left[2+\frac{u}{\Omega}\right]}{\left[1+\frac{u}{\Omega}\right]^2},$$

und es ist also

$$(31)\qquad \sum\frac{1}{(u+\Omega)^2} = \frac{1}{u^2} + \sum{}'\frac{1}{\Omega^2} - \sum{}'\frac{1}{\Omega^3}\frac{u\left[2+\frac{u}{\Omega}\right]}{\left[1+\frac{u}{\Omega}\right]^2},$$

wenn wir für die beiden Reihen auf der rechten Seite dieselbe Summierungsweise wählen wie für die Reihe auf der linken Seite.

Werden nun wiederum die Glieder unserer Summe durch die Ungleichungen (16) und (17), d. h. durch die Forderungen

$$(16\text{a})\qquad |\Omega| \leqq M$$

$$(17\text{a})\qquad |\Omega| > M$$

in zwei Klassen eingeteilt, so ist für die Glieder zweiter Klasse:

$$(19\text{a})\qquad \frac{|u|}{|\Omega|} < \varepsilon < 1$$

$$\left|1+\frac{u}{\Omega}\right| > 1-\varepsilon, \qquad \left|2+\frac{u}{\Omega}\right| < 2+\varepsilon$$

$$(32)\qquad \frac{|u|\left|2+\frac{u}{\Omega}\right|}{\left|1+\frac{u}{\Omega}\right|^2} < \frac{M(2+\varepsilon)}{(1-\varepsilon)^2}.$$

Daher ist, wenn mit $\sum\limits_{m,n}^{\text{II}}$ die Summe aller Glieder zweiter Klasse bezeichnet wird,

$$(33)\qquad \sum_{m,n}^{\text{II}} \left| \frac{u\left(2+\frac{u}{\Omega}\right)}{\Omega^3\left(1+\frac{u}{\Omega}\right)^2} \right| < \frac{M(2+\varepsilon)}{(1-\varepsilon)^2} \cdot \sum_{m,n}^{\text{II}} \frac{1}{|\Omega|^3}\,;$$

der Faktor vor der Summe rechts ist eine von u unabhängige endliche Größe, die Summe selbst konvergiert aber nach Nr. 44, S. 92.

Folglich haben wir die Gewißheit, *daß die Reihe*

$$(34)\qquad \sum_{n=-\infty}^{n=+\infty} \sum_{m=-\infty}^{m=+\infty} \frac{u\left(2+\frac{u}{\Omega}\right)}{\Omega^3\left(1+\frac{u}{\Omega}\right)^2}$$

innerhalb des Bereiches T_u *gleichmäßig und absolut konvergiert.*

Zu dem Grenzwerte des Ausdruckes (31) wird also der dritte Bestandteil der rechten Seite einen von der Summierungsweise unabhängigen endlichen Beitrag liefern. Das zweite Glied der rechten Seite ist aber nichts anderes als die Summe (28), so daß die Formel (31) unmittelbar den Beweis unseres Satzes enthält.

Eine besondere Art der Summenbildung. — Die Doppelsumme $\Sigma\Sigma'\Omega^{-2}$.

46. Es soll nun eine besondere Art der Summenbildung ins Auge gefaßt und der Satz bewiesen werden: *Die Summe*

$$(35)\qquad \sum_{n=-n_1}^{n=+n_1} \sum_{m=-m_1}^{m=+m_1} [u+m\,\Pi+n\,\theta]^{-2}\,,$$

wo mit m_1 *und* n_1 *positive ganze Zahlen bezeichnet sind, strebt für unendlich wachsende Werte von* m_1 *und* n_1 *einem endlichen Grenzwert dann und nur dann zu, wenn einer der Quotienten* $m_1 : n_1$ *oder* $n_1 : m_1$ *einem bestimmten endlichen Grenzwerte zustrebt; der Grenzwert der Summe* (35) *fällt verschieden aus für verschiedene Grenzwerte des Verhältnisses* $m_1 : n_1$.

Nach dem vorhergehenden allgemeinen Satze genügt es, die Summe (28) für diese spezielle Summierungsweise zu bilden, d. h. den Grenzwert des Ausdruckes

$$(36)\qquad \sum_{n=-n_1}^{n=+n_1}\sum_{m=-m_1}^{m=+m_1}{}'[m\Pi + n\theta]^{-2}$$

für unendlich wachsende m_1, n_1 zu suchen.

Wenn wir, wie in Nr. 6, jedes ganzzahlige Wertepaar (m, n) durch einen Punkt der Ebene repräsentieren, dessen rechtwinklige Koordinaten m und n sind, so liegen die Bildpunkte der Wertepaare (m, n), durch welche die in der Summe (36) auftretenden Glieder charakterisiert werden, im Innern und auf der Begrenzung eines Rechtecks mit den Ecken

$$(37)\qquad \begin{cases} (-m_1, -n_1), \quad (+m_1, -n_1), \quad (+m_1, +n_1), \\ (-m_1, +n_1), \end{cases}$$

dessen Mittelpunkt in den Nullpunkt fällt, welchem selbst kein Glied der Reihe (36) entspricht. Wir sagen: die Summe (36) erstreckt sich über das Innere und die Begrenzung des Rechtecks (37). Unter den unendlich vielen Kurvenscharen $c_1 c_2, \ldots$, von welchen in Nr. 7 die Rede ist, wählen wir bei der durch (36) charakterisierten Summierungsweise eine einfach unendliche Schar derartiger Rechtecke, die alle denselben Mittelpunkt und parallele Seiten haben.

Wir nehmen jetzt zwei ganze Zahlen m_0, n_0 an, mit der Bedingung, daß

$$(38)\qquad m_0 < m_1, \quad n_0 < n_1$$

ist, daß folglich das Rechteck mit den Ecken

$$(39)\qquad \begin{cases} (-m_0, -n_0), \quad (+m_0, -n_0), \quad (+m_0, +n_0), \\ (-m_0 + n_0) \end{cases}$$

von dem Rechteck (37) vollkommen eingeschlossen wird, und bilden die Differenz der über die beiden Rechtecke erstreckten Summen:

$$(40)\qquad \sum_{n=-n_1}^{n=+n_1}\sum_{m=-m_1}^{m=+m_1}{}'[m\Pi + n\theta]^{-2} - \sum_{n=-n_0}^{n=+n_0}\sum_{m=-m_0}^{m=+m_0}{}'[m\Pi + n\theta]^{-2}.$$

Diese Differenz läßt sich in folgende 8 Summen zerlegen:

$$(41)\qquad \sum_{n=-n_1}^{n=-n_0-1}\sum_{m=-m_1}^{m=-1}\Omega^{-2}, \qquad \sum_{n=n_0+1}^{n=n_1}\sum_{m=1}^{m=m_1}\Omega^{-2}$$

$$(42)\qquad \sum_{n=n_0+1}^{n=n_1}\sum_{m=-m_1}^{m=-1}\Omega^{-2}, \qquad \sum_{n=-n_1}^{n=-n_0-1}\sum_{m=1}^{m=m_1}\Omega^{-2},$$

$$(43)\qquad \sum_{n=-n_0}^{n=n_0}\sum_{m=-m_1}^{m=-m_0-1}\Omega^{-2}, \qquad \sum_{n=-n_0}^{n=n_0}\sum_{m=m_0+1}^{m=m_1}\Omega^{-2},$$

$$(44)\qquad \sum_{n=-n_1}^{n=-n_0-1}[n\,\theta]^{-2}, \qquad \sum_{n=n_0+1}^{n=n_1}[n\,\theta]^{-2}.$$

Die Zerlegung wird geometrisch veranschaulicht durch Figur 7, deren Sinn wohl ohne weiteres verständlich ist.

Auf Grund der Identität

$$[m\,\Pi + n\,\theta]^{-2} = [-\,m\,\Pi - n\,\theta]^{-2}$$

müssen die oben aufgeschriebenen Summen (41), (42), (43), (44) paarweise einander gleich sein, so daß wir also jeweils statt der Summe zweier nebeneinandenstehenden Summen das Doppelte der zuerst geschriebenen in Rechnung setzen können. Wenn wir nun die Zahlen m_0 und n_0 hinreichend groß wählen, ohne jedoch über ihr Verhältnis irgend eine Annahme zu machen, so können wir dadurch zunächst den Betrag der Summen (44) unter jede beliebig kleine positive Größe herabdrücken, da die Reihe $\Sigma\, n^{-2}$ eine konvergente Reihe ist. Ferner können wir dadurch erreichen, daß in sämtlichen Summen (41), (42), (43) nur Glieder auftreten, für welche

$$(45)\qquad |\Omega| = |m\,\Pi + n\,\theta| > H$$

ist, wo H eine beliebig vorgeschriebene positive Zahl bedeutet. Diese Behauptung stützt sich auf die in Nr. 44 abgeleiteten Resultate, speziell auf die Ungleichung (5).

Es soll nun allgemein die Summe

$$(46)\qquad \sum_{m=\alpha_1}^{m=\alpha_2}\sum_{n=\beta_1}^{n=\beta_2}[m\,\Pi + n\,\theta]^{-2}, \qquad (\alpha_2 > \alpha_1,\ \beta_2 > \beta_1)$$

von welcher (41), (42), (43) spezielle Fälle sind, berechnet werden unter der Voraussetzung, daß für alle ihre Glieder

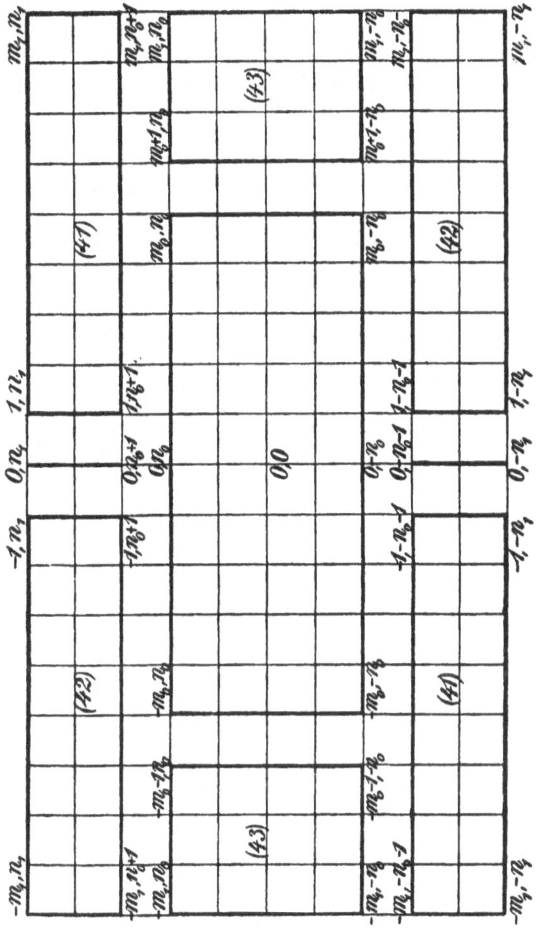

Fig. 7.

die Ungleichung (45) erfüllt sei, und daß die beiden Quotienten

$$\frac{|\Pi|}{H}, \quad \frac{|\theta|}{H}$$

kleiner seien als ein gewisser positiver echter Bruch ϑ.

Alsdann ist zunächst nach Nr. 4, (65)

$$(47)\quad \begin{cases} \dfrac{1}{[m\Pi+\beta_1\theta]^2}+\dfrac{1}{[m\Pi+(\beta_1+1)\theta]^2}+\dots+\dfrac{1}{[m\Pi+\beta_2\theta]^2} \\ \qquad = \dfrac{1}{\theta}\left\{\dfrac{1}{m\Pi+\beta_1\theta}-\dfrac{1}{m\Pi+(\beta_2+1)\theta}\right\}+\mathrm{e}_m\,, \end{cases}$$

wobei

$$(48)\qquad |\mathrm{e}_m| < \frac{|\theta|}{1-\vartheta}\cdot\sum_{n=\beta_1}^{n=\beta_2}\frac{1}{|m\Pi+n\theta|^3}$$

Die Summe (46) erhält dann folgende Gestalt

$$(49)\quad \frac{1}{\theta}\sum_{m=\alpha_1}^{m=\alpha_2}\frac{1}{m\Pi+\beta_1\theta}-\frac{1}{\theta}\sum_{m=\alpha_1}^{m=\alpha_2}\frac{1}{m\Pi+(\beta_2+1)\theta}+\sum_{m=\alpha_1}^{m=\alpha_2}\mathrm{e}_m$$

und geht, auf Grund von Nr. 4, (61) über in

$$(50)\quad \begin{cases} \dfrac{1}{\theta\Pi}\log\left[\dfrac{(\alpha_2+1)\Pi+\beta_1\theta}{\alpha_1\Pi+\beta_1\theta}\cdot\dfrac{\alpha_1\Pi+(\beta_2+1)\theta}{(\alpha_2+1)\Pi+(\beta_2+1)\theta}\right] \\ \qquad +\dfrac{\mathrm{e}'+\mathrm{e}''}{\theta}+\displaystyle\sum_{m=\alpha_1}^{m=\alpha_2}\mathrm{e}_m\,, \end{cases}$$

wobei

$$(51)\qquad |\mathrm{e}'| < \frac{|\Pi|}{1-\vartheta}\sum_{m=\alpha_1}^{m=\alpha_2}\frac{1}{|m\Pi+\beta_1\theta|^2}\,,$$

$$(52)\qquad |\mathrm{e}''| < \frac{|\Pi|}{1-\vartheta}\sum_{m=\alpha_1}^{m=\alpha_2}\frac{1}{|m\Pi+(\beta_2+1)\theta|^2}\,,$$

$$(53)\qquad \left|\sum_{m=\alpha_1}^{m=\alpha_2}\mathrm{e}_m\right| < \frac{|\theta|}{1-\vartheta}\sum_{m=\alpha_1}^{m=\alpha_2}\sum_{n=\beta_1}^{n=\beta_2}\frac{1}{|m\Pi+n\theta|^3}\,.$$

Der Logarithmus in (50) bedeutet die Summe der beiden Zuwüchse, welche die Funktion $\log w$ auf den beiden geradlinigen Wegen zwischen den beiden Werten

$$w_1 = \alpha_1\Pi+\beta_1\theta \quad \text{und} \quad w_2 = (\alpha_2+1)\Pi+\beta_1\theta.$$

einerseits, und zwischen

$$w_3 = (\alpha_2+1)\Pi+(\beta_2+1)\theta \quad \text{und} \quad w_4 = \alpha_1\Pi+(\beta_2+1)\theta$$

andererseits erfährt; diese beiden Wege sind zwei gegenüberliegende Seiten des Parallelogramms mit den Ecken w_1, w_2, w_3, w_4, in entgegengesetztem Sinne durchlaufen (Figur 8).

Die in (51) und (52) auftretenden Summen können beliebig klein gemacht werden, indem man β_1 bzw. β_2 hinreichend groß annimmt (wiederum Nr. 4, Satz auf S. 15/16), die Doppelsumme in (53) wird auf Grund der Voraussetzung (45) für hinreichend große Werte der Zahl H gleichfalls beliebig klein gemacht, da nach Nr. 44, S. 92 die Summe $\sum \frac{1}{|\Omega|^3}$ konvergiert.

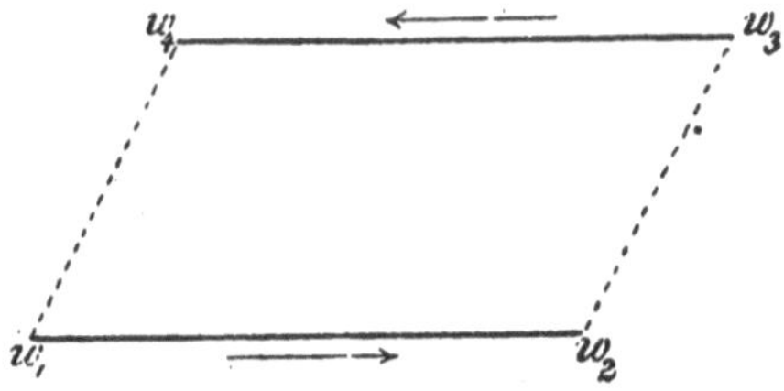

Fig. 8.

Wir wenden nun dieses Resultat auf die Summen (41), (42), (43) an, indem wir die $\alpha_1, \beta_1, \alpha_2, \beta_2$ spezialisieren und sukzessive setzen

(41 a) $\alpha_1 = -m_1,\ \beta_1 = -n_1,\quad \alpha_2 = -1,\quad \beta_2 = -n_0 - 1;$

(42 a) $\alpha_1 = -m_1,\ \beta_1 = +n_0 + 1,\ \alpha_2 = -1,\quad \beta_2 = n_1;$

(43 a) $\alpha_1 = -m_1,\ \beta_1 = -n_0,\quad \alpha_2 = -m_0 - 1,\ \beta_2 = n_0;$

mit Vernachlässigung von Größen, welche beliebig klein werden, wenn m_0 und n_0 hinreichend groß angenommen werden, ergeben sich für die drei in Rede stehenden Summen die Werte

(41 b) $$\frac{1}{\theta\Pi} \cdot \log\left[\frac{-n_1\theta}{-m_1\Pi - n_1\theta} \cdot \frac{-m_1\Pi - n_0\theta}{-n_0\theta}\right],$$

(42 b) $$\frac{1}{\theta\Pi} \cdot \log\left[\frac{+(n_0+1)\theta}{-m_1\Pi + (n_0+1)\theta} \cdot \frac{-m_1\Pi + (n_1+1)\theta}{+(n_1+1)\theta}\right],$$

(43 b) $$\frac{1}{\theta\Pi} \cdot \log\left[\frac{-m_0\Pi - n_0\theta}{-m_1\Pi - n_0\theta} \cdot \frac{-m_1\Pi + (n_0+1)\theta}{-m_0\Pi + (n_0+1)\theta}\right],$$

bei der Addition dieser drei Ausdrücke ist der vorhin präzisierte Sinn der logarithmischen Zuwüchse wohl zu berücksichtigen, was vielleicht am besten mit Hilfe der nachstehenden Figur 9 geschieht, auf welcher die den Zuwüchsen entsprechenden Wege durch Pfeile bezeichnet sind; Strecken, welche zweimal im entgegengesetzten Sinne durchlaufen werden, liefern keinen Beitrag zu der Summe;

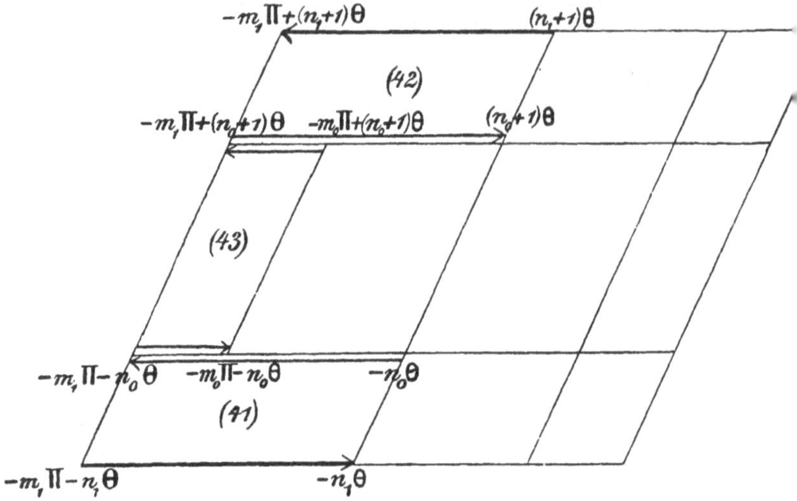

Fig. 9.

es sind dies die Strecken zwischen den Punkten

$$-m_1 \Pi - n_0 \theta \quad \text{und} \quad -m_0 \Pi - n_0 \theta$$

einerseits, und zwischen

$$-m_1 \Pi + (n_0 + 1)\theta \quad \text{und} \quad -m_0 \Pi + (n_0 + 1)\theta$$

andererseits. Das Resultat der Addition ist

$$\frac{1}{\theta \Pi} \cdot \log\left[\frac{-n_1 \theta}{-m_1 \Pi - n_1 \theta}\right] + \frac{1}{\theta \Pi} \cdot \log\left[\frac{-m_1 \Pi + (n_1 + 1)\theta}{+(n_1 + 1)\theta}\right]$$

$$-\frac{1}{\theta \Pi} \cdot \log\left[\frac{-n_0 \theta}{-m_0 \Pi - n_0 \theta}\right] - \frac{1}{\theta \Pi} \cdot \log\left[\frac{-m_0 \Pi + (n_0 + 1)\theta}{+(n_0 + 1)\theta}\right],$$

wo der Logarithmus jedes Quotienten die Zunahme des Logarithmus auf der geradlinigen Strecke vom Nenner zum Zähler bedeutet; wird diese Bestimmung auch im folgenden festgehalten, so ist, auf Grund elementarer Eigenschaften der logarithmischen Funktion, der soeben erhaltene Ausdruck gleichbedeutend mit

$$(54)\quad \begin{cases} \dfrac{1}{\Pi\theta}\log\left[\dfrac{n_1(-m_1\Pi+(n_1+1)\theta)}{(n_1+1)(m_1\Pi+n_1\theta)}\right] \\ -\dfrac{1}{\Pi\theta}\log\left[\dfrac{n_0}{(n_0+1)}\cdot\dfrac{(-m_0\Pi+(n_0+1)\theta)}{(m_0\Pi+n_0\theta)}\right]; \end{cases}$$

dabei ist unter dem ersten Logarithmus die Zunahme zu verstehen, welche die Funktion $\log w$ auf dem geradlinigen Wege

$$\text{von}\quad w=1\quad\text{bis}\quad w=\frac{n_1}{n_1+1}\cdot\frac{-m_1\Pi+(n_1+1)\theta}{m_1\Pi+n_1\theta}$$

erfährt, unter dem zweiten Logarithmus die Zunahme auf dem geradlinigen Wege

$$\text{von}\quad w=1\quad\text{bis}\quad w=\frac{n_0}{n_0+1}\cdot\frac{-m_0\Pi+(n_0+1)\theta}{m_0\Pi+n_0\theta}.$$

Das Doppelte des Ausdrucks (54) unterscheidet sich nun von der Differenz (40), deren Wert wir suchen, um eine Größe

$$(55)\qquad \varphi(m_0,\, n_0,\, m_1,\, n_1,\, \Pi,\, \theta),$$

deren Betrag unter jede beliebig kleine positive Zahl herabsinkt, wenn m_0 und n_0 hinreichend groß gewählt werden.

Nehmen wir also zwei ganze positive Zahlen M, N an und fordern, daß

$$(56)\qquad M<m_0<m_1\,,\quad N<n_0<n_1$$

sein solle, so ist

$$(57)\qquad \lim_{\substack{M=\infty\\ N=\infty}}\{\varphi(m_0,\, n_0,\, m_1,\, n_1,\, \Pi,\, \theta)\}=0.$$

Andererseits ist offenbar

$$(58)\quad \begin{cases} \lim\limits_{\substack{M=\infty\\ N=\infty}}\left\{\log\left[\dfrac{n_1}{n_1+1}\,\dfrac{(-m_1\Pi+(n_1+1)\theta)}{(m_1\Pi+n_1\theta)}\right]\right\} \\ \qquad =\lim\limits_{\substack{M=\infty\\ N=\infty}}\left\{\log\left[\dfrac{-m_1\Pi+n_1\theta}{m_1\Pi+n_1\theta}\right]\right\}, \end{cases}$$

$$(59)\quad \left\{\begin{aligned} &\lim_{\substack{M=\infty\\N=\infty}}\left\{\log\left[\frac{n_0}{n_0+1}\,\frac{(-m_0\Pi+(n_0+1)\theta)}{(m_0\Pi+n_0\theta)}\right]\right\}\\ &\qquad=\lim_{\substack{M=\infty\\N=\infty}}\left\{\log\left[\frac{-m_0\Pi+n_0\theta}{m_0\Pi+n_0\theta}\right]\right\}\end{aligned}\right.$$

und folglich

$$(60)\quad \left\{\begin{aligned} &\lim_{\substack{M=\infty\\N=\infty}}\left\{\sum_{n=-n_1}^{n=+n_1}\sum_{m=-m_1}^{m=+m_1}{}'[m\Pi+n\theta]^{-2}\right.\\ &\qquad\left.-\frac{2}{\Pi\theta}\log\left[\frac{-m_1\Pi+n_1\theta}{m_1\Pi+n_1\theta}\right]\right\}\\ &=\lim_{\substack{M=\infty\\N=\infty}}\left\{\sum_{n=-n_0}^{n=+n_0}\sum_{m=-m_0}^{m=+m_0}{}'[m\Pi+n\theta]^{-2}\right.\\ &\qquad\left.-\frac{2}{\Pi\theta}\log\left[\frac{-m_0\Pi+n_0\theta}{m_0\Pi+n_0\theta}\right]\right\}=C\,,\end{aligned}\right.$$

was wir so aussprechen können:

Der Ausdruck

$$(61)\quad \sum_{n=-n_1}^{n=+n_1}\sum_{m=-m_1}^{m=+m_1}{}'[m\Pi+n\theta]^{-2}-\frac{2}{\Pi\theta}\log\left[\frac{-m_1\Pi+n_1\theta}{m_1\Pi+n_1\theta}\right]$$

strebt für unbegrenzt wachsende Werte der ganzen Zahlen m_1, n_1 *einem festen Grenzwerte* C *zu; dieser ist unabhängig von der Art und Weise, in welcher die Zahlen* m_1, n_1 *unendlich werden.*

Die Summe (36) *konvergiert also gegen einen Grenzwert, wenn*

$$(62)\quad \log\left[\frac{-m_1\Pi+n_1\theta}{m_1\Pi+n_1\theta}\right]$$

gegen einen Grenzwert konvergiert, was dann und nur dann der Fall ist, wenn einer der Quotienten $m_1:n_1$ *oder* $n_1:m_1$ *einem bestimmten endlichen Grenzwerte zustrebt.*

Damit ist nun der zu Anfang dieser Nummer (S. 96) aufgestellte Satz bereits bewiesen.

Wir wollen zum Schlusse noch untersuchen, wie sich die beiden, unter den Annahmen

$$(63) \quad \lim\left(\frac{m_1}{n_1}\right) = 0 \qquad \text{und} \qquad (64) \quad \lim\left(\frac{n_1}{m_1}\right) = 0$$

gebildeten Werte der Summe (36) voneinander unterscheiden.

Unter der ersten Annahme geht der Ausdruck

$$\frac{-m_1 \Pi + n_1 \theta}{m_1 \Pi + n_1 \theta}$$

in $+1$ über, der Logarithmus (62) ist also gleich Null. Um den anderen Fall zu entscheiden, setzen wir

$$(65) \qquad \frac{-m_1 \Pi + n_1 \theta}{m_1 \Pi + n_1 \theta} = -1 + \alpha' + i\alpha'',$$

$$\alpha' = \frac{2 m_1 n_1 (\Pi'\theta' + \Pi''\theta'') + 2 n_1^2 |\theta|^2}{m_1^2 |\Pi|^2 + n_1^2 |\theta|^2 + 2 m_1 n_1 (\Pi'\theta' + \Pi''\theta'')}$$

$$\alpha'' = \frac{2 m_1 n_1 (\Pi'\theta'' - \Pi''\theta')}{m_1^2 |\Pi|^2 + n_1^2 |\theta|^2 + 2 m_1 n_1 (\Pi'\theta' + \Pi''\theta'')}.$$

Die beiden reellen Größen α', α'' konvergieren unter der Annahme (64) gegen Null; der Logarithmus (62) strebt also dem Werte $+\pi i$ oder $-\pi i$ zu, je nachdem α'' schließlich positiv oder negativ wird; nun stimmt aber α'', wie man sieht, im Vorzeichen mit dem Momente der Größen Π, θ überein, wenn m_1 und n_1 so ins Unendliche wachsen, daß die Bedingung (64) erfüllt ist.

$$(66) \qquad \lim_{\substack{m_1=\infty,\ n_1=\infty \\ n_1 : m_1 = 0}} \left\{\log\left[\frac{-m_1 \Pi + n_1 \theta}{m_1 \Pi + n_1 \theta}\right]\right\} = \varepsilon \pi i,$$

wenn

$$(67) \qquad \varepsilon = \operatorname{sgn}(\Pi'\theta'' - \Pi''\theta')$$

gesetzt wird, d. h.

$$\varepsilon = +1 \quad \text{für} \quad \Pi'\theta'' - \Pi''\theta' > 0$$
$$\varepsilon = -1 \quad \text{für} \quad \Pi'\theta'' - \Pi''\theta' < 0.$$

Als Resultat unserer Untersuchung ergibt sich:

Die beiden Grenzwerte, welchen die Summe (36) *unter den beiden Annahmen* (63) *und* (64) *für unbegrenzt wachsende*

Werte von m_1 und n_1 zustrebt, unterscheiden sich um die Größe $\dfrac{2\varepsilon\pi i}{\Pi\theta}$.

Der Sinn der Differenz wird durch nachstehende Gleichung präzisiert:

$$
(68)\quad \left\{\begin{aligned}
&\lim_{\substack{m_1=\infty,\ n_1=\infty\\ n_1:m_1=0}} \left\{\sum_{n=-n_1}^{n=+n_1}\ \sum_{m=-m_1}^{m=+m_1}{}' [m\Pi + m\theta]^{-2}\right\}\\
&-\lim_{\substack{m_1=\infty,\ n_1=\infty\\ m_1:n_1=0}} \left\{\sum_{n=-n_1}^{n=+n_1}\ \sum_{m=-m_1}^{m=+m_1}{}' [m\Pi + n\theta]^{-2}\right\} = \frac{2\varepsilon\pi i}{\Pi\theta}
\end{aligned}\right.
$$

Die erste dieser beiden Summen kann auch so erhalten werden, daß man zuerst nach m, dann nach n summiert; bei der zweiten Summe ist die Reihenfolge der Summierung umzukehren. Den Beweis hierfür möge der Leser selbst aufsuchen. Er kann sich dabei etwa auf die Resultate stützen, welche oben für die Summe (46) gefunden worden sind.

Die Funktion $\Xi_2(u) = p(u)$.

47. Nach (30) ist

$$
(69)\quad \left\{\begin{aligned}
&\sum_{n=-\infty}^{n=+\infty}\ \sum_{m=-\infty}^{m=+\infty}{}' \left\{\frac{1}{[u+\Omega]^2} - \frac{1}{\Omega^2}\right\}\\
&= -\sum_{n=-\infty}^{n=+\infty}\ \sum_{m=-\infty}^{m=+\infty}{}' \frac{u\left(2+\dfrac{u}{\Omega}\right)}{\Omega^3\left(1+\dfrac{u}{\Omega}\right)^2},
\end{aligned}\right.
$$

die Reihe rechts konvergiert nach (34) innerhalb des Bereiches T_u gleichmäßig und absolut; dasselbe gilt daher auch von der Reihe auf der linken Seite, sofern wir die Differenz innerhalb der geschweiften Klammer als ein einziges Glied auffassen, dessen beide Bestandteile nicht auseinandergerissen werden dürfen. Indem wir diese Bestimmung festhalten, *definieren wir durch*

$$(70)\quad \left\{\begin{aligned} &\frac{1}{u^2}+\sum_{n=-\infty}^{n=+\infty}\ \sum_{m=-\infty}^{m=+\infty}{}'\left\{\frac{1}{[u+m\Pi+n\theta]^2}-\frac{1}{[m\Pi+n\theta]^2}\right\} \\ &\qquad = \Xi_2(u) = p(u)\,^{*)} \end{aligned}\right.$$

eine Funktion für jeden endlichen Bereich T_u.

Die Werte, welche die Reihe (26) bei geeigneter Summierungsweise annehmen kann, unterscheiden sich von $p(u)$ um konstante Größen, nämlich um die Werte, welche die Reihe

$$(28)\qquad \sum_{n=-\infty}^{n=+\infty}\ \sum_{m=-\infty}^{m=+\infty}{}'\frac{1}{[m\Pi+n\theta]^2}$$

bei gleicher Summierungsweise annimmt; so z. B. unterscheidet sich der Grenzwert der Summe (35) für $m_1=\infty$, $n_1=\infty$ von $p(u)$ um die konstante Größe:

$$C+\frac{2}{\Pi\theta}\log\left[\frac{-m_1\Pi+n_1\theta}{m_1\Pi+n_1\theta}\right]$$

Es liegt hier wieder ein Fall des Mittag-Lefflerschen Satzes vor.

Die Doppelsumme $\Sigma\Sigma(u+\Omega)^{-1}$.

48. *Die Reihe*

$$(27)\qquad \sum_{n=-\infty}^{n=+\infty}\ \sum_{m=-\infty}^{m=+\infty}[u+m\Pi+n\theta]^{-1}$$

konvergiert für jedes endliche u mit Ausschluß der Werte (1), *wenn wir eine Summierungsweise zugrunde legen, bei welcher die Summen*

$$(28)\qquad \sum_{n=-\infty}^{n=+\infty}\ \sum_{m=-\infty}^{m=+\infty}{}'[m\Pi+n\theta]^{-2}=\sum_{m,n}{}'\frac{1}{\Omega^2}$$

und

$$(71)\qquad \sum_{n=-\infty}^{n=+\infty}\ \sum_{m=-\infty}^{m=+\infty}{}'[m\Pi+n\theta]^{-1}=\sum_{m,n}{}'\frac{1}{\Omega}$$

---

*) Wegen der doppelten Bezeichnung siehe S. 110, Fußnote.

endlichen Grenzwerten zustreben; und zwar konvergiert unter dieser Voraussetzung die Reihe (27) *gleichmäßig in jedem endlichen Bereiche* T_u, *welcher die Werte* (1) *nicht enthält.*

Für $\Omega \neq 0$, d. h. wenn m und n nicht gleichzeitig verschwinden, haben wir die Identität

$$(72)\qquad \frac{1}{u+\Omega} = \frac{1}{\Omega} - \frac{u}{\Omega^2} + \frac{1}{\Omega^3}\left[\frac{u^2}{1+\frac{u}{\Omega}}\right]$$

und daher

$$(73)\quad \sum \frac{1}{u+\Omega} = \frac{1}{u} + \sum{}' \frac{1}{\Omega} - \sum{}' \frac{u}{\Omega^2} + \sum{}' \frac{1}{\Omega^3}\frac{u^2}{1+\frac{u}{\Omega}},$$

wenn wir für die drei Reihen auf der rechten Seite dieselbe Summierungsweise wählen wie für die Reihe auf der linken Seite. *Die Reihe*

$$(74)\qquad \sum{}' \frac{1}{\Omega^3}\frac{u^2}{1+\frac{u}{\Omega}}$$

konvergiert aber offenbar absolut, d. h. für jede beliebige Art der Summierung; der Beweis dieser Behauptung ist durchaus analog demjenigen, welchen wir für die Reihe (34) geführt haben; statt (33) erhalten wir die Ungleichung

$$(75)\qquad \sum_{m,n}{}^{\text{II}} \left|\frac{u^2}{\Omega^3\left(1+\frac{u}{\Omega}\right)}\right| < \frac{M^2}{1-\varepsilon}\sum_{m,n}{}^{\text{II}} \frac{1}{|\Omega|^3},$$

sonst bleiben alle Schlüsse dieselben.

Wenn nun bei einer gewissen Summierungsweise die Reihe (28) konvergiert, so ist

$$(76)\qquad \sum_{m,n} \frac{u}{\Omega^2} = u \cdot \sum_{m,n} \frac{1}{\Omega^2},$$

und der Beweis der Aussage über die Reihe (27), welche den Gegenstand unseres Satzes bildet, folgt unmittelbar aus (73).

Wählen wir z. B. die Summierungsweise, welche wir bereits für die Reihe (26) diskutiert haben, d. h. bilden wir die Summe

$$\sum_{n=-n_1}^{n=+n_1} \sum_{m=-m_1}^{m=+m_1} [u + m\Pi + n\theta]^{-1}, \tag{77}$$

so ist die entsprechend gebildete Summe (71) gleich Null oder:

$$\sum_{n=-n_1}^{n=+n_1} \sum_{m=-m_1}^{m=+m_1} \frac{1}{[m\Pi + n\theta]} = 0; \tag{78}$$

da

$$m\Pi + n\theta = -(-m\Pi - n\theta). \tag{79}$$

Die entsprechende Summe (28) aber konvergiert unter der früher angegebenen Bedingung gegen einen endlichen Grenzwert, und wir können daher, als besonderen Fall des allgemeinen Satzes, folgende Behauptung als bewiesen hinstellen:

Die Summe

$$\sum_{n=-n_1}^{n=+n_1} \sum_{m=-m_1}^{m=+m_1} [u + m\Pi + n\theta]^{-1}, \tag{80}$$

wo mit m_1 und n_1 positive ganze Zahlen bezeichnet sind, strebt für unendlich wachsende Werte von m_1 und n_1 einem endlichen Grenzwerte dann und nur dann zu, wenn einer der Quotienten $m_1 : n_1$ oder $n_1 : m_1$ einem bestimmten endlichen Grenzwerte zustrebt; der Grenzwert der Summe (80) *fällt verschieden aus für verschiedene Grenzwerte des Verhältnisses $m_1 : n_1$.*

Die Funktion $\Xi_1(u) = \zeta(u)$.

49. Nach (72) ist

$$\left\{\begin{aligned} &\sum_{n=-\infty}^{n=+\infty} \sum_{m=-\infty}^{m=+\infty}{}' \left\{\frac{1}{u+\Omega} - \frac{1}{\Omega} + \frac{u}{\Omega^2}\right\} \\ &= \sum_{n=-\infty}^{n=+\infty} \sum_{m=-\infty}^{m=+\infty}{}' \frac{1}{\Omega^3} \frac{u^2}{1+\dfrac{u}{\Omega}}; \end{aligned}\right. \tag{81}$$

die Reihe rechts — (74) — konvergiert aber, wie wir gesehen haben, innerhalb des Bereiches T_u gleichmäßig und absolut; dasselbe gilt daher auch von der Reihe auf der linken Seite, sofern wir die dreigliedrige Summe innerhalb der geschweiften Klammer als ein einziges Glied auffassen, dessen beide Bestandteile nicht auseinandergerissen werden dürfen. Indem wir diese Bestimmung festhalten, *definieren wir durch*

$$(82)\quad \frac{1}{u} + \sum_{n=-\infty}^{n=+\infty} \sum_{m=-\infty}^{m=+\infty}{}' \left\{ \frac{1}{u+\Omega} - \frac{1}{\Omega} + \frac{u}{\Omega^2} \right\} = \Xi_1(u) = \zeta(u)\,{}^{*)}$$

eine Funktion für jeden endlichen Bereich T_u.

Die Werte, welche die Reihe (27) bei geeigneter Summierungsweise annehmen kann, unterscheiden sich von $\zeta(u)$ um Größen der Form

$$(83)\qquad C_1 - C_2 \cdot u\,,$$

wo C_1 und C_2 die konstanten Größen bezeichnen, gegen welche die Summen (71) und (28) bei gleicher Art der Summenbildung konvergieren; so z. B. unterscheidet sich der Grenzwert der Summe (80) für $m_1 = \infty$, $n_1 = \infty$ von $\zeta(u)$ um die Größe $-C_2 \cdot u$, wo C_2 den Grenzwert von

$$C + \frac{2}{\Pi\theta} \log\left[\frac{-m_1\Pi + n_1\theta}{m_1\Pi + n_1\theta}\right]$$

bezeichnet.

Differentialgleichungen zwischen den Funktionen $\Xi_h(u)$.

50. Zu den Funktionen $\Xi_2(u) = \wp(u)$ und $\Xi_1(u) = \zeta(u)$ gelangen wir auch auf folgendem Wege.

Die Reihe

$$(84)\qquad \Xi_3(u) - \frac{1}{u^3} = \sum_{n=-\infty}^{n=+\infty} \sum_{m=-\infty}^{m=+\infty}{}' \frac{1}{[u + m\Pi + n\theta]^3}$$

---

*) Die Bezeichnungen $\wp(u)$ und $\zeta(u)$ sind von Weierstraß eingeführt und allgemein im Gebrauch, während Méray mit den Zeichen $\Xi_2(u)$ und $\Xi_1(u)$ operiert, durch welche der formale Zusammenhang mit den Doppelsummen $\Xi_h(u)$ $(h \geqq 3)$ angedeutet wird. Wir werden die Mérayschen Bezeichnungen neben den Weierstraßschen in beschränktem Maße gebrauchen, nämlich da, wo sie gewissen Beziehungen eine einheitliche Form zu geben gestatten.

konvergiert nach Nr. 44 absolut und gleichmäßig innerhalb jedes endlichen Bereiches T_u, welcher die Werte

$$u = m\Pi + n\theta \tag{85}$$

nicht enthält; dabei bedeuten m und n zwei beliebige positive oder negative Zahlen oder Null; der Wert $u = 0$ ist aber nicht unter den Werten (85) mitzurechnen, da wir das Glied u^{-3} von der Reihe $\Xi_3(u)$ abgetrennt haben. Die rechte Seite von (84) darf gliedweise integriert werden, wenn der Integrationsweg keinen der Punkte (85) berührt; $u = 0$ ist als untere Grenze zulässig; das Resultat dieser Integration

$$\begin{cases} \int\limits_0^u \left(\Xi_3(z) - \frac{1}{z^3}\right) dz \\ = -\frac{1}{2} \sum\limits_{n=-\infty}^{n=+\infty} \sum\limits_{m=-\infty}^{m=+\infty}{}' \left\{ \frac{1}{[u + m\Pi + n\theta]^2} - \frac{1}{[m\Pi + n\theta]^2} \right\} \end{cases} \tag{86}$$

ist daher gleichfalls eine absolut und gleichmäßig konvergente Reihe, wenn wir nur die von der Integration eines und desselben Gliedes von (84) herrührenden, in der geschweiften Klammer vereinigten beiden Bestandteile nicht auseinanderreißen. Wenn wir nun definieren:

$$\frac{1}{u^2} - 2\int\limits_0^u \left(\Xi_3(z) - \frac{1}{z^3}\right) dz = \Xi_2(u) = p(u), \tag{87}$$

so sind wir in Übereinstimmung mit der Definition (70). Durch Differentiation von (87) erhalten wir die wichtige Beziehung

$$p'(u) = \Xi_2'(u) = -2\,\Xi_3(u). \tag{88}$$

Ganz in derselben Weise und auf Grund derselben Schlüsse können wir durch Integration von $\Xi_2(u)$ zu der Funktion $\Xi_1(u)$ aufsteigen; es ist nämlich

$$\zeta(u) = \Xi_1(u) = \frac{1}{u} - \int\limits_0^u \left(\Xi_2(z) - \frac{1}{z^2}\right) dz, \tag{89}$$

woraus wiederum die Beziehungen sich ergeben:

(90) $$\zeta'(u) = -p(u)\,,$$

(91) $$\zeta''(u) = 2\,\Xi_3(u)\,.$$

Für $h \geqq 3$ ist, da wir eine gleichmäßig konvergente Reihe gliedweise differentiieren dürfen, wenn die Ableitungen der Glieder eine gleichmäßig konvergente Reihe bilden,

(92) $$\frac{d}{du}(\Xi_h(u)) = -h \cdot \Xi_{h+1}(u)\,,$$

dieselbe Relation gilt aber, wie die Formeln (88) und (90) zeigen, auch für $h = 1$ und $h = 2$, und also für jedes ganzzahlige positive h. Aus (92) folgt unmittelbar

(93) $$\frac{d^k}{du^k}(\Xi_h(u)) = (-1)^k \cdot h(h+1) \cdot \ldots \cdot (h+k-1) \cdot \Xi_{h+k}(u)$$
für $(h\,,\ k = 1,\ 2,\ \ldots)$

und

(94) $$\Xi_k(u) = \frac{(-1)^{k-1}}{(k-1)!} \cdot \Xi_1^{(k-1)}(u)\,,$$
für $(k = 1,\ 2,\ \ldots)$

wobei die Bezeichnungsweise

$$\frac{d^k}{du^k}(\Xi_h(u)) = \Xi_h^{(k)}(u)$$

angewandt ist.

Analytischer Charakter der definierten Funktionen.

51. Genau wie in Nr. 12 für die Funktionen $\xi_h(u)$ können wir auch für die durch (70), (82) und (2) definierten Funktionen $\Xi_h(u)$ beweisen, *daß sie in jedem nicht in der Reihe* (1) *enthaltenen Punkte* $u = a$ *eine reguläre Potenzreihenentwickelung*

(95) $$\Xi_h(u) = \mathfrak{P}_h(u-a)$$

besitzen, während jeder Punkt $u = m\,\Pi + n\,\theta$ *der Reihe* (1) *für die Funktion* $\Xi_h(u)$ *einen h-fachen Pol darstellt, in welchem die Entwickelung lautet:*

(96) $$\Xi_h(u) = \frac{1}{[u - m\,\Pi - n\,\theta]^h} + \overline{\mathfrak{P}_h}(u - m\,\Pi - n\,\theta)\,.$$

Periodizität der Funktionen $\Xi_h(u)$, $(h \geqq 2)$.

52. Die Vermehrung des Argumentes einer Funktion $\Xi_h(u)$, deren Index h größer als 1 ist, um ganzzahlige Vielfache der Größe $\pm\Pi$ oder um ganzzahlige Vielfache der Größe $\pm\theta$ ändert den Wert der Funktion nicht: *die Funktionen $\Xi_2(u)$, $\Xi_3(u)$, ... sind doppelt periodisch mit den Perioden Π, θ.*

Für $h > 2$ erkennt man dies unmittelbar aus der Definition

$$(2) \qquad \Xi_h(u) = \sum_{n=-\infty}^{n=+\infty} \sum_{m=-\infty}^{m=+\infty} \frac{1}{[u + m\,\Pi + n\,\theta]^h};$$

denn es ist

$$(97) \quad \begin{cases} \Xi_h(u+\Pi) = \displaystyle\sum_{n=-\infty}^{n=+\infty} \sum_{m=-\infty}^{m=+\infty} \frac{1}{[u + (m+1)\,\Pi + n\,\theta]^h} \\ = \displaystyle\sum_{n=-\infty}^{n=+\infty} \sum_{m'=-\infty}^{m'=+\infty} \frac{1}{[u + m'\Pi + n\,\theta]^h} = \Xi_h(u); \end{cases}$$

ganz ebenso ergibt sich die Identität der Ausdrücke $\Xi_h(u-\Pi)$, $\Xi_h(u\pm\theta)$ mit dem ursprünglichen Ausdruck $\Xi_h(u)$ *).

Für $h = 2$ hat man die absolut konvergente Reihe

$$\Xi_2(u) = \frac{1}{u^2} + \sum_{n=-\infty}^{n=+\infty} \sum_{m=-\infty}^{m=+\infty}{}' \left\{ \frac{1}{[u + m\,\Pi + n\,\theta]^2} - \frac{1}{[m\,\Pi + n\,\theta]^2} \right\}$$

zum Ausgangspunkt zu nehmen.

$$(98) \quad \begin{cases} \Xi_2(u+\Pi) = \dfrac{1}{[u+\Pi]^2} \\ + \displaystyle\sum_{n=-\infty}^{n=+\infty} \sum_{m=-\infty}^{m=+\infty}{}' \left\{ \frac{1}{[u+(m+1)\Pi + n\,\theta]^2} - \frac{1}{[m\,\Pi + n\,\theta]^2} \right\} \end{cases}$$

Andererseits nimmt (70), wenn unter dem Summenzeichen m durch $m+1$ ersetzt wird, die Gestalt an

*) Der Leser kann den Rest dieser Nummer, sowie die folgende Nummer überspringen; er findet die Periodizität der Funktion $p(u)$ und die Periodizitätsmoduln der Funktion $\zeta(u)$ in Nr. 55 abgeleitet. Die Legendresche Relation (124) wird in dem X. Kapitel, Nr. 91, auf andere Art noch einmal bewiesen.

$$(70\text{a})\left\{\begin{aligned}&\Xi_2(u) = \frac{1}{u^2}\\&+\sum_{n=-\infty}^{n=+\infty}\sum_{m=-\infty}^{m=+\infty}{}'\left\{\frac{1}{[u+(m+1)\Pi+n\theta]^2}-\frac{1}{[(m+1)\Pi+n\theta]^2}\right\},\end{aligned}\right.$$

wo aber jetzt der Akzent an dem Summenzeichen die Ausschließung der Wertekombination $m = -1$, $n = 0$ andeutet. Wenn nun durch einen doppelten Akzent die Ausschließung der beiden Wertekombinationen $m = 0$, $n = 0$ und $m = -1$, $n = 0$ bezeichnet wird, so lassen sich die Formeln (98) und (70a) so schreiben:

$$(99)\left\{\begin{aligned}&\Xi_2(u+\Pi) = \frac{1}{[u+\Pi]^2}+\frac{1}{u^2}-\frac{1}{\Pi^2}\\&+\sum_{n=-\infty}^{n=+\infty}\sum_{m=-\infty}^{m=+\infty}{}''\left\{\frac{1}{[u+(m+1)\Pi+n\theta]^2}-\frac{1}{[m\Pi+n\theta]^2}\right\},\end{aligned}\right.$$

$$(100)\left\{\begin{aligned}&\Xi_2(u) = \frac{1}{u^2}+\frac{1}{[u+\Pi]^2}-\frac{1}{\Pi^2}\\&+\sum_{n=-\infty}^{n=+\infty}\sum_{m=-\infty}^{m=+\infty}{}''\left\{\frac{1}{[u+(m+1)\Pi+n\theta]^2}-\frac{1}{[(m+1)\Pi+n\theta]^2}\right\}.\end{aligned}\right.$$

Die Differenz dieser beiden Ausdrücke ergibt, da die beiden Doppelsummen absolut konvergieren, und daher Glied von Glied subtrahiert werden darf:

$$(101)\left\{\begin{aligned}&\Xi_2(u+\Pi)-\Xi_2(u)\\&=\sum_{n=-\infty}^{n=+\infty}\sum_{m=-\infty}^{m=+\infty}{}''\left\{\frac{1}{[(m+1)\Pi+n\theta]^2}-\frac{1}{[m\Pi+n\theta]^2}\right\}\\&=\sum_{n=-\infty}^{n=+\infty}\sum_{m=-\infty}^{m=+\infty}{}''\frac{[-2(m\Pi+n\theta)\Pi-\Pi^2]}{[(m+1)\Pi+n\theta]^2[m\Pi+n\theta]^2}.\end{aligned}\right.$$

Aus der früher bewiesenen Tatsache, daß die Reihe (14) für $h \geqq 3$ konvergiert, erschließt man ohne Schwierigkeit, daß auch die beiden Reihen

$$(102)\quad \tau_1 = \sum_{n=-\infty}^{n=+\infty}\sum_{m=-\infty}^{m=+\infty}{}''\frac{(m\Pi+n\theta)\Pi}{[(m+1)\Pi+n\theta]^2[m\Pi+n\theta]^2},$$

$$(103)\quad \tau_2 = \sum_{n=-\infty}^{n=+\infty}\sum_{m=-\infty}^{m=+\infty}{}''\frac{\Pi^2}{[(m+1)\Pi+n\theta]^2[m\Pi+n\theta]^2}$$

absolut konvergieren; multipliziert man die erste mit -2, die zweite mit -1 und addiert gliedweise, so erhält man die rechte Seite von (101); dieselbe ist also gleich $-2\tau_1-\tau_2$. Nun ist

(104)
$$\left\{\begin{aligned}\tau_1 &= \sum_{m=-\infty}^{m=+\infty}{}'' \frac{m}{(m+1)^2 m^2 \Pi^2}\\ &+\sum_{n=1}^{n=+\infty}\sum_{m=-\infty}^{m=+\infty} \frac{\Pi[(m\Pi+n\theta)]-((m+1)\Pi+n\theta)}{[(m+1)\Pi+n\theta]^2[m\Pi+n\theta]^2}\\ &= -\sum_{m=1}^{m=\infty}\frac{+1}{(m+1)^2 m^2 \Pi^2}\\ &-\sum_{n=1}^{n=+\infty}\sum_{m=-\infty}^{m=+\infty}\frac{\Pi^2}{[(m+1)\Pi+n\theta]^2[m\Pi+n\theta]^2};\end{aligned}\right.$$

(105)
$$\left\{\begin{aligned}\tau_2 &= \sum_{m=-\infty}^{m=+\infty}{}'' \frac{1}{(m+1)^2 m^2 \Pi^2}\\ &+2\sum_{n=1}^{n=+\infty}\sum_{m=-\infty}^{m=+\infty} \frac{\Pi^2}{[(m+1)\Pi+n\theta]^2[m\Pi+n\theta]^2}\\ &= 2\sum_{m=1}^{m=\infty}\frac{1}{(m+1)^2 m^2 \Pi^2}\\ &+2\sum_{n=1}^{n=+\infty}\sum_{m=-\infty}^{m=+\infty}\frac{\Pi^2}{[(m+1)\Pi+n\theta]^2[m\Pi+n\theta]^2};\end{aligned}\right.$$

folglich verschwindet die Größe $-2\tau_1-\tau_2$ und damit die rechte Seite von (101) identisch.

Daß auch $\pm\theta$ eine Periode der Funktion $\Xi_2(u)$ ist, läßt sich durch die analogen Umformungen zeigen.

Periodizitätsmoduln der Funktion $\zeta(u)$. — Die Legendresche Relation.

53. Wir wenden uns nun zu der durch (82) definierten Funktion

2)
$$\left\{\begin{aligned}&\zeta(u)=\Xi_1(u)=\frac{1}{u}+\\ &+\sum_{n=-\infty}^{n=+\infty}\sum_{m=-\infty}^{m=+\infty}{}'\left\{\frac{1}{[u+m\Pi+n\theta]}+\frac{u}{[m\Pi+n\theta]^2}-\frac{1}{[m\Pi+n\theta]}\right\}.\end{aligned}\right.$$

Da auch dieser Ausdruck mit Beziehung auf Π und θ völlig symmetrisch ist, so genügt es wiederum, zu untersuchen, wie sich die Funktion verhält, wenn ihr Argument um die Größe Π vermehrt wird.

$$(106)\quad \begin{cases} \Xi_1(u+\Pi) = \dfrac{1}{u+\Pi} + \\ + \sum\limits_{n=-\infty}^{n=+\infty} \sum\limits_{m=-\infty}^{m=+\infty}{}' \left\{ \dfrac{1}{[u+(m+1)\Pi+n\theta]} + \dfrac{u+\Pi}{[m\Pi+n\theta]^2} - \dfrac{1}{[m\Pi+n\theta]} \right\}, \end{cases}$$

$$(106a)\quad \begin{cases} = \dfrac{1}{u+\Pi} + \dfrac{1}{u} + \dfrac{u+\Pi}{\Pi^2} + \dfrac{1}{\Pi} + \\ + \sum\limits_{n=-\infty}^{n=+\infty} \sum\limits_{m=-\infty}^{m=+\infty}{}'' \left\{ \dfrac{1}{[u+(m+1)\Pi+n\theta]} + \dfrac{u+\Pi}{[m\Pi+n\theta]^2} - \dfrac{1}{[m\Pi+n\theta]} \right\} \end{cases}$$

wenn auch hier der doppelte Akzent am Summenzeichen die Ausschließung der beiden Wertekombinationen $m = 0$, $n = 0$ und $m = -1$, $n = 0$ bedeutet. Ersetzt man in (82) m durch $m + 1$, so ergibt sich

$$(107)\quad \begin{cases} \Xi_1(u) = \dfrac{1}{u} + \\ + \sum\limits_{n=-\infty}^{n=+\infty} \sum\limits_{m=-\infty}^{m=+\infty}{}' \left\{ \dfrac{1}{[u+(m+1)\Pi+n\theta]} + \dfrac{u}{[(m+1)\Pi+n\theta]^2} - \dfrac{1}{[(m+1)\Pi+n\theta]} \right\} \end{cases}$$

da in dieser Summe das Indexpaar $m = -1$, $n = 0$ auszuschließen ist, so können wir statt (107) schreiben:

$$(107a)\quad \begin{cases} \Xi_1(u) = \dfrac{1}{u} + \dfrac{1}{u+\Pi} + \dfrac{u}{\Pi^2} - \dfrac{1}{\Pi} + \\ + \sum\limits_{n=-\infty}^{n=+\infty} \sum\limits_{m=-\infty}^{m=+\infty}{}'' \left\{ \dfrac{1}{[u+(m+1)\Pi+n\theta]} + \dfrac{u}{[(m+1)\Pi+n\theta]^2} - \dfrac{1}{[(m+1)\Pi+n\theta]} \right\} \end{cases}$$

Subtraktion der beiden Ausdrücke (106a) und (107a) ergibt, da die Summen rechts absolut konvergieren, und daher Glied von Glied abgezogen werden darf:

$$
(108)\quad \left\{
\begin{aligned}
&\Xi_1(u+\Pi)-\Xi_1(u)=\frac{3}{\Pi}\\
&+\sum_{n=-\infty}^{n=+\infty}\ \sum_{m=-\infty}^{m=+\infty}{}^{''}\left\{\frac{u}{[m\Pi+n\theta]^2}-\frac{u}{[(m+1)\Pi+n\theta]^2}+\frac{\Pi}{[m\Pi+n\theta]^2}\right.\\
&\qquad\qquad\left.-\frac{1}{m\Pi+n\theta}+\frac{1}{(m+1)\Pi+n\theta}\right\}
\end{aligned}
\right.
$$

Addiert man zu der Summe auf der rechten Seite gliedweise die gleichfalls absolut konvergente Reihe, welche aus (101) entsteht, wenn wir diese mit u multiplizieren, so ändert sich an dem Wert der Gesamtsumme nichts, da die Summe der hinzugefügten Reihe nach den vorhergehenden Untersuchungen gleich Null ist; dagegen werden durch diese Operation die beiden ersten Bestandteile in dem allgemeinen Glied der Reihe (108) beseitigt, und wir erhalten

$$
(109)\quad \left\{
\begin{aligned}
&\Xi_1(u+\Pi)-\Xi_1(u)=\frac{3}{\Pi}\\
&+\sum_{n=-\infty}^{n=+\infty}\ \sum_{m=-\infty}^{m=+\infty}{}^{''}\left\{\frac{\Pi}{[m\Pi+n\theta]^2}-\frac{1}{m\Pi+n\theta}+\frac{1}{(m+1)\Pi+n\theta}\right\}.
\end{aligned}
\right.
$$

Die Summe auf der rechten Seite ist wieder absolut konvergent und daher von der Summierungsweise unabhängig, wenn wir nur festhalten, daß die drei in der geschweiften Klammer vereinigten Summanden zusammen ein einziges untrennbares Glied bilden; um den Wert der Reihe zu ermitteln, dürfen wir eine beliebige Art der Summenbildung zugrunde legen, also etwa wieder, wie in Nr. 46, über ein Rechteck mit den Ecken

$$
(37)\quad \left\{
\begin{aligned}
&(-m_1\,,\ -n_1)\,,\quad (+m_1\,,\ -n_1)\,,\quad (+m_1\,,\ +n_1)\,,\\
&\qquad\qquad (-m_1\,,\ +n_1)
\end{aligned}
\right.
$$

summieren und die Seitenlängen in einem bestimmten Verhältnis $m_1 : n_1$ ins Unendliche wachsen lassen:

$$
(110)\quad \left\{
\begin{aligned}
&\Xi_1(u+\Pi)-\Xi_1(u)=\frac{3}{\Pi}\\
&+\lim_{\substack{m_1=\infty\\ n_1=\infty}}\left[\sum_{n=-n_1}^{n=+n_1}\ \sum_{m=-m_1}^{m=+m_1}{}^{''}\left\{\frac{\Pi}{[m\Pi+n\theta]^2}-\frac{1}{m\Pi+n\theta}+\frac{1}{(m+1)\Pi+n\theta}\right\}\right].
\end{aligned}
\right.
$$

Nun dürfen wir auch die Summe durch Trennung des allgemeinen Gliedes in zwei Summen zerlegen, wenn wir nur für beide Summen dieselbe Summierungsweise anwenden; jeder der beiden Bestandteile wird alsdann von dem Grenzwerte des Verhältnisses $m_1 : n_1$ abhängen, die Gesamtsumme aber davon unabhängig sein, da ja diese mit dem Werte der absolut konvergenten Reihe (109) übereinstimmen muß. Wir schreiben also

$$(111)\quad \begin{cases} \Xi_1(u+\Pi)-\Xi_1(u)=\dfrac{3}{\Pi}+\lim\limits_{\substack{m_1=\infty\\ n_1=\infty}}\left[\sum\limits_{n=-n_1}^{n=+n_1}\sum\limits_{m=-m_1}^{m=+m_1}{}''\dfrac{\Pi}{[m\Pi+n\theta]^2}\right]\\ +\lim\limits_{\substack{m_1=\infty\\ n_1=\infty}}\left[\sum\limits_{n=-n_1}^{n=+n_1}\sum\limits_{m=-m_1}^{m=+m_1}{}''\left\{\dfrac{1}{(m+1)\Pi+n\theta}-\dfrac{1}{m\Pi+n\theta}\right\}\right] \end{cases}$$

Nun ist zunächst

$$(112)\quad \begin{cases} \dfrac{1}{\Pi}+\left[\sum\limits_{n=-n_1}^{n=+n_1}\sum\limits_{m=-m_1}^{m=+m_1}{}''\dfrac{\Pi}{[m\Pi+n\theta]^2}\right]\\ =\Pi\cdot\sum\limits_{n=-n_1}^{n=+n_1}\sum\limits_{m=-m_1}^{m=+m_1}{}'\dfrac{1}{[m\Pi+n\theta]^2} \end{cases}$$

Ferner zeigt uns eine einfache Überlegung, daß

$$(113)\quad \begin{cases} \dfrac{2}{\Pi}+\sum\limits_{n=-n_1}^{n=+n_1}\sum\limits_{m=-m_1}^{m=+m_1}{}''\left\{\dfrac{1}{(m+1)\Pi+n\theta}-\dfrac{1}{m\Pi+n\theta}\right\}\\ =\sum\limits_{n=-n_1}^{n=+n_1}\dfrac{1}{(m_1+1)\Pi+n\theta}-\sum\limits_{n=-n_1}^{n=+n_1}\dfrac{1}{-m_1\Pi+n\theta} \end{cases}$$

Nach den Ergebnissen der Nr. 4 muß der Grenzwert dieses letzteren Ausdruckes gleich sein dem Grenzwerte

$$(114)\quad \frac{2}{\theta}\cdot\lim_{\substack{m_1=\infty\\ n_1=\infty}}\left\{\log\left[\frac{m_1\Pi+n_1\theta}{m_1\Pi-n_1\theta}\right]\right\},$$

muß also verschwinden, wenn m_1, n_1 so ins Unendliche wachsen, daß

$$(115)\quad \lim_{\substack{m_1=\infty\\ n_1=\infty}}\left\{\frac{n_1}{m_1}\right\}=0.$$

Wir können diese Tatsache aber auch leicht beweisen, ohne jene Sätze herbeizuziehen. Wenn nämlich n_1, m_1 zwei positive ganze Zahlen sind, welche der Ungleichung

$$(116)\qquad 0 < \frac{n_1}{m_1}\frac{|\theta|}{|\Pi|} < \varepsilon < 1$$

genügen, so haben wir für jede positive oder negative Zahl n, deren absoluter Betrag die Zahl n_1 nicht übersteigt, die Ungleichungen

$$(117)\qquad \begin{cases} \dfrac{1}{|m_1\Pi + n\theta|} < \dfrac{1}{m_1}\dfrac{1}{|\Pi|(1-\varepsilon)} \\ \displaystyle\sum_{n=-n_1}^{n=+n_1}\frac{1}{|m_1\Pi + n\theta|} < \frac{n_1}{m_1}\frac{2}{|\Pi|(1-\varepsilon)} + \frac{1}{m_1|\Pi|} \\ \qquad\qquad < \dfrac{2\varepsilon}{|\theta|(1-\varepsilon)} + \dfrac{1}{m_1|\Pi|} \end{cases}$$

Nun lassen wir die Zahlen m_1, n_1 unbegrenzt wachsen, aber so, daß der echte Bruch ε immer beliebig klein angenommen werden darf, d. h. so, daß die Bedingung (115) erfüllt wird; alsdann muß der absolute Betrag der Summe

$$(118)\qquad \sum_{n=-n_1}^{n=+n_1}\frac{1}{-m_1\Pi + n\theta} = -\sum_{n=-n_1}^{n=+n_1}\frac{1}{m_1\Pi + n\theta}$$

gegen Null konvergieren; dasselbe können wir ganz ebenso für die Summe

$$(119)\qquad \sum_{n=-n_1}^{n=+n_1}\frac{1}{(m_1+1)\Pi + n\theta}$$

beweisen. Es ergibt sich also unter der Bedingung (115) als Grenzwert des gesamten Ausdruckes (113) der Wert Null.

Wir kehren zu der Gleichung (111) zurück; die beiden Grenzwerte auf der rechten Seite sollen jetzt unter der Voraussetzung gebildet werden, daß das Verhältnis $n_1 : m_1$ dem Werte Null zustrebt [Bedingung (115)]. Mit Benutzung von (112) und (113) finden wir so:

$$(120)\qquad \Xi_1(u+\Pi) - \Xi_1(u) = \Pi \cdot \lim_{\substack{m_1=\infty\\ n_1=\infty\\ n_1:m_1=0}} \left\{\sum_{n=-n_1}^{n=+n_1}\ \sum_{m=-m_1}^{m=+m_1}{}' \frac{1}{[m\Pi + n\theta]^2}\right\}.$$

Eine Vertauschung der Größen Π, θ in dem Grenzwerte auf der rechten Seite von (120) ist gleichbedeutend mit einer Vertauschung der Rollen, welche die Zahlen m_1, n_1 spielen; es muß daher auch die folgende Identität bestehen

$$(121)\quad \Xi_1(u+\theta) - \Xi_1(u) = \theta \cdot \lim_{\substack{m_1=\infty\\ n_1=\infty\\ m_1:n_1=0}} \left\{ \sum_{n=-n_1}^{n=+n_1} \sum_{m=-m_1}^{m=+m_1}{}' \frac{1}{[m\Pi + n\theta]^2} \right\}.$$

Bezeichnen wir die rechte Seite von (120) mit η_Π, die rechte Seite von (121) mit η_θ, mit r, s zwei beliebige positive oder negative ganze Zahlen, so ist

$$(122)\quad \Xi(u + r\Pi + s\theta) = \Xi(u) + r\eta_\Pi + s\eta_\theta$$

oder, in der Weierstraßschen Bezeichnung,

$$(123)\quad \zeta(u + r\Pi + s\theta) = \zeta(u) + r\eta_\Pi + s\eta_\theta .$$

Zwischen den beiden Konstanten η_Π und η_θ besteht nach (68) die Relation

$$(124)\quad \theta\cdot\eta_\Pi - \Pi\cdot\eta_\theta = 2\varepsilon\pi i ,$$

wenn

$$\varepsilon = \operatorname{sgn}(\Pi'\theta'' - \Pi''\theta') .$$

Wir fassen das Resultat unserer Untersuchungen zusammen in dem Satze:

Die Funktion $\zeta(u)$ ist nicht periodisch, aber sie zeigt ein der Periodizität verwandtes Verhalten. Bei der Vermehrung des Argumentes um die Größe Π oder θ erfährt der Funktionswert einen konstanten, d. h. von u unabhängigen Zuwachs η_Π oder η_θ. Die beiden Konstanten η_Π, η_θ heißen „Periodizitätsmoduln“ der Funktion $\zeta(u)$; sie sind Funktionen von Π und θ und sind untereinander durch die Relation (124) *verknüpft, welche als „Legendresche Relation“ bezeichnet wird.*

Aus (122) läßt sich durch Differentiation, mit Benutzung der Formeln (94), die uns bereits bekannte doppelte Periodizität der Funktionen $\Xi_h(u)$ (für $h > 1$) herleiten.

Homogeneität. — Gerade und ungerade Funktionen.

54. Wenn wir die Funktionen $\Xi_h(u)$ als Funktionen der drei Argumente u, Π, θ auffassen und dies durch die Bezeichnung $\Xi_h(u, \Pi, \theta)$ andeuten, so haben wir auf Grund der analytischen Ausdrücke (2), (70) und (82) die Identität

$$(125) \qquad \Xi_h(\lambda u, \lambda \Pi, \lambda \theta) = \lambda^{-h} \cdot \Xi_h(u, \Pi, \theta) \qquad (h = 1, 2, \ldots),$$

d. h. *die* $\Xi_h(u, \Pi, \theta)$ *sind homogen in* u, Π, θ *vom Grade* $-h$.

Da in den absolut konvergierenden Summen der Definitionsgleichungen (2), (70) und (82) zu jedem Indexpaar (m, n) das entgegengesetzte Paar $(-m, -n)$ vorkommt so lesen wir aus ihnen unmittelbar ab, daß für alle h identisch

$$(126) \qquad \Xi_h(u, -\Pi, -\theta) = \Xi_h(u, \Pi, \theta)$$

ist; wenn also in (125) $\lambda = -1$ gesetzt wird, so ergibt sich

$$(127) \qquad \Xi_h(-u, \Pi, \theta) = (-1)^h \cdot \Xi_h(u, \Pi, \theta),$$

d. h. *die* $\Xi_h(u)$ *sind gerade oder ungerade Funktionen von* u, *je nachdem der Index* h *eine gerade oder ungerade Zahl ist.*

Die ungerade Funktion $\Xi_{2k+1}(u) - \frac{1}{u^{2k+1}}$ kann für $u = 0$ nicht unendlich werden (Nr. 51); daher ist notwendigerweise:

$$(128) \qquad \left[\Xi_{2k+1}(u) - \frac{1}{u^{2k+1}}\right]_{u=0} = 0.$$

Für ungerade h, welche größer sind als 1, ist infolge der Periodizität der Funktion $\Xi_h(u)$

$$\Xi_h\left(-\frac{\Pi}{2}\right) = \Xi_h\left(+\frac{\Pi}{2}\right); \qquad \Xi_h\left(-\frac{\theta}{2}\right) = \Xi_h\left(+\frac{\theta}{2}\right);$$

diese Identitäten liefern, in Verbindung mit (127), *die speziellen Werte*

$$(129) \qquad \Xi_{2k+1}\left(\frac{\Pi}{2}\right) = 0, \qquad \Xi_{2k+1}\left(\frac{\theta}{2}\right) = 0.$$

Die Funktion $\Xi_1(u)$ aber erfüllt die Gleichungen

$$\Xi_1\left(\frac{\Pi}{2}\right) = \Xi_1\left(-\frac{\Pi}{2}\right) + \eta_\Pi,$$

$$\Xi_1\left(\frac{\theta}{2}\right) = \Xi_1\left(-\frac{\theta}{2}\right) + \eta_\theta,$$

welche, in Verbindung mit (127), zu den folgenden Bestimmungen führen:

$$(130)\quad \eta_{\Pi} = 2\,\Xi_1\left(\frac{\Pi}{2}\right) = 2\,\zeta\left(\frac{\Pi}{2}\right); \quad \eta_{\theta} = 2\,\Xi_1\left(\frac{\theta}{2}\right) = 2\,\zeta\left(\frac{\theta}{2}\right).$$

Anderer Beweis der Periodizität von $p(u)$ und des Verhaltens der Funktion $\zeta(u)$.

55. Wir wollen nun von der Formel (127) der vorhergehenden Nummer eine Anwendung machen, indem wir, von der Funktion $\Xi_3(u)$ durch Integration zu den Funktionen $p(u)$ und $\zeta(u)$ aufsteigend, die Periodizität der ersteren und die Periodizitätsmoduln der letzteren nachweisen.

Für $\Xi_3(u)$ entnehmen wir also die doppelte Periodizität unmittelbar dem analytischen Ausdrucke, wie wir es in Nr. 52 getan haben.

Aus Formel (87) in Nr. 50 erhalten wir ohne Schwierigkeit die Beziehung

$$(131)\qquad p(u) - p(u_0) = -2\int_{u_0}^{u} \Xi_3(z)\,dz\,,$$

worin das Integral nun eine untere Grenze hat, welche nicht zu den Polen der Funktion $\Xi_3(u)$ gehört, und über einen Weg zu erstrecken ist, welcher keinen dieser Pole berührt. Nun ist

$$(132)\quad \int_{u_0}^{u} \Xi_3(z+\Pi)\,dz = \int_{u_0+\Pi}^{u+\Pi} \Xi_3(z)\,dz = -\tfrac{1}{2}\,[p(u+\Pi) - p(u_0+\Pi)]\,;$$

andererseits ergibt sich durch Integration der Identität

$$(133)\qquad \Xi_3(z+\Pi) = \Xi_3(z)$$

die Gleichheit der Integrale

$$(134)\qquad \int_{u_0}^{u} \Xi_3(z+\Pi)\,dz = \int_{u_0}^{u} \Xi_3(z)\,dz\,,$$

und somit die identische Beziehung

$$(135)\qquad p(u+\Pi) - p(u) = p(u_0+\Pi) - p(u_0)\,.$$

Daß diese Größe gleich Null sein muß, erkennen wir, wenn wir $u_0 = -\frac{\Pi}{2}$ setzen; denn $p(u)$ ist eine gerade Funktion (Nr. 54). Also ist Π eine Periode der Funktion $p(u)$; ebenso erhält man:

$$p(u+\theta) - p(u) = 0\,, \tag{136}$$

womit die doppelte Periodizität der Funktion $p(u)$ erwiesen ist.

Integrieren wir nun die soeben bewiesene Relation

$$p(u+\Pi) - p(u) = 0 \tag{137}$$

zwischen den Grenzen u_0 und u, so erhalten wir mit Hilfe der aus (89) folgenden Beziehung

$$\zeta(u) - \zeta(u_0) = \int_{u_0}^{u} p(z)\,dz\,, \tag{138}$$

die Identität

$$\zeta(u+\Pi) - \zeta(u) = \zeta(u_0+\Pi) - \zeta(u_0)\,. \tag{139}$$

Um den Wert der von u unabhängigen rechten Seite zu ermitteln, wählen wir wieder den Wert $u_0 = -\frac{\Pi}{2}$ und berücksichtigen, daß $\zeta(u)$ nach N. 54 eine ungerade Funktion ist. So gelangen wir zu der Relation

$$\zeta(u+\Pi) - \zeta(u) = 2\,\zeta\left(\frac{\Pi}{2}\right) = \eta_\Pi\,, \tag{140}$$

der wir, auf Grund analoger Betrachtungen, die folgende zur Seite stellen können

$$\zeta(u+\theta) - \zeta(u) = 2\,\zeta\left(\frac{\theta}{2}\right) = \eta_\theta\,. \tag{141}$$

Zwei einfach periodische Funktionen.

56. Die Funktion*)

$$^{(\Pi)}Z(u) = \zeta(u) - \frac{\eta_\Pi}{\Pi}\,u \tag{142}$$

---

*) Die Funktion, welche bei Hermite (Crelle I, 84) das Zeichen $Z(u)$ führt, stimmt mit unserer Funktion $^{(\Pi)}Z(u)$ überein, wenn $\varepsilon = +1$ ist, dagegen mit $^{\theta}Z(u)$, wenn $\varepsilon = -1$ ist. Méray gebraucht für die beiden Funktionen (142), (145) die Bezeichnungen $^{(\Pi)}\Xi_1(u)$ und $^{(\theta)}\Xi_1(u)$.

ist einfach periodisch mit der Periode Π; sie erfüllt identisch die Beziehung

$$(143)\qquad {}^{(\Pi)}\mathrm{Z}(u+\theta) = {}^{(\Pi)}\mathrm{Z}(u) + \frac{\Pi\cdot\eta_\theta - \theta\cdot\eta_\Pi}{\Pi},$$

welche mit Benutzung der Legendreschen Relation (124) so geschrieben werden kann

$$(144)\qquad {}^{(\Pi)}\mathrm{Z}(u+\theta) = {}^{(\Pi)}\mathrm{Z}(u) + \frac{2\varepsilon\pi i}{\Pi},$$

$$(\varepsilon = \operatorname{sgn}(\Pi'\theta'' - \Pi''\theta')).$$

Die analoge Funktion

$$(145)\qquad {}^{(\theta)}\mathrm{Z}(u) = \zeta(u) - \frac{\eta_\theta u}{\theta}$$

ist einfach periodisch mit der Periode θ und genügt der Identität:

$$(146)\qquad {}^{(\theta)}\mathrm{Z}(u+\Pi) = {}^{(\theta)}\mathrm{Z}(u) + \frac{2\varepsilon\pi i}{\theta}.$$

Doppelt periodische lineare Aggregate von ζ-Funktionen.

57. Ein Ausdruck, welcher linear und homogen aus einer beliebigen Anzahl n von ζ-Funktionen verschiedener Argumente $u-\alpha_1$, $u-\alpha_2$, ..., $u-\alpha_n$ zusammengesetzt ist:

$$(147)\qquad \begin{cases} f(u) = C_1\,\zeta(u-\alpha_1) + C_2\,\zeta(u-\alpha_2) + \dots \\ \qquad\qquad + C_n\cdot\zeta(u-\alpha_n), \end{cases}$$

genügt der Gleichung

$$(148)\qquad \begin{cases} f(u + r\,\Pi + s\,\theta) = f(u) \\ \qquad + (C_1 + C_2 + \dots + C_n)(r\,\eta_\Pi + s\,\eta_\theta), \end{cases}$$

ist also doppelperiodisch mit den Perioden Π, θ, wenn die Summe der Koeffizienten C_k gleich Null ist.

Dasselbe gilt natürlich von dem durch eine willkürliche Konstante λ vermehrten Ausdruck (147):

$$(147\text{a})\qquad \begin{cases} \lambda + C_1\cdot\zeta(u-\alpha_1) + C_2\cdot\zeta(u-\alpha_2) + \dots \\ \quad + C_n\cdot\zeta(u-\alpha_n). \end{cases}$$

Die Funktionen $\Xi_h(u)$ ausgedrückt durch die $\xi_h(u)$.

58. Da die Reihe

$$\Xi_h(u) = \sum_{n=-\infty}^{n=+\infty} \sum_{m=-\infty}^{m=+\infty} [u + m\Pi + n\theta]^{-h} \tag{2}$$

für $h \geqq 3$ absolut konvergent ist, so dürfen wir ihre Summe in der Weise bilden, daß wir zunächst alle zu einem und demselben Werte von n gehörigen Glieder zu einer Summe s_n vereinigen und hierauf die einfach unendliche zweistrahlige Reihe aller s_n addieren; nun ist

$$s_n = \sum_{m=-\infty}^{m=+\infty} [(u + n\theta) + m\Pi]^{-h} = \xi_h(u + n\theta\,,\ \Pi) \tag{149}$$

und folglich

$$\Xi_h(u) = \sum_{n=-\infty}^{n=+\infty} \xi_h(u + n\theta\,,\ \Pi)\,.\text{*)} \tag{150}$$

Die Reihe

$$\left\{\begin{aligned} p(u) = \Xi_2(u) = \frac{1}{u^2} + \\ + \sum_{n=-\infty}^{n=+\infty} \sum_{m=-\infty}^{m=+\infty}{}' \left\{ \frac{1}{[u + m\Pi + n\theta]^2} - \frac{1}{[m\Pi + n\theta]^2} \right\} \end{aligned}\right. \tag{70}$$

dürfen wir, indem wir eine schon mehrfach angewandte Art der Summenbildung zugrunde legen, in die Form setzen:

$$\left\{\begin{aligned} \Xi_2(u) = \lim_{\substack{m_1=\infty \\ n_1=\infty}} \left[\sum_{n=-n_1}^{n=+n_1} \sum_{m=-m_1}^{m=+m_1} [u + m\Pi + n\theta]^{-2} \right] - \\ - \lim_{\substack{m_1=\infty \\ n_1=\infty}} \left[\sum_{n=-n_1}^{n=+n_1} \sum_{m=-m_1}^{m=+m_1}{}' [m\Pi + n\theta]^2 \right] \end{aligned}\right. \tag{70a}$$

sofern wir in beiden Summen dem Verhältnis $m_1 : n_1$ denselben Grenzwert erteilen. Den zweiten Bestandteil der rechten Seite von (70a) haben wir schon in Nr. 46 unter-

*) Der Leser, welcher die in den Nummern 46—49 durchgeführten Untersuchungen nicht verfolgt hat, kann von hier sogleich zu Nr. 59 überspringen.

sucht; sein Wert ist nach Nr. 53 mit $\frac{\eta_{\Pi}}{\Pi}$ zu bezeichnen, wenn die Bedingung (115) eingeführt wird, was darauf hinausläuft, daß in den beiden Doppelsummen zuerst nach m, dann nach n summiert werden soll. Daher ist

$$(151)\quad \begin{cases} p(u) = \lim\limits_{n_1=\infty}\left\{\sum\limits_{n=-n_1}^{n=+n_1} \lim\limits_{m_1=\infty}\left[\sum\limits_{m=-m_1}^{m=+m_1}(u+m\Pi+n\theta)^{-2}\right]\right\} - \frac{\eta_{\Pi}}{\Pi} \\ \quad = \lim\limits_{n_1=\infty}\left\{\sum\limits_{n=-n_1}^{n=+n_1}\xi_2(u+n\theta,\,\Pi)\right\} - \frac{\eta_{\Pi}}{\Pi} \\ \quad = \frac{\pi^2}{\Pi^2}\cdot\lim\limits_{n_1=\infty}\left\{\sum\limits_{n=-n_1}^{n=+n_1}\frac{1}{\sin^2\frac{(u+n\theta)\pi}{\Pi}}\right\} - \frac{\eta_{\Pi}}{\Pi} \end{cases}$$

Nun läßt sich aber zeigen, daß die Reihe

$$(152)\qquad \sum_{n=-\infty}^{n=+\infty}\frac{1}{\sin^2\frac{(u+n\theta)\pi}{\Pi}}$$

absolut konvergiert; es kann daher in (151) die durch die Bezeichnung angedeutete Beschränkung der Summationsweise aufgehoben werden, und wir dürfen schreiben:

$$(153)\qquad p(u) = \frac{\pi^2}{\Pi^2}\cdot\sum_{n=-\infty}^{n=+\infty}\frac{1}{\sin^2\frac{(u+n\theta)\pi}{\Pi}} - \frac{\eta_{\Pi}}{\Pi}.$$

Der versprochene Konvergenzbeweis, welcher diese Darstellung rechtfertigt, kann folgendermaßen geführt werden:

Ist $\alpha = \alpha' + i\alpha''$ eine nicht reelle komplexe Größe, so haben wir

$$\sin\alpha\pi = \frac{1}{2i}\left(e^{\pi i\alpha'}e^{-\pi\alpha''} - e^{-\pi i\alpha'}e^{\pi\alpha''}\right)$$

$$\begin{aligned}|\sin\alpha\pi|^2 &= \tfrac{1}{4}\left(e^{\pi i\alpha'}e^{-\pi\alpha''} - e^{-\pi i\alpha'}e^{\pi\alpha''}\right)\left(e^{-\pi i\alpha'}e^{-\pi\alpha''} - e^{\pi i\alpha'}e^{\pi\alpha''}\right) \\ &= \tfrac{1}{4}\left(e^{2\pi\alpha''} + e^{-2\pi\alpha''} - 2\cos 2\pi\alpha'\right).\end{aligned}$$

Setzt man also:

$$\frac{u}{\Pi} = \nu = \nu' + i\nu'', \qquad \frac{\theta}{\Pi} = \tau = \tau' + i\tau'',$$

so ergibt sich, da τ'' nach Voraussetzung nicht Null sein darf:

$$\left|\frac{\sin^2\pi(\nu \pm n\tau)}{\sin^2\pi(\nu \pm (n+1)\tau)}\right|$$

$$= \frac{e^{2\pi(\nu''\pm n\tau'')} + e^{-2\pi(\nu''\pm n\tau'')} - 2\cos\varrho_1}{e^{2\pi(\nu''\pm n\tau'')\pm 2\pi\tau''} + e^{-2\pi(\nu''\pm n\tau'')\mp 2\pi\tau''} - 2\cos\varrho_2},$$

worin

$$\varrho_1 = 2\pi(\nu' \pm n\tau'); \qquad \varrho_2 = 2\pi(\nu' \pm (n+1)\tau'),$$

also

$$|\cos\varrho_1| < 1, \qquad |\cos\varrho_2| < 1.$$

Für $n = +\infty$ geht der Wert des oben angeschriebenen Quotienten (in beiden durch die doppelten Zeichen angedeuteten Fällen) über in

$$e^{-2\pi\tau''}, \quad \text{wenn} \quad \tau'' > 0,$$

dagegen in

$$e^{+2\pi\tau''}, \quad \text{wenn} \quad \tau'' < 0;$$

es ist also stets

$$(154) \qquad \lim_{n=\infty}\left|\frac{\sin^2\pi\dfrac{u \pm n\theta}{\Pi}}{\sin^2\pi\dfrac{u \pm (n+1)\theta}{\Pi}}\right| < 1,$$

und somit ist das Cauchysche Konvergenzkriterium für beide Strahlen der Reihe (152) erfüllt. —

Dasselbe Verfahren ergibt für $\zeta(u)$ folgende Darstellung:

$$(82\text{a}) \begin{cases} \zeta(u) = \dfrac{1}{u} + \lim\limits_{\substack{m_1=\infty \\ n_1=\infty}}\left\{\sum\limits_{n=-n_1}^{n=+n_1}\sum\limits_{m=-m_1}^{m=+m_1}{}'[(u+m\Pi+n\theta)^{-1}]\right\} \\ \qquad + u\cdot\lim\limits_{\substack{m_1=\infty \\ n_1=\infty}}\left\{\sum\limits_{n=-n_1}^{n=+n_1}\sum\limits_{m=-m_1}^{m=+m_1}{}'(m\Pi+n\theta)^{-2}\right\}. \end{cases}$$

$$(155) \begin{cases} \zeta(u) = \lim\limits_{n_1=\infty}\left\{\sum\limits_{n=-n_1}^{n=+n_1}\xi_1(u+n\theta,\,\Pi)\right\} + \dfrac{\eta_\Pi u}{\Pi} \\ \qquad = \dfrac{\pi}{\Pi}\cdot\lim\limits_{n_1=\infty}\left\{\sum\limits_{n=-n_1}^{n=+n_1}\cot\dfrac{(u+n\theta)\pi}{\Pi}\right\} + \dfrac{\eta_\Pi u}{\Pi}. \end{cases}$$

Den Formeln (150), (153), (155) treten drei andere zur Seite, welche durch Vertauschung der Größen Π und θ entstehen:

(150a)
$$\Xi_h(u) = \sum_{m=-\infty}^{m=+\infty} \xi_h(u + m\Pi, \theta) \qquad \text{für } h \geqq 3$$

(153a)
$$p(u) = \frac{\pi^2}{\Pi^2} \cdot \sum_{m=-\infty}^{m=+\infty} \frac{1}{\sin^2 \frac{(u + m\Pi)\pi}{\theta}} - \frac{\eta_\theta}{\theta}$$

(155a)
$$\zeta(u) = \frac{\pi}{\Pi} \cdot \lim_{m_1=\infty} \left\{ \sum_{m=-m_1}^{m=+m_1} \cot \frac{(u + m\Pi)\pi}{\theta} \right\} + \frac{\eta_0 u}{\theta}.$$

Andere Herleitung dieser Ausdrücke für $p(u)$ und $\zeta(u)$.

59. Die Formeln (153) und (155) können wiederum auf anderem Wege, nämlich durch Integration der für $h \geqq 3$ gebildeten Formel, hergeleitet werden. Wir stützen uns auf die Beziehungen

(156)
$$p(u) - \frac{1}{u^2} - \left[p(u) - \frac{1}{u^2}\right]_{u=0} = -2\int_0^u \left(\Xi_3(z) - \frac{1}{z^3}\right) dz,$$

(157)
$$\xi_2(u) - \frac{1}{u^2} - \left[\xi_2(u) - \frac{1}{u^2}\right]_{u=0} = -2\int_0^u \left(\xi_3(z) - \frac{1}{z^3}\right) dz,$$

(158)
$$\xi_2(u + n\theta) - \xi_2(n\theta) = -2\int_0^u \xi_3(z + n\theta)\, dz.$$

Aus den Definitionsgleichungen der Funktionen $p(u)$ und $\xi_2(u)$ ergibt sich aber, daß

(159)
$$\left[p(u) - \frac{1}{u^2}\right]_{u=0} = 0,$$

(160)
$$\left[\xi_2(u) - \frac{1}{u^2}\right]_{u=0} = \frac{2}{\Pi^2} \sum_{m=1}^{\infty} \frac{1}{m^2} = \frac{\pi^2}{3\Pi^2}$$

sein muß; folglich erhalten wir:

(161)
$$p(u) = \xi_2(u) - \frac{\pi^2}{3\Pi^2} + \sum_{n=-\infty}^{n=-\infty}{}' [\xi_2(u+n\theta, \Pi) - \xi_2(n\theta, \Pi)].$$

Die Summe rechts ist absolut konvergent, wenn die Differenz in der eckigen Klammer als ein einziges Glied betrachtet wird; wir können sie in zwei Bestandteile zerlegen, müssen aber dann beide in derselben Weise summieren*), z. B.

$$(162)\quad \begin{cases} p(u) = \lim\limits_{n_1=\infty}\left\{\sum\limits_{n=-n_1}^{n=+n_1}\xi_2(u+n\theta,\, \Pi)\right\} \\ \qquad - \lim\limits_{n_1=\infty}\left\{\sum\limits_{n=-n_1}^{n=+n_1}\xi_2(n\theta,\, \Pi)\right\} - \dfrac{\pi^2}{3\Pi^2}\,. \end{cases}$$

Vergleichung mit (151) ergibt

$$(163)\quad \begin{cases} \eta_\Pi = \dfrac{\pi^2}{3\Pi} + 2\Pi\cdot\sum\limits_{n=1}^{n=\infty}\xi_2(n\theta,\, \Pi) \\ \quad = \dfrac{2\pi^2}{\Pi}\left(\dfrac{1}{6} + \sum\limits_{n=1}^{n=\infty}\dfrac{1}{\sin^2\dfrac{n\pi\theta}{\Pi}}\right), \end{cases}$$

ein Ausdruck für die Konstante η_Π, welcher, wie man ohne Schwierigkeit erkennt, mit den früheren Darstellungen in Übereinstimmung ist. Durch Vertauschung von Π und θ erhält man:

$$(164)\quad \eta_\theta = \frac{2\pi^2}{\theta}\left(\frac{1}{6} + \sum_{n=1}^{n=\infty}\frac{1}{\sin^2\dfrac{n\pi\Pi}{\theta}}\right).$$

Nun integrieren wir die Reihe (162) noch einmal und machen von den Beziehungen Gebrauch

$$(165)\quad \zeta(u) - \frac{1}{u} = -\int_0^u\left(p(z) - \frac{1}{z^2}\right)dz\,,$$

$$(166)\quad \xi_1(u) - \frac{1}{u} = -\int_0^u\left(\xi_2(z) - \frac{1}{z^2}\right)dz\,,$$

$$(167)\quad \xi_1(u+n\theta) - \xi_1(n\theta) = -\int_0^u \xi_2(z+n\theta)\,dz\,.$$

*) Diese Einschränkung erscheint überflüssig, wenn wir von der in Nr. 58 bewiesenen Tatsache Gebrauch machen, daß die Reihe $\sum\limits_{n=-\infty}^{n=+\infty}\xi_2(u+n\theta,\, \Pi)$ für jeden Wert von u absolut konvergiert.

So erhalten wir

$$(168)\quad \begin{cases} \zeta(u) = \xi_1(u) + \sum\limits_{n=-\infty}^{n=+\infty}{}' [\xi_1(u+n\theta, \Pi) - \xi_1(n\theta, \Pi)] + u \cdot \frac{\eta_\Pi}{\Pi} \\ = \lim\limits_{n_1=\infty} \left\{ \sum\limits_{n=-n_1}^{n=+n_1}{}' \xi_1(u+n\theta, \Pi) - \sum\limits_{n=-n_1}^{n=+n_1}{}' \xi_1(n\theta, \Pi) \right\} + u \cdot \frac{\eta_\Pi}{\Pi} \\ = \lim\limits_{n_1=\infty} \left\{ \sum\limits_{n=-n_1}^{n=+n_1}{}' \xi_1(u + n\theta, \Pi) \right\} + \frac{\eta_\Pi \cdot u}{\Pi}, \end{cases}$$

d. h. die Darstellung (155).

Anmerkung über nicht polarisierte periodische Funktionen.

60. Aus den Formeln (150), (153), (155), (150a), (153a), (155a) lassen sich, mit Benutzung dessen, was uns über die Funktionen $\xi_h(u)$ bekannt ist, die wichtigsten Eigenschaften der Funktionen $\Xi_h(u)$, im besonderen die doppelte Periodizität der Funktionen $\Xi_2(u)$, $\Xi_3(u)$, ... und das der Periodizität verwandte Verhalten der Funktion $\Xi_1(u)$ ohne weiteres ablesen.

Es mag noch auf eine interessante Analogie aufmerksam gemacht werden. In Nr. 40 haben wir einfach periodische Funktionen, welche in beiden Richtungen polarisiert waren, dargestellt als Summen von ξ_h-Funktionen in endlicher Anzahl. Z. B. würde eine solche Funktion, welche innerhalb des Periodenstreifens μ h-fache Pole und sonst keine Unstetigkeiten besäße, in die Form gesetzt werden können

$$c_0 + c_1 \cdot \xi_h(u - a_1) + c_2 \cdot \xi_h(u - a_2) + \ldots + c_\mu \cdot \xi_h(u - a_\mu).$$

Die Formeln (150), (153), (155) liefern solche Darstellungen nun auch für Funktionen, welche innerhalb des Periodenstreifens unendlich viele Pole haben. Betrachten wir nämlich die Funktion $\Xi_h(u)$ als periodische Funktion mit der Periode Π, so hat sie innerhalb eines Periodenstreifens unendlich viele Pole h-ter Ordnung, welche eine arithmetische Reihe mit der Differenz θ bilden; in der Unendlichkeit häufen sich diese Pole; es kann daher eine derartige Funktion, wie man leicht einsieht, nicht polarisiert sein. Wir wollen die Tatsache konstatieren:

Die doppelt periodischen Funktionen $\Xi_h(u)$ sind, wenn man sie als einfach periodische Funktionen auffaßt, nicht polarisiert.

Desgleichen sind die in den Nummern 56 und 57 mit Hilfe der Funktion $\zeta(u)$ konstruierten periodischen Funktionen nicht polarisiert.

Sechstes Kapitel*).

Untersuchung gewisser Doppelprodukte. — Die Funktion $\sigma(u)$.

Definition der Funktion $\sigma(u)$ durch ein bedingt konvergentes Produkt, für welches die Art der Produktbildung vorgeschrieben wird.

61. *Das Produkt*

$$u \cdot \prod_{n=-\infty}^{n=+\infty} \prod_{m=-\infty}^{m=+\infty}{}' \left\{1 - \frac{u}{m\Pi + n\theta}\right\} \tag{1}$$

konvergiert nicht absolut; es konvergiert aber bei geeigneter Art der Produktbildung gleichmäßig innerhalb jedes endlichen Bereiches der Variablen u; und zwar konvergiert es stets, wenn die Summen

$$\sum_{n=-\infty}^{n=+\infty} \sum_{m=-\infty}^{m=+\infty}{}' \frac{1}{[m\Pi + n\theta]^2}, \quad \sum_{n=-\infty}^{n=+\infty} \sum_{m=-\infty}^{m=+\infty}{}' \frac{1}{[m\Pi + n\theta]} \tag{2}$$

bei entsprechender Art der Summenbildung konvergieren.

Daraus folgt nach Nr. 46 und Nr. 48 als besonderer Fall: *Das Produkt*

$$P_{-m_1,\,-n_1}^{+m_1,\,+n_1} = u \cdot \prod_{n=-n_1}^{n=+n_1} \prod_{m=-m_1}^{m=+m_1}{}' \left\{1 - \frac{u}{m\Pi + n\theta}\right\} \tag{3}$$

strebt für unendlich wachsende m_1, n_1 einem Grenzwerte dann und nur dann zu, wenn der Quotient $m_1 : n_1$ oder $n_1 : m_1$ einem bestimmten endlichen Grenzwerte zustrebt; der Grenzwert des Produktes (3) *fällt verschieden aus für verschiedene Grenzwerte des Quotienten $m_1 : n_1$.*

---

*) Der Leser, welcher den in früheren Fußnoten als möglich bezeichneten abgekürzten Weg befolgt hat, muß die beiden ersten Nummern dieses Kapitels überspringen und mit Nr. 63 beginnen.

Daß das Produkt (1) nicht absolut konvergiert, folgt aus der Definition der absoluten Konvergenz für ein Doppelprodukt und dem Umstande, daß die Reihe

$$(4)\qquad \sum_{n=-\infty}^{n=+\infty}\sum_{m=-\infty}^{m=+\infty}{}' \frac{1}{|m\Pi + n\theta|}$$

divergiert (Nr. 45).

Haben wir in der Ebene, in welcher wir die Zahlenpaare m, n repräsentieren, eine geschlossene Kurve c_1 und eine andere, die erste umschließende Kurve c_2, so können wir das Produkt, welches sich über das ganze Innere der Kurve c_2 erstreckt, zerlegen in das Produkt P_{c_1} über das Innere und die Begrenzung der Kurve c_1 und in das Produkt der übrigen Glieder; für diese ist, wenn die Kurve c_1 entsprechend gewählt wird, $|m\Pi + n\theta|$ größer als eine beliebig groß angenommene Zahl und daher

$$(5)\qquad \frac{1}{|m\Pi + n\theta|} < \varepsilon\,,$$

wo ε eine beliebig kleine vorgelegte positive Größe bedeutet.

Nun ist

$$(6)\qquad \begin{cases} e^{-\frac{u}{m\Pi+n\theta}-\frac{u^2}{2(m\Pi+n\theta)^2}} \\ = 1 - \dfrac{u}{m\Pi+n\theta} + \dfrac{u^3}{(m\Pi+n\theta)^3}\cdot \mathfrak{P}_{m,n}\left(\dfrac{u}{\Omega}\right). \end{cases}$$

Der Faktor $\mathfrak{P}\left(\frac{u}{\Omega}\right)$ ist eine nach Potenzen von $\frac{u}{\Omega}$ fortschreitende konvergente Reihe, deren Glieder sämtlich die Form haben

$$\pm a_r\cdot\left(\frac{u}{\Omega}\right)^r = \pm a_r\cdot\frac{u^r}{(m\Pi+n\theta)^r}\,,$$

wo a_r eine rationale Zahl bedeutet; sie beginnt mit einem von $\frac{u}{\Omega}$ freien Gliede, dessen Zahlenwert gleich $\frac{1}{3}$ ist. Die Reihe konvergiert auch noch, wenn man $|\Omega|$ für Ω, und an Stelle von u eine positive Zahl M setzt, welche größer ist als der größte Wert, welchen $|u|$ innerhalb des betrachteten (übrigens beliebigen) endlichen Bereiches annehmen kann, und wenn man alle Glieder mit positivem Vorzeichen versieht. Wird der Wert der so entstehenden Reihe mit $K_{m,n}$ bezeichnet, also

$$K_{m,n} = \sum_r |a_r| \frac{M^r}{|\Omega|^r} \tag{7}$$

gesetzt, so ist gewiß für alle u des Bereiches

$$\left|\mathfrak{P}_{m,n}\left(\frac{u}{\Omega}\right)\right| < K_{m,n}\,. \tag{8}$$

Ferner muß für alle u des Bereiches

$$\left|e^{-\frac{u}{\Omega}-\frac{u^2}{2\Omega^2}}\right| < e^{\frac{M}{|\Omega|}+\frac{M^2}{|2\Omega|^2}} \tag{9}$$

sein. Wenn daher die endliche positive Größe

$$M^3 \cdot K_{m,n} \cdot e^{\frac{M}{|\Omega|}+\frac{M^2}{2|\Omega|^2}} = C_{m,n} \tag{10}$$

gesetzt wird, so können wir, die Identität (6) in der Form

$$1 - \frac{u}{\Omega} = e^{-\frac{u}{\Omega}-\frac{u^2}{2\Omega^2}} \cdot \left(1 - \frac{f_{m,n}(u)}{\Omega^3}\right) \tag{11}$$

schreibend, sagen, daß für alle u des Bereiches stets

$$|f_{m,n}(u)| < C_{m,n} \tag{12}$$

sein muß.

Bilden wir nun das Produkt aller Faktoren $1 - \frac{u}{m\Pi + n\theta}$, deren Indexpaare in dem Raum zwischen den beiden oben definierten Kurven c_1 und c_2 repräsentiert sind, so haben wir

$$\prod_{m,n}\left(1 - \frac{u}{\Omega}\right) = e^{+\sum\limits_{m,n}\left(\frac{-u}{\Omega}+\frac{-u}{2\Omega^2}\right)} \cdot \prod_{m,n}\left(1 - \frac{f_{m,n}(u)}{\Omega^3}\right), \tag{13}$$

wo das Produkt rechts und die Summe in dem Exponenten der e-Funktion über dieselben Indexpaare zu erstrecken sind. Das Produkt

$$\prod_{m,n}\left(1 - \frac{f_{m,n}(u)}{\Omega^3}\right) \tag{14}$$

ist nun der Rest eines unbedingt konvergenten Produktes, da die Reihe

$$(15)\qquad \sum_{m,n} \frac{|f_{m,n}(u)|}{|\Omega|^3} < \sum_{m,n} \frac{C_{m,n}}{|\Omega|^3} < C_{m_0,n_0} \cdot \sum_{m,n} \frac{1}{|\Omega|^3}$$

konvergiert. C_{m_0,n_0} bedeutet die größte unter den Konstanten $C_{m,n}$; das Indexpaar m_0, n_0 ist offenbar dasjenige, für welches $|\Omega| = |m\Pi + n\theta|$ den kleinsten Wert hat. Dieser Rest muß daher, wenn die Kurve c_2 sich in die Unendlichkeit ausdehnt, ganz unabhängig von der Art und Weise, in welcher das geschieht, gegen einen endlichen Grenzwert konvergieren, welcher um so näher an der Einheit liegt, je kleiner die der Bedingung (5) zugrunde gelegte Größe ε angenommen wird, d. h. je weiter sich das Innere der Kurve c_1 erstreckt; die Gestalt dieser Kurve spielt dabei nur insofern eine Rolle, als sie durch die Forderung (5) bedingt wird. Der Grad der Annäherung kann durch bloße Fixierung der Größe ε bestimmt werden.

Sonach ist es lediglich die Exponentialgröße

$$(16)\qquad e^{\sum\limits_{m,n}\left(-\frac{u}{\Omega}-\frac{u^2}{2\Omega^2}\right)},$$

welche einen wesentlichen Einfluß auf den Wert des Produktes (13) ausüben kann; sie konvergiert in demselben Sinne wie das soeben behandelte Produkt (14) gegen die Einheit dann und nur dann, wenn die Kurve c_2 so ins Unendliche geht, daß die über ihr Inneres ausgedehnten Summen

$$(17)\qquad \sum_{m,n} \frac{1}{\Omega} \quad \text{und} \quad \sum_{m,n} \frac{1}{\Omega^2}$$

konvergieren, und zwar gegen denselben Grenzwert konvergieren, welchem die über das Innere der Kurve c_1 ausgedehnten Summen (17) zustreben, d. h. wenn c_1 und c_2 zwei Individuen einer und derselben Kurvenschar vorstellen, von der Art, wie sie im ersten Kapitel in Nr. 7 beschrieben und durch (106) andeutungsweise bezeichnet wurde; denn alsdann stellt der Exponent der Größe (16) den Rest einer konvergierenden Doppelreihe dar, welcher dem Werte Null um so näher kommt, je kleiner die Größe ε angenommen wird.

Wir können also, unter diesen Voraussetzungen, den Rest des ganzen Produktes (1), welcher sich über die außerhalb der Kurve c_1 liegenden Punkte (m, n) erstreckt, als eine endliche Größe betrachten, welche der Einheit beliebig nahe gebracht werden kann, dadurch, daß die Größe ε der Ungleichung (5) hinreichend klein angenommen wird. Damit ist die Konvergenz des Produktes (1) in dem Sinne, in welchem unser Satz sie behauptet, erwiesen.

Welcher Wert nun dem Produkt (1) beizulegen sei, das hängt von der Wahl der Kurve c_1 ab, für welche die einzige aufgestellte Forderung (5) noch einen unendlichen Spielraum läßt. Von den beiden Bestandteilen des Produktes (13), welches nun über das Innere der Kurve c_1 zu erstrecken ist, wird aber wiederum nur der erste, d. h. die Exponentialgröße (16) mit der Gestalt der Kurve c_1 variieren; die verschiedenen Werte, welche das Produkt (13) erhalten kann, unterscheiden sich demnach nur durch einen Exponentialfaktor der Form

$$e^{\alpha u + \frac{\beta}{2} u^2}, \tag{18}$$

wo die Konstanten α und β nichts anderes sind, als die Differenzen der Werte, welche die über das Innere der Kurve c_1 erstreckten Summen

$$\sum_{m,n}^{c_1} \frac{1}{\Omega} \quad \text{und} \quad \sum_{m,n}^{c_1} \frac{1}{\Omega^2} \tag{19}$$

bei verschiedener Gestalt dieser Kurve annehmen können.

Um diese Verhältnisse an einem besonderen Falle überschauen zu können, legen wir als Kurve c_1 (wie schon bei früheren Untersuchungen) ein Rechteck mit den Eckpunkten

$$(-m_1, -n_1), \quad (+m_1, -n_1), \quad (+m_1, +n_1), \quad (-m_1, +n_1) \tag{20}$$

zugrunde. Die Forderung (5) kann bei dieser Wahl jederzeit dadurch befriedigt werden, daß die kleinere der beiden Zahlen m_1, n_1 hinreichend groß angenommen wird; der Rest des Produktes (1), d. h. das über das Äußere des Rechtecks (20) erstreckte Produkt wird hierdurch unabhängig von dem Werte des Quotienten $m_1 : n_1$, der Einheit beliebig nahe gebracht werden können. Das über das Innere des Rechtecks (20) erstreckte Produkt stimmt mit dem Produkte (3) überein und kann auf Grund von (11) in die Form gesetzt werden:

$$(21)\quad \begin{cases} P^{+m_1,+n_1}_{-m_1,-n_1} = u \cdot e^{-u\cdot\sum\limits_{n=-n_1}^{n=+n_1}\sum\limits_{m=-m_1}^{m=+m_1}{}'\frac{1}{\Omega} - \frac{u^2}{2}\sum\limits_{n=-n_1}^{n=+n_1}\sum\limits_{m=-m_1}^{m=+m_1}{}'\frac{1}{\Omega^2}} \\ \cdot \prod\limits_{n=-n_1}^{n=+n_1}\prod\limits_{m=-m_1}^{m=+m_1}{}'\left(1 - \frac{f_{m,n}(u)}{\Omega^3}\right). \end{cases}$$

Der Grenzwert des Produktes

$$(22)\qquad u \cdot \prod_{n=-n_1}^{n=+n_1}\prod_{m=-m_1}^{m=+m_1}{}'\left(1 - \frac{f_{mn}(u)}{\Omega^3}\right),$$

welches ja absolut konvergent ist, hängt nicht von dem Quotienten $m_1 : n_1$ ab und möge mit $\sigma(u)$ bezeichnet werden. Die Summe, welche in dem Exponenten des Exponentialfaktors mit $-u$ multipliziert ist, verschwindet identisch, für die zweite, mit $-\frac{u^2}{2}$ multiplizierte Summe haben wir (Nr. 46) den Ausdruck

$$(23)\qquad \frac{2}{\theta\Pi}\cdot\lim_{\substack{m_1=\infty\\ n_1=\infty}}\left[\log\left[\frac{-m_1\,\Pi + n_1\,\theta}{+m_1\,\Pi + n_1\,\theta}\right]\right] + C$$

als Grenzwert gefunden. Es ergibt sich also

$$(24)\quad \lim_{\substack{m_1=\infty\\ n_1=\infty}}\left[P^{+m_1,+n_1}_{-m_1,-n_1}\right] = e^{-\frac{u^2}{2}\left\{\frac{2}{\theta\Pi}\lim\limits_{\substack{m_1=\infty\\ n_1=\infty}}\left[\log\left(\frac{-m_1\Pi+n_1\theta}{+m_1\Pi+n_1\theta}\right)\right]+C\right\}}\cdot\sigma(u).$$

Dieser Ausdruck zeigt deutlich, in welcher Weise unser Produkt von dem Grenzwerte des Quotienten $n_1 : m_1$ abhängt; wählen wir ihn z. B. gleich Null, so geht der Wert (23) (vgl. Nr. 46) über in

$$(23\text{a})\qquad \frac{2\varepsilon\pi i}{\theta\Pi} + C = \frac{\eta_\Pi}{\Pi},$$

und es ergibt sich als Grenzwert des Produktes (3) die Größe

$$(24\text{a})\qquad e^{-\frac{\eta_\Pi u^2}{2\Pi}}\cdot\sigma(u) = {}^{(\Pi)}\mathsf{H}(u).$$

Definition der Funktion $\sigma(u)$ durch ein absolut konvergentes Produkt.

62. Nach dem, was wir in der vorhergehenden Nummer gesehen haben, läßt sich also der Ausdruck (1) sehr wohl zur Definition bestimmter Funktionen verwenden, wenn wir ihm noch eine Angabe über die Art der Produktbildung beifügen. Wir können aber, an die Identität (11) anknüpfend, noch in anderer Weise jenes Ziel erreichen; bilden wir nämlich das unendliche Doppelprodukt, nicht der Faktoren $1 - \frac{u}{\Omega}$, sondern der Faktoren

$$(25) \qquad \left\{\left(1 - \frac{u}{\Omega}\right) \cdot e^{\frac{u}{\Omega} + \frac{u^2}{2\Omega^2}}\right\} = \left(1 - \frac{f_{mn}(u)}{\Omega^3}\right),$$

so ist dies nichts anderes als *das absolut und gleichmäßig konvergente Produkt* $\sigma(u)$, *für welches wir also eine neue, von der Art der Produktbildung unabhängige Definition erhalten in dem Ausdruck*

$$(26) \qquad \sigma(u) = u \cdot \prod_{n=-\infty}^{n=+\infty} \prod_{m=-\infty}^{m=+\infty}{}' \left\{\left(1 - \frac{u}{\Omega}\right) \cdot e^{\frac{u}{\Omega} + \frac{u^2}{2\Omega^2}}\right\},$$

wo die in der geschweiften Klammer vereinigten beiden Faktoren eine untrennbare Einheit bilden.

Auf diese Definition werden wir uns im folgenden meistens stützen, da sie vor der anderen den Vorzug der absoluten Konvergenz voraus hat.

Neue Begründung. — Zusammenhang mit $\zeta(u)$.

63. Die analytischen Ausdrücke, welche in den beiden vorhergehenden Nummern direkt untersucht worden sind, werden gewöhnlich durch Integration aus der Funktion $\zeta(u)$ hergeleitet. Für $\zeta(u) - \frac{1}{u}$ haben wir in Nr. 49 (82) die gleichmäßig und absolut konvergente Doppelreihe

$$(27) \qquad \zeta(u) - \frac{1}{u} = \sum_{n=-\infty}^{n=+\infty} \sum_{m=-\infty}^{m=+\infty}{}' \left\{\frac{1}{u+\Omega} - \frac{1}{\Omega} + \frac{u}{\Omega^2}\right\}$$

aufgestellt; integrieren wir dieselbe Glied für Glied, was nach bekannten Sätzen erlaubt ist, zwischen den Grenzen

u_0 und u auf einem Integrationswege, welcher die Punkte $u = -\Omega$ vermeidet, so ergiebt sich die wiederum gleichmäßig und absolut konvergente Reihe

$$(28)\quad \begin{cases} \int\limits_0^u \left(\zeta(z) - \frac{1}{z}\right) dz = \sum\limits_{n=-\infty}^{n=+\infty} \sum\limits_{m=-\infty}^{m=+\infty}{}' \left[\log\left(\frac{u+\Omega}{\Omega}\right) - \frac{u}{\Omega} + \frac{u^2}{2\Omega^2}\right] \\ \qquad = \sum\limits_{n=-\infty}^{n=+\infty} \sum\limits_{m=-\infty}^{m=+\infty}{}' \left[\log\left\{\frac{u+\Omega}{\Omega} \cdot e^{-\frac{u}{\Omega} + \frac{u^2}{2\Omega^2}}\right\}\right]. \end{cases}$$

Nach dem Hilfssatze

$$(29)\qquad e^{\sum\limits_{n=-\infty}^{n=+\infty} \sum\limits_{m=-\infty}^{m=+\infty} a_{m,n}} = \prod_{n=-\infty}^{n=+\infty} \prod_{m=-\infty}^{m=+\infty} e^{a_{m,n}},$$

dessen Bedingungen hier erfüllt sind, ist dann

$$(30)\qquad e^{\int\limits_0^u \left(\zeta(z) - \frac{1}{z}\right) dz} = \prod_{n=-\infty}^{n=+\infty} \prod_{m=-\infty}^{m=+\infty}{}' \left\{\left(1 + \frac{u}{\Omega}\right) e^{-\frac{u}{\Omega} + \frac{u^2}{2\Omega^2}}\right\}$$

ein absolut und gleichmäßig konvergentes Produkt. Da die Indizes m, n alle positiven und negativen Werte durchlaufen, so ist es offenbar nur eine formale, nicht materiale Änderung, wenn wir statt Ω schreiben $-\Omega$, und wir haben, wenn wiederum

$$(26)\qquad \sigma(u) = u \cdot \prod_{n=-\infty}^{n=+\infty} \prod_{m=-\infty}^{m=+\infty}{}' \left\{\left(1 - \frac{u}{\Omega}\right) \cdot e^{+\frac{u}{\Omega} + \frac{u^2}{2\Omega^2}}\right\}$$

gesetzt wird, die Beziehung

$$(31)\qquad \sigma(u) = u \cdot e^{\int\limits_0^u \left(\zeta(z) - \frac{1}{z}\right) dz}.$$

$$(32)\qquad \frac{\sigma'(u)}{\sigma(u)} = \frac{d \log \sigma(u)}{du} = \zeta(u).$$

Analytischer Charakter der Funktion $\sigma(u)$.

64. *Die Funktion $\sigma(u)$ hat in der ganzen unendlichen Ebene der Variablen u den Charakter einer ganzen transzendenten Funktion.*

Denn jeder Faktor des gleichmäßig und absolut konvergierenden Produktes (26) läßt sich in der Umgebung jedes Punktes $u = \alpha$ der Ebene in eine konvergente Potenzreihe entwickeln; dasselbe gilt daher von dem Produkte selbst.

In dem Punkte $u = \infty$ hat die Funktion $\sigma(u)$ eine wesentliche Singularität.

Denn es gibt keine Potenz u^{-h}, so daß $u^{-h} \cdot \sigma(u)$ für $u = \infty$ endlich würde.

Die Funktion $\sigma(u)$ hat in den Punkten

$$(33) \qquad u = 0\,, \quad u = m\Pi + n\theta\,,$$

wo m und n beliebige positive oder negative ganze Zahlen oder Null bedeuten, einfache Nullstellen, und sie hat keine anderen Nullstellen als diese.

Es ist

$$(34) \qquad \left[\frac{\sigma(u)}{u}\right]_{u=0} = 1\,, \quad [\sigma'(u)]_{u=0} = 1$$

eine Bestimmung, welche, mit der Differentialgleichung (32) *zusammen, die Funktion $\sigma(u)$ vollständig definiert.*

Vermehrung des Argumentes um ganzzahlige Vielfache von Π und Θ.

65.*) Zur Herleitung weiterer Eigenschaften der Funktion $\sigma(u)$ wird uns folgendes von Nutzen sein: Da die beiden unendlichen Doppelprodukte

$$(35) \qquad \sigma(u+a) = (u+a)\prod_{n=-\infty}^{n=+\infty}\prod_{m=-\infty}^{m=+\infty}{}' \left\{\left(1+\frac{u+a}{\Omega}\right)\cdot e^{-\frac{u+a}{\Omega}+\frac{(u+a)^2}{2\Omega^2}}\right\},$$

$$(36) \qquad \sigma(a) = a\prod_{n=-\infty}^{n=+\infty}\prod_{m=-\infty}^{m=+\infty}{}' \left\{\left(1+\frac{a}{\Omega}\right)\cdot e^{-\frac{a}{\Omega}+\frac{a^2}{2\Omega^2}}\right\}$$

---

*) Der abkürzende Leser gehe sofort zur folgenden Nummer über; er findet in Nr. 67 das Verhalten der Funktion $\sigma(u)$ bei Vermehrung des Argumentes um ganzzahlige Vielfache von Π und θ in anderer Weise abgeleitet.

absolut konvergent sind, so kann man ihren Quotienten bilden, indem man Glied durch Glied dividiert und das Produkt über alle diese einzelnen Quotienten erstreckt

$$(37)\quad \frac{\sigma(u+a)}{\sigma(a)}=\left(1+\frac{u}{a}\right)\prod_{n=-\infty}^{n=+\infty}\prod_{m=-\infty}^{m=+\infty}{}'\left\{\left(1+\frac{u}{\Omega+a}\right)\cdot e^{-\frac{u}{\Omega}+\frac{u^2+2au}{2\Omega^2}}\right\}.$$

Das auf diese Weise erhaltene neue Produkt, welches eine zweite Darstellung für die Funktion $\sigma(u+a)$ liefert, muß wiederum absolut konvergent sein; man erkennt dies übrigens auch unmittelbar aus der Form des allgemeinen Gliedes

$$(38)\quad \left(1+\frac{u}{\Omega+a}\right)\cdot e^{-\frac{u}{\Omega}+\frac{u^2+2au}{2\Omega^2}},$$

da in der nach steigenden Potenzen von $\frac{1}{\Omega}$ fortschreitenden Entwickelung desselben die erste und zweite Potenz fehlen.

Um die Formel (37) aus (35) und (36) herleiten zu können, müssen wir natürlich annehmen, daß $a+\Omega \neq 0$, d. h. daß a nicht mit einem der Werte (33) zusammenfällt. Lassen wir nun diese Beschränkung fallen und setzen etwa $a=\Pi$, so ist eine Modifikation des Verfahrens notwendig. Statt der Größe (36), welche für $a=\Pi$ identisch verschwindet, betrachten wir die folgende:

$$(39)\quad \left[\frac{\sigma(a)}{1-\frac{a}{\Pi}}\right]_{a=\Pi}=\Pi\prod_{n=-\infty}^{n=+\infty}\prod_{m=-\infty}^{m=+\infty}{}''\left\{\left(1+\frac{\Pi}{\Omega}\right)e^{-\frac{\Pi}{\Omega}+\frac{\Pi^2}{2\Omega^2}}\right\},$$

wo der zweite Akzent an dem Produktzeichen das Fehlen des Faktors bezeichnet, welcher dem Indexpaare $m=-1$, $n=0$ entspricht und das Produkt identisch gleich Null machen würde; die Zerlegung des Produktes in zwei Teile:

$$(40)\quad =\Pi\prod_{n=-\infty}^{n=+\infty}\prod_{m=-\infty}^{m=+\infty}{}''\left(1+\frac{\Pi}{\Omega}\right)\cdot e^{-\sum\limits_{n=-\infty}^{n=+\infty}\sum\limits_{m=-\infty}^{m=+\infty}{}'\frac{\Pi}{\Omega}+\sum\limits_{n=-\infty}^{n=+\infty}\sum\limits_{m=-\infty}^{m=+\infty}{}'\frac{\Pi^2}{2\Omega^2}}$$

ist nur unter der Voraussetzung gestattet, daß wir die Doppelsummen im Exponenten des Exponentialfaktors über denselben Flächenraum erstrecken wie das Doppelprodukt; als solchen wählen wir wiederum das variable Rechteck (20) und erhalten so zunächst für das Produkt den Ausdruck

$$(41)\quad \prod_{m=-n_1}^{n=+n_1} \prod_{m=-m_1}^{m=+m_1}{}'' \left\{\frac{(m+1)\Pi+n\theta}{m\Pi+n\theta}\right\} = -\prod_{n=-n_1}^{n=+n_1} \left\{\frac{(m_1+1)\Pi+n\theta}{-m_1\Pi+n\theta}\right\},$$

welchem wir den Wert $+1$ erteilen können, indem wir das Rechteck so ins Unendliche sich ausdehnen lassen, daß $\lim\left(\frac{n_1}{m_1}\right) = 0$; diese Bestimmung ist dann auch für die Doppelsummen festzuhalten; es ist daher, wie in Nr. 53

$$(42)\qquad \sum_n \sum_m{}' \frac{1}{\Omega} = 0, \qquad \sum_n \sum_m{}' \frac{1}{\Omega^2} = \frac{\eta_\Pi}{\Pi}$$

zu setzen; die hieraus sich ergebende Formel

$$(43)\qquad \left[\frac{\sigma(a)}{1-\frac{a}{\Pi}}\right]_{a=\Pi} = \Pi \cdot e^{\frac{\eta_\Pi \cdot \Pi}{2}}$$

bildet das Gegenstück zu (34).

Dividieren wir nun den für $a = \Pi$ gebildeten Ausdruck (35) durch die Größe (43), so erhalten wir, bei sorgfältiger Berücksichtigung der durch Akzente von den Produkten ausgeschlossenen Faktoren, zunächst die modifizierte Gleichung (37):

$$(44)\quad \begin{cases} \sigma(u+\Pi)\cdot e^{-\frac{\eta_\Pi\cdot\Pi}{2}} = -u \prod\limits_{n=-\infty}^{n=+\infty} \prod\limits_{m=-\infty}^{m=+\infty}{}' \left(1+\dfrac{u}{\Omega+\Pi}\right) \\ \quad \cdot \prod\limits_{n=-\infty}^{n=+\infty} \prod\limits_{m=-\infty}^{m=+\infty}{}' e^{-\frac{u}{\Omega}+\frac{u^2+2\Pi u}{2\Omega^2}}; \end{cases}$$

die beiden Doppelprodukte auf der rechten Seite sind in gleicher Weise zu bilden; von dem ersten ist das Indexpaar $m = -1$, $n = 0$, von dem zweiten das Indexpaar $m = 0$, $n = 0$ auszuschließen.

Wir machen nun von der folgenden Identität Gebrauch:

$$(45)\quad \begin{cases} -\dfrac{u}{\Omega}+\dfrac{u^2+2u\Pi}{2\Omega^2}=-\dfrac{u}{\Omega+\Pi}+\dfrac{u^2}{2(\Omega+\Pi)^2} \\ \qquad +\dfrac{u\Pi^2}{\Omega^2(\Omega+\Pi)}+\dfrac{u^2(2\Pi\Omega+\Pi^2)}{2\Omega^2(\Omega+\Pi)^2}; \end{cases}$$

sie versagt für $\Omega=0$, d. h. $m=0$, $n=0$ und für $\Omega=-\Pi$, d. h. $m=-1$, $n=0$, worauf wir Rücksicht nehmen müssen. Die rechte Seite von (44) stellt sich nun dar als Produkt der zwei Faktoren

$$(46)\quad \begin{cases} -u\prod_{n=-\infty}^{n=+\infty}\prod_{m=-\infty}^{m=+\infty}{}'\Bigg\{\left(1+\dfrac{u}{(m+1)\Pi+n\theta}\right) \\ \qquad \cdot\, e^{-\frac{u}{(m+1)\Pi+n\theta}+\frac{u^2}{2[(m+1)\Pi+n\theta]^2}}\Bigg\} \end{cases}$$

und

$$(47)\quad e^{u\left[\frac{3}{\Pi}+\sum_{n=-\infty}^{n=+\infty}\sum_{m=-\infty}^{m=+\infty}{}''\frac{\Pi^2}{\Omega^2(\Omega+\Pi)}\right]+u^2\cdot\sum_{n=-\infty}^{n=+\infty}\sum_{m=-\infty}^{m=+\infty}{}''\frac{2\Pi\Omega+\Pi^2}{2\Omega^2(\Omega+\Pi)^2}}.$$

Der erste von diesen ist ein absolut konvergentes Doppelprodukt, in welchem der Index $(m+1)$ zugleich mit m alle ganzzahligen positiven und negativen Werte annimmt; das Indexpaar $m+1=0$, $n=0$ ist ausgeschlossen; der Ausdruck (46) stimmt also offenbar mit $-\sigma(u)$ überein; die Exponentialgröße (47) aber ist, gemäß den in Kap. V, Nr. 52, 53 ausgeführten Summierungen (101) und (109), identisch mit $e^{u\cdot\eta_\Pi}$, und wir können daher für (44) schreiben:

$$(48)\qquad \sigma(u+\Pi)=-\sigma(u)\cdot e^{\eta_\Pi\left(u+\frac{\Pi}{2}\right)}.$$

Ganz analoge Betrachtungen führen zu der Identität:

$$(49)\qquad \sigma(u+\theta)=-\sigma(u)\cdot e^{\eta_\theta\left(u+\frac{\theta}{2}\right)}.$$

Werden mit r und s irgendwelche positive oder negative ganze Zahlen bezeichnet, so ist

$$(48\text{a})\qquad \sigma(u+r\Pi)=(-1)^r\sigma(u)\cdot e^{\eta_\Pi\left(ru+\frac{r^2\Pi}{2}\right)},$$

$$(49\text{a})\qquad \sigma(u+s\theta)=(-1)^s\sigma(u)\cdot e^{\eta_\theta\left(su+\frac{s^2\theta}{2}\right)}.$$

Ersetzt man in (49a) u durch $u+r\Pi$ und benutzt (48a), so erhält man

$$(50)\quad \begin{cases} \sigma(u+r\Pi+s\theta) \\ = (-1)^{r+s}\sigma(u)\cdot e^{(r\cdot\eta_\Pi + s\cdot\eta_\theta)u + \frac{1}{2}(r^2\eta_\Pi\cdot\Pi + s^2\eta_\theta\cdot\theta) + rs\Pi\eta_\theta}, \end{cases}$$

während sich, wenn in (48a) u durch $u+s\theta$ ersetzt und dann (49a) benutzt wird, für dieselbe Größe der folgende Ausdruck ergibt:

$$(51)\quad \begin{cases} \sigma(u+r\Pi+s\theta) \\ = (-1)^{r+s}\sigma(u)\cdot e^{(r\eta_\Pi + s\eta_\theta)u + \frac{1}{2}(r^2\eta_\Pi\cdot\Pi + s^2\eta_\theta\cdot\theta) + rs\theta\eta_\Pi}. \end{cases}$$

Da die rechten Seiten der Gleichungen (50) und (51) für beliebige ganzzahlige r und s übereinstimmen müssen, so kann man daraus schließen, daß die Größe

$$(52)\qquad \Pi\eta_\theta - \theta\eta_\Pi$$

ein ganzzahliges Vielfaches von $2\pi i$ sein muß. Nun wissen wir aber bereits, daß dies stets der Fall ist; denn die Legendresche Relation [Kap. V, Nr. 53, (124)] sagt aus, daß die Größe (52) den Wert $\pm 2\pi i$ hat, je nachdem das Moment der Größen Π, θ positiv oder negativ ist. Wir wollen nun diese Relation dazu benutzen, der Identität (50) eine andere Form zu geben, in welcher die Symmetrie in Beziehung auf Π und θ deutlich zutage tritt.

$$\frac{1}{2}(r^2\eta_\Pi\Pi + s^2\eta_\theta\theta) + rs\Pi\eta_\theta$$

$$= \frac{1}{2}(r\eta_\Pi + s\eta_\theta)(r\Pi + s\theta) + \frac{rs}{2}(\Pi\eta_\theta - \theta\eta_\Pi);$$

auf Grund der Legendreschen Relation ist

$$e^{\frac{1}{2}(\Pi\eta_\theta - \theta\eta_\Pi)} = e^{\pm\pi i} = -1;$$

also geht (50) über in folgende *Beziehung, welche die beiden Identitäten* (48) *und* (49) *in eine einzige Gleichung zusammenfaßt und somit das Verhalten der Funktion* $\sigma(u)$ *bei Vermehrung des Argumentes um ganzzahlige Vielfache der Größen* Π, θ *vollständig charakterisiert:*

$$(53)\quad \sigma(u+r\Pi+s\theta) = (-1)^{r+s+rs}\cdot\sigma(u)\cdot e^{(r\eta_\Pi + s\eta_\theta)\left(u + \frac{r\Pi+s\theta}{2}\right)}.$$

Homogeneität.

66. Wenn wir die Funktion $\sigma(u)$ als Funktion der drei Argumente u, Π, θ auffassen und dies durch die Bezeichnung $\sigma(u, \Pi, \theta)$ andeuten, so entnehmen wir der Definition (26) unmittelbar die Identität

$$\sigma(\lambda u, \lambda \Pi, \lambda \theta) = \lambda \cdot \sigma(u, \Pi, \theta), \tag{54}$$

d. h. *die Funktion $\sigma(u)$ ist in u, Π, θ homogen vom Grade* 1.

Das Doppelprodukt (26) kann, da es absolut konvergiert, in der Weise gebildet werden, daß zu jedem Indexpaar (m, n) das entgegengesetzte Paar $(-m, -n)$ vorkommt, daher muß die identische Beziehung bestehen

$$\sigma(u, -\Pi, -\theta) = \sigma(u, \Pi, \theta), \tag{55}$$

welche in Verbindung mit (54), wenn dort $\lambda = -1$ gesetzt wird, zu dem Resultate führt

$$\sigma(-u, \Pi, \theta) = -\sigma(u, \Pi, \theta), \tag{56}$$

d. h. *die Funktion $\sigma(u)$ ist eine ungerade Funktion von u.*

Andere Ableitung der Resultate von Nr. 65.

67. Die zuletzt ausgesprochene Eigenschaft der Funktion $\sigma(u)$ kann dazu dienen, ihr Verhalten bei Vermehrung des Argumentes um ganzzahlige Vielfache von Π und θ aus dem Zusammenhange herzuleiten, welcher zwischen den Funktionen $\zeta(u)$ und $\sigma(u)$ besteht. Wir haben:

$$\frac{\sigma'(u)}{\sigma(u)} = \zeta(u), \tag{32}$$

$$\frac{\sigma'(u+\Pi)}{\sigma(u+\Pi)} = \zeta(u+\Pi) = \zeta(u) + \eta_\Pi,$$

$$\log[\sigma(u+\Pi)] - \log[\sigma(u)] = \eta_\Pi \cdot u + \text{konst.},$$

$$\sigma(u+\Pi) = C\,\sigma(u) \cdot e^{\eta_\Pi u}. \tag{57}$$

Zur Bestimmung der Integrationskonstanten C setzen wir $u = -\frac{\Pi}{2}$ und erhalten so, auf Grund von (56):

$$C = -e^{\eta_\Pi \cdot \frac{\Pi}{2}}, \tag{58}$$

so daß (57) übergeht in

$$(48)\qquad \sigma(u+\Pi) = -\sigma(u)\cdot e^{\eta_\Pi\left(u+\frac{\Pi}{2}\right)}.$$

Ganz ebenso läßt sich die zweite Relation

$$(49)\qquad \sigma(u+\theta) = -\sigma(u)\cdot e^{\eta_\theta\left(u+\frac{\theta}{2}\right)}$$

gewinnen.

Einfach periodische Funktionen, welche mit $\sigma(u)$ zusammenhängen.

68. Wir betrachten die beiden Funktionen

$$(59)\qquad {}^{(\Pi)}\mathsf{H}(u) = \sigma(u)\cdot e^{-\frac{\eta_\Pi u^2}{2\Pi}}\ ^{*)},$$

$$(60)\qquad {}^{(\theta)}\mathsf{H}(u) = \sigma(u)\cdot e^{-\frac{\eta_\theta u^2}{2\theta}},$$

deren erste uns bereits am Schlusse der Nr. 61 begegnet ist. Sie hängen mit den in Nr. 56 definierten Funktionen zusammen durch die Beziehungen

$$(61)\qquad \frac{{}^{(\Pi)}\mathsf{H}'(u)}{{}^{(\Pi)}\mathsf{H}(u)} = d\log[{}^{(\Pi)}\mathsf{H}(u)] = {}^{(\Pi)}\mathsf{Z}(u),$$

$$(62)\qquad \frac{{}^{(\theta)}\mathsf{H}'(u)}{{}^{(\theta)}\mathsf{H}(u)} = d\log[{}^{(\theta)}\mathsf{H}(u)] = {}^{(\theta)}\mathsf{Z}(u).$$

Ihre Funktionalgleichungen sind

$$(63)\qquad {}^{(\Pi)}\mathsf{H}(u+\Pi) = -{}^{(\Pi)}\mathsf{H}(u),$$

$$(64)\qquad {}^{(\Pi)}\mathsf{H}(u+\theta) = -{}^{(\Pi)}\mathsf{H}(u)\cdot e^{-\frac{\varepsilon\pi i}{\Pi}(2u+\theta)},$$

$$(65)\qquad {}^{(\theta)}\mathsf{H}(u+\theta) = -{}^{(\theta)}\mathsf{H}(u),$$

$$(66)\qquad {}^{(\theta)}\mathsf{H}(u+\Pi) = -{}^{(\theta)}\mathsf{H}(u)\cdot e^{+\frac{\varepsilon\pi i}{\theta}(2u+\Pi)},$$

wenn wieder $\varepsilon = \operatorname{sgn}(\Pi'\theta'' - \Pi''\theta')$ gesetzt wird. Daraus folgt:

Die beiden Funktionen (59), (60) sind periodisch; ${}^{(\Pi)}\mathsf{H}(u)$ besitzt die Periode 2Π, ${}^{(\theta)}\mathsf{H}(u)$ besitzt die Periode 2θ.

---

*) Wenn $\operatorname{sgn}(\Pi'\theta'' - \Pi''\theta') = +1$ ist, so stimmt die Funktion ${}^{(\Pi)}\mathsf{H}(u)$ bis auf einen konstanten Faktor mit der Funktion überein, für welche Jacobi und Hermite das Zeichen $\mathsf{H}(u)$ verwenden.

Doppelt periodische multiplikative Aggregate von σ-Funktionen.

69. Wie wir in Nr. 57 durch lineare Zusammensetzung einer gewissen Anzahl von ζ-Funktionen mit verschiedenen Argumenten doppelt periodische Funktionen bilden konnten, so werden wir nun versuchen, derartige Funktionen zu erhalten in der Form eines Produktes von σ-Funktionen.

Indem wir den Ausdruck (147a) der Nr. 57 integrieren und von den Logarithmen zu den numeris übergehen, erhalten wir — abgesehen von einem willkürlichen und für unsere Zwecke unwesentlichen Faktor — die Funktion

$$(67)\quad M(u) = e^{\lambda u} \cdot [\sigma(u-\alpha_1)]^{C_1} \cdot [\sigma(u-\alpha_2)]^{C_2} \cdot \ldots \cdot [\sigma(u-\alpha_n)]^{C_n},$$

deren Verhalten bei Vermehrung des Argumentes u um die Größen Π und θ wir nun direkt untersuchen wollen.

Auf Grund von (48) haben wir die Identität

$$(68)\quad M(u+\Pi) = e^{\pi i \Sigma C + \lambda \Pi + \eta_\Pi \cdot \left(u + \frac{\Pi}{2}\right) \Sigma C - \eta_\Pi \cdot \Sigma \alpha C} \cdot M(u),$$

worin zur Abkürzung

$$C_1 + C_2 + \ldots + C_n = \Sigma C,$$
$$\alpha_1 C_1 + \alpha_2 C_2 + \ldots + \alpha_n C_n = \Sigma \alpha C$$

gesetzt ist. Soll der Exponentialfaktor den Wert 1 erhalten, so muß sein Exponent ein ganzzahliges Vielfaches von $2\pi i$ sein, welches wir mit $2 m \pi i$ bezeichnen wollen. Damit dies identisch, d. h. für jedes u, stattfinde, muß der Koeffizient von u verschwinden, oder mit anderen Worten, es muß

$$(69)\quad \Sigma C = C_1 + C_2 + \ldots + C_n = 0$$

sein, eine Bedingung, welche wir bereits in Nr. 57 als erfüllt annehmen mußten, wenn der Ausdruck (147a) eine doppelperiodische Funktion darstellen sollte. Diese hier wie dort notwendige Bedingung ist aber in dem vorliegenden Falle nicht wie in dem früheren zugleich auch hinreichend. Vielmehr haben wir außerdem zu fordern, daß

$$(70)\quad \lambda \Pi - \eta_\Pi \Sigma \alpha C = 2 m \pi i$$

sei, und ferner, weil $M(u)$ auch die Periode θ besitzen soll:

$$(71)\quad \lambda \theta - \eta_\theta \cdot \Sigma \alpha C = 2 m' \pi i;$$

m' bedeutet, wie m, eine beliebige positive oder negative ganze Zahl. Aus (70) und (71) folgt durch Elimination von λ:

$$(\eta_\Pi \theta - \eta_\theta \Pi) \Sigma \alpha C = 2\pi i (m'\Pi - m\theta) .$$

Auf Grund der Legendreschen Relation geht diese Bedingung über in die folgende:

$$\Sigma \alpha C = \varepsilon (m'\Pi - m\theta) , \tag{72}$$

und ist also gleichbedeutend mit der Forderung, daß

$$\alpha_1 C_1 + \alpha_2 C_2 + \dots + \alpha_n C_n = p\Pi + q\theta \tag{73}$$

sein soll, wobei mit p und q irgendwelche positive oder negative ganze Zahlen bezeichnet sind. Für λ ergibt sich dann aus (70) oder (71) der Wert

$$\lambda = p\eta_\Pi + q\eta_\theta . \tag{74}$$

Soll der Ausdruck (67) eine meromorphe Funktion darstellen, so müssen die Exponenten $C_1, C_2, \dots, C_n$ ganze Zahlen sein, welche nicht alle gleiches Vorzeichen haben können, da das Verschwinden ihrer Summe eine unserer Bedingungen ist. Wir können folgenden Satz aussprechen:

Bezeichnen

$$m_1, m_2, \dots, m_\mu \tag{75}$$

$$n_1, n_2, \dots, n_\nu \tag{76}$$

zwei Gruppen ganzer positiver Zahlen, welche der Bedingung

$$m_1 + m_2 + \dots + m_\mu - (n_1 + n_2 + \dots + n_\nu) = 0 \tag{77}$$

genügen, ferner

$$\alpha_1, \alpha_2, \dots, \alpha_\mu \tag{78}$$

$$\beta_1, \beta_2, \dots, \beta_\nu \tag{79}$$

zwei Gruppen beliebiger komplexer Größen, von denen keine zwei sich um eine Größe der Form $r\Pi + s\theta$ (r und s ganze Zahlen) unterscheiden, während die Bedingung

$$(80)\quad \begin{cases} (n_1\beta_1 + n_2\beta_2 + \dots + n_\nu\beta_\nu) - (m_1\alpha_1 + m_2\alpha_2 + \dots + m_\mu\alpha_\mu) \\ \qquad = p\Pi + q\theta \end{cases}$$

10*

(p und q ganze Zahlen) erfüllt ist, so stellt der Ausdruck

$$(81)\quad e^{(p\eta_\Pi + q\eta_\theta)u} \cdot \frac{[\sigma(u-\beta_1)]^{n_1}\cdot[\sigma(u-\beta_2)]^{n_2}\cdot\ldots\cdot[\sigma(u-\beta_\nu)]^{n_\nu}}{[\sigma(u-\alpha_1)]^{m_1}\cdot[\sigma(u-\alpha_2)]^{m_2}\cdot\ldots\cdot[\sigma(u-\alpha_\mu)]^{m_\mu}}$$

eine unbeschränkt meromorphe Funktion von u dar, welche die Perioden Π und θ besitzt, in den Punkten (78) *ihre einzigen Pole, in den Punkten* (79) *ihre einzigen Nullstellen hat, mit den durch* (75) *und* (76) *gegebenen Ordnungszahlen.*

Die Funktion $\sigma(u)$, ausgedrückt durch die Exponentialfunktion und die Sinusfunktion in der Form einfacher Produkte und Reihen.

70. Die durch (59) definierte Funktion ${}^{(\Pi)}\mathrm{H}(u)$ ist nach den Untersuchungen der Nr. 61 darstellbar durch das Produkt (3), wenn wir den Grenzwert des Quotienten $n_1 : m_1$ gleich Null annehmen, wenn wir also zuerst m_1 unendlich groß werden lassen, dann n_1.

Nun ist für $m \neq 0$:

$$1 - \frac{u}{m\Pi + n\theta} = \frac{1 - \dfrac{u - n\theta}{m\Pi}}{1 + \dfrac{n\theta}{m\Pi}};$$

folglich:

$$\lim_{m_1=\infty}\left[\prod_{m=-m_1}^{m=m_1}{}'\left\{1 - \frac{u}{m\Pi + n\theta}\right\}\right] = \frac{\lim\limits_{m_1=\infty}\left[\prod\limits_{m=-m_1}^{m=m_1}{}'\left\{1 - \dfrac{u-n\theta}{m\Pi}\right\}\right]}{\lim\limits_{m_1=\infty}\left[\prod\limits_{m=-m_1}^{m=m_1}{}'\left\{1 + \dfrac{n\theta}{m\Pi}\right\}\right]}$$

$$= \frac{-n\theta}{u - n\theta}\cdot\frac{\sin\dfrac{\pi}{\Pi}(u - n\theta)}{\sin\dfrac{\pi}{\Pi}(-n\theta)},$$

$$(82)\quad {}^{(\Pi)}\mathrm{H}(u) = \frac{\Pi}{\pi}\cdot\sin\frac{\pi u}{\Pi}\cdot\lim_{n_1=\infty}\left[\prod_{n=-n_1}^{n=+n_1}{}'\frac{\sin\dfrac{\pi}{\Pi}(u - n\theta)}{\sin\dfrac{\pi}{\Pi}(-n\theta)}\right]^{*)}.$$

---

*) Man kann diese Formel auch beweisen, indem man den durch (61) gegebenen Zusammenhang der Funktionen ${}^{(\Pi)}\mathrm{H}(u)$ und ${}^{(\Pi)}\mathrm{Z}(u)$ beachtet und von der Formel (155) des fünften Kapitels, Nr. 58, Gebrauch macht. So wird der Leser verfahren, welcher Nr. 61 überschlagen hat.

Dieses einfach unendliche zweistrahlige Produkt kann als einstrahliges Produkt in der Form geschrieben werden:

$$^{(\Pi)}\mathrm{H}(u) = \frac{\Pi}{\pi}\sin\frac{\pi u}{\Pi}\cdot\prod_{n=1}^{n=\infty}\left\{\frac{\sin\frac{\pi}{\Pi}(u-n\theta)\cdot\sin\frac{\pi}{\Pi}(u+n\theta)}{\sin\frac{\pi}{\Pi}(-n\theta)\cdot\sin\frac{\pi}{\Pi}(n\theta)}\right\},$$

wo die in geschweifter Klammer vereinigten Faktoren zusammen ein Ganzes bilden. Eine einfache Umformung dieser Klammergrößen gibt dem Produkte die Gestalt:

$$(84)\qquad ^{(\Pi)}\mathrm{H}(u) = \frac{\Pi}{\pi}\sin\frac{\pi u}{\Pi}\cdot\prod_{n=1}^{n=\infty}\left\{1-\frac{\sin^2\frac{\pi u}{\Pi}}{\sin^2\frac{\pi n\theta}{\Pi}}\right\},$$

oder auch:

$$(85)\qquad ^{(\Pi)}\mathrm{H}(u) = \frac{\Pi}{\pi}\sin\frac{\pi u}{\Pi}\cdot\prod_{n=1}^{n=\infty}\left\{\frac{1-2\cos\frac{2\pi u}{\Pi}q^{2n}+q^{4n}}{(1-q^{2n})^2}\right\},$$

worin die Konstante q die Bedeutung hat

$$(86)\qquad q = e^{\pi i\frac{\theta}{\Pi}}.$$

Für das Folgende wird es uns nützlich sein, den Modul dieser Größe q zu berechnen. Wenn wir, wie früher,

$$\Pi = \Pi' + i\Pi'', \qquad \theta = \theta' + i\theta''$$

setzen, so ist

$$(87)\qquad |q| = e^{-\pi\frac{\Pi'\theta''-\Pi''\theta'}{\Pi'^2+\Pi''^2}}$$

und folglich

$$(88)\quad \begin{cases} |q|<1, & \text{wenn } \varepsilon = \operatorname{sgn}(\Pi'\theta''-\Pi''\theta') = +1 \text{ ist,} \\ |q|>1, & \text{wenn } \varepsilon = \operatorname{sgn}(\Pi'\theta''-\Pi''\theta') = -1 \text{ ist.} \end{cases}$$

Im ersten Fall ist die Reihe

$$(89)\qquad |q|^2+|q|^4+|q|^6+\dots = \sum_{n=1}^{n=\infty}|q|^{2n},$$

im zweiten die Reihe

$$(90)\qquad |q|^{-2}+|q|^{-4}+|q|^{-6}+\dots = \sum_{n=1}^{n=\infty}|q|^{-2n}$$

konvergent; wir können beide Fälle zusammenfassen in der Aussage: *Die Reihe*

$$(91)\qquad |q|^{2\varepsilon} + |q|^{4\varepsilon} + |q|^{6\varepsilon} + \dots = \sum_{n=1}^{n=\infty} |q|^{2\varepsilon n}$$

ist stets konvergent; daher muß auch das Produkt

$$(92)\qquad \prod_{n=1}^{n=\infty} (1 - a\, q^{2\varepsilon n})$$

absolut konvergieren, wenn mit a eine ganz beliebige endliche Größe bezeichnet ist.

Es soll nun aus (83) ein sehr wichtiger analytischer Ausdruck für die Funktion ${}^{(\Pi)}\mathsf{H}(u)$ hergeleitet werden. Führen wir, um kürzer zu schreiben, die Bezeichnung ein:

$$(93)\qquad e^{\frac{\pi i u}{\Pi}} = w\,,$$

so haben wir zu setzen:

$$(94)\qquad \sin\frac{\pi u}{\Pi} = \frac{1}{2i}\,\frac{w^2 - 1}{w}\,,$$

$$(95)\qquad \frac{\sin\frac{\pi}{\Pi}(u - n\theta)\cdot\sin\frac{\pi}{\Pi}(u + n\theta)}{\sin\frac{\pi}{\Pi}(-n\theta)\cdot\sin\frac{\pi}{\Pi}(n\theta)} = \frac{(1 - w^{-2} q^{2\varepsilon n})(1 - w^2 q^{2\varepsilon n})}{(1 - q^{2\varepsilon n})^2}\,.$$

Aus (83) ergibt sich dann zunächst:

$$(96)\qquad {}^{(\Pi)}\mathsf{H}(u) = \frac{\Pi}{2\pi i}\,\frac{w^2 - 1}{w} \prod_{n=1}^{n=\infty} \left\{\frac{(1 - w^{-2} q^{2\varepsilon n})(1 - w^2 q^{2\varepsilon n})}{(1 - q^{2\varepsilon n})^2}\right\}.$$

Identifizieren wir nun ε mit der in (88) und schon früher eingeführten Größe

$$\varepsilon = \operatorname{sgn}(\Pi'\theta'' - \Pi''\theta')\,,$$

so ist das Produkt

$$(97)\qquad \prod_{n=1}^{n=\infty} (1 - q^{2\varepsilon n})$$

nach dem, was wir soeben festgestellt haben, absolut konvergent; sein Quadrat ist daher gleich dem Produkte

$$(98)\qquad \prod_{n=1}^{n=\infty} (1 - q^{2\varepsilon n})^2,$$

welches ebenfalls absolut konvergent sein muß. Ganz ebenso sehen wir ein, daß, weil die Produkte

$$(99)\qquad \prod_{n=1}^{n=\infty}(1-w^{-2}q^{2\varepsilon n}) \quad\text{und}\quad \prod_{n=1}^{n=\infty}(1-w^{2}q^{2\varepsilon n})$$

in der Form (92) enthalten sind, auch das Produkt

$$(100)\qquad \prod_{n=1}^{n=\infty}\{(1-w^{-2}q^{2\varepsilon n})(1-w^{2}q^{2\varepsilon n})\}$$

absolut konvergieren muß, so daß wir für (96) schreiben können

$$(101)\qquad {}^{(\Pi)}\mathrm{H}(u)=\frac{\Pi}{2\pi i}\cdot\frac{w^2-1}{w}\,\frac{\prod\limits_{n=1}^{n=\infty}(1-w^{-2}q^{2\varepsilon n})(1-w^{2}q^{2\varepsilon n})}{\prod\limits_{n=1}^{n=\infty}(1-q^{2\varepsilon n})^2}.$$

Wir setzen nun

$$(102)\qquad g(w^2)=(w^2-1)\prod_{n=1}^{n=n_1}(1-w^{-2}q^{2\varepsilon n})(1-w^{2}q^{2\varepsilon n})=\sum_{k=-n_1}^{k=n_1+1}a_k w^{2k}$$

und suchen die Koeffizienten dieses Polynoms zu berechnen. Zunächst ist

$$(103)\qquad a_{-n_1}=(-1)^{n_1-1}\cdot q^{\varepsilon n_1(n_1+1)}.$$

Für die übrigen Koeffizienten erhalten wir eine Rekursionsformel, indem wir die Funktion $g(q^{2\varepsilon}w^2)$ bilden. Es ist nämlich

$$(104)\qquad g(q^{2\varepsilon}w^2)=\frac{w^2q^{2\varepsilon(n_1+1)}-1}{w^2-q^{2\varepsilon n_1}}\cdot g(w^2),$$

wie man leicht aus der Produktdarstellung (102) erkennt; also muß die Relation

$$(105)\qquad (w^2-q^{2\varepsilon n_1})\cdot\sum_{k=-n_1}^{k=n_1+1}a_k q^{2\varepsilon k}w^{2k}=(w^2q^{2\varepsilon(n_1+1)}-1)\sum_{k=-n_1}^{k=n_1+1}a_k w^{2k}$$

identisch für jedes w erfüllt sein; berechnet man auf beiden Seiten den Koeffizienten der Potenz w^{2k}, so ergibt sich für zwei aufeinanderfolgende Koeffizienten des Polynoms (102) die Beziehung

$$(106)\qquad a_k=\frac{q^{2\varepsilon(k-1)}\cdot(q^{2\varepsilon(n_1-k+2)}-1)}{1-q^{2\varepsilon(k+n_1)}}\cdot a_{k-1},$$

welche, in Verbindung mit dem Werte (103), zu dem allgemeinen Ausdruck führt:

$$(107)\quad \left\{ \begin{aligned} a_k &= (-1)^{k-1} \cdot q^{\varepsilon k(k-1)} \\ &\cdot \frac{(1-q^{2\varepsilon(n_1-k+2)})(1-q^{2\varepsilon(n_1-k+3)})\dots(1-q^{2\varepsilon(2n_1+1)})}{(1-q^{2\varepsilon})\cdot(1-q^{4\varepsilon})\dots(1-q^{2\varepsilon(k+n_1)})}. \end{aligned} \right.$$

Lassen wir nun n_1 unendlich werden, so konvergiert der Nenner von (107) gegen den endlichen Grenzwert des konvergenten Produktes (97), während die im Zähler stehende Größe

$$(1-q^{2\varepsilon(n_1-k+2)})(1-q^{2\varepsilon(n_1-k+3)})\dots(1-q^{2\varepsilon(2n_1+1)})$$

der Einheit zustrebt; denn sie vereinigt n_1+k Faktoren desselben Produktes (97), welche dem (n_1-k+1)-ten folgen, muß also, gemäß dem Konvergenzkriterium für (97) dem Werte 1 beliebig nahe gebracht werden können, dadurch daß n_1 hinreichend groß gewählt wird. Es ergibt sich demnach bei dem Übergang zur Grenze folgender Wert für a_k

$$(108)\quad \lim_{n_1=\infty}[a_k] = (-1)^{k-1} \cdot q^{\varepsilon k(k-1)} \left[\prod_{n=1}^{n=\infty}(1-q^{2\varepsilon n})\right]^{-1} = \alpha_k,$$

und das Produkt, welches wir oben (102) mit $g(w^2)$ bezeichnet haben, nähert sich der zweistrahligen einfach unendlichen Reihe

$$(109)\quad \gamma(w^2) = \sum_{k=-\infty}^{k=+\infty} \alpha_k w^{2k}.$$

Diese Annäherung, welche zunächst nur als eine formale anzusehen ist, erweist sich als eine wirkliche Annäherung, wenn die Konvergenz der Reihe (109) dargetan werden kann; d. h. es wird alsdann der Grenzwert des Produktes (102) mit dem Grenzwerte der Reihe (109) übereinstimmen.

Die zweistrahlige Reihe (109) konvergiert absolut, wenn unter der Bedingung, daß die positive ganze Zahl m hinreichend groß gewählt wird, die beiden Ungleichungen erfüllt sind

$$(110)\quad \left|\frac{\alpha_{m+1}}{\alpha_m} \cdot w^2\right| < 1,$$

$$(111)\quad \left|\frac{\alpha_{-m}}{\alpha_{-m+1}} \cdot w^{-2}\right| < 1.$$

Nun ist vermöge (108)

(112) $$\frac{\alpha_{m+1}}{\alpha_m} = \frac{\alpha_{-m}}{\alpha_{-m+1}} = q^{2\varepsilon m} = e^{2\pi i \varepsilon \frac{m\theta}{\Pi}};$$

es handelt sich also darum, den Modul der Größe

(113) $$e^{\frac{2\pi i}{\Pi}(\varepsilon m \theta \pm u)}$$

für wachsende Werte der ganzen Zahl m zu untersuchen. Dieser Modul ist, wie eine einfache Rechnung ergibt, gleich:

(114) $$e^{\frac{-2\pi}{\Pi'^2+\Pi''^2}[\varepsilon m(\Pi'\theta''-\Pi''\theta')\pm(\Pi'u''-\Pi''u')]}.$$

Wenn nun m unbeschränkt wächst, so wird, welches auch der Wert von $u = u' + iu''$ sei, der erste Posten in der eckigen Klammer den zweiten dem absoluten Betrage nach überwiegen, sein Vorzeichen wird das Vorzeichen des gesamten Exponenten bestimmen; da

$$\varepsilon = \operatorname{sgn}(\Pi'\theta'' - \Pi''\theta')$$

und also

$$\varepsilon(\Pi'\theta'' - \Pi''\theta') > 0$$

ist, so ist der Exponent der Größe (114) für hinreichend große m stets negativ, die Exponentialgröße selbst also kleiner als 1. Damit haben wir das Bestehen der Ungleichungen (110) und (111) und die absolute Konvergenz der Reihe (109) nachgewiesen.

Indem wir nun mit diesen Resultaten zu dem Ausdruck (101) zurückkehren, können wir den Satz aufstellen:

Wenn

$$q = e^{\pi i \frac{\theta}{\Pi}}, \quad \varepsilon = \operatorname{sgn}(\Pi'\theta'' - \Pi''\theta')$$

(115) $$H = \frac{\Pi}{2\pi i}\cdot\left\{\prod_{n=1}^{n=\infty}(1-q^{2\varepsilon n})\right\}^{-3}$$

gesetzt wird, so läßt sich die Funktion $^{(\Pi)}\mathrm{H}(u)$ *in die folgende zweistrahlige Reihe entwickeln:*

(116) $$^{(\Pi)}\mathrm{H}(u) = H\cdot\sum_{k=-\infty}^{k=+\infty}(-1)^{k-1}\cdot q^{\varepsilon k(k-1)}\cdot e^{(2k-1)\frac{\pi i u}{\Pi}},$$

welche für jedes u absolut konvergiert. Faßt man in dieser jeweils die beiden zu den Indizes

$$k = l \quad \text{und} \quad k = -l + 1 \qquad (l = 1, 2, \ldots)$$

gehörigen Glieder in ein einziges zusammen, so erhält man für ${}^{(\Pi)}\mathsf{H}(u)$ die einstrahlige trigonometrische Reihe:

$$(117)\quad {}^{(\Pi)}\mathsf{H}(u) = 2\,H\,i \cdot \sum_{l=1}^{l=\infty} (-1)^{l-1}\, q^{\varepsilon l(l-1)} \cdot \sin \frac{(2l-1)\pi u}{\Pi}.$$

Für die Funktion ${}^{(\theta)}\mathsf{H}(u)$ [Nr. 68, (60)] erhält man analoge Produkt- und Reihenentwickelungen, indem man überall die Größen Π und θ miteinander vertauscht.

Jeder der Ausdrücke (82), (83), (84), (85), (116), (117), liefert auch eine Darstellung der Funktion $\sigma(u)$, welche sich ja von der Funktion ${}^{(\Pi)}\mathsf{H}(u)$ nur durch den Faktor

$$e^{\frac{\eta_\theta u^2}{2\Pi}}$$

unterscheidet.

Wir knüpfen an die Resultate dieser Nummer noch die Bemerkung an:

Die Funktionen ${}^{(\Pi)}\mathsf{H}(u)$ und ${}^{(\theta)}\mathsf{H}(u)$ sind, als periodische Funktionen mit den Perioden 2Π, 2θ bzw. nicht polarisiert; denn ihre nach Potenzen von

$$e^{2\pi i u/2\Pi}, \qquad e^{2\pi i u/2\theta}$$

fortschreitenden Entwicklungen [(116) und die analoge] enthalten unendlich viele negative Potenzen dieser Größen.

Siebentes Kapitel.

Arithmetische Betrachtungen über Kongruenzen komplexer Zahlen.

Zur Orientierung.

71. Die Eigenschaft der Funktionen $\Xi_h(z)$ $(h \geqq 2)$, bei Vermehrung des Argumentes um ganzzahlige Vielfache zweier nicht in reellem Verhältnis stehenden Größen, welche wir ihre Perioden nannten, unverändert zu bleiben, legt es uns nahe, nun den Begriff der doppelten Periodizität zu entwickeln, wie wir im vierten Kapitel den Begriff der einfachen Periodizität auseinandergesetzt und für die Untersuchung der Funktionen $\xi_h(z)$, $o(z)$ fruchtbar gemacht haben. Wir beginnen, wie dort, mit rein arithmetischen Betrachtungen; das Kapitel, in welches wir jetzt eintreten, bildet die unmittelbare Fortsetzung von Kap. IV, erste Hälfte.

Erweiterter Begriff der Kongruenz.

72. Wir knüpfen an die Bezeichnungen der Nr. 28 und die dort bereits abgeleiteten Resultate an, verstehen also unter Π und θ wieder zwei komplexe Größen mit nicht verschwindendem Moment.

Zwei u-Werte u_1, u_2, deren Differenz sich linear und homogen mit ganzzahligen Koeffizienten durch Π und θ ausdrücken läßt:

$$u_1 - u_2 = m\,\Pi + n\,\theta\,, \tag{1}$$

heißen **kongruent nach dem Modul** (Π, θ) oder, wenn der Modul nicht zweifelhaft sein kann, schlechtweg **kongruent**. Gleichheit wird auch hier wieder als spezieller Fall der Kongruenz betrachtet. Zur Bezeichnung der Kongruenz dient das Symbol

$$u_1 \equiv u_2 (\mathrm{mod}(\Pi, \theta)) \tag{2}$$

oder, wenn der Modul sich aus dem Zusammenhange ergibt, schlechtweg

$$u_1 \equiv u_2\,. \tag{2a}$$

Nach Gleichung (4b) der Nr. 28 ist jeder beliebige u-Wert einem Werte $\alpha\,\Pi + \beta\,\theta$ kongruent, wo α und β positive echte Brüche bezeichnen:.

$$u \equiv \alpha\,\Pi + \beta\,\theta (\mathrm{mod}(\Pi, \theta))\,; \quad 0 \leqq \alpha < 1\,, \quad 0 \leqq \beta < 1\,, \tag{3}$$

oder etwas allgemeiner, wenn u und u_0 ganz beliebige Werte bedeuten:

$$u \equiv u_0 + \alpha\,\Pi + \beta\,\theta (\mathrm{mod}(\Pi, \theta))\,; \quad 0 \leqq \alpha < 1\,, \quad 0 \leqq \beta < 1\,. \tag{4}$$

Im besonderen ist jeder unendlich große Wert von u einem der Ausdrücke $u_0 + \alpha\,\Pi + \beta\,\theta$ kongruent, wo u_0 einen willkürlich gewählten Wert, α und β aber positive echte Brüche bezeichnen.

Repräsentation in der Zahlenebene. — Kongruenzenparallelogramm.

73. Die Bildpunkte zweier nach dem Modul (Π, θ) kongruenter u-Werte in der Gaußschen Zahlenebene heißen wiederum kongruente Punkte; die Verbindungsstrecke zweier kongruenter Punkte dieser Art ist Diagonale eines Parallelogramms, dessen eine Seite ein ganzzahliges Vielfaches der Strecke Π, dessen zweite Seite ein ganzzahliges Vielfaches der Strecke θ ist.

Wenn wir in dem Ausdruck $\alpha\Pi + \beta\theta$ die reellen Koeffizienten α, β zwischen 0 und $+1$ variieren lassen, so umfaßt er alle Punkte innerhalb eines Parallelogramms in der u-Ebene, dessen Begrenzung gebildet wird von den geradlinigen Verbindungsstrecken der Punktepaare 0 und Π, θ und $\theta + \Pi$, 0 und θ, Π und $\Pi + \theta$. Ein solches Parallelogramm nennen wir ein geradliniges Kongruenzenparallelogramm für den Modul (Π, θ). Der Flächeninhalt des geradlinigen Kongruenzenparallelogramms für den Modul (Π, θ) ist gleich dem numerischen Wert des Momentes der beiden Größen Π, θ [Nr. 28, (3)]. Statt durch die Punkte 0, Π, $\Pi + \theta$, θ können die begrenzenden Geraden auch durch vier Punkte u_0, $u_0 + \Pi$, $u_0 + \Pi + \theta$, $u_0 + \theta$ gezogen werden, deren erster ein ganz beliebiger Punkt der u-Ebene ist. Die Punkte im Innern des Parallelogramms sind alsdann die Bildpunkte der in dem Ausdruck $u_0 + \alpha\Pi + \beta\theta$ enthaltenen u-Werte. Die Formeln (3) und (4) besagen: *Jeder Punkt der Ebene ist einem Punkte kongruent, welcher im Innern oder auf einer von zwei zusammenstoßenden Begrenzungsgeraden eines beliebigen Kongruenzenstreifens gelegen ist.* Im besonderen ist jeder unendlich ferne Punkt einem solchen Punkte kongruent.

Zur Vereinfachung der Ausdrucksweise wollen wir ein für alle Male die beiden zusammenstoßenden Begrenzungslinien, welche den Werten $\alpha = 0$ und $\beta = 0$ entsprechen, zu dem Kongruenzenstreifen rechnen, während die beiden anderen, da sie nur Punkte tragen, die den Punkten jener beiden Begrenzungslinien kongruent sind, nicht mehr als zu dem Streifen gehörig betrachtet werden sollen. Bei dieser Festsetzung können wir den oben angeführten Satz einfach so formulieren:

Jeder Punkt der Ebene ist einem Punkte eines beliebigen Kongruenzenparallelogramms kongruent.

Dieser Satz bleibt auch dann bestehen, wenn das Parallelogramm, statt von geraden Strecken, von krummen Linienzügen begrenzt ist, sofern nur die Bedingung hinzugefügt wird, daß eine Begrenzungslinie nicht durch zwei kongruente Punkte hindurchgehen (also auch nicht sich selbst schneiden) darf.

Wir können uns die ganze Zahlenebene lückenlos mit Kongruenzenparallelogrammen überdeckt denken, indem wir parallele Begrenzungslinien durch alle Punkte der Menge $u_0 \pm m\,\Pi \pm n\,\theta$ $(m, n = 0, 1, 2, \ldots)$ hindurchlegen.

Sätze über komplexe Größen, zwischen welchen lineare homogene Relationen mit reellen Koeffizienten bestehen.

74. *Zwischen drei beliebigen komplexen Größen Π, θ, H besteht immer eine lineare homogene Relation mit reellen Koeffizienten:*

$$a\,\Pi + b\,\theta + c\,\mathrm{H} = 0\,; \tag{5}$$

denn entweder verschwindet das Moment von zweien dieser Größen, etwa der Größen Π und θ; dann besteht schon zwischen diesen beiden allein eine lineare, homogene Relation mit reellen Koeffizienten [vgl. Nr. 28, (2)]; oder aber das Moment dieser beiden Größen ist von Null verschieden; dann sind die beiden linearen Gleichungen

$$\left\{\begin{aligned} a\,\Pi' + b\,\theta' + c\,\mathrm{H}' &= 0\,, \\ a\,\Pi'' + b\,\theta'' + c\,\mathrm{H}'' &= 0\,, \end{aligned}\right. \tag{6}$$

in welchen nur reelle Größen auftreten, nach a und b auflösbar, wenn für c ein beliebiger von Null verschiedener Wert gesetzt wird; so besteht also dann eine Relation der Form (5), in welcher wir, unbeschadet der Allgemeinheit, $c = -1$ annehmen dürfen:

$$a\,\Pi + b\,\theta = \mathrm{H}\,. \tag{5a}$$

Zwischen m beliebigen komplexen Größen bestehen also immer $m - 2$ lineare homogene Relationen mit reellen Koeffizienten.

Von besonderem Interesse ist der Fall, in welchem eine solche Relation ganzzahlige Koeffizienten hat. Wir wollen den Satz beweisen:

Besteht zwischen m komplexen Größen $\Pi_1, \Pi_2, \ldots, \Pi_m$ eine lineare homogene Relation mit ganzzahligen Koeffizienten:

$$(7) \qquad p_1 \Pi_1 + p_2 \Pi_2 + \ldots + p_m \Pi_m = 0\,,$$

so sind diese m Größen lineare und homogene Funktionen mit ganzzahligen Koeffizienten von höchstens m − 1 Größen $\mathsf{P}_1, \mathsf{P}_2, \ldots, \mathsf{P}_k$, welche ihrerseits linear und homogen mit ganzzahligen Koeffizienten durch die ursprünglichen m Größen $\Pi_1, \Pi_2, \ldots, \Pi_m$ ausgedrückt werden können; d. h. wir haben die doppelte Beziehung:

$$(8) \qquad \begin{cases} \Pi_1 = q_{11} \mathsf{P}_1 + q_{12} \mathsf{P}_2 + \ldots + q_{1k} \mathsf{P}_k\,, \\ \Pi_2 = q_{21} \mathsf{P}_1 + q_{22} \mathsf{P}_2 + \ldots + q_{2k} \mathsf{P}_k\,, \\ \cdots\cdots\cdots\cdots\cdots \\ \Pi_m = q_{m1} \mathsf{P}_1 + q_{m2} \mathsf{P}_2 + \ldots + q_{mk} \mathsf{P}_k\,, \end{cases}$$

$$(9) \qquad \begin{cases} \mathsf{P}_1 = r_{11} \Pi_1 + r_{12} \Pi_2 + \ldots + r_{1m} \Pi_m\,, \\ \mathsf{P}_2 = r_{21} \Pi_1 + r_{22} \Pi_2 + \ldots + r_{2m} \Pi_m\,, \\ \cdots\cdots\cdots\cdots\cdots \\ \mathsf{P}_k = r_{k1} \Pi_1 + r_{k2} \Pi_2 + \ldots + r_{km} \Pi_m\,, \end{cases}$$

worin alle Koeffizienten q_{ab}, r_{ab} ganze Zahlen bedeuten.

In der Relation (7) können einige der Größen $\Pi_1, \ldots, \Pi_m$ fehlen; es sind dann einfach die entsprechenden unter den Koeffizienten $p_1, \ldots, p_m$ gleich Null zu setzen. Von den nicht verschwindenden möge p_1, den kleinsten absoluten Betrag haben; dann können wir durch Division die Gleichungen bilden:

$$(10) \quad p_2 = q_2 p_1 + r_2\,; \quad p_3 = q_3 p_1 + r_3\,; \quad \ldots; \quad p_m = q_m p_1 + r_m\,;$$

wo $q_2, q_3, \ldots, q_m$ bestimmte, positive oder negative ganze Zahlen, $r_2, r_3, \ldots, r_m$ ganzzahlige Reste bezeichnen, welche sämtlich dem absoluten Betrage nach kleiner als p_1 sind. War einer der Koeffizienten von (7), etwa p_i, gleich Null gesetzt worden, so ist natürlich auch für q_i und r_i der Wert Null anzunehmen. Die Relation (7) geht über in

$$(11) \quad p_1(\Pi_1 + q_2 \Pi_2 + \ldots + q_m \Pi_m) + r_2 \Pi_2 + \ldots + r_m \Pi_m = 0\,.$$

In dem besonderen Falle, daß etwa sämtliche Reste $r_2, \ldots, r_m$ verschwinden, ist die Richtigkeit unseres Satzes ohne weiteres einzusehen: wir haben dann auf Grund von (11) die Beziehungen

$$(12)\qquad \begin{cases} \Pi_1 = -q_2\,\mathsf{P}_1 - q_3\,\mathsf{P}_2 - \ldots - q_m\,\mathsf{P}_{m-1}\,; \\ \Pi_2 = \mathsf{P}_1\,; \quad \ldots\,; \quad \Pi_m = \mathsf{P}_{m-1}\,; \end{cases}$$

d. h. die $m-1$ Größen $\Pi_2, \ldots, \Pi_m$ würden die Rolle der $\mathsf{P}_1, \ldots, \mathsf{P}_k$ spielen. Ist aber ein Teil der Reste von Null verschieden, so verfahren wir folgendermaßen: wir setzen zunächst

$$(13)\qquad \begin{cases} \Pi_1^{(1)} = \Pi_1 + q_2\,\Pi_2 + \ldots + q_m\,\Pi_m\,; \quad \Pi_2^{(1)} = \Pi_2\,; \\ \ldots\,; \quad \Pi_m^{(1)} = \Pi_m\,; \end{cases}$$

woraus wir schließen

$$(14)\qquad \begin{cases} \Pi_1 = \Pi_1^{(1)} - q_2\,\Pi_2^{(1)} - \ldots - q_m\,\Pi_m^{(1)}\,; \\ \Pi_2 = \Pi_2^{(1)}\,; \quad \ldots\,; \quad \Pi_m = \Pi_m^{(1)}\,; \end{cases}$$

d. h. die Größen eines jeden der beiden Systeme

$$\Pi_1, \ldots, \Pi_m \quad \text{und} \quad \Pi_1^{(1)}, \ldots, \Pi_m^{(1)}$$

drücken sich linear und homogen mit ganzzahligen Koeffizienten durch die Größen des anderen Systems aus. Zwischen den neu eingeführten Größen besteht aber die Relation

$$(15)\qquad p_1\,\Pi_1^{(1)} + r_2\,\Pi_2^{(1)} + \ldots + r_m\,\Pi_m^{(1)} = 0\,;$$

der numerisch kleinste unter den hierin auftretenden Koeffizienten ist, wie sich aus der Bedeutung der $r_2, \ldots, r_m$ ergibt, dem absoluten Betrage nach gewiß kleiner als p_1; durch diesen numerisch kleinsten Koeffizienten r_i dividieren wir nun wieder die sämtlichen übrigen Koeffizienten und wiederholen hierauf das Verfahren, welches oben von der Relation (7) zu (11) und (15) überleitete. So kommen wir zu einem neuen System von Größen

$$\Pi_1^{(2)}, \Pi_2^{(2)}, \ldots, \Pi_m^{(2)},$$

welche wieder linear und homogen mit ganzzahligen Koeffizienten durch die $\Pi_1^{(1)}, \Pi_2^{(1)}, \ldots, \Pi_m^{(1)}$ und also auch durch die $\Pi_1, \Pi_2, \ldots, \Pi_m$ ausdrückbar sind, während diese letzteren durch Vermittelung der $\Pi_1^{(1)}, \Pi_2^{(1)}, \ldots, \Pi_m^{(1)}$ ihrerseits in gleicher Weise durch die $\Pi_1^{(2)}, \Pi_2^{(2)}, \ldots, \Pi_m^{(2}$

sich darstellen lassen. In der aus (15) hervorgehenden Relation

$$(16) \qquad s_1 \Pi_1^{(2)} + s_2 \Pi_2^{(2)} + \ldots + s_m \Pi_m^{(2)} = 0$$

ist der numerisch kleinste Koeffizient nun wieder dem absoluten Betrage nach kleiner als r_i. Es ist leicht einzusehen, daß das Verfahren nicht unbegrenzt oft wiederholt werden kann; vielmehr gelangt man schließlich zu einem System von Größen

$$(17) \qquad \Pi_1^{(h)}, \Pi_2^{(h)}, \ldots, \Pi_m^{(h)},$$

welches zu dem System der Größen $\Pi_1, \Pi_2, \ldots, \Pi_m$ in der doppelten Beziehung steht

$$(18) \quad \begin{cases} \Pi_1 = q_{10} \Pi_1^{(h)} + q_{11} \Pi_2^{(h)} + \ldots + q_{1,m-1} \Pi_m^{(h)}, \\ \Pi_2 = q_{20} \Pi_1^{(h)} + q_{21} \Pi_2^{(h)} + \ldots + q_{2,m-1} \Pi_m^{(h)}, \\ \ldots\ldots\ldots\ldots\ldots\ldots\ldots\ldots \\ \Pi_m = q_{m0} \Pi_1^{(h)} + q_{m1} \Pi_2^{(h)} + \ldots + q_{m,m-1} \Pi_m^{(h)}, \end{cases}$$

$$(19) \quad \begin{cases} \Pi_1^{(h)} = r_{01} \Pi_1 + r_{02} \Pi_2 + \ldots + r_{0m} \Pi_m, \\ \Pi_2^{(h)} = r_{11} \Pi_1 + r_{12} \Pi_2 + \ldots + r_{1m} \Pi_m, \\ \ldots\ldots\ldots\ldots\ldots\ldots\ldots\ldots \\ \Pi_m^{(h)} = r_{m-1,1} \Pi_1 + r_{m-1,2} \Pi_2 + \ldots + r_{m-1,m} \Pi_m, \end{cases}$$

(worin sämtliche r_{ab}, q_{ab} wieder ganze Zahlen bedeuten), während die Relation (7), in den Größen (17) ausgedrückt, die einfache Gestalt hat:

$$(20) \qquad \Pi_1^{(h)} = 0\,.$$

Es fallen also auf den rechten Seiten der Gleichungen (18) jeweils die ersten Glieder fort, und wir brauchen nur

$$(21) \qquad \Pi_2^{(h)} = \mathsf{P}_1, \quad \Pi_3^{(h)} = \mathsf{P}_2, \quad \ldots, \quad \Pi_m^{(h)} = \mathsf{P}_{m-1}$$

zu setzen, um die Übereinstimmung der Gleichungen (18) und (19) mit (8) und (9) darzutun; in den Größen (21) besitzen wir also eine Lösung unserer Aufgabe. Die erste Gleichung (19):

$$r_{01} \Pi_1 + r_{02} \Pi_2 + \ldots + r_{0m} \Pi_m = 0$$

kann natürlich nichts anderes sein als die ursprüngliche Relation (7). —

Auch der folgende Satz wird uns später ein funktionentheoretisch wichtiges Resultat liefern.

Aus irgendwelchen drei komplexen Größen, von welchen nicht zwei in einem reellen Verhältnis stehen, läßt sich, sofern nicht zwischen ihnen eine lineare homogene Relation mit ganzzahligen Koeffizienten besteht, stets eine andere komplexe Größe linear und homogen mit ganzzahligen Koeffizienten zusammensetzen, welche der Bedingung genügt, daß ihr absoluter Betrag kleiner ist als eine beliebig kleine vorgelegte positive Zahl.

Seien Π_1, Π_2, Π_3 drei komplexe Größen der angegebenen Art, nach der Größe ihrer Moduln geordnet, so daß

$$(22) \qquad |\Pi_1| \geqq |\Pi_2| \geqq |\Pi_3| ;$$

dann können wir offenbar Π_1 durch Π_2 und Π_3 so ausdrücken:

$$(23) \qquad \Pi_1 = \alpha_2 \Pi_2 + \alpha_3 \Pi_3 + m_2 \Pi_2 + m_3 \Pi_3 ,$$

wo m_2, m_3 positive oder negative ganze Zahlen, α_2 und α_3 aber positive oder negative reelle Größen bezeichnen, welche numerisch höchstens gleich $\frac{1}{2}$ sind und nicht beide zugleich verschwinden können, da sonst eine lineare homogene Relation mit ganzzahligen Koeffizienten zwischen Π_1, Π_2, Π_3 bestünde; setzen wir nun

$$(24) \qquad \alpha_2 \Pi_2 + \alpha_3 \Pi_3 = \Pi_1 - m_2 \Pi_2 - m_3 \Pi_3 = \Pi_4 ,$$

so ist gewiß

$$(25) \qquad |\Pi_4| < |\Pi_2| ;$$

denn aus der Identität

$$(26) \qquad \begin{cases} (\Pi_2'\Pi_3' + \Pi_2''\Pi_3'')^2 = (\Pi_2'^2 + \Pi_2''^2)(\Pi_3'^2 + \Pi_3''^2) \\ \qquad\qquad - (\Pi_2'\Pi_3'' - \Pi_3'\Pi_2'')^2 \end{cases}$$

ergibt sich, da das Moment von Π_2 und Π_3 nicht gleich Null sein darf,

$$(27) \qquad |\Pi_2'\Pi_3' + \Pi_2''\Pi_3''| < |\Pi_2| \cdot |\Pi_3|$$

und also, in Verbindung mit der Voraussetzung (22),

$$(28) \qquad |\Pi_2'\Pi_3' + \Pi_2''\Pi_3''| < |\Pi_2|^2 ;$$

wir haben ferner:

$$(29)\quad \begin{cases} |\Pi_4|^2 = (\alpha_2 \Pi_2' + \alpha_3 \Pi_3')^2 + (\alpha_2 \Pi_2'' + \alpha_3 \Pi_3'')^2 \\ \qquad = \alpha_2^2(\Pi_2'^2 + \Pi_2''^2) + \alpha_3^2(\Pi_3'^2 + \Pi_3''^2) \\ \qquad + 2\,\alpha_2\,\alpha_3(\Pi_2'\Pi_3' + \Pi_2''\Pi_3'')\,; \end{cases}$$

die rechte Seite dieser Identität wird offenbar vergrößert, wenn wir für α_2, α_3 ihre größten numerischen Werte, d. h. $\frac{1}{2}$, und für $\Pi_3'^2 + \Pi_3''^2$ und $\Pi_2'\Pi_3' + \Pi_2''\Pi_3''$ die Größe $|\Pi_2|^2$ setzen; es entsteht so die Ungleichung

$$(30)\qquad |\Pi_4|^2 < |\Pi_2|^2,$$

aus welcher die zu beweisende Ungleichung (25) unmittelbar folgt. Wir haben also statt der ursprünglichen Größen Π_1, Π_2, Π_3 die drei Größen Π_2, Π_3, Π_4, von welchen Π_2 den größten Modul hat; indem wir nun Π_2 durch Π_3 und Π_4 ausdrücken

$$(31)\quad \Pi_2 = \beta_3 \Pi_3 + \beta_4 \Pi_4 + n_3 \Pi_3 + n_4 \Pi_4\,; \quad |\beta_3| \leqq \tfrac{1}{2},\ |\beta_4| \leqq \tfrac{1}{2},$$

und

$$(32)\quad \begin{cases} \Pi_5 = \Pi_2 - n_3 \Pi_3 - n_4 \Pi_4 \\ \quad = -n_4 \Pi_1 + (1 + n_4 m_2)\Pi_2 + (n_4 m_3 - n_3)\Pi_3 \end{cases}$$

setzen, kommen wir zu dem Größentripel Π_3, Π_4, Π_5, von welchen entweder Π_3 oder Π_4 den größten absoluten Betrag hat. Es ist klar, daß wir, in dieser Weise fortfahrend, eine Reihe von komplexen Größen erzeugen, deren Moduln fortwährend abnehmen, und welche sich sämtlich linear und homogen mit ganzzahligen Koeffizienten durch Π_1, Π_2, Π_3 darstellen lassen; es sind dies die Zahlen größten Moduls in den aufeinanderfolgenden Zahlentripeln; ihre Reihe kann nicht abbrechen, da hierzu das Bestehen einer linearen homogenen Relation mit ganzzahligen Koeffizienten zwischen Π_1, Π_2, Π_3 erforderlich sein würde. Nun sind zwei Fälle denkbar: Entweder die Moduln der Größenreihe sinken schließlich unter jede angebbare Größe herab, d. h. sie konvergieren gegen Null (ohne jedoch diese jemals zu erreichen); für diesen Fall ist die Richtigkeit unseres Satzes ohne weiteres einzusehen. Oder die Moduln der Größenreihe konvergieren gegen einen bestimmten endlichen Grenzwert; dann gibt es, wie sogleich gezeigt werden soll, in der Reihe gewiß immer zwei

Größen, deren Differenz einen Modul von vorgeschriebener Kleinheit besitzt, und da diese Differenz, wie die Größen selbst, linear und homogen mit ganzzahligen Koeffizienten aus Π_1, Π_2, Π_3 zusammengesetzt ist, so erfüllt sie die Forderungen unseres Satzes; dieser wird also unter allen Umständen richtig sein, wenn es uns noch gelingt, die zuletzt ausgesprochene Behauptung zu beweisen. In dieser Absicht verstehen wir unter

$$a_1 = a_1' + i\,a_1'', \qquad a_2 = a_2' + i\,a_2'', \ \ldots \tag{33}$$

eine Reihe von komplexen Größen, deren Moduln stets abnehmend gegen einen endlichen Grenzwert konvergieren; dann ist, wenn nur der Index m hinreichend groß angenommen wird, für beliebige ganze Zahlen h und k:

$$\big||a_{m+h}| - |a_{m+k}|\big| < \varepsilon\,, \tag{34}$$

d. h. von einem gewissen Gliede a_m der Reihe ab, unterscheiden sich die Moduln der folgenden Glieder nur um Größen von vorgeschriebener Kleinheit. Unter diesen Gliedern gibt es gewiß stets unendlich viele, deren reelle Teile sich um eine Größe unterscheiden, welche numerisch kleiner ist als eine beliebig vorgeschriebene positive Zahl δ; denn da die reellen Teile aller auf a_m folgenden Glieder numerisch kleiner sein müssen als $|a_m|$, so müssen sie alle in dem reellen Intervall zwischen $-|a_m|$ und $+|a_m|$ liegen; zerlegen wir dieses Intervall in N Teilintervalle von gleicher Größe, so muß eines dieser Intervalle, wie groß auch N angenommen werden mag, stets unendlich viele jener reellen Teile enthalten, da sonst ihre Anzahl eine beschränkte wäre. Es finden sich also in der Reihe (33) gewiß zwei Größen a_p und a_q, für welche

$$\big||a_p| - |a_q|\big| < \varepsilon\,, \tag{35}$$

$$|a_p' - a_q'| < \delta\,; \tag{36}$$

wir dürfen außerdem offenbar zwei solche Größen auswählen, deren imaginäre Teile a_p'' und a_q'' gleiches Vorzeichen haben; dann folgt aus (35) und (36) leicht

$$|a_p'' - a_q''| < \eta\,, \tag{37}$$

wo η wieder eine Größe bezeichnet, die wir beliebig klein machen können, indem wir ε und δ hinreichend klein annehmen; aus (36) und (37) ergibt sich aber unmittelbar

$$(38)\qquad |a_p - a_q|^2 = (a_p' - a_q')^2 + (a_p'' - a_q'')^2 < \delta^2 + \eta^2 ,$$

eine Ungleichheit, welche die zu beweisende Behauptung ausdrückt.

Der soeben durchgeführte Beweis wird leicht verständlich, wenn wir die geometrische Interpretation komplexer Größen zu Hilfe nehmen; dies soll aber hier dem Leser überlassen bleiben.

Abgeleitete und äquivalente Moduln. — Ganzzahlige Substitutionen.

75. Wir haben oben eine Zusammenstellung von zwei komplexen Größen mit nicht verschwindendem Moment, Π und θ, einen Modul genannt und mit (Π, θ) bezeichnet. Wir nennen nun einen Modul (Π_1, θ_1) „abgeleitet aus dem Modul (Π, θ)“, wenn die Größen Π_1, θ_1 linear und homogen mit ganzzahligen Koeffizienten aus Π, θ zusammengesetzt sind, also:

$$(39)\qquad \begin{cases} \Pi_1 = m\,\Pi + n\,\theta \\ \theta_1 = p\,\Pi + q\,\theta . \end{cases}$$

Man sagt wohl auch: die Größen Π_1, θ_1 werden mit Hilfe der ganzzahligen Substitution $\begin{pmatrix} m, & n \\ p, & q \end{pmatrix}$ aus den Größen Π, θ erhalten; es ist bisweilen vorteilhaft, die Beziehung (39) in der nachstehenden symbolischen Formel zusammenzufassen:

$$(40)\qquad (\Pi_1, \theta_1) = \begin{pmatrix} m, & n \\ p, & q \end{pmatrix} (\Pi, \theta) .$$

Wird mit D die Determinante der Substitutionskoeffizienten bezeichnet:

$$(41)\qquad D = m\,q - n\,p ,$$

so ergibt sich für die Momente der Größenpaare (Π_1, θ_1) und (Π, θ) die Relation

$$(42)\qquad \Delta(\Pi_1, \theta_1) = D \cdot \Delta(\Pi, \theta) .$$

Zwei Moduln heißen äquivalent, wenn jeder von ihnen aus dem andern abgeleitet ist.

Ein Blick auf (42) läßt uns erkennen, daß (Π_1, θ_1) und (Π, θ) nur dann äquivalent sein können, wenn

$$D = mq - np = \pm 1\,; \tag{43}$$

diese Bedingung ist aber offenbar auch hinreichend, denn die Auflösung der Gleichungen (39) nach Π und θ lautet:

$$\left\{\begin{aligned} \Pi &= \frac{q}{D}\Pi_1 - \frac{n}{D}\theta_1\,, \\ \theta &= \frac{-p}{D}\Pi_1 + \frac{m}{D}\theta_1\,, \end{aligned}\right. \tag{44}$$

oder symbolisch:

$$\left\{ (\Pi, \theta) = \begin{pmatrix} \frac{q}{D}, & -\frac{n}{D} \\ -\frac{p}{D}, & \frac{m}{D} \end{pmatrix} (\Pi_1, \theta_1)\,; \right. \tag{45}$$

die vier Koeffizienten $\frac{q}{D}$, $-\frac{n}{D}$, $-\frac{p}{D}$, $+\frac{m}{D}$ sind also für $D = \pm 1$ wieder ganze Zahlen.

Eine ganzzahlige Substitution, deren Determinante numerisch gleich eins ist, soll eine lineare Substitution heißen. Zwei Moduln sind also dann und nur dann äquivalent, wenn sie durch eine lineare Substitution zuzammenhängen. Es gibt eine unendliche Anzahl linearer Substitutionen, von welchen wir hier als Beispiele die beiden besonders wichtigen anführen:

$$\begin{pmatrix} 1; & 0 \\ 1, & 1 \end{pmatrix}, \quad \begin{pmatrix} 0, & 1 \\ -1, & 0 \end{pmatrix}; \tag{46}$$

es gibt infolgedessen eine unendliche Anzahl äquivalenter Moduln; die beiden durch Anwendung der Substitutionen (46) aus dem Modul (Π, θ) abgeleiteten und mit ihm äquivalenten Moduln sind

$$(\Pi, \Pi + \theta), \quad (\theta, -\Pi). \tag{47}$$

Es soll nun die Frage behandelt werden: Wann kann eine Größe H, welche linear und homogen mit ganzzahligen Koeffizienten aus Π und θ zusammengesetzt ist:

$$\mathrm{H} = M\Pi + N\theta\,, \tag{48}$$

in gleicher Weise durch Π_1 und θ_1 ausgedrückt werden, wo unter (Π_1, θ_1) ein bestimmter, durch die Gleichungen (39) definierter Modul verstanden werden soll? D. h. wann gibt es zwei ganze Zahlen r und s, so daß die Gleichung

$$\mathrm{H} = M\Pi + N\theta = r\Pi_1 + s\theta_1 = (rm + sp)\Pi + (rn + sq)\theta \tag{49}$$

erfüllt ist?

Da zwischen Π und θ keine lineare homogene Gleichung mit reellen Koeffizienten bestehen darf, so ist dies nur in der Weise möglich, daß

$$rm + sp = M\,, \qquad rn + sq = N\,. \tag{50}$$

Wann hat dieses Gleichungssystem in den Unbekannten r und s ganzzahlige Lösungen?

$$r \cdot D = Mq - Np\,; \qquad s \cdot D = -Mn + Nm\,; \tag{51}$$

wenn $D = \pm 1$, d. h. wenn (Π_1, θ_1) ein mit (Π, θ) äquivalenter Modul ist, so sind r und s unter allen Umständen ganze Zahlen. Hat aber die Determinante D einen von 1 verschiedenen numerischen Wert $|D|$, so müssen die ganzen Zahlen M und N so beschaffen sein, daß die rechten Seiten von (51) durch D teilbar werden. Wir wollen untersuchen, wie die dieser Bedingung genügenden Zahlenpaare M, N unter der Gesamtheit aller Zahlenpaare verteilt sind. Zu diesem Zweck stellen wir uns zunächst die Frage:

Wie viele Zahlenpaare gibt es, für welche die Ungleichheiten

$$0 \leqq Mq - Np < |D|\,; \qquad 0 \leqq -Mn + Nm < |D| \tag{52}$$

erfüllt sind?

Wenn p und q keinen gemeinschaftlichen Teiler haben, so besitzt jede der $|D|$ Gleichungen

$$Mq - Np = d\,, \tag{53}$$

worin d eine Zahl der Reihe

$$0,\ 1,\ 2,\ \ldots,\ |D| - 1 \tag{54}$$

bezeichnet, eine unendliche Anzahl von Lösungen, welche in der Form

$$(55) \qquad M_d = M'_d + k p \; ; \qquad N_d = N'_d + k q$$

aus einem beliebigen Lösungssystem M'_d, N'_d erhalten werden; k ist eine willkürliche ganze Zahl; setzen wir dies in den Ausdruck $-M n + N m$ ein, so erhalten wir

$$(56) \qquad -M'_d \cdot n + N'_d \cdot m + k \cdot D \; ;$$

die Zahl

$$-M'_d n + N'_d m$$

kann auf eine und nur eine Weise in die Form gesetzt werden $d_1 + l \cdot D$, wo d_1 eine Zahl der Reihe (54) und l eine ganze Zahl bedeutet; nur durch die Wahl $k = -l$ kann der Ausdruck (56) selbst eine Zahl der Reihe (54) darstellen.

Wir haben also $|D|$ Zahlenpaare M_d, N_d der gewünschten Eigenschaft, von denen ein einziges, nämlich $M_0 = 0$, $N_0 = 0$, die beiden rechten Seiten von (51) zu Null macht.

Wenn p und q einen gemeinschaftlichen Teiler besitzen, nicht aber m und n, so können wir, von dem Ausdrucke $-M n + N m$ ausgehend, dasselbe Verfahren anwenden und gelangen daher zu demselben Resultate.

Nur wenn sowohl m und n als auch p und q einen gemeinschaftlichen Teiler besitzen, muß die Überlegung modifiziert werden. Sei etwa λ eine positive ganze Zahl, so daß

$$(57) \quad p = \lambda p', \quad q = \lambda q', \quad D' = m q' - n p', \quad D = \lambda D',$$

wo nun p' und q' teilerfremde Zahlen bezeichnen; dann haben unter den $|D|$ Gleichungen (53) nur diejenigen eine Lösung, für welche d durch λ teilbar ist; diese sind gleichbedeutend mit den $|D'|$ Gleichungen

$$(58) \quad M q' - N p' = d', \qquad d' = 0, 1, 2, \ldots, |D'| - 1 .$$

Ist $M'_{d'}$, $N'_{d'}$ irgend ein Lösungspaar von (58), so sind wiederum alle Lösungspaare in der Form enthalten

$$(59) \qquad M_{d'} = M'_{d'} + k p', \qquad N_{d'} = N'_{d'} + k q',$$

welche, in den Ausdruck $-Mn + Nm$ eingesetzt, diesem die Gestalt gibt

$$(60) \qquad -M'_{d'}n + N'_{d'}m + kD' \,;$$

jede ganze Zahl k kann in der Form geschrieben werden

$$(61) \qquad k = k_1 + \lambda k_2 \,,$$

wo k_1 eine der Zahlen $0, 1, 2, \ldots, \lambda - 1$, und k_2 eine ganze Zahl bedeutet; tun wir dies in (60), so ergibt sich

$$(62) \qquad -M'_{d'}n + N'_{d'}m + k_1 D' + k_2 D \,;$$

die Zahl $-M'_{d'}n + N'_{d'}m + k_1 D'$ kann auf eine und nur eine Weise in die Form gesetzt werden: $d'_1 + lD$, wo d'_1 eine Zahl der Reihe (54) und l eine ganze Zahl bedeutet; nur durch die Wahl $k_2 = -l$ kann alsdann der Ausdruck (62) selbst eine Zahl der Reihe (54) darstellen. Zu jedem d' gehören also λ, den Werten $k_1 = 0, 1, 2, \ldots, \lambda - 1$ entsprechende, Zahlenpaare M, N, welche unserer Forderung (52) genügen. Im ganzen haben wir also auch in diesem Falle $|D'| \cdot \lambda = |D|$ Zahlenpaare der gewünschten Eigenschaft, von welchen ein einziges, nämlich $M_0 = 0$, $N_0 = 0$, die beiden rechten Seiten von (51) zu Null macht. Dies gilt also allgemein.

Stellen wir nun statt (52) die Forderungen

$$(63) \qquad \begin{cases} r \cdot D \leqq Mq - Np < r \cdot D + |D| \,, \\ sD \leqq -Mn + Nm < s \cdot D + |D| \end{cases}$$

auf, wo r und s zwei bestimmte positive oder negative ganze Zahlen sind, so gehört offenbar zu jeder der $|D|$ Lösungen $\overline{M}$, $\overline{N}$ von (52) eine Lösung von (63) in der Form

$$(64) \qquad \overline{\overline{M}} = \overline{M} + rm + sp \,, \qquad \overline{\overline{N}} = \overline{N} + rn + sq \,,$$

und umgekehrt zu jeder Lösung $\overline{\overline{M}}$, $\overline{\overline{N}}$ von (63) auch eine Lösung

$$(65) \qquad \overline{M} = \overline{\overline{M}} - rm - sp \,, \qquad \overline{N} = \overline{\overline{N}} - rn - sq$$

von (52). Folglich gibt es genau $|D|$ Zahlenpaare, welche den Forderungen (63) genügen, und nur eine einzige von ihnen, nämlich

$$(66) \qquad \overline{\overline{M}}_0 = rm + sp \,, \qquad \overline{\overline{N}}_0 = rn + sq$$

erfüllt die Gleichungen

(67) $rD = Mq - Np\,; \qquad sD = -Mn + Nm\,.$

Lassen wir nun r und s alle möglichen positiven und negativen Zahlenwerte durchlaufen, so erhalten wir offenbar alle existierenden Zahlenpaare M, N, da ja für alle Werte M, N jeder der beiden Ausdrücke

$$Mq - Np\,, \qquad -Mn + Nm$$

zwischen zwei aufeinanderfolgenden Vielfachen von D (das eine derselben eingeschlossen) liegen muß.

Wir sehen also, daß auf je $|D|$ Zahlenpaare M, N ein einziges entfällt, für welches die rechten Seiten von (51) durch D teilbar werden, also auf je $|D|$ Größen $M\Pi + N\theta$ eine einzige, welche durch Π_1 und θ_1 linear und homogen mit ganzzahligen Koeffizienten darstellbar ist.

Mit Zuhilfenahme des Begriffes der Kongruenz können wir das soeben erhaltene Resultat in den Satz zusammenfassen:

Alle Größen u, welche einer bestimmten Größe u_0 nach dem Modul (Π, θ) kongruent sind, sind dieser Größe auch nach jedem mit (Π, θ) äquivalenten Modul kongruent.

In Beziehung auf einen Modul (Π_1, θ_1), welcher aus (Π, θ) durch eine Substitution mit der Determinante $D \neq 1$ abgeleitet, also mit (Π, θ) nicht äquivalent ist, zerfallen jene sämtlichen Größen u in Gruppen von je $|D|$ Größen, unter welchen jeweils eine einzige dem Werte u_0 auch nach dem Modul (Π_1, θ_1) kongruent ist.

Ein Modul (Π_2, θ_2) ist nach unseren Definitionen sowohl aus (Π, θ) als aus (Π_1, θ_1) abgeleitet, wenn gleichzeitig

$$\Pi_2 = M\Pi + N\theta\,, \qquad \theta_2 = P\Pi + Q\theta$$

und

$$\Pi_2 = r\Pi_1 + s\theta_1\,, \qquad \theta_2 = t\Pi_1 + u\theta_1\,.$$

Wir folgern daher aus dem oben gegebenen Satze den nachstehenden:

Alle aus einem Modul (Π, θ) abgeleiteten Moduln können auch aus jedem mit (Π, θ) äquivalenten Modul abgeleitet werden. Aber nur ein Teil von jenen ist aus einem Modul ableitbar, welcher selbst aus (Π, θ) abgeleitet, aber mit diesem nicht äquivalent ist.

Die mit (Π, θ) äquivalenten Moduln nehmen also unter der Gesamtheit aller aus (Π, θ) abgeleiteten Moduln eine bevorzugte Stellung ein; jeder von ihnen kann ebensowohl als (Π, θ) zur Erzeugung jener Gesamtheit verwandt und daher als ihr Repräsentant angesehen werden. Wir wollen aus diesem Grunde die mit (Π, θ) äquivalenten Moduln als Elementarmoduln der aus (Π, θ) durch ganzzahlige Substitutionen abgeleiteten Menge von Moduln bezeichnen.

Geometrische Interpretation.

76. Die Gesamtheit der Zahlen $u \equiv 0 \mod (\Pi, \theta)$ ist in der Zahlenebene durch die Eckpunkte eines „Gitters" repräsentiert; dieses wird gebildet von zwei Scharen paralleler Geraden; die Geraden der einen Schar sind parallel zu dem Vektor Π und gehen durch die Punkte $0, \pm\theta, \pm 2\theta, \ldots$; die Geraden der anderen Schar sind parallel zu θ und gehen durch die Punkte $0, \pm\Pi, \pm 2\Pi, \ldots$. Es ist dies die Konstruktion geradliniger Kongruenzenparallelogramme für den Modul (Π, θ), vgl. Nr. 73.

Führen wir nun dieselbe Konstruktion für einen aus (Π, θ) abgeleiteten Modul (Π_1, θ_1) aus, so erhalten wir ein zweites Gitter, dessen Eckpunkte stets auch Eckpunkte des ersten Gitters sind. Aber nur dann werden auch, umgekehrt, die Eckpunkte des ersten Gitters sämtlich dem zweiten Gitter angehören, wenn der Modul (Π_1, θ_1) dem Modul (Π, θ) äquivalent ist. Figur 10 zeigt die Konstruktion für die beiden äquivalenten Moduln (Π, θ) und $(\Pi, \Pi + \theta)$; und für den nicht äquivalenten Modul $(3\Pi + 2\theta, 4\Pi + \theta)$.

Hat man die Konstruktion der Gitter für zwei äquivalente Moduln ausgeführt, so entfällt auf jedes Parallelogramm des einen Gitters ein und nur ein Gitterpunkt des zweiten Gitters (wobei man als zu dem Parallelogramm gehörig wieder nur zwei der begrenzenden Seiten und einen der Eckpunkte betrachten darf, wie in Nr. 73 des näheren angegeben). Dagegen entfallen auf das Parallelogramm, welches zu einem abgeleiteten nicht mit (Π, θ) äquivalenten Modul gehört, mehrere Gitterpunkte des für (Π, θ) konstruierten Gitters. Die Frage nach ihrer Anzahl führt auf dasselbe zahlentheoretische Problem, welches wir oben bereits gelöst haben. Da nämlich jeder in das Parallelogramm mit den Ecken

$$(68)\quad \begin{cases} r\Pi_1 + s\theta_1\,, \quad (r+1)\Pi_1 + s\theta_1\,, \quad (r+1)\Pi_1 + (s+1)\theta_1\,, \\ r\Pi + (s+1)\theta_1 \end{cases}$$

fallende Punkt charakterisiert ist durch eine Größe

$$(69)\quad \begin{cases} (r+\alpha)\Pi_1 + (s+\beta)\theta_1 = \big((r+\alpha)m + (s+\beta)p\big)\Pi \\ \qquad + \big((r+\alpha)n + (s+\beta)q\big)\theta\,, \end{cases}$$

worin

$$0 \leqq \alpha < 1\,, \quad 0 \leqq \beta < 1\,,$$

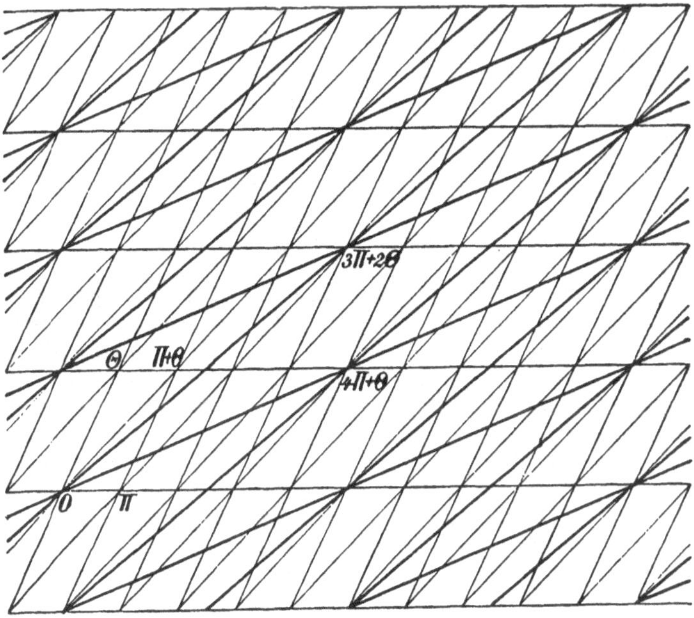

Fig. 10.

so müssen, damit ein solcher Punkt auch ein Gitterpunkt des für den Modul (Π, θ) konstruierten Gitters sei, die beiden Größen $\alpha m + \beta p$ und $\alpha n + \beta q$ gleich zwei ganzen Zahlen M und N sein. Wie viele echte Brüche α, β gibt es, so daß

$$(70)\qquad \alpha m + \beta p = M\,, \quad \alpha n + \beta q = N$$

oder, da die Auflösung dieser Gleichungen nach α, β lautet:

$$(71) \qquad \alpha D = Mq - Np\,; \quad \beta D = -Mn + Nm\,,$$

wie viele Paare ganzer Zahlen M, N genügen gleichzeitig den Bedingungen

$$(72) \quad 0 \leqq Mq - Np < |D|\,; \quad 0 \leqq -Mn + Nm < |D|\,?$$

Wir sind also auf das frühere Problem zurückgeführt und wissen, daß es genau $|D|$ solcher Zahlenpaare M, N gibt. Es entfallen also auf jedes für den Modul (Π, θ) konstruierte Kongruenzenparallelogramm genau $|D|$ Gitterpunkte des für den Modul (Π, θ) oder einen äquivalenten Modul konstruierten Gitters.

In dem oben gewählten und auf Fig. 10 zur Anschauung gebrachten Beispiel ist

$$\Pi_1 = 3\Pi + 2\theta\,, \quad \theta_1 = 4\Pi + \theta\,,$$

also

$$D = 3 \cdot 1 - 2 \cdot 4 = -5\,; \quad |D| = 5\,;$$

und in der Tat sieht man, daß von den Gitterpunkten des engmaschigen Gitters je vier in das Innere eines Parallelogramms des weitmaschigen Gitters hineinfallen, denen dann noch einer der Eckpunkte zuzuzählen ist, so daß die Zahl 5 durch die geometrische Konstruktion bestätigt wird. —

Aus Gleichung (42) der Nr. 75 entnehmen wir noch die Tatsache:

Der Flächeninhalt des mit dem abgeleiteten Modul (Π_1, θ_1) konstruierten geradlinigen Kongruenzenparallelogramms ist gleich dem $|D|$-fachen Inhalt des mit dem Modul (Π, θ) konstruierten geradlinigen Kongruenzenparallelogramms, wenn D die Determinante der Substitution bezeichnet, welche von (Π, θ) zu (Π_1, θ_1) überführt. Geradlinige Kongruenzenparallelogramme äquivalenter Moduln haben gleichen Flächeninhalt.

Achtes Kapitel.

Elliptische Funktionen. Eigenschaften, aus dem Begriffe entwickelt.

Erste Folgerungen aus dem Begriffe der doppelten Periodizität. — Elementarperioden. — Periodenparallelogramm. — Elliptische Funktionen.

77. Wenn eine Funktion $f(u)$ n Perioden $\Pi_1, \Pi_2, \ldots, \Pi_n$ besitzt, so erfüllt sie identisch, d. h. für jedes u, die Funktionalgleichung

$$f(u + m_1 \Pi_1 + m_2 \Pi_2 + \ldots + m_n \Pi_n) = f(u)\,, \tag{1}$$

worin $m_1, m_2, \ldots, m_n$ irgendwelche ganze Zahlen bedeuten.

Wir wollen n Perioden einer Funktion als „unabhängige Perioden" bezeichnen, wenn zwischen ihnen keine lineare homogene Relation mit ganzzahligen Koeffizienten, also keine Relation der Form

$$M_1 \Pi_1 + M_2 \Pi_2 + \ldots + M_n \Pi_n = 0 \tag{2}$$

besteht.

Aus dem in Nr. 74 bewiesenen Satze schließt man: *Wenn eine Funktion mehr als zwei unabhängige Perioden besitzt, so besitzt sie eine unendlich kleine Periode, d. h. sie nimmt für zwei beliebig nahe beieinander liegende Werte der Variablen denselben Wert an;* oder noch genauer: *In einer beliebig kleinen Umgebung jedes Punktes der Ebene, in welcher wir die Variable repräsentieren, finden sich andere Punkte, für welche die Funktion denselben Wert annimmt.*

Denn sind Π_1, Π_2, Π_3 drei unabhängige Perioden der Funktion $f(u)$ und bedeutet ε eine beliebig kleine vorgelegte positive Größe, so gibt es, gemäß jenem Satze, stets drei ganze Zahlen m_1, m_2, m_3, so daß

$$|m_1 \Pi_1 + m_2 \Pi_2 + m_3 \Pi_3| < \varepsilon\,, \tag{3}$$

und es besteht die Funktionalgleichung

$$f(u + m_1 \Pi_1 + m_2 \Pi_2 + m_3 \Pi_3) = f(u)\,. \tag{4}$$

Da die Punkte, in welchen eine in irgend einem endlichen Bereiche meromorphe Funktion die gleichen Werte annimmt, in endlicher Entfernung voneinander liegen müssen, d. h. da eine bestimmte untere Grenze für die Größe jener Entfernungen existiert, so haben wir das wichtige Ergebnis:

Eine meromorphe Funktion kann nicht mehr als zwei unabhängige Perioden besitzen.

Wir nennen eine Funktion doppelt periodisch, wenn sie zwei Perioden besitzt, deren Quotient eine komplexe Größe mit nicht verschwindendem imaginären Bestandteil ist.

Eine doppelt periodische Funktion, welche überall im Endlichen meromorph ist, soll eine elliptische Funktion genannt werden.

Zwei Perioden Π, θ, aus welchen sich sämtliche Perioden einer doppelt periodischen Funktion linear und homogen mit ganzzahligen Koeffizienten zusammensetzen lassen, heißen Elementarperioden der Funktion.

Eine elliptische Funktion besitzt stets mindestens ein Paar Elementarperioden.

Denn da nach dem oben Gesagten zwischen je drei Perioden eine lineare homogene Relation mit ganzzahligen Koeffizienten bestehen muß, so läßt sich nach dem in Nr. 74 angegebenen Verfahren jede beliebige Anzahl von Perioden auf zwei Perioden zurückführen, d. h. linear und homogen mit ganzzahligen Koeffizienten durch zwei Größen ausdrücken, welche selbst Perioden der Funktion sein müssen.

Ein Periodenpaar Π_1, θ_1 heiße „aus dem Periodenpaar Π, θ abgeleitet", wenn, im Sinne der Nr. 75, der Modul (Π_1, θ_1) aus dem Modul (Π, θ) abgeleitet ist.

Zwei Periodenpaare heißen äquivalent, wenn die entsprechenden Moduln es sind. Jede aus einem Periodenpaare abgeleitete Periode kann auch aus jedem äquivalenten Periodenpaare abgeleitet (d. h. linear und homogen mit ganzzahligen Koeffizienten zusammengesetzt) werden.

Es gibt so viele äquivalente Periodenpaare, als es lineare Substitutionen gibt (Nr. 75); aus dem Folgenden wird sich ergeben, daß diese Anzahl unendlich groß ist.

Zwei Paare von Elementarperioden sind stets äquivalent, und jedes mit einem Paar von Elementarperioden äquivalente Periodenpaar ist selbst ein Paar von Elementarperioden. Alle Elementarperiodenpaare haben numerisch dasselbe Moment; nur sein Vorzeichen wechselt [s. Gleichung (42) in Nr. 75].

Das Moment zweier beliebiger Perioden ist dem absoluten Betrage nach mindestens gleich dem Moment eines Elementarperiodenpaares.

Jede beliebige Periode, welche nicht ein ganzzahliges Vielfaches einer Periode ist, kann, in Verbindung mit einer unendlichen Anzahl von anderen Perioden, als Elementarperiode figurieren.

Denn wenn etwa H eine solche Periode ist, die sich durch zwei Elementarperioden Π, θ in der Form ausdrückt

$$\mathsf{H} = m\Pi + n\theta ,$$

worin die ganzen Zahlen m und n relativ prim sein müssen, so gibt es bekanntlich stets unendlich viele Paare ganzer Zahlen m_1, n_1 von der Beschaffenheit, daß

$$m n_1 - m_1 n = \pm 1 ;$$

mit jedem solchen Zahlenpaare können wir in der Form

$$\mathsf{H}_1 = m_1 \Pi + n_1 \theta$$

eine Periode konstruieren, welche, mit H zusammen, ein Paar von Elementarperioden liefert.

Was wir oben (Nr. 73) ein Kongruenzenparallelogramm für den Modul (Π, θ) nannten, bezeichnen wir, mit Beziehung auf eine doppelt periodische Funktion mit den Perioden Π, θ, als das mit diesen Perioden konstruierte Periodenparallelogramm. Sind Π, θ Elementarperioden, so soll es Elementarperiodenparallelogramm heißen. Alle geradlinigen Elementarperiodenparallelogramme haben denselben Flächeninhalt; er ist kleiner als der Flächeninhalt jedes anderen geradlinigen Periodenparallelogramms. Dieser Satz gilt allgemein; wir dürfen ihn hier aber nur für geradlinige Parallelogramme als bewiesen ansehen.

Aus den Gleichungen (3) und (4) der Nr. 72, in Verbindung mit der Definition der doppelten Periodizität, folgt unmittelbar:

Jede doppelt periodische Funktion nimmt alle Werte, welche sie überhaupt annehmen kann, innerhalb jedes mit zweien ihrer Perioden konstruierten Periodenparallelogramms an (wobei wir, einer früher gemachten Festsetzung gemäß, zwei von den begrenzenden Linien und einen der Eckpunkte zu dem Periodenparallelogramm rechnen).

Da eine elliptische Funktion stets Elementarperioden besitzen muß, können wir sagen:

Eine elliptische Funktion nimmt alle Werte, welche sie überhaupt annehmen kann, innerhalb jedes Elementarperiodenparallelogramms an.

Und, indem wir berücksichtigen, daß eine unbeschränkt meromorphe Funktion jeden Wert mindestens einmal annehmen muß, können wir die zuletzt ausgesprochene Behauptung präzisieren zu dem Satz:

Eine elliptische Funktion nimmt jeden beliebigen Wert innerhalb jedes Elementarperiodenparallelogramms mindestens einmal an. Im besonderen also muß eine elliptische Funktion mindestens einmal in jedem Elementarperiodenparallelogramm unendlich werden; es gibt daher keine elliptischen Funktionen, welche überall im Endlichen den Charakter einer ganzen Funktion haben.

Geometrisch interpretiert: Wenn $f(u)$ eine elliptische Funktion ist, so wird durch die Beziehung $z = f(u)$ jedem Punkt der z-Ebene in jedem Elementarparallelogramm der u-Ebene mindestens ein Bildpunkt zugeordnet.

Für unendlich große Werte der Variablen nimmt eine elliptische Funktion jeden beliebigen Wert an; sie kann also in dem unendlich fernen Punkte weder eine reguläre Stelle, noch einen Pol besitzen; vielmehr muß sie in jenem Punkte eine wesentliche Singularität haben.

Dieses Resultat ergibt sich auch auf folgende einfache Weise. Eine Funktion, welche überall im Endlichen und im Unendlichen meromorph ist, muß eine rationale Funktion sein. Nun weiß man aber, daß eine solche, sofern sie nicht in eine Konstante ausartet, nicht in einer unendlich großen Anzahl von Punkten denselben Wert annehmen, also auch gewiß nicht periodisch sein kann.

Wir haben im vorhergehenden eine Reihe von Eigenschaften bezeichnet, welche dem Begriff der elliptischen Funktion widersprechen. Wenn wir also im Verlauf unserer

Untersuchungen von einer Größe nachweisen können, daß sie eine elliptische Funktion einer variablen Größe sein und zugleich eine jener Eigenschaften besitzen muß, so dürfen wir jene Größe als Konstante ansehen; denn nur unter dieser Annahme fällt der Widerspruch fort.

Differentialquotienten und Integrale von doppelt periodischen Funktionen.

78. Aus den Sätzen der Nr. 31 schließen wir:

Ist $f(u)$ eine doppelt periodische Funktion, so sind auch ihre sämtlichen Ableitungen $f'(u)$, $f''(u)$, ... doppelt periodische Funktionen.

Das Integral einer doppelt periodischen Funktion $f(u)$ ist im allgemeinen eine unendlich vieldeutige Funktion mit zwei Periodizitätsmoduln. Im besonderen Falle kann ein solches Integral jedoch auch selbst wieder eine doppelt periodische Funktion sein.

Beispiele hierfür haben wir bereits kennen gelernt: Die Funktion $p(u)$ ist das Integral der doppelt periodischen Funktion $\Xi_3(u)$ und selbst doppelt periodisch; durch Integration von $p(u)$ aber gelangen wir zu der Funktion $\zeta(u)$, welche nicht doppelt periodisch ist, sondern zwei Periodizitätsmoduln besitzt. Aus welchen Bestandteilen sich das Integral einer beliebigen elliptischen Funktion zusammensetzt, wird uns Nr. 84 zeigen, deren Resultat der Leser gleich hier zur Vergleichung herbeiziehen möge.

Den ersten der oben ausgesprochenen Sätze können wir durch folgende Aussage ergänzen:

Zwei Perioden Π, θ, welche für die Funktion $f(u)$ ein Paar Elementarperioden sind, haben diese Eigenschaft auch als Perioden der sämtlichen Ableitungen $f'(u)$, $f''(u)$, ...

Wären nämlich Π, θ nicht Elementarperioden von $f'(u)$, so müßten sie doch Perioden dieser Funktion und als solche aus einem Paar ihrer Elementarperioden Π_0, θ_0 zusammengesetzt sein in der Form:

$$\Pi = m\,\Pi_0 + n\,\theta_0\,, \qquad \theta = p\,\Pi_0 + q\,\theta_0$$
$$mq - np > 1\,.$$

Π_0, θ_0 können nicht Perioden von $f(u)$ sein, da sonst Π, θ nicht Elementarperioden dieser Funktion wären; es bleibt also nur die Möglichkeit

$$f(u + \Pi_0) = f(u) + C\,,$$
$$f(u + \theta_0) = f(u) + D\,;$$

hieraus aber würde unmittelbar folgen:

$$f(u + \Pi) = f(u) + m\,C + n\,D\,,$$
$$f(u + \theta) = f(u) + p\,C + q\,D\,,$$

und also, da Π und θ Perioden von $f(u)$ sind:

$$m\,C + n\,D = 0\,,$$
$$p\,C + q\,D = 0\,;$$

diese zwei Gleichungen können nur durch die Wahl

$$C = 0\,, \qquad D = 0$$

befriedigt werden; danach aber wären auch Π_0, θ_0 Perioden von $f(u)$, was unserer Annahme widersprechen würde.

Summe der Residuen, Anzahl der Pole und Nullpunkte im Periodenparallelogramm. — Satz von Liouville.

79. *Ist $f(u)$ eine elliptische Funktion, so verschwindet das Integral*

(5) $$\int f(u)\,du\,,$$

wenn es über die Begrenzung eines mit zwei beliebigen Perioden Π, θ konstruierten Periodenparallelogramms erstreckt wird, unter der Bedingung, daß auf dieser Begrenzungslinie keine Pole der Funktion $f(u)$ liegen dürfen.

Enthält eine solche Begrenzungslinie weder Pole noch Nullpunkte der Funktion $f(u)$, so verschwindet auch das über jene Linie genommene Integral

(6) $$\int \frac{f'(u)}{f(u)}\,du = \int d\log f(u)\,,$$

während, unter denselben Annahmen, das Integral

(7) $$\frac{1}{2\pi i}\int u\,\frac{f'(u)}{f(u)}\,du = \frac{1}{2\pi i}\int u\,d\log f(u)$$

einen Wert annimmt, welcher linear und homogen mit ganzzahligen Koeffizienten aus den Perioden Π und θ zusammengesetzt ist.

Das Integral (5) läßt sich in vier Teile zerspalten:

$$(8)\qquad \int f(u)\,du = \int_{z}^{z+\Pi} f(u)\,du + \int_{z+\Pi}^{z+\Pi+\theta} f(u)\,du + \int_{z+\Pi+\theta}^{z+\theta} f(u)\,du + \int_{z+\theta}^{z} f(u)\,du\,;$$

wird in dem zweiten dieser Integrale die Substitution $u = v + \Pi$, in dem dritten die Substitution $u = w + \theta$ gemacht, so geht (8) übes in:

$$(9)\qquad \int f(u)\,du = \int_{z}^{z+\Pi} f(u)\,du + \int_{z}^{z+\theta} f(v)\,dv + \int_{z+\Pi}^{z} f(w)\,dw + \int_{z+\theta}^{z} f(u)\,du\,;$$

das erste Integral ist über denselben Integrationsweg zu erstrecken wie das dritte, nur in umgekehrter Richtung; sie ergeben also entgegengesetzt gleiche Werte; dasselbe gilt von dem zweiten und vierten Integral; die Gesamtsumme muß also verschwinden. Wie man sieht, ist die geometrische Gestalt der Begrenzungslinien des Parallelogramms für das Bestehen des Resultates unwesentlich.

Mit $f(u)$ zugleich ist die Ableitung $f'(u)$ und folglich auch der Quotient $\frac{f'(u)}{f(u)}$ eine elliptische Funktion (vgl. Nr. 78). Ihre Pole sind die Pole und Nullstellen der Funktion $f(u)$. Hieraus folgt, auf Grund des Vorhergehenden, unmittelbar die Richtigkeit der über das Integral (6) gemachten Aussage.

Das Integral (7) können wir in derselben Weise zerlegen wie oben das Integral (5); in dem zweiten und dritten der Integrale, welche dadurch entstehen, machen wir dann dieselben Substitutionen, die uns zur Umformung des Ausdruckes (8) gedient haben; wir erhalten so für das Integral (7):

$$(10)\qquad \left\{\begin{aligned} \int u\,d\log f(u) &= \int_{z}^{z+\Pi} u\,d\log f(u) + \int_{z}^{z+\theta} v\,d\log f(v) + \int_{z+\Pi}^{z} w\,d\log f(w) \\ &\quad + \int_{z+\theta}^{z} u\,d\log f(u) + \Pi\cdot\int_{z}^{z+\theta} d\log f(v) + \theta\int_{z+\Pi}^{z} d\log f(w)\,; \end{aligned}\right.$$

die ersten vier Bestandteile dieses Ausdrucks zerstören sich gegenseitig in derselben Weise wie die vier Integrale auf der rechten Seite der Gleichung (9); die beiden letzten ergeben:

$$\Pi \cdot \log\left[\frac{f(z+\theta)}{f(z)}\right] + \theta \cdot \log\left[\frac{f(z)}{f(z+\Pi)}\right];$$

infolge der Periodizität von $f(z)$ ist das Argument der beiden Logarithmen gleich 1, ihr Wert also gleich einem ganzzahligen Vielfachen von $2\pi i$; es ist daher

$$(11) \qquad \int u\, d\log f(u) = 2\pi i (M\Pi + N\theta);$$

die ganzen Zahlen M und N variieren mit der geometrischen Gestalt des Integrationsweges, d. h. der Begrenzung, welche wir dem Periodenparallelogramm geben.

Erinnern wir uns an die Bedeutung der Integrale (5), (6) und (7). Das erste von ihnen ist gleich der mit $2\pi i$ multiplizierten Summe aller Residuen von $f(u)$, welche zu den Polen des Flächenstückes gehören, das der geschlossene Integrationsweg in positivem Sinne umzieht. Das zweite ist gleich der mit $2\pi i$ multiplizierten Summe der Ordnungszahlen aller Pole, vermindert um die mit $2\pi i$ multiplizierte Summe der Ordnungszahlen aller Nullpunkte des Flächenstücks. Das Integral (7) endlich ist gleich der Summe der mit ihren Ordnungszahlen multiplizierten Werte der Variablen, für welche die Funktion $f(u)$ innerhalb jenes Flächenstücks unendlich wird, vermindert um die mit ihren Ordnungszahlen multiplizierten Werte, für welche die Funktion $f(u)$ darin verschwindet.

In unserem Falle würde, je nach dem Sinne der Umkreisung, das Innere oder das Äußere eines Periodenparallelogramms die Rolle jenes Flächenstückes spielen. Ehe wir aber die hieraus sich ergebenden Sätze aussprechen, wollen wir uns von der Beschränkung frei machen, daß auf der Begrenzungslinie keine Pole und [wenigstens für die Integrale (6) und (7)] auch keine Nullstellen der Funktion $f(u)$ liegen dürfen. Es sei ein Periodenparallelogramm AB, CD vorgelegt, und es seien AB und AD die beiden Seiten, welche wir (mit Ausschluß der Punkte B und D) nach früheren Festsetzungen zu dem Parallelogramm selbst rechnen; auf diesen beiden Seiten mögen Nullpunkte und Pole der Funktion $f(u)$ liegen; wir können dann, wie es in Figur 11 angedeutet ist, stets ein zweites Periodenparallelogramm $A'B'C'D'$ konstruieren von folgenden Eigenschaften:

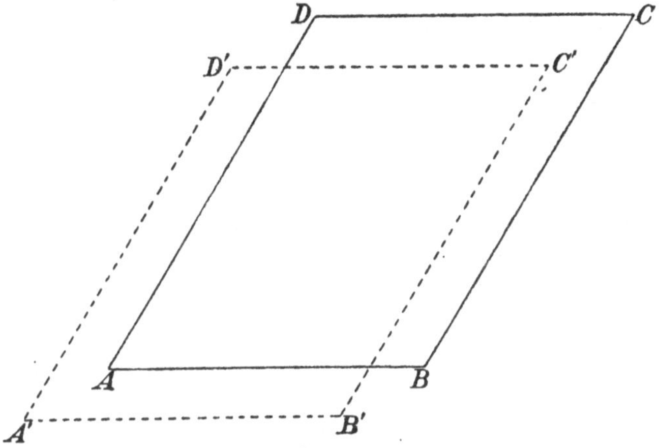

Fig. 11.

1. Alle auf den Seiten AB und AD des ersten Periodenparallelogramms liegenden Nullpunkte und Pole (mit Ausnahme der Punkte B und D, sofern $f(u)$ in einem von diesen Null oder unendlich wird) liegen im Innern des zweiten Periodenparallelogramms;

2. auf der Begrenzung dieses zweiten Periodenparallelogramms liegen weder Nullpunkte noch Pole;

3. alle im Innern des ersten Parallelogramms gelegenen Nullpunkte und Pole liegen auch im Innern des zweiten, und dieses zweite Parallelogramm umschließt keine anderen Nullpunkte und Pole als die, welche auf den beiden Grenzlinien AB und AD und im Innern des ersten Parallelogramms gelegen waren.

Die Möglichkeit dieser Konstruktion stützt sich auf die Tatsache, daß zwei Nullpunkte, zwei Pole, sowie ein Pol und eine Nullstelle einer meromorphen Funktion stets in endlicher Entfernung voneinander liegen.

Wählen wir nun die Begrenzung des Periodenparallelogramms $A'B'C'D'$ als Integrationsweg, so liegen auf diesem selbst weder Pole noch Nullpunkte; in dem von ihm umschlossenen Parallelogramm aber liegen sämtliche Pole und Nullpunkte, welche dem Periodenparallelogramm $ABCD$ auf Grund früherer Festsetzungen zuzurechnen sind, und keine anderen Nullpunkte und Pole als jene.

Nachdem wir diese Überlegung angestellt haben, dürfen wir in voller Allgemeinheit folgende Sätze aussprechen.

Für eine elliptische Funktion ist die Summe der Residuen aller auf ein beliebiges Periodenparallelogramm entfallenden Pole gleich Null.

Für eine elliptische Funktion ist die Summe der Ordnungszahlen aller auf ein beliebiges Periodenparallelogramm entfallenden Pole gleich der Summe der Ordnungszahlen aller auf dasselbe Parallelogramm entfallenden Nullpunkte.

Die Summe der mit ihren Ordnungszahlen multiplizierten Werte, für welche eine elliptische Funktion in einem beliebigen Periodenparallelogramm unendlich wird, unterscheidet sich von der Summe der mit ihren Ordnungszahlen multiplizierten Werte, für welche die Funktion in demselben Periodenparallelogramm verschwindet, um eine Größe, welche linear und homogen mit ganzzahligen Koeffizienten aus den beiden Perioden zusammengesetzt ist. (Liouvillescher Satz.)

Wenn wir einen m-fachen Pol oder Nullpunkt als m zusammenfallende einfache Pole oder Nullpunkte ansehen, so können wir den zweiten und dritten dieser Sätze etwas einfacher formulieren, indem wir sagen:

Eine elliptische Funktion wird in einem beliebigen Periodenparallelogramm ebensooft Null als unendlich.

Die Summe der Werte, für welche eine elliptische Funktion in einem beliebigen Periodenparallelogramm verschwindet, ist der Summe der Werte, für welche die Funktion in demselben Periodenparallelogramm unendlich wird, kongruent nach dem aus den beiden Perioden gebildeten Modul.

Aus dem ersten jener Sätze schließen wir unmittelbar:

Eine elliptische Funktion muß in jedem Periodenparallelogramm mindestens zweimal unendlich werden; es gibt keine elliptische Funktion, welche in einem Periodenparallelogramm nur einen einzigen Pol hätte.

Dem zweiten Satz können wir durch die folgende Überlegung eine sehr erweiterte Bedeutung geben: Wenn mit c irgend eine beliebige endliche Größe bezeichnet wird, so ist $f(u) - c = f_1(u)$ eine elliptische Funktion, welche dieselben Perioden und Pole besitzt, wie die Funktion $f(u)$; ihre Nullstellen sind die Punkte, in welchen $f(u)$ den Wert c annimmt. Daraus folgt:

Eine elliptische Funktion nimmt in einem willkürlich konstruierten Periodenparallelogramm jeden beliebigen Wert ebensooft an wie den Wert ∞.

In gleicher Weise läßt sich der Liouvillesche Satz erweitern:

Die Summe der Werte der Variablen, für welche eine elliptische Funktion in einem willkürlich konstruierten Periodenparallelogramm einen bestimmten Wert annimmt, ist kongruent der Summe der Werte der Variablen, für welche die Funktion irgend einen anderen Wert, zum Beispiel den Wert ∞, *annimmt.*

Diesen letzteren Satz wollen wir hier noch durch eine Anmerkung ergänzen:

Seien $\alpha_1, \alpha_2, \ldots, \alpha_\mu$ die in dem betrachteten Periodenparallelogramm gelegenen Pole mit den Ordnungszahlen $m_1, m_2, \ldots, m_\mu$ und $\beta_1, \beta_2, \ldots, \beta_\nu$ die in demselben Parallelogramm gelegenen Nullstellen mit den Ordnungszahlen $n_1, n_2, \ldots, n_\nu$ und es sei gemäß dem Liouvilleschen Satze:

$$(12) \quad \begin{cases} m_1\alpha_1 + m_2\alpha_2 + \cdots + m_\mu\alpha_\mu \\ -(n_1\beta_1 + n_2\beta_2 + \cdots + n_\nu\beta_\nu) = p\Pi + q\theta\,. \end{cases}$$

Der m_1-fache Pol im Punkte α_1 läßt sich auffassen als eine Übereinanderlagerung von m_1 einfachen Polen; wenn wir statt eines dieser einfachen Pole einen der m_1 einfachen Pole einführen, welche in dem zu α_1 kongruenten Punkte $\alpha_0 = \alpha_1 + p\Pi + q\theta$ übereinandergelagert sein müssen, so haben wir das System der Pole und Nullpunkte:

$$(13) \quad \alpha_0, \alpha_1, \alpha_2, \ldots, \alpha_\mu; \quad \beta_1, \beta_2, \ldots, \beta_\nu$$

mit den zugehörigen Ordnungszahlen

$$(14) \quad \begin{cases} \overline{m}_0 = 1\,, \ \overline{m}_1 = m_1 - 1\,, \ \overline{m}_2 = m_2\,, \ \ldots, \ \overline{m}_\mu = m_\mu\,; \\ n_1, n_2, \ldots, n_\nu\,, \end{cases}$$

für welche nun die Beziehung besteht:

$$(15)\quad \begin{cases} \bar{m}_0 \alpha_0 + \bar{m}_1 \alpha_1 + \bar{m}_2 \alpha_2 + \ldots + \bar{m}_\mu \alpha_\mu \\ \quad - (n_1 \beta_1 + n_2 \beta_2 + \ldots + n_\nu \beta_\nu) = 0 \,. \end{cases}$$

An die Stelle der von dem Liouvilleschen Satze geforderten Kongruenz ist eine Gleichung getreten; die Pole und Nullpunkte (13) liegen aber nicht mehr in demselben Periodenparallelogramm; das Verfahren, durch welches wir zu dem System (13) gelangt sind, läßt sich vielfältig variieren; das Vorhergehende zusammenfassend, können wir den Liouvilleschen Satz auch so aussprechen:

Ist für eine elliptische Funktion ein System von Polen und Nullpunkten vorgelegt, von denen keine zwei einander kongruent sind, während jeder Pol oder Nullpunkt, den die Funktion überhaupt besitzen kann, einem Punkte dieser Reihe kongruent sein muß, so ist die Summe der mit ihren Ordnungszahlen multiplizierten Pole des Systems kongruent der Summe der mit ihren Ordnungszahlen multiplizierten Nullpunkte. Durch geeignete Wahl des Systems läßt sich stets bewirken, daß diese Kongruenz in eine Gleichung übergeht.

Ordnung einer elliptischen Funktion.

80. Die Anzahl m der auf ein Periodenparallelogramm entfallenden Punkte, für welche eine elliptische Funktion $f(u)$ einen vorgeschriebenen Wert c annimmt, ist nach dem vorletzten Satze unabhängig von der Wahl des Wertes c; wir wollen nun untersuchen, in welcher Weise jene Anzahl abhängig ist von der Wahl der Perioden, mit welchen wir das Periodenparallelogramm konstruieren, von dem absoluten Orte des letzteren in der Ebene der Variablen und von der Form seiner Begrenzungslinien.

Zunächt erkennen wir, daß, bei festgehaltenen Eckpunkten, die Zahl m nicht mit der Gestalt der begrenzenden Kurvenbögen variiert; denn haben wir zwei Parallelogramme mit denselben Eckpunkten, so können wir zwei gegenüberliegende (also parallele) Stücke der Begrenzung des einen durch kontinuierliche Deformation in die entsprechenden, d. h. zwischen denselben Eckpunkten verlaufenden Begrenzungslinien des anderen überführen. Sind wir darauf bedacht, während der Dauer der ganzen

Deformation die Parallelität der beiden Kurvenbögen zu wahren, so wird in dem Augenblicke, in welchem einer der Kurvenbögen etwa einen Nullpunkt schneidet, der parallele Kurvenbogen durch den kongruenten Nullpunkt gehen; für jeden Nullpunkt, welcher während der Deformation aus dem variablen Parallelogramm auf der einen Seite austritt, wird auf der gegenüberliegenden Seite ein Nullpunkt eintreten und umgekehrt, die Gesamtzahl der Nullpunkte wird also unverändert bleiben.

Desgleichen wird bei einer Parallelverschiebung des ganzen Periodenparallelogramms (ohne Deformation der Seiten) für jeden austretenden Nullpunkt ein anderer eintreten und umgekehrt.

Die Gesamtzahl der Nullpunkte hängt also weder von der Gestalt der Begrenzungslinien, noch von der absoluten Lage des Periodenparallelogramms in der Ebene ab. Wir können uns infolgedessen, wenn wir nun die Abhängigkeit jener Anzahl von der Wahl der Perioden untersuchen, auf die Betrachtung eines geradlinig begrenzten Parallelogramms beschränken und dieses an einem willkürlich gewählten Orte konstruieren, also etwa die eine Ecke in den Anfangspunkt der Koordinaten hineinlegen. Das geradlinig begrenzte Parallelogramm mit den Eckpunkten

$$0\,,\ \Pi\,,\ \Pi+\theta\,,\ \theta$$

soll kurz als Grundparallelogramm für die Perioden Π, θ bezeichnet werden. Wie ändert sich die Anzahl der auf das Grundparallelogramm entfallenden Nullpunkte, wenn wir von einem Periodenpaar auf ein anderes übergehen?

Seien Π_1, θ_1 zwei unabhängige Perioden, welche aus dem Periodenpaare Π, θ abgeleitet sind; d. h. es sei

$$\Pi_1 = m\,\Pi + n\,\theta\,, \qquad \theta_1 = p\,\Pi + q\,\theta\,;$$

ein beliebiger Nullpunkt a bildet mit allen Nullpunkten, welche ihm nach dem Modul (Π, θ) kongruent sind, ein Gitter, und mit allen Punkten, welche ihm nach dem Modul (Π_1, θ_1) kongruent sind, ein zweites Gitter. In eine Masche des letzteren fallen nach Nr. 76 genau

$$|D| = |m\,q - n\,p|$$

Punkte des ersten Gitters. Parallelverschiebung eines mit Π, θ oder mit Π_1, θ_1 konstruierten beweglichen Periodenparallelogramms kann die Anzahl der auf seine Fläche entfallenden Punkte des mit Π, θ konstruierten festen Gitters nicht ändern (vgl. S. 185 oben); deshalb muß das Grundparallelogramm für die Perioden Π_1, θ_1 genau $|D|$ Punkte enthalten, welche dem Punkte a nach dem Modul (Π, θ) kongruent sind, während auf das Grundparallelogramm für die Perioden Π, θ ein einziger solcher Punkt entfällt. Derselbe Schluß gilt für sämtliche nach dem Modul (Π, θ) inkongruente Nullpunkte der Funktion. Das Grundparallelogramm für die Perioden Π_1, θ_1 enthält also $|D|$-mal so viel Nullpunkte als das Grundparallelogramm für die Perioden Π, θ.

Was für die Anzahl der Nullpunkte gilt, muß in gleicher Weise für die Anzahl der Punkte gelten, in welchen die elliptische Funktion einen willkürlichen Wert c annimmt. Auf die Resultate dieser Nummer gründen wir nun die Definition der Ordnung einer elliptischen Funktion und fassen mit Hilfe dieses neuen Begriffes das Vorhergehende in einem Satze zusammen:

Die von der Gestalt der Begrenzungslinien und der absoluten Lage des Periodenparallelogramms unabhängige Anzahl der zu ihm gehörigen Punkte, in welchen eine elliptische Funktion einen willkürlich vorgeschriebenen Wert annimmt, nennen wir die Ordnung der elliptischen Funktion mit Beziehung auf die Perioden, für welche das Periodenparallelogramm konstruiert ist.

Die Ordnung einer elliptischen Funktion mit Beziehung auf ein Periodenpaar Π_1, θ_1, welches aus einem anderen Periodenpaar Π, θ abgeleitet ist, ist gleich dem $|D|$-fachen der Ordnung jener Funktion mit Beziehung auf das Periodenpaar Π, θ, wenn $|D|$ den numerischen Wert der Determinante einer Substitution bezeichnet, welche das Periodenpaar Π, θ in das Periodenpaar Π_1, θ_1 überführt.

Im besonderen also können wir aussagen:

Die Ordnung einer elliptischen Funktion ist dieselbe mit Beziehung auf zwei beliebige äquivalente Periodenpaare, also z. B. in Beziehung auf zwei beliebige Elementarperiodenpaare.

Die Ordnung einer elliptischen Funktion mit Beziehung auf irgend ein Elementarperiodenpaar hat kleineren Wert als ihre Ordnung in Beziehung auf jedes Periodenpaar, welches nicht ein Paar von Elementarperioden darstellt. Jener Minimalwert, d. h. die Ordnung mit Beziehung auf ein Elementarperiodenpaar, soll die **absolute Ordnung** der elliptischen Funktion genannt werden.

Es gibt keine elliptischen Funktionen erster Ordnung.

Neuntes Kapitel.

Verschiedenartige analytische Darstellungen der elliptischen Funktionen. Eigenschaften, welche sich daraus ergeben.

Darstellung als Quotient zweier ganzer Funktionen mit Hilfe der σ-Funktion.

81. In Formel (81) der Nr. 69 haben wir einen analytischen Ausdruck gegeben, welcher nach der inzwischen eingeführten Definition als elliptische Funktion zu bezeichnen ist. Er bietet uns ein Mittel, die allgemeinste elliptische Funktion darzustellen.

Wenn nämlich mit $f(u)$ eine ganz beliebige elliptische Funktion bezeichnet wird, welche in dem mit den Perioden Π, θ konstruierten Periodenparallelogramm die Pole

$$\alpha_1, \alpha_2, \ldots, \alpha_\mu \text{ mit den Ordnungzahlen } m_1, m_2, \ldots, m_\mu \tag{1}$$

und die Nullpunkte

$$\beta_1, \beta_2, \ldots, \beta_\nu \text{ mit den Ordnungszahlen } n_1, n_2, \ldots, n_\nu \tag{2}$$

besitzt, so müssen ja nach den allgemeinen Sätzen des vorhergehenden Kapitels die Beziehungen bestehen:

$$m_1 + m_2 + \ldots + m_\mu = n_1 + n_2 + \ldots + n_\nu = m\,, \tag{3}$$

$$\left\{\begin{aligned} &m_1 \alpha_1 + m_2 \alpha_2 + \ldots + m_\mu \alpha_\mu \\ &- (n_1 \beta_1 + n_1 \beta_2 + \ldots + n_\nu \beta_\nu) = p\,\Pi + q\,\theta\,, \end{aligned}\right. \tag{4}$$

wo p irgendwelche positive oder negative ganze Zahlen bedeuten. Der Ausdruck

$$\left\{\begin{aligned} \varphi(u) &= e^{(p\cdot\eta_\Pi + q\cdot\eta_\theta)u} \\ &\cdot \frac{[\sigma(u-\beta_1)]^{n_1}\cdot[\sigma(u-\beta_2)]^{n_2}\cdot\ldots\cdot[\sigma(u-\beta_\nu)]^{n_\nu}}{[\sigma(u-\alpha_1)]^{m_1}\cdot[\sigma(u-\alpha_2)]^{m_2}\cdot\ldots\cdot[\sigma(u-\alpha_\mu)]^{m_\mu}} \end{aligned}\right. \tag{5}$$

stellt eine elliptische Funktion dar, welche dieselben Pole und Nullstellen besitzt wie $f(u)$ und keine anderen. Der Quotient $f(u) : \varphi(u)$ ist demnach eine elliptische Funktion, welche innerhalb des Periodenparallelogramms nirgends Null oder unendlich wird und daher eine Konstante sein muß:

$$f(u) = C \cdot \varphi(u)\,, \tag{6}$$

$$f(u) = C \cdot e^{(p \cdot \eta_{\Pi} + q \cdot \eta_{\theta})u} \frac{[\sigma(u-\beta_1)]^{n_1} \cdot \ldots \cdot [\sigma(u-\beta_\nu)]^{n_\nu}}{[\sigma(u-\alpha_1)]^{m_1} \cdot \ldots \cdot [\sigma(u-\alpha_\mu)]^{m_\mu}}\,. \tag{7}$$

Durch geeignete Wahl des Systems der Pole und Nullpunkte können wir bewirken (vgl. Nr. 79, Schluß), daß in der Formel (4) für p und q Null zu setzen ist; alsdann nimmt der Exponentialfaktor in (7), dessen Exponent verschwindet, den Wert 1 an. Der Umstand, daß die Pole $\alpha_1, \alpha_2, \ldots, \alpha_\mu$ und die Nullpunkte $\beta_1, \beta_2, \ldots, \beta_\nu$ unter diesen Verhältnissen im allgemeinen nicht mehr in demselben Periodenparallelogramm liegen, ändert an den übrigen Schlüssen der oben durchgeführten Betrachtung nichts, sofern wir es nur so einrichten, daß die Werte $\alpha_1, \ldots, \alpha_\mu$ und $\beta_1, \ldots, \beta_\nu$ ein vollständiges System inkongruenter Pole und Nullpunkte bilden. Statt (7) erhalten wir den einfachen Ausdruck:

$$f(u) = C \cdot \frac{[\sigma(u-\beta_1)]^{n_1} \cdot [\sigma(u-\beta_2)]^{n_2} \cdot \ldots \cdot [\sigma(u-\beta_\nu)]^{n_\nu}}{[\sigma(u-\alpha_1)]^{m_1} \cdot [\sigma(u-\alpha_2)]^{m_2} \cdot \ldots \cdot [\sigma(u-\alpha_\mu)]^{m_\mu}}\,, \tag{8}$$

d. h.: *Jede elliptische Funktion läßt sich, abgesehen von einem konstanten Faktor, als Quotient zweier ganzer transzendenter Funktionen darstellen, deren jede das Produkt einer Anzahl von σ-Funktionen verschiedener Argumente ist.*

Dieses Resultat bildet das Analogon zu dem Satze, daß eine rationale Funktion als Quotient zweier ganzer rationaler Funktionen geschrieben werden kann, deren jede in Linearfaktoren zerlegbar ist; einem Linearfaktor der Form $u - \alpha$ entspricht in der Theorie der elliptischen Funktionen eine σ-Funktion $\sigma(u-\alpha)$.

Die oben angezeigte Möglichkeit einer analytischen Darstellung gestattet folgenden Schluß:

Eine elliptische Funktion ist, bis auf einen konstanten Faktor, vollständig bestimmt, wenn ein Paar unabhängiger

Perioden und ein mit Beziehung auf diese Perioden vollständiges System von Polen und Nullpunkten (nebst ihren Ordnungszahlen) gegeben ist.

Anwendungen: Eine fundamentale Formel. — Additionstheoreme der Funktionen $\zeta(u)$, $p(u)$, $p'(u)$.

82. Von dem Vorhergehenden soll hier eine besonders wichtige Anwendung gemacht werden.

Es bezeichne der Buchstabe a einen fest gegebenen Wert, welcher der Zahl Null nicht kongruent sein darf. Dann ist die Differenz

$$p(u) - p(a), \tag{9}$$

als Funktion von u betrachtet, eine elliptische Funktion mit den Perioden Π, θ, für welche man die Funktion $p(u)$ gebildet hat. In den Punkten

$$u \equiv 0 (\mathrm{mod}\, \Pi,\, \theta) \tag{10}$$

wird die Differenz (9) von zweiter Ordnung unendlich; sie besitzt keine anderen Pole als diese, ist also mit Beziehung auf die Perioden Π, θ von der zweiten Ordnung und hat in jedem Periodenparallelogramm zwei einfache Nullstellen oder eine doppelte Nullstelle. Der erste dieser beiden möglichen Fälle tritt ein, wenn wir die Werte a ausschließen, für welche die Kongruenz

$$2a \equiv 0 \quad (\mathrm{mod}\, \Pi,\, \theta) \tag{11}$$

besteht. Da nämlich $p(u)$ eine gerade Funktion ist, so sind alsdann

$$u \equiv a \quad (\mathrm{mod}\, \Pi,\, \theta), \tag{12}$$

$$u \equiv -a \quad (\mathrm{mod}\, \Pi,\, \theta) \tag{13}$$

zwei inkongruente Nullstellen der Differenz (9). Wir wenden die Formel (7) der vorhergehenden Nummer an, indem wir setzen:

$$\left\{ \begin{aligned} &\mu = 1, \quad m_1 = 2, \quad \alpha_1 = 0; \qquad \nu = 2, \quad n_1 = n_2 = 1, \\ &\qquad\qquad\qquad\qquad \beta_1 = a, \quad \beta_2 = -a. \end{aligned} \right. \tag{14}$$

Es ist

$$m_1 \alpha_1 - (n_1 \beta_1 + n_2 \beta_2) = a - a = 0, \tag{15}$$

folglich erhalten wir bei diesen Annahmen sogleich einen Ausdruck der Form (8), und zwar:

$$(16) \qquad p(u) - p(a) = C \cdot \frac{\sigma(u+a) \cdot \sigma(u-a)}{[\sigma(u)]^2}.$$

Um die Konstante C zu bestimmen, multiplizieren wir beide Seiten dieser Gleichung mit u^2 und setzen hierauf $u = 0$.

$$(17) \qquad [u^2 \cdot p(u)]_{u=0} = 1 \qquad \text{[vgl. Nr. 51, (96)]},$$

$$(18) \qquad \left[\frac{\sigma(u)}{u}\right]_{u=0} = 1 \qquad \text{[vgl. Nr. 64, (34)]}.$$

Folglich erhalten wir

$$(19) \qquad \sigma(a) \cdot \sigma(-a) \cdot C = 1.$$

Die Funktion $\sigma(u)$ ist eine ungerade Funktion und verschwindet nur für die zu Null kongruenten Werte des Argumentes; es ergibt sich daher, weil a nicht zu diesen Werten gehört:

$$(20) \qquad p(u) - p(a) = -\frac{\sigma(u+a) \cdot \sigma(u-a)}{[\sigma(u)]^2 \cdot [\sigma(a)]^2}.$$

Ist nun a einer halben Periode kongruent, was wir oben durch Ausschließung von (11) verneint haben, so ist $u = a$ eine doppelte Nullstelle der Differenz $p(u) - p(a)$; denn ihre Ableitung nach u, welche bis auf einen konstanten Faktor mit der Funktion $\Xi_3(u)$ übereinstimmt, hat immer noch die Nullstelle $u = a$, da [nach Nr. 54 (129)],

$$(21) \qquad \Xi_3\left(\frac{\Pi}{2}\right) = 0, \qquad \Xi_3\left(\frac{\theta}{2}\right) = 0.$$

Um die Formel (8) anzuwenden, können wir also wieder setzen:

$$(14) \quad \begin{cases} \mu = 1, \quad m_1 = 2, \quad \alpha_1 = 0; \quad \nu = 2, \quad n_1 = n_2 = 1, \\ \qquad\qquad \beta_1 = a, \quad \beta_2 = -a, \end{cases}$$

indem wir den doppelten, auf $u = a$ fallenden Nullpunkt in zwei einfache Nullpunkte zerlegen und den einen von diesen durch den zu ihm kongruenten Nullpunkt $u = -a$ ersetzen. Die Formel (20) bleibt also auch für diesen

Fall bestehen, und wir sind von der oben gemachten Einschränkung wieder frei.

Bei der Herleitung der Identität (20) haben wir die Größe u als variabel, die Größe a als fest betrachtet. Es ist klar, daß diese Auffassung durchaus willkürlich ist, und daß beide Größen in dem Resultate dieselbe Rolle spielen.

Nehmen wir auf beiden Seiten von (20) die Logarithmen und differentiieren sie nach u, so ergibt sich

$$(22)\qquad \frac{p'(u)}{p(u)-p(a)} = \zeta(u+a)+\zeta(u-a)-2\zeta(u);$$

ebenso, durch Differentiation der Logarithmen nach a:

$$(23)\qquad -\frac{p'(a)}{p(u)-p(a)} = \zeta(u+a)-\zeta(u-a)-2\zeta(a),$$

und durch Addition beider Formeln:

$$(24)\qquad \zeta(u+a)=\zeta(u)+\zeta(a)+\frac{1}{2}\,\frac{p'(u)-p'(a)}{p(u)-p(a)}.$$

Diese Beziehung nennen wir das Additionstheorem der Funktion $\zeta(u)$.

Indem wir noch einmal nach u und die so entstehende Identität hierauf nach a differentiieren, erhalten wir das Additionstheorem der Funktion $p(u)$ in der Form:

$$(25)\qquad p(u+a)=p(u)-\frac{1}{2}\,\frac{\partial}{\partial u}\left[\frac{p'(u)-p'(a)}{p(u)-p(a)}\right]$$

und das Additionstheorem der Funktion $p'(u)$ in der Form:

$$(26)\qquad p'(u+a)=-\frac{1}{2}\,\frac{\partial^2}{\partial u\,\partial a}\left[\frac{p'(u)-p'(a)}{p(u)-p(a)}\right].$$

Darstellung als Summe von Ξ-Funktionen. Analogon der Partialbruchzerlegung.

83. Es sei $f(u)$ eine elliptische Funktion, welche die unabhängigen Perioden Π, θ besitzt und mit Beziehung auf dieses Periodenpaar von der Ordnung m ist. Sie hat also in dem mit Π und θ konstruierten Periodenparallelo-

gramm m einfache Pole, von denen jeweils mehrere in einen einzigen Punkt zusammenfallen können. Sind

$$\alpha_1, \alpha_2, \ldots, \alpha_\mu \tag{27}$$

die verschiedenen Pole des Periodenparallelogramms und

$$m_1, m_2, \ldots, m_\mu \tag{28}$$

ihre Ordnungszahlen, so muß

$$m_1 + m_2 + \ldots + m_\mu = m \tag{29}$$

sein. Die nach Potenzen von

$$u - \alpha_1, u - \alpha_2, \ldots, u - \alpha_\mu \tag{30}$$

fortschreitenden Entwickelungen der Funktion $f(u)$ in der Umgebung der Pole mögen so aussehen:

$$\left\{\begin{aligned} A_{k,m_k}\cdot(u-\alpha_k)^{-m_k} + A_{k,m_k-1}\cdot(u-\alpha_k)^{-m_k+1} + \ldots \\ + A_{k,1}\cdot(u-\alpha_k)^{-1} + \mathfrak{P}_k(u-\alpha_k)\,, \end{aligned}\right. \tag{31}$$
$$(k = 1, 2, \ldots, \mu)$$

wo die $\mathfrak{P}_k(u-\alpha_k)$ reguläre Potenzreihen bezeichnen. Dann verlangt unser allgemeiner Satz über die Residuen einer elliptischen Funktion (Nr. 79), daß

$$A_{11} + A_{21} + \ldots + A_{\mu 1} = 0\,. \tag{32}$$

Ist diese Bedingung erfüllt, so stellt der Ausdruck

$$\left\{\begin{aligned} \varphi(u) = {} & A_{1,m_1}\cdot \Xi_{m_1}(u-\alpha_1, \Pi, \theta) + A_{1,m_1-1}\cdot \Xi_{m_1-1}(u-\alpha_1, \Pi, \theta) + \ldots \\ & + A_{1,1}\cdot \Xi_1(u-\alpha_1, \Pi, \theta) \\ & + A_{2,m_2}\cdot \Xi_{m_2}(u-\alpha_2, \Pi, \theta) + A_{2,m_2-1}\cdot \Xi_{m_2-1}(u-\alpha_2, \Pi, \theta) + \ldots \\ & + A_{2,1}\cdot \Xi_1(u-\alpha_2, \Pi, \theta) \\ & + \ldots\ldots\ldots + \ldots\ldots\ldots \\ & + A_{\mu,m_\mu}\cdot \Xi_{m_\mu}(u-\alpha_\mu, \Pi, \theta) + A_{\mu,m_\mu-1}\cdot \Xi_{m_\mu-1}(u-\alpha_\mu, \Pi, \theta) + \ldots \\ & + A_{\mu,1}\cdot \Xi_1(u-\alpha_\mu, \Pi, \theta) \end{aligned}\right. \tag{33}$$

eine elliptische Funktion mit den Perioden Π, θ dar; denn die Funktionen $\Xi_h(u)$, deren Index größer als 1 ist, sind an sich elliptische Funktionen, und die in (33) auftretende lineare Verbindung der Ξ_1-Funktionen:

$$(34)\quad \begin{cases} A_{1,1}\cdot\Xi_1(u-\alpha_1, \Pi, \theta)+A_{2,1}\cdot\Xi_1(u-\alpha_2, \Pi, \theta)+\dots \\ \qquad\qquad + A_{\mu,1}\cdot\Xi_1(u-\alpha_\mu, \Pi, \theta) \end{cases}$$

ist es vermöge der Beziehung (32) (vgl. Nr. 57).

Die Funktion $\varphi(u)$ hat dieselben Pole wie $f(u)$ und keine anderen. Ihre Entwickelungen nach Potenzen der Größen (30) stimmen in den Gliedern, welche negative Potenzen enthalten, überein mit den in (31) gegebenen Entwickelungen der Funktion $f(u)$. Die Differenz

$$(35)\qquad f(u)-\varphi(u)$$

ist also eine elliptische Funktion, welche innerhalb des mit den Perioden Π, θ konstruierten Parallelogramms nicht unendlich wird; sie muß nach Nr. 77 eine Konstante sein. Wir haben daher in dem Ausdruck (33), wenn wir ihm noch eine Konstante A_0 additiv hinzufügen, eine analytische Darstellung für die Funktion $f(u)$, welche so definiert war, daß sie den allgemeinsten Typus einer elliptischen Funktion m-ter Ordnung repräsentiert; denn die Aufhebung jeder einzelnen der bei ihrer Definition gemachten Annahmen würde dem Begriff der elliptischen Funktion widersprechen.

Es resultiert der Satz:

Jede elliptische Funktion läßt sich als lineare Verbindung einer endlichen Anzahl von Ξ_h-Funktionen mit konstanten Koeffizienten und einem konstanten Gliede darstellen.

Diese Darstellung bildet das Analogon zu der Partialbruchentwickelung der rationalen Funktionen. Was in der Theorie der letzteren die einzelnen Partialbrüche der Form:

$$(36)\qquad (u-\alpha)^{-1},\ (u-\alpha)^{-2},\ \dots,\ (u-\alpha)^{-h},\ \dots,$$

das sind in der Theorie der elliptischen Funktionen die verschiedenen Ξ-Funktionen

$$(37)\qquad \Xi_1(u-\alpha),\ \Xi_2(u-\alpha),\ \dots,\ \Xi_h(u-\alpha),\ \dots$$

Diese Analogie befindet sich in Übereinstimmung mit der bereits oben (Nr. 81) konstatierten Tatsache, daß sich in den beiden Theorien die Linearform $u-\alpha$ einerseits und die Funktion $\sigma(u-\alpha)$ andererseits entsprechen; denn es ist

$$(38)\quad \begin{cases} (u-\alpha)^{-1} = \dfrac{d}{du}[\log(u-\alpha)], & \ldots, \\ (u-\alpha)^{-h} = -\dfrac{1}{h-1}\dfrac{d}{du}[(u-\alpha)^{-h+1}], \end{cases}$$

$$(39)\quad \begin{cases} \Xi_1(u-\alpha) = \dfrac{d}{du}[\log\sigma(u-\alpha)], & \ldots, \\ \Xi_h(u-\alpha) = -\dfrac{1}{h-1}\dfrac{d}{du}[\Xi_{h-1}(u-\alpha)]. \end{cases}$$

Daß $(u-\alpha)^{-1}$ der reziproke Wert von $u-\alpha$, und $(u-\alpha)^{-h}$ die h-te Potenz von $(u-\alpha)^{-1}$ ist, müssen wir in dem hier betrachteten Zusammenhange gewissermaßen als Zufälligkeit ansehen, für welche wir deshalb kein Analogon zu erwarten haben, während die oben aufgeschriebenen Beziehungen das für unsere Analogie Wesentliche zum Ausdruck bringen.

Die Anzahl der in

$$(40)\qquad f(u) = A_0 + \varphi(u)$$

auftretenden Konstanten ist $m+\mu$; nämlich die Konstante A_0, die m Koeffizienten A_{kh}, von denen aber infolge der Beziehung (32) nur $m-1$ unabhängig sind, und die μ Werte $\alpha_1, \alpha_2, \ldots, \alpha_\mu$. Die Maximalzahl der unabhängigen Konstanten wird erreicht, wenn $\mu = m$, d. h. wenn nur einfache Pole vorhanden sind; sie ist alsdann gleich $2m$, und diese Anzahl kann als die **Mannigfaltigkeit der elliptischen Funktionen m-ter Ordnung** bezeichnet werden. Die Mannigfaltigkeit der rationalen Funktionen m-ter Ordnung, d. h. die Maximalzahl der in ihrem analytischen Ausdruck auftretenden Konstanten ist $2m+1$. Die Differenz beider Mannigfaltigkeiten

$$(41)\qquad p = 2m + 1 - 2m = 1$$

heißt das **Geschlecht der elliptischen Funktionen**.

Der Darstellung (40), aus welcher wir im folgenden eine Reihe wichtiger Resultate ableiten werden, können wir eine andere Form geben, indem wir die Bezeichnungen

$$(42)\qquad \Xi_1(u) = \zeta(u), \qquad \Xi_2(u) = p(u)$$

einführen und von der Beziehung

$$(43)\qquad \Xi_h(u) = \frac{(-1)^{h-2}}{2\cdot 3\cdot \ldots \cdot (h-1)}\cdot p^{(h-2)}(u)$$

Gebrauch machen [vgl. Nr. 50 (93)]. Wir erhalten so für unsere Funktion $f(u)$ den Ausdruck

$$(44)\quad \left\{\begin{aligned} & f(u) = A_0 + \sum_{k=1}^{k=\mu}\Big\{A_{k,1}\cdot\zeta(u-\alpha_k) + A_{k,2}\cdot p(u-\alpha_k) \\ & -\frac{A_{k,3}}{2}\cdot p'(u-\alpha_k) + \ldots + (-1)^{m_k-2}\frac{A_{k,m_k}}{(m_k-1)!}\cdot p^{(m_k-2)}(u-\alpha_k)\Big\}, \end{aligned}\right.$$

in welchem, der Einfachheit halber, die Angabe der Perioden Π, θ, für welche die Funktionen $\zeta(u-\alpha_k)$, $p(u-\alpha_k)$ gebildet werden müssen, weggelassen sind. Es möge bei dieser Gelegenheit darauf hingewiesen werden, daß die Perioden Π, θ, welche in (40) und folglich auch in (44) benutzt werden, ein beliebiges Paar unabhängiger Perioden sind, daß wir also verschiedene Ausdrücke in derselben Form (44) erhalten, je nach dem Periodenpaar, welches wir zugrunde legen.

In der Form (44) läßt sich jede elliptische Funktion darstellen, und jeder Ausdruck der Form (44) ist eine elliptische Funktion, wenn die Koeffizienten A_{k1} der Bedingung (32) genügen.

Ausdruck für das Integral einer elliptischen Funktion.

84. Den Ausdruck (44) können wir auf einem Integrationswege, welcher keinen der Pole von $f(u)$ berührt, integrieren:

$$(45)\quad \left\{\begin{aligned} & \int f(u)\,du = C + A_0 u + \sum_{k=1}^{k=\mu} A_{k1}\cdot\log\sigma(u-\alpha_k) \\ & -\sum_{k=1}^{k=\mu} A_{k2}\cdot\zeta(u-\alpha_k) + \sum_{k=1}^{k=\mu}\Big\{-\frac{A_{k3}}{2}\cdot p(u-\alpha_k) + \ldots \\ & \qquad + (-1)^{m_k-2}\frac{A_{k,m_k}}{(m_k-1)!}\cdot p^{(m_k-3)}(u-\alpha_k)\Big\}. \end{aligned}\right.$$

Bei der Integration der Funktion $\zeta(u - \alpha_k)$ ist Gebrauch gemacht von der in Formel (32) der Nr. 63 gegebenen Beziehung.

Die Gleichung (45) liefert folgenden Satz:

Das Integral einer beliebigen elliptischen Funktion ist additiv aus vier verschiedenartigen Bestandteilen zusammengesetzt, nämlich

1. *einer linearen Funktion,*
2. *einer Summe von Logarithmen von σ-Funktionen,*
3. *einer Summe von ζ-Funktionen,*
4. *einer elliptischen Funktion.*

Jeder einzelne dieser Bestandteile kann im besonderen Falle verschwinden, wodurch der Charakter der Integralfunktion wesentlich verschieden ausfallen kann.

Wir bezeichnen das Integral einer elliptischen Funktion als:

Transzendente dritter Gattung, wenn der zweite von den aufgezählten Bestandteilen wirklich in dem Ausdruck (45) auftritt; als:

Transzendente zweiter Gattung, wenn der zweite Bestandteil verschwindet, der dritte aber vertreten ist. Im besonderen ist also die Funktion $\zeta(u)$ selbst eine Transzendente zweiter Gattung.

Die Tatsache, welche uns hier in Gestalt eines analytischen Ausdruckes (45) vorliegt, ist in vollkommener Übereinstimmung mit der Aussage, welche wir bereits in Nr. 78 auf Grund allgemeiner Begriffsbestimmungen gemacht haben.

Beliebige Ξ-Funktionen als rationale ganze Funktionen von $p(u)$ und $p'(u)$.

85. Die Ξ-Funktionen, deren Index eine gerade Zahl ist, sind gerade Funktionen (Nr. 54); ihre Reihenentwickelungen nach Potenzen des Argumentes enthalten daher nur Potenzen mit geraden Exponenten:

$$(46)\quad \begin{cases} \Xi_{2h}(u) = a_{-2h} \cdot u^{-2h} + a_{-2h+2} \cdot u^{-2h+2} + \dots \\ \qquad\qquad + a_{-2} u^{-2} + \mathfrak{P}(u^2)\,, \end{cases}$$

worin $\mathfrak{P}(u^2)$ eine nach positiven Potenzen von u^2 fortschreitende Reihe bezeichnet. Im besonderen ist (Nr. 51)

$$(47)\qquad \Xi_2(u) = p(u) = u^{-2} + \mathfrak{P}_1(u^2)\,.$$

Jede ganzzahlige Potenz dieses Ausdruckes ist wieder eine meromorphe Funktion, welche in $u=0$ einen Pol hat, dessen Ordnung gleich dem Doppelten des Exponenten ist. Da alle diese Funktionen gerade Funktionen sein müssen, so haben wir ganz allgemein:

$$(48)\quad \begin{cases} [p(u)]^s = e_{s,\,-2s}\cdot u^{-2s} + e_{s,\,-2s+2}\cdot u^{-2s+2} + \dots \\ \qquad\qquad + e_{s,\,-2}\cdot u^{-2} + \mathfrak{P}_s(u^2)\,, \end{cases}$$

und es ist offenbar

$$(49)\qquad e_{s,\,-2s_0} = 1\,.$$

Bildet man die Ausdrücke (48) für $s=1,2,\dots,h$, so ergibt sich ein System von h Gleichungen:

$$(50)\quad \begin{cases} u^{-2h} + e_{h,\,-2h+2}\cdot u^{-2h+2} + \dots + e_{h,\,-2}\cdot u^{-2} = [p(u)]^h - \mathfrak{P}_h(u^2)\,, \\ \qquad u^{-2h+2} + \dots + e_{h-1,\,-2}\cdot u^{-2} = [p(u)]^{h-1} - \mathfrak{P}_{h-1}(u^2)\,, \\ \dots\dots\dots\dots\dots\dots\dots\dots \\ \qquad\qquad u^{-2} = p(u) - \mathfrak{P}_1(u^2)\,, \end{cases}$$

welche in den h Größen

$$(51)\qquad u^{-2h},\ u^{-2h+2},\ \dots,\ u^{-4},\ u^{-2}$$

linear sind und nach diesen aufgelöst werden können, da die Determinante der Koeffizienten gleich 1 ist; die Lösungen des Systems (50) haben die Form

$$(52)\quad u^{-2s} = E_1\cdot p(u) + E_2\cdot[p(u)]^2 + \dots + E_s\cdot[p(u)]^s + \overline{\mathfrak{P}}_s(u_2)$$
$$(s=1,2,\dots,h)\,,$$

wo die $E_1, E_2, \dots, E_s$ konstante Größen sind, und $\overline{\mathfrak{P}}_s(u^2)$ eine nach positiven Potenzen von u^2 fortschreitende Potenzreihe bezeichnet.

Die s-te Potenz von u^{-2} ist demnach als Summe einer ganzen Funktion s-ten Grades von $p(u)$ und einer Potenzreihe in u^2 ausgedrückt. Führen wir nun die Lösungen (52) in die rechte Seite von (46) ein, so geht diese über in die Summe einer ganzen Funktion h-ten Grades von $p(u)$ und einer regulären Potenzreihe in u. Diese Botenzreihe muß sich aber notwendig auf eine Konstante reduzieren; denn die Differenz der Funktion $\Xi_{2h}(u)$ und der ganzen Funktion von $p(u)$ ist eine elliptische Funktion, welche in $u=0$ und allen kongruenten Punkten, folglich unbeschränkt regulär ist, und demnach eine Konstante sein muß. Wir haben somit das Resultat

$$(53)\quad \begin{cases} \Xi_{2h}(u) = c_{h,h}\cdot[p(u)]^h + c_{h,h-1}\cdot[p(u)]^{h-1} + \dots \\ \qquad + c_{h,2}\cdot[p(u)]^2 + c_{h,1}\cdot p(u) + c_{h,0} \end{cases}$$
$$(h = 1, 2, \dots),$$

d. h.: *Die Ξ-Funktionen mit geradem Index sind als ganze Funktionen von $p(u)$ darstellbar.*

Wird die Identität (53) nach u differentiiert, so ergibt sich folgende Beziehung

$$(54)\quad \begin{cases} \Xi_{2h+1}(u) = -p'(u)\Big\{\frac{1}{2}c_{h,h}[p(u)]^{h-1} \\ + \frac{h-1}{2h}c_{h,h-1}[p(u)]^{h-2} + \dots + \frac{2}{2h}c_{h,2}p(u) + \frac{1}{2h}c_{h,1}\Big\}, \end{cases}$$

d. h: *Jede Ξ-Funktion, deren Index ungerade und größer als 1 ist, läßt sich als Produkt der Funktion $p'(u)$ mit einer ganzen Funktion von $p(u)$ darstellen.*

Dieses Resultat hätten wir auch, wie die Formel (53) unmittelbar durch einen rein algebraischen Eliminationsprozeß gewinnen können.

Algebraische Differentialgleichung der Funktion $p(u)$. — Verschiedene aus ihr sich ergebende Beziehungen.

86. Multipliziert man die für $h = 2$ gebildete Identität (53):

$$(55)\quad \Xi_4(u) = \frac{1}{2\cdot 3}p''(u) = c_{22}[p(u)]^2 + c_{21}p(u) + c_{20}$$

mit der Größe $12p'(u)$ und integriert die hierdurch entstehende Gleichung, deren beide Seiten vollständige Differentiale sind, nach u, so ergibt sich die identische Beziehung

$$(56)\quad [p'(u)]^2 = 4c_{22}[p(u)]^3 + 6c_{21}[p(u)]^2 + 12c_{20}p(u) + c,$$

d. h: *Die Funktion $p'(u)$ ist gleich der Quadratwurzel aus einer ganzen Funktion dritten Grades der Funktion $p(u)$. Die Funktion $p(u)$ genügt einer algebraischen Differentialgleichung erster Ordnung, in welche die unabhängige Variable u nicht explizite eintritt.*

Die Berechnung der in (56) auftretenden Koeffizienten findet der Leser an einer späteren Stelle (Nr. 111).

Erheben wir die Gleichung (54) unter Benutzung von (56) ins Quadrat, so entsteht auf der rechten Seite eine ganze Funktion $(2h+1)$-ten Grades von $p(u)$

$$[\Xi_{2h+1}(u)]^2 = G_{2h+1}(p(u)) \,. \tag{57}$$

Nun können wir durch rationale Operationen die Funktion $p(u)$ aus (53) und (57) eliminieren und erhalten so eine algebraische Gleichung zwischen den Funktionen $\Xi_{2h}(u)$ und $\Xi_{2h+1}(u)$. Auf genau dieselbe Weise erkennen wir das Bestehen einer algebraischen Gleichung zwischen $\Xi_{2h-1}(u)$ und $\Xi_{2h}(u)$. Also:

Zwischen je zwei aufeinanderfolgenden Ξ-Funktionen (deren Indizes beide nicht kleiner als 2 sind) besteht eine algebraische Gleichung mit konstanten Koeffizienten. Oder: *Zwischen je zwei aufeinanderfolgenden Differentialquotienten der Funktion $p(u)$ besteht eine algebraische Gleichung mit konstanten Koeffizienten.*

Oder, da die erste Ableitung einer Ξ-Funktion bis auf einen konstanten Faktor mit der folgenden Ξ-Funktion übereinstimmt:

Jede Ξ-Funktion, deren Index mindestens gleich 2 ist, genügt einer algebraischen Differentialgleichung erster Ordnung, in welcher die unabhängige Variable nicht auftritt.

Diesem Satz können wir auch die folgende Form geben:

Jede doppelt periodische Ξ-Funktion genügt einer algebraischen Differentialgleichung erster Ordnung, in welcher die unabhängige Variable nicht auftritt.

Auf Grund der Formeln (53) und (54) können wir den wesentlichen Inhalt der Identitäten (25) und (26), welche oben als Additionstheoreme bezeichnet wurden, folgendermaßen aussprechen:

Die Funktionen $p(u+a)$ und $p'(u+a)$, wo u und a ganz beliebige Größen sind, lassen sich rational mit konstanten Koeffizienten durch $p(u)$, $p(a)$, $p'(u)$, $p'(a)$ ausdrücken.

Der Formel (24) entnehmen wir unmittelbar das Resultat:

Die Funktion $\zeta(u+a)-\zeta(u)-\zeta(a)$, *worin* u *und* a *ganz beliebige Größen bedeuten, ist gleich einer rationalen Funktion von* $p(u)$, $p(a)$, $p'(u)$, $p'(a)$.

Bezeichnet a eine konstante, u aber eine variable Größe, so haben wir den Satz:

Die Funktionen $p(u+a)$ *und* $p'(u+a)$ *sowie die Differenz* $\zeta(u+a)-\zeta(u)$ *sind rationale Funktionen mit konstanten Koeffizienten von* $p(u)$ *und* $p'(u)$.

Da $p'(u)$ die Quadratwurzel aus einer ganzen Funktion von $p(u)$ ist, so *läßt sich jede ganze Funktion von* $p(u)$ *und* $p'(u)$ *offenbar in die Form setzen:*

$$g_0(p(u)) + p'(u)\cdot g_1(p(u)), \tag{58}$$

wo g_0 *und* g_1 *ganze Funktionen ihres Argumentes bezeichnen.* Eine rationale Funktion von $p(u)$ und $p'(u)$ hat daher die Gestalt

$$\frac{g_0(p(u)) + p'(u)\cdot g_1(p(u))}{g_2(p(u)) + p'(u)\cdot g_3(p(u))}.$$

Multiplizieren wir Zähler und Nenner dieses Bruches mit

$$g_2(p(u)) - p'(u)\cdot g_3(p(u))$$

und setzen in dem so entstehenden Ausdruck für $[p'(u)]^2$ das Polynom (56), so wird der Nenner eine ganze Funktion von $p(u)$, der Zähler eine Funktion der Form

$$G_0(p(u)) + p'(u)\cdot G_1(p(u))$$

sein, wo G_0 und G_1 wieder ganze Funktionen sind. Also:

Jede rationale Funktion von $p(u)$ *und* $p'(u)$ *läßt sich in die Form setzen:*

$$r_0(p(u)) + p'(u)\cdot r_1(p(u)), \tag{59}$$

worin r_0 *und* r_1 *rationale Funktionen ihres Argumentes bezeichnen.*

Die Darstellungen (58) und (59) beruhen, wie man sieht, einzig und allein auf der Tatsache, daß $[p'(u)]^2$ eine ganze Funktion von $p(u)$ ist, haben also überall Gültigkeit, wo dieses Verhältnis zwischen den beiden Argumenten einer ganzen, beziehungsweise rationalen, Funktion besteht.

Ausdruck einer beliebigen elliptischen Funktion durch $p(u)$ und $p'(u)$.

87. Mit den Resultaten der beiden letzten Nummern kehren wir nun zu der Darstellung der allgemeinsten elliptischen Funktion zurück, wie sie durch die Formeln (40) oder (44) gegeben ist. Zunächst kann man den in (33) und also auch in (40) auftretenden Ausdrücken durch Anwendung der Formeln (53) und (54) folgende Gestalt geben:

$$\left\{\begin{aligned} A_{k1}\cdot \Xi_1(u-\alpha_k) + A_{k2}\cdot \Xi_2(u-\alpha_k) + \ldots + A_{k,m_k}\cdot \Xi_{m_k}(u-\alpha_k) \\ = A_{k1}\cdot \zeta(u-\alpha_k) + g_{0k}(p(u-\alpha_k)) \\ + p'(u-\alpha_k)\cdot g_{1k}(p(u-\alpha_k)), \end{aligned}\right.$$

worin g_{0k} und g_{1k} ganze Funktionen ihres Argumentes mit konstanten Koeffizienten sind. Auf Grund der Resultate, welche wir in Nr. 86 aus den Additionstheoremen der Funktionen $\zeta(u)$, $p(u)$, $p'(u)$ abgeleitet haben, nimmt die rechte Seite von (60) die Form an:

$$A_{k1}\cdot \zeta(u) + r_k(p(u),\, p'(u)), \tag{61}$$

in welcher r_k eine rationale Funktion der beiden Argumente $p(u)$, $p'(u)$ bezeichnet. Indem wir die μ, den Polen unserer Funktion $f(u)$ entsprechenden, Ausdrücke (61) addieren und die Konstante A_0 hinzufügen, erhalten wir die rechte Seite von (40). Nun besteht aber zwischen den μ Konstanten A_{k1} die Beziehung (32), so daß aus der zu bildenden Summe die Funktion $\zeta(u)$ herausfällt und wir einfach erhalten:

$$f(u) = A_0 + \sum_{k=1}^{k=\mu} r_k(p(u),\, p'(u)) = R(p(u),\, p'(u)), \tag{62}$$

d. h: *Jede elliptische Funktion von u ist eine rationale Funktion mit konstanten Koeffizienten der beiden Funktionen $p(u)$ und $p'(u)$.*

Daraus folgt [vgl. Nr. 86, (59)]:

Jede elliptische Funktion läßt sich darstellen in der Form:

$$f(u) = r_0(p(u)) + p'(u)\cdot r_1(p(u)). \tag{63}$$

Da $p(u)$ eine gerade, $p'(u)$ aber eine ungerade Funktion von u ist, so ergibt sich aus (63):

$$f(-u) = r_0(p(u)) - p'(u) \cdot r_1(p(u)), \tag{64}$$

$$f(u) + f(-u) = 2 r_0(p(u)), \tag{65}$$

$$f(u) - f(-u) = 2 r_1(p(u)) \cdot p'(u). \tag{66}$$

Es verschwindet also in dem Ausdruck (63) die Funktion $r_1(p(u))$ identisch, wenn $f(u)$ eine gerade Funktion ist, es verschwindet $r_0(p(u))$, wenn $f(u)$ eine ungerade Funktion ist. Daher können wir den allgemeinen, durch (63) ausgedrückten Satz in folgender Weise spezialisieren:

Jede gerade elliptische Funktion von u läßt sich rational mit konstanten Koeffizienten durch $p(u)$ ausdrücken.

Jede ungerade elliptische Funktion von u ist das Produkt von $p'(u)$ mit einer rationalen Funktion von $p(u)$.

Es ist kaum nötig, noch einmal darauf hinzuweisen, daß die Funktionen $p(u)$ und $p'(u)$, von welchen in diesen Sätzen die Rede ist, jeweils mit den Perioden der Funktion $f(u)$ zu bilden sind, und zwar mit dem Periodenpaar, welches wir gewählt haben, um das System inkongruenter Pole, wie es sich in (27) und (28) darstellt, festzulegen.

Algebraische Gleichungen zwischen zwei elliptischen Funktionen mit gemeinschaftlichem Periodenpaar.

88. Sind nun zwei elliptische Funktionen $f(u)$ und $g(u)$ gegeben, welche ein gemeinschaftliches Periodenpaar Π, θ besitzen (es braucht keineswegs jede Periode der einen Funktion zugleich eine Periode der anderen zu sein), so lassen sich beide rational mit konstanten Koeffizienten durch die mit dem Periodenpaar Π, θ gebildeten Funktionen $p(u)$, $p'(u)$ ausdrücken:

$$f(u) = r_0(p(u)) + p'(u) \cdot r_1(p(u)), \tag{67}$$

$$g(u) = s_0(p(u)) + p'(u) \cdot s_1(p(u)). \tag{68}$$

Aus den Gleichungen (56), (67), (68) lassen sich die beiden Funktionen $p(u)$ und $p'(u)$ durch rationale Operationen eliminieren, und es ergibt sich als Resultat dieser Elimination eine in u identische Beziehung

$$\Phi(f(u), g(u)) = 0, \tag{69}$$

wo Φ eine ganze Funktion mit konstanten Koeffizienten der beiden Argumente bezeichnet; d. h:

Zwei elliptische Funktionen derselben Variablen, welche ein gemeinschaftliches Periodenpaar besitzen, im übrigen aber ganz beliebig gewählt sein dürfen, sind durch eine algebraische Gleichung verbunden.

Wir können auch sagen:

Die zu demselben Werte der unabhängigen Variablen gehörigen Werte zweier elliptischer Funktionen mit einem gemeinschaftlichen Periodenpaar lassen sich auffassen als die Koordinaten des variablen Punktes einer algebraischen Kurve:

$$\Phi(\xi, \eta) = 0 . \tag{70}$$

Wenn umgekehrt eine Funktion $f(u)$ mit einer elliptischen Funktion $g(u)$ durch eine algebraische Gleichung (70) verbunden ist, so hat sie, wie leicht zu beweisen, mit $g(u)$ ein paar gemeinsamer Perioden, ist also doppelt periodisch; wenn sie außerdem meromorph ist, so wird sie nach der in Nr. 77 gegebenen Definition eine elliptische Funktion sein. Letzteres ist aber keineswegs immer der Fall; vielmehr haben die algebraischen Gleichungen:

$$\Phi(X, Y) = 0 , \tag{71}$$

deren Lösung in der Form

$$X = f(u) , \quad Y = g(u) \tag{72}$$

durch zwei elliptische Funktionen gegeben werden kann, eine besondere Eigenschaft, welche in dem Umstande zum Ausdruck kommt, daß sich die Lösungen X, Y rational durch einen Parameter t und die Quadratwurzel aus einem Polynom dritten Grades in t ausdrücken lassen; dieser Parameter ist unsere Funktion $p(u)$, die Quadratwurzel ist $p'(u)$.

Man sagt, eine solche algebraische Gleichung [ebenso wie die durch sie definierte algebraische Kurve (70)] habe das Geschlecht 1.

Wenn X und Y sich rational durch einen Parameter t allein ausdrücken lassen, so hat die algebraische Gleichung (70) das Geschlecht Null, die durch sie definierte algebraische Kurve heißt rationale oder unikursale

Kurve. Dies ist, wie wir oben gesehen haben, der Fall mit den algebraischen Gleichungen, durch welche zwei gerade elliptische Funktionen gleichen Argumentes mit gemeinschaftlichem Periodenpaar untereinander verbunden sind. Also:

Zwei gerade elliptische Funktionen desselben Argumentes mit gemeinschaftlichem Periodenpaar sind durch eine algebraische Gleichung vom Geschlechte Null untereinander verbunden; ihre zu demselben Werte der unabhängigen Variablen gehörigen Funktionswerte lassen sich auffassen als die Koordinaten des variablen Punktes einer unikursalen Kurve.

Algebraische Differentialgleichung und Additionstheorem für die allgemeinste elliptische Funktion.

89. Als besonderen Fall des durch (69) ausgedrückten allgemeinen Satzes heben wir hervor, daß eine beliebige elliptische Funktion mit ihrer ersten Ableitung durch eine algebraische Gleichung verbunden sein muß:

Jede elliptische Funktion genügt einer algebraischen Differentialgleichung erster Ordnung.

Ein weiterer fundamentaler Satz folgt aus der Darstellung (63), wenn man die Additionstheoreme der Funktionen $p(u)$ und $p'(u)$ zu Hilfe nimmt:

Jede elliptische Funktion besitzt ein algebraisches Additionstheorem; d. h. die Funktion $f(u+a)$, worin u und a zwei ganz beliebige Größen sind, läßt sich rational durch $f(u)$ und $f(a)$ ausdrücken, mit Koeffizienten, welche nicht von u und a abhängen:

$$f(u+a) = r\big(f(u),\, f(a)\big) \tag{73}$$

Zehntes Kapitel.

Elliptische Funktionen zweiter und dritter Art.

Einleitung.

90. Nach Hermite bezeichnet man eine meromorphe Funktion, welche sich bei Vermehrung des Argumentes um ganzzahlige Vielfache zweier Größen Π, θ mit konstanten Faktoren multipliziert, also den Funktionalgleichungen

$$(1) \qquad \begin{cases} \psi(u+\Pi) = M_\Pi \cdot \psi(u) \\ \psi(u+\theta) = M_\theta \cdot \psi(u) \end{cases}$$

genügt, als elliptische Funktion zweiter Art.

Diese Funktionen bilden eine spezielle Klasse unter den allgemeineren meromorphen Funktionen, deren Verhalten den Funktionalgleichungen

$$(2) \qquad \begin{cases} \psi(u+\Pi) = e^{E_\Pi \cdot u + D_\Pi} \cdot \psi(u) \\ \psi(u+\theta) = e^{E_\theta \cdot u + D_\theta} \cdot \psi(u) \end{cases}$$

entspricht, und welche in ihrer Gesamtheit elliptische Funktionen dritter Art genannt werden; denn die Gleichungen (1) gehen für $E_\Pi = 0$, $E_\theta = 0$ in (2) über, wenn die Konstanten e^{D_Π}, e^{D_θ} mit M_Π und M_θ bezeichnet werden. Sind diese Konstanten im besonderen Falle gleich 1, so haben die Funktionalgleichungen (1) die Form

$$(3) \qquad \begin{cases} \psi(u+\Pi) = \psi(u)\,, \\ \psi(u+\theta) = \psi(u)\,, \end{cases}$$

stellen also — in Verbindung mit der Forderung, daß $\psi(u)$ eine meromorphe Funktion sein soll — die Definition einer gewöhnlichen, d. h. doppelt periodischen elliptischen Funktion dar; eine solche wollen wir, wo es etwa wünschenswert erscheinen wird, als elliptische Funktion erster Art von den neueingeführten allgemeineren Funktionen unterscheiden.

Die auf den rechten Seiten der Funktionalgleichungen (1), (2) auftretenden Faktoren nennt man Periodizitätsfaktoren der elliptischen Funktionen zweiter (dritter) Art; die Größen Π, θ sollen im folgenden als „Perioden“ der elliptischen Funktionen zweiter (dritter) Art bezeichnet werden, obwohl es sich nicht um Perioden im eigentlichen Sinne des Wortes handelt. Daß dadurch Mißverständnisse entstehen könnten, ist wohl kaum zu befürchten.

Die elliptischen Funktionen zweiter und dritter Art bilden nicht nur an sich einen interessanten Gegenstand des Studiums, sondern stehen auch zu den elliptischen Funktionen erster Art in Beziehungen, welche für die Theorie der letzteren von höchster Bedeutung sind. In der Funktion $\sigma(u)$ haben wir bereits eine elliptische

Funktion dritter Art kennen gelernt. Mit ihrer Hilfe allein konnte die allgemeinste elliptische Funktion erster Art analytisch ausgedrückt werden.

Es soll nun in diesem Kapitel der Begriff der elliptischen Funktion zweiter und dritter Art in ähnlicher Weise entwickelt werden, wie es in den vorhergehenden Kapiteln mit dem Begriff der elliptischen Funktion erster Art geschehen ist. Die Sätze und analytischen Darstellungen, zu welchen wir gelangen werden, zeigen eine gewisse Analogie mit den früher gefundenen.

Ordnung einer elliptischen Funktion dritter Art.

91. Wir werden zunächst einige Eigenschaften ableiten, welche allen elliptischen Funktionen dritter Art, also auch den elliptischen Funktionen zweiter Art zukommen.

Eine elliptische Funktion dritter Art, welche in einem Punkte α einen Pol hat, muß auch in allen kongruenten Punkten einen Pol haben und zwar einen Pol von derselben Ordnung. Das gleiche gilt für die Nullpunkte. Man kennt also sämtliche Pole und Nullstellen einer elliptischen Funktion dritter Art, wenn man die in einem bestimmten Parallelogramm liegenden kennt. Bezeichnen wir, wie bei den elliptischen Funktionen erster Art, mit

$$\alpha_1\,,\ \alpha_2\,,\ \ldots,\ \alpha_\mu\,, \tag{4}$$

$$m_1\,,\ m_2\,,\ \ldots,\ m_\mu \tag{5}$$

die zu dem betrachteten Periodenparallelogramm gehörigen Pole mit ihren Ordnungszahlen, mit

$$\beta_1\,,\ \beta_2\,,\ \ldots,\ \beta_\nu\,, \tag{6}$$

$$n_1\,,\ n_2\,,\ \ldots,\ n_\nu \tag{7}$$

die entsprechenden Nullstellen mit ihren Ordnungszahlen, so haben wir wiederum die Beziehungen

$$\int d\log\psi(u) = 2\pi i\left[\sum_{h=1}^{h=\nu} n_h - \sum_{k=1}^{k=\mu} m_k\right], \tag{8}$$

$$\int u\, d\log\psi(u) = 2\pi i\left[\sum_{h=1}^{h=\nu} \beta_h n_h - \sum_{k=1}^{k=\mu} \alpha_k m_k\right], \tag{9}$$

wenn die Integrale auf den linken Seiten von (8) und (9) in positivem Sinne über die Begrenzung des betrachteten Periodenparallelogramms erstreckt werden. Hierzu ist allerdings die Annahme erforderlich, daß auf der Begrenzung selbst keine Nullpunkte und Pole von $\psi(u)$ liegen; doch bringt dies, wie in Nr. 79 gezeigt worden ist, keine Beschränkung der Allgemeinheit mit sich.

Aus (2) folgt:

$$\text{(10)}\qquad \begin{cases} \log\psi(u+\Pi) = E_\Pi \cdot u + D_\Pi + \log\psi(u)\,, \\ \log\psi(u+\theta) = E_\theta \cdot u + D_\theta + \log\psi(u)\,, \end{cases}$$

$$\text{(11)}\qquad \begin{cases} d\log\psi(u+\Pi) = E_\Pi \cdot du + d\log\psi(u)\,, \\ d\log\psi(u+\theta) = E_\theta \cdot du + d\log\psi(u)\,. \end{cases}$$

Wir zerlegen das Integral (8) in vier Teile:

$$\text{(12)}\qquad \begin{cases} \int d\log\psi(u) = \int\limits_{z}^{z+\Pi} d\log\psi(u) + \int\limits_{z+\Pi}^{z+\Pi+\theta} d\log\psi(u) \\ \qquad + \int\limits_{z+\Pi+\theta}^{z+\theta} d\log\psi(u) + \int\limits_{z+\theta}^{z} d\log\psi(u) \end{cases}$$

und machen wieder, wie wir es in Nr. 79 getan haben, in dem zweiten dieser vier Integrale die Substitution:

$$u = v + \Pi\,,$$

in dem dritten die Substitution:

$$u = w + \theta\,;$$

so ergibt sich, mit Benutzung von (11), für unser Integral (8) eine Summe von vier Bestandteilen, die sich paarweise zerstören, plus dem Ausdruck

$$E_\Pi \int\limits_{z}^{z+\theta} dv + E_\theta \int\limits_{z+\Pi}^{z} dw\,,$$

welcher also den Wert des Integrales darstellt. Daher ist

$$\text{(13)}\qquad \int d\log\psi(u) = E_\Pi\,\theta - E_\theta\,\Pi\,;$$

der Richtungssinn, in welchem wir die Begrenzungslinie des Periodenparallelogramms durchlaufen haben (von z über

$z+\Pi$ nach $z+\Pi+\theta$ und von da über $z+\theta$ zurück nach z), ist positiv oder negativ, je nachdem der Quotient $\frac{\theta}{\Pi}$ einen positiven oder negativen imaginären Bestandteil hat, oder mit anderen Worten, je nachdem das Moment der Größen Π, θ

$$(14) \qquad \Delta(\Pi, \theta) = \Pi'\theta'' - \Pi''\theta'$$

positiv oder negativ ist. Setzen wir, wie früher,

$$(15) \qquad \varepsilon = \operatorname{sgn}(\Pi'\theta'' - \Pi''\theta'),$$

so haben wir auf Grund von (8) und (13) die Beziehung

$$(16) \qquad \sum_{h=1}^{h=\nu} n_h - \sum_{k=1}^{k=\mu} m_k = \frac{\varepsilon}{2\pi i}(E_\Pi\theta - E_\theta\Pi).$$

Diese Gleichung stellt zunächst eine Bedingung dar, welcher die Konstanten E_Π und E_θ genügen müssen, sie fordert nämlich, daß die Größe

$$(17) \qquad \frac{1}{2\pi i}(E_\Pi\theta - E_\theta\Pi) = N$$

eine ganze Zahl sei. Dasselbe Resultat hätten wir auch durch wiederholte Anwendung der Funktionalgleichungen (2) gewinnen können, wie wir es in Nr. 65 für die spezielle elliptische Funktion dritter Art $\sigma(u)$ getan haben.

Nehmen wir nun an, daß das Periodenverhältnis $\frac{\theta}{\Pi}$ einen positiv imaginären Bestandteil habe, so ist in Formel (16) $\varepsilon=+1$ zu setzen, und die durch den Ausdruck (17) definierte ganze Zahl N ist also gleich der Anzahl der Nullpunkte, vermindert um die Anzahl der Pole, welche die vorgelegte Funktion im Periodenparallelogramm besitzt. Man definiert diese Zahl N als die Ordnung der elliptischen Funktion dritter Art $\psi(u)$ mit Beziehung auf das Periodenpaar Π, θ.

Für die Funktion $\sigma(u)$ ist $N=1$ zu setzen, da diese Funktion nirgends einen Pol und in jedem mit Π, θ konstruierten Periodenparallelogramm nur einen einzigen Nullpunkt hat. Die Konstanten E_Π, E_θ sind für diesen speziellen Fall mit η_Π, η_θ zu bezeichnen, so daß die

Formel (17) in die uns aus Nr. 53 bekannte Legendresche Relation übergeht, für welche wir hiermit den in der Fußnote zu Nr. 52 versprochenen zweiten Beweis geliefert haben.

Satz von Liouville für elliptische Funktionen dritter Art. — Charakteristik.

92. Wenn wir nun mit dem Integral (9) genau so verfahren, wie wir es oben mit (8) getan haben, so erhalten wir zunächst den folgenden Ausdruck:

$$(18)\quad \left\{\begin{aligned} \int u\, d\log\psi(u) &= E_{\Pi}\int_z^{z+\theta}(v+\Pi)\,dv - E_{\theta}\int_z^{z+\Pi}(w+\theta)\,dw \\ &\quad + \Pi\int_z^{z+\theta} d\log\psi(v) - \theta\int_z^{z+\Pi} d\log\psi(w)\,; \end{aligned}\right.$$

und hieraus, mit Benutzung von (10):

$$)\quad \left\{\begin{aligned} \int u\, d\log\psi(u) &= \frac{E_{\Pi}}{2}[\theta^2 + 2\theta(z+\Pi)] - \frac{E_{\theta}}{2}[\Pi^2 + 2\Pi(z+\theta)] \\ &\quad + \Pi[(E_{\theta}z + D_{\theta}) + 2r\pi i] - \theta[(E_{\Pi}z + D_{\Pi}) + 2s\pi i] \end{aligned}\right.$$

worin r und s irgendwelche positive oder negative ganze Zahlen oder Null bedeuten. Infolge der Identität

$$(20)\quad \left\{\begin{aligned} (E_{\Pi} - E_{\theta})\,\Pi\theta &= (E_{\Pi}\theta - E_{\theta}\Pi)(\Pi+\theta) + E_{\theta}\Pi^2 - E_{\Pi}\theta^2 \\ &= 2\pi i\, N(\Pi+\theta) + E_{\theta}\Pi^2 - E_{\Pi}\theta^2 \end{aligned}\right.$$

geht (19) über in:

$$(21)\quad \left\{\begin{aligned} \int u\, d\log\psi(u) &= \tfrac{1}{2}(E_{\theta}\Pi^2 - E_{\Pi}\theta^2) + (\Pi D_{\theta} - \theta D_{\Pi}) \\ &\quad + 2\pi i\,\Pi(r+N) + 2\pi i\,\theta(s+N) \end{aligned}\right.$$

oder, wenn die unbestimmten ganzen Zahlen $r+N$ und $s+N$ mit t' und t'' bezeichnet werden:

$$(22\text{a})\quad \left\{\begin{aligned} \int u\, d\log\psi(u) &= \tfrac{1}{2}(E_{\theta}\Pi^2 - E_{\Pi}\theta^2) + (\Pi D_{\theta} - \theta D_{\Pi}) \\ &\quad + 2\pi i t'\,\Pi + 2\pi i t''\,\theta \end{aligned}\right.$$

$$(22\text{b})\quad \left\{\begin{aligned} \int u\, d\log\psi(u) &= \Pi\left(E_{\theta}\frac{\Pi}{2} + D_{\theta} + 2\pi i t'\right) \\ &\quad - \theta\left(E_{\Pi}\frac{\theta}{2} + D_{\Pi} + 2\pi i t''\right). \end{aligned}\right.$$

Dieser Ausdruck ist nach (9) gleich der mit $2\pi i$ multiplizierten Summe der Werte von u, für welche $\psi(u)$ im Periodenparallelogramm von erster Ordnung verschwindet, vermindert um die Summe der Werte von u, für welche $\psi(u)$ im Periodenparallelogramm von erster Ordnung unendlich wird. In der durch Kombination von (22b) mit (9) entstehenden Kongruenz nach dem Modul (Π, θ):

$$(23)\quad \begin{cases} \sum_{h=1}^{h=\nu} \beta_h \cdot n_h - \sum_{k=1}^{k=\mu} \alpha_k m_k \equiv \frac{\Pi}{2\pi i}\left(E_\theta \frac{\Pi}{2} + D_\theta\right) \\ \qquad - \frac{\theta}{2\pi i}\left(E_\Pi \frac{\theta}{2} + D_\Pi\right) \end{cases}$$

haben wir also eine Beziehung zwischen den Werten β_h, α_k einerseits, den Perioden und den in den Funktionalgleichungen (2) auftretenden Konstanten E_Π, E_θ, D_Π, D_θ andererseits. Wenn etwa die Perioden Π, θ und die soeben genannten vier konstanten Größen gegeben sind [wobei die in (17) enthaltene Bedingung zu berücksichtigen ist, daß $\frac{E_\Pi \theta - E_\theta \Pi}{2\pi i}$ eine ganze Zahl sein muß], so kann die Anzahl und Lage der Nullstellen und Pole nicht willkürlich gewählt werden. Zunächst ist ihre Anzahl an die Bedingung (17) gebunden: haben wir zum Beispiel die Anzahl der Pole im Periodenparallelogramm in beliebiger Weise fixiert, so wissen wir, daß die Anzahl der Nullpunkte um $|N|$ größer sein muß, wenn N positiv ist, dagegen um $|N|$ kleiner, wenn N negativ ist. Von den Werten α_k, β_h können wir alsdann, um die Kongruenz (23) zu erfüllen, alle bis auf einen willkürlich annehmen; der letzte ist alsdann durch (23) bis auf ganzzahlige Vielfache von Π und θ bestimmt, er kann demnach auf eine einzige Weise so gewählt werden, daß er in das betrachtete Periodenparallelogramm fällt.

Wenn umgekehrt für ein beliebiges mit den vorgeschriebenen Perioden Π, θ konstruiertes Periodenparallelogramm die Nullpunkte und Pole fixiert werden, so sind dadurch die linken Seiten von (16) und (23) und somit gewisse Einschränkungen für die Wahl der vier Größen E_Π, E_θ, D_Π, D_θ gegeben; indem wir uns anschicken, diese genauer zu studieren, finden wir Gelegenheit, einen für die Theorie der elliptischen Funktionen dritter Art wichtigen Begriff zu definieren. Zunächst führen wir an Stelle der vier genannten Größen, aus rein formalen Gründen, die folgenden Größen ein

$$(24)\quad \begin{cases} F_\Pi = -\dfrac{E_\Pi}{2\pi i}, & F_\theta = -\dfrac{E_\theta}{2\pi i}, \\[2ex] G_\Pi = \dfrac{E_\Pi \cdot \Pi - 2D_\Pi}{2\pi i}, & G_\theta = \dfrac{E_\theta \cdot \theta - 2D_\theta}{2\pi i}; \end{cases}$$

dadurch gehen (16), (17) über in:

$$(25)\qquad \sum_{h=1}^{h=\nu} n_h - \sum_{k=1}^{k=\mu} m_k = F_\theta \Pi - F_\Pi \theta = N,$$

während man der Kongruenz (23) durch eine einfache Rechnung folgende Gestalt geben kann:

$$(26)\qquad \sum_{h=1}^{h=\nu} \beta_h n_h - \sum_{k=1}^{k=\mu} \alpha_k m_k + N \cdot \frac{\Pi + \theta}{2} \equiv \tfrac{1}{2}(G_\Pi \theta - G_\theta \Pi).$$

Durch die Wahl der Bezeichnungsweise haben wir erreicht, daß in jeder unserer beiden Bedingungen nur zwei von den vier Größen (24) auftreten. Die Gleichung (25) besagt, daß, wenn die Nullpunkte und Pole im Periodenparallelogramm fixiert sind, eine von den beiden Konstanten F_Π, F_θ willkürlich gewählt werden kann, die andere aber durch sie vollkommen bestimmt ist. Was die Kongruenz (26) betrifft, so ist, unter denselben Voraussetzungen, ihre linke Seite eine gegebene komplexe Größe, läßt sich also, auf Grund von Betrachtungen, welche wir in Nr. 28 angestellt haben, in eindeutig bestimmter Weise auf die Form bringen:

$$(27)\qquad \tfrac{1}{2}(g_\Pi \theta - g_\theta \Pi),$$

worin g_Π und g_θ reelle Zahlen bedeuten. Die Auflösung der Kongruenz (26) ergibt demnach:

$$(28)\qquad G_\Pi \equiv \lambda \Pi + g_\Pi \pmod{2},$$

$$(29)\qquad G_\theta \equiv \lambda \theta + g_\theta \pmod{2},$$

worin λ eine ganz beliebige komplexe Größe bezeichnet. Wie man sieht, kommen die reellen Zahlen g_Π, g_θ für die

Bestimmung der Konstanten G_Π, G_θ nur mit ihren Resten nach dem Modul 2 in Betracht.

Das soeben eingeführte Paar reeller Zahlen (g_Π, g_θ) soll als Charakteristik der betrachteten elliptischen Funktion dritter Art bezeichnet werden; die Zahlen g_Π, g_θ, einzeln genommen, nennen wir Charaktere der Funktion.

Die Funktionalgleichungen (2) nehmen durch Einführung der Größen (24) folgende Gestalt an:

$$(30)\qquad \begin{cases} \psi(u+\Pi) = e^{-2\pi i\left[F_\Pi\left(u+\frac{\Pi}{2}\right)+\frac{1}{2}G_\Pi\right]}\cdot\psi(u)\,, \\ \psi(u+\theta) \;= e^{-2\pi i\left[F_\theta\left(u+\frac{\theta}{2}\right)+\frac{1}{2}G_\theta\right]}\cdot\psi(u)\,. \end{cases}$$

Da die Konstanten G_Π, G_θ in den Exponenten mit $-\pi i$ multipliziert sind, so bleiben die Exponentialfaktoren unverändert, wenn G_Π und G_θ um beliebige positive oder negative gerade ganze Zahlen vermehrt werden. Durch (28) und (29) geht (30) über in:

$$(31)\qquad \begin{cases} \psi(u+\Pi) = e^{-2\pi i F_\Pi\cdot\left(u+\frac{\Pi}{2}\right)-\pi i\lambda\Pi-\pi i g_\Pi}\cdot\psi(u)\,, \\ \psi(u+\theta) \;= e^{-2\pi i F_\theta\cdot\left(u+\frac{\theta}{2}\right)-\pi i\lambda\theta-\pi i g_\theta}\cdot\psi(u)\,. \end{cases}$$

Die Auflösung der Gleichung (25) nach F_Π und F_θ, bei gegebenem N, läßt sich in der Form geben:

$$(32)\qquad \begin{cases} F_\Pi = -\dfrac{N}{2\theta} + \varkappa\Pi\,, \\[2ex] F_\theta = +\dfrac{N}{2\Pi} + \varkappa\theta\,, \end{cases}$$

wo $\varkappa$ eine vollkommen willkürliche komplexe Größe bezeichnet; machen wir von (32) Gebrauch, so lassen sich die Funktionalgleichungen (31) schreiben:

$$(33)\qquad \begin{cases} \psi(u+\Pi) = e^{-\pi i\left[g_\Pi-\frac{N}{\theta}\left(u+\frac{\Pi}{2}\right)\right]-\pi i\Pi(2\varkappa u+\varkappa\Pi+\lambda)}\cdot\psi(u)\,; \\ \psi(u+\theta) \;= e^{-\pi i\left[g_\theta-\frac{N}{\Pi}\left(u+\frac{\theta}{2}\right)\right]-\pi i\theta(2\varkappa u+\varkappa\theta+\lambda)}\cdot\psi(u)\,. \end{cases}$$

Von den Konstanten, welche, außer Π und θ, in den Exponenten auftreten, sind g_Π, g_θ und N, d. h. die Charaktere und die Ordnung, durch die Angabe der in einem Periodenparallelogramm gelegenen Nullpunkte und Pole bestimmt, während $\varkappa$ und λ noch willkürliche komplexe Größen bleiben.

Aus (33) folgt unmittelbar:

Eine elliptische Funktion dritter Art von der Ordnung 0 *und der Charakteristik* (0, 0) *genügt den Funktionalgleichungen*

$$(34)\qquad \begin{cases} \omega(u+\Pi) = e^{-\pi i \Pi[\varkappa(2u+\Pi)+\lambda]}\cdot\omega(u)\,, \\ \omega(u+\theta) \;= e^{-\pi i \theta\,[\varkappa(2u+\theta)\;+\lambda]}\cdot\omega(u)\,; \end{cases}$$

im besonderen also genügt diesen Funktionalgleichungen eine elliptische Funktion dritter Art, wenn sie weder Nullpunkte noch Pole besitzt.

Umgekehrt hat jede elliptische Funktion dritter Art, welche den Funktionalgleichungen (34) *genügt, die Ordnung Null und die Charakteristik* (0, 0).

Verwandte und gleichändrige elliptische Funktionen dritter Art.

93. *Das Produkt (der Quotient) zweier elliptischer Funktionen dritter Art, welche ein gemeinschaftliches Paar von Perioden besitzen, ist selbst eine elliptische Funktion dritter Art mit denselben Perioden; ihre Ordnung und Charaktere ergeben sich durch Addition (Subtraktion) aus den entsprechenden Bestimmungsstücken jener Funktionen.*

Definitionen: Zwei elliptische Funktionen dritter Art mit gemeinschaftlichen Perioden heißen verwandt, wenn sie dieselbe Ordnung und dieselbe Charakteristik haben; gleichändrig, wenn sie denselben Funktionalgleichungen genügen, d. h. gleiche Periodizitätsfaktoren besitzen.

Zwei gleichändrige elliptische Funktionen dritter Art sind stets verwandt; zwei verwandte elliptische Funktionen dritter Art brauchen nicht gleichändrig zu sein.

Der Quotient zweier gleichändriger elliptischer Funktionen dritter Art ist eine elliptische Funktion erster Art.

Hieraus ergibt sich als Spezialfall:

Der Quotient zweier gleichändriger elliptischer Funktionen dritter Art, welche dieselben Nullpunkte und Pole besitzen, ist eine Konstante.

Der Quotient zweier verwandter elliptischer Funktionen dritter Art ist eine elliptische Funktion dritter Art von der Ordnung Null und der Charakteristik (0, 0), genügt also den Funktionalgleichungen (34).

Die Exponentialfunktion

$$\overline{\omega}(u) = e^{-\pi i[\varkappa u^2 + \lambda u]} \tag{35}$$

ist eine elliptische Funktion dritter Art, welche denselben Funktionalgleichungen (34) genügt. Also nach dem letzten Satz:

Der Quotient zweier verwandter elliptischer Funktionen dritter Art hat folgende Gestalt:

$$e^{-\pi i[\varkappa u^2 + \lambda u]} \cdot f(u)\,, \tag{36}$$

worin $f(u)$ eine elliptische Funktion erster Art bedeutet.

Verwandte elliptische Funktionen dritter Art können durch Hinzufügung von Faktoren der Form:

$$e^{-\pi i[\varkappa u^2 + \lambda u]}$$

in gleichändrige Funktionen verwandelt werden.

Zwei elliptische Funktionen dritter Art, welche ein Paar gemeinschaftlicher Perioden besitzen und in den Nullpunkten und Polen übereinstimmen, sind verwandt; ihr Quotient wird im Endlichen weder Null noch unendlich groß; daraus schließen wir:

Der Quotient zweier elliptischer Funktionen dritter Art, welche ein Paar gemeinschaftlicher Perioden besitzen und in den Nullpunkten und Polen übereinstimmen, hat die Gestalt

$$C \cdot e^{-\pi i[\varkappa u^2 + \lambda u]}\,, \tag{37}$$

worin C eine Konstante bedeutet.

Die allgemeinste elliptische Funktion dritter Art, ausgedrückt durch σ-Funktionen.

94. Aus diesen Sätzen können wir eine wichtige analytische Darstellung der allgemeinsten elliptischen Funktion dritter Gattung herleiten.

Die Funktion

$$\chi(u) = \frac{[\sigma(u-\beta_1)]^{n_1} \cdot [\sigma(u-\beta_2)]^{n_2} \cdot \ldots \cdot [\sigma(u-\beta_\nu)]^{n_\nu}}{[\sigma(u-\alpha_1)]^{m_1} \cdot [\sigma(u-\alpha_2)]^{m_2} \cdot \ldots \cdot [\sigma(u-\alpha_\mu)]^{m_\mu}} \tag{38}$$

ist, wenn sämtliche in ihrem Ausdrucke auftretenden σ-Funktionen mit demselben Periodenpaar Π, θ gebildet sind, eine elliptische Funktion dritter Art mit denselben Perioden.

Die allgemeinste elliptische Funktion dritter Art $\psi(u)$, *welche in dem mit ihren Perioden* Π, θ *konstruierten Periodenparallelogramm die Nullstellen* (6) *und die Pole* (4) *besitzt, kann daher, nach dem zuletzt aufgestellten Satz, in der Form des Ausdrucks*

$$\psi(u) = C \cdot e^{-\pi i[\varkappa u^2 + \lambda u]} \cdot \chi(u) \tag{39}$$

gegeben werden, worin C, $\varkappa$, λ *noch unbestimmte Konstanten sind.*

Über die Konstanten $\varkappa$, λ können wir in solcher Weise verfügen, daß die Funktion $\psi(u)$ den Funktionalgleichungen (34) genügt, wenn in diesen F_Π, F_θ, G_Π, G_θ gegebene Größen bedeuten, welche natürlich so gewählt sein müssen, daß die Bedingungen (25) und (26) erfüllt sind; gehen wir von den Größen (24) zu den ursprünglichen Konstanten zurück, welche mit E_Π, E_θ, D_Π, D_θ bezeichnet waren, so sehen wir, daß unsere Funktion $\psi(u)$, deren Existenz durch den analytischen Ausdruck bewiesen ist, den Funktionalgleichungen (2) genügt. Die beiden Beziehungen, welche, gemäß (17) und (23), zwischen den vier Konstanten E_Π, E_θ, D_Π, D_θ einerseits, den Nullpunkten (6), den Polen (4) und ihren Ordnungszahlen (7), (5) andererseits bestehen müssen, sind also nicht nur notwendig, sondern auch hinreichend für die Existenz der durch die Funktionalgleichungen (2) und die Daten (4) bis (7) definierten Funktion $\psi(u)$. Wir wollen dieses Resultat noch einmal in folgendem Satze zusammenfassen:

Wenn die Funktionalgleichungen (2), *zusammen mit den Daten* (4) *bis* (7) *eine elliptische Funktion dritter Art definieren sollen, so müssen zwischen den verschiedenen in diesen Angaben enthaltenen Konstanten:* Π, θ, E_Π, E_θ, D_Π, D_θ; $\alpha_1, \alpha_2, \ldots, \alpha_\mu$; $\beta_1, \beta_2, \ldots, \beta_\nu$; $m_1, m_2, \ldots, m_\mu$; $n_1, n_2, \ldots, n_\nu$ *die beiden Beziehungen* (17) *und* (23) *bestehen; sind aber diese beiden Bedingungen erfüllt, so gibt es auch stets elliptische Funktionen dritter Art, welche unseren Anforderungen entsprechen; alle diese Funktionen unterscheiden sich nur noch durch einen konstanten Faktor.*

Zurückführung der verschiedenen Charakteristiken aufeinander durch Hinzufügung einer Konstanten zum Argument.

95. Wir betrachten eine elliptische Funktion dritter Art $\psi(u)$, welche den Funktionalgleichungen (33) genügt, worin $N \neq 0$ sein möge. Wenn nun c eine beliebige komplexe Größe bedeutet, so können wir diese stets in der Form

$$c = \frac{1}{2N}(\gamma_\Pi \cdot \theta - \gamma_\theta \cdot \Pi) \tag{40}$$

durch die Ordnung N, die Perioden Π, θ und zwei reelle Zahlen γ_Π, γ_θ ausdrücken; um dies einzusehen, brauchen wir nur auf die Größe $2cN$ anzuwenden, was in Nr. 28 über eine beliebige komplexe Größe u ausgesagt worden ist.

Ersetzt man nun in (33) die Variable u durch $u + c$, so gehen diese Gleichungen über in die nachstehenden:

$$\tag{41} \begin{cases} \psi(u+c+\Pi) = e^{-\pi i\left[\bar{g}_\Pi - \frac{N}{\theta}\left(u + \frac{\Pi}{2}\right)\right] - \pi i \Pi(2\varkappa u + \varkappa\Pi + \bar{\lambda})} \cdot \psi(u+c), \\ \psi(u+c+\theta) = e^{-\pi i\left[\bar{g}_\theta - \frac{N}{\Pi}\left(u + \frac{\theta}{2}\right)\right] - \pi i \theta(2\varkappa u + \varkappa\theta + \bar{\lambda})} \cdot \psi(u+c), \end{cases}$$

wenn

$$\bar{g}_\Pi = g_\Pi - \gamma_\Pi, \quad \bar{g}_\theta = g_\theta - \gamma_\theta, \tag{42}$$

$$\bar{\lambda} = \lambda + 2\varkappa c + \frac{1}{2\theta\Pi}(\gamma_\theta \Pi + \gamma_\Pi \theta) \tag{43}$$

gesetzt wird.

Es ist also $\psi(u + c)$, als Funktion des Argumentes u, eine elliptische Funktion dritter Art von der Ordnung N und der Charakteristik

$$(\bar{g}_\Pi, \bar{g}_\theta) = (g_\Pi - \gamma_\Pi, g_\theta - \gamma_\theta). \tag{44}$$

Wenn umgekehrt g_Π, g_θ, $\bar{g}_\Pi$, $\bar{g}_\theta$ vier beliebige reelle Zahlen sind, so gibt es stets eine Konstante

$$c = \frac{1}{2N}[(g_\Pi - \bar{g}_\Pi)\theta - (g_\theta - \bar{g}_\theta)\Pi]. \tag{45}$$

Jede beliebige elliptische Funktion dritter Art von u mit den Perioden Π, θ und der Ordnung N ist daher verwandt mit einer Funktion $\psi(u + c)$. Dieses Resultat läßt sich mit Hilfe des vorletzten Satzes der Nr. 93 so aussprechen:

Sämtliche elliptischen Funktionen dritter Art von einer bestimmten von Null verschiedenen Ordnung können aus einer einzigen beliebig gewählten Funktion derselben Ordnung abgeleitet werden durch Multiplikation mit einem Faktor der Form

$$f(u) \cdot e^{-\pi i [\varkappa u^2 + \lambda u]},$$

wo $f(u)$ eine elliptische Funktion erster Art bedeutet, und durch gleichzeitiges Hinzufügen einer additiven Konstanten zum Argument.

Ganze elliptische Funktionen dritter Art (Jacobische Funktionen).

96. In dieser Nummer sollen die elliptischen Funktionen dritter Art, welche zugleich ganze transzendente Funktionen sind, genauer untersucht werden; wir nennen sie kurz: ganze elliptische Funktionen dritter Art oder, mit einem häufig gebrauchten Namen: Jacobische Funktionen.

Eine solche Funktion hat, ihrer Definition gemäß, keine Pole; *ihre Ordnung ist gleich der Anzahl der im Periodenparallelogramm gelegenen Nullpunkte und kann daher niemals negativ sein.*

Eine ganze elliptische Funktion dritter Art von der Ordnung Null muß die Charakteristik (0, 0) haben; sie genügt daher den Funktionalgleichungen (34), und da sie weder Nullpunkte noch Pole besitzt, kann sie sich von der Funktion (35) nur durch einen konstanten Faktor unterscheiden; d. h.

Jede ganze elliptische Funktion dritter Art null-ter Ordnung hat die Form

$$T^0(u) = C \cdot e^{-\pi i [\varkappa u^2 + \lambda u]}, \tag{46}$$

worin C, $\varkappa$, λ beliebige Konstanten bezeichnen.

Aus unseren allgemeinen Sätzen über elliptische Funktionen dritter Art folgt ferner:

Wenn verwandte ganze elliptische Funktionen dritter Art N-ter Ordnung $N-1$ gemeinsame Nullpunkte im Periodenparallelogramm haben, so haben sie auch den N-ten gemein.

Es gibt nicht mehr als N gleichändrige ganze elliptische Funktionen dritter Art von der Ordnung N, zwischen denen nicht eine lineare homogene Relation mit konstanten Koeffizienten bestände; d. h. zwischen $N+1$ gleichändrigen ganzen elliptischen Funktionen dritter Art von der Ordnung N

$$T_0(u),\ T_1(u),\ \ldots,\ T_{N-1}(u),\ T_N(u) \tag{47}$$

besteht immer eine Relation

(48) $c_0 \cdot T_0(u) + c_1 \cdot T_1(u) + \ldots + c_{N-1} \cdot T_{N-1}(u) + c_N \cdot T_N(u) = 0$

mit konstanten Koeffizienten.

Dieser Satz ist zunächst für $N = 1$ evident; denn der Quotient zweier gleichändriger ganzer elliptischer Funktionen dritter Art von der Ordnung 1 ist eine elliptische Funktion erster Art von der Ordnung 1, d. h. eine Konstante (vgl. Nr. 80).

Für $N \geqq 2$ schließen wir folgendermaßen: Wenn es keine N gleichändrige Jacobische Funktionen N-ter Ordnung gäbe, ohne daß bereits zwischen ihnen eine lineare homogene Relation mit konstanten Koeffizienten bestände, so wäre unser Satz um so mehr richtig. Wir dürfen also annehmen, daß etwa die N Funktionen $T_0(u)$, $T_1(u)$, ..., $T_{N-1}(u)$ in dem angegebenen Sinne linear unabhängig seien. Die Funktion $T_N(u)$ möge in den Punkten

(49) $$\beta_1, \beta_2, \ldots, \beta_\nu$$

Nullstellen von den Ordnungen

(50) $$n_1, n_2, \ldots, n_\nu \qquad (n_1 + n_2 + \ldots + n_\nu = N)$$

besitzen. Wir bilden nun das System der N Gleichungen

(51) $$\begin{cases} c_0 T_0(\beta_1) + c_1 T_1(\beta_1) + \ldots + c_{N-1} \cdot T_{N-1}(\beta_1) = 0 \\ c_0 T_0'(\beta_1) + c_1 T_1'(\beta_1) + \ldots + c_{N-1} \cdot T_{N-1}'(\beta_1) = 0 \\ \cdots \quad \cdots \quad \cdots \quad \cdots \\ c_0 T_0^{(n_1-1)}(\beta_1) + c_1 T_1^{(n_1-1)}(\beta_1) + \ldots + c_{N-1} \cdot T_{N-1}^{(n_1-1)}(\beta_1) = 0 \\ c_0 T_0(\beta_2) + c_1 T_1(\beta_2) + \ldots + c_{N-1} \cdot T_{N-1}(\beta_2) = 0 \\ c_0 T_0'(\beta_2) + c_1 T_1'(\beta_2) + \ldots + c_{N-1} \cdot T_{N-1}'(\beta_2) = 0 \\ \cdots \quad \cdots \quad \cdots \quad \cdots \\ c_0 T_0^{(n_2-1)}(\beta_2) + c_1 T_1^{(n_2-1)}(\beta_2) + \ldots + c_{N-1} \cdot T_{N-1}^{(n_2-1)}(\beta_2) = 0 \\ \cdots \quad \cdots \quad \cdots \quad \cdots \\ \cdots \quad \cdots \quad \cdots \quad \cdots \\ \cdots \quad \cdots \quad \cdots \quad \cdots \\ c_0 T_0(\beta_\nu) + c_1 T_1(\beta_\nu) + \ldots + c_{N-1} \cdot T_{N-1}(\beta_\nu) = 0 \\ c_0 T_0'(\beta_\nu) + c_1 T_1'(\beta_\nu) + \ldots + c_{N-1} \cdot T_{N-1}'(\beta_\nu) = 0 \\ \cdots \quad \cdots \quad \cdots \quad \cdots \\ c_0 T_0^{(n_\nu-1)}(\beta_\nu) + c_1 T_1^{(n_\nu-1)}(\beta_\nu) + \ldots + c_{N-1} \cdot T_{N-1}^{(n_\nu-1)}(\beta_\nu) = 0 \end{cases}$$

worin zur Abkürzung

(52) $$\left[\frac{d^\tau(T_h(u))}{du^\tau}\right]_{u=\beta_\sigma} = T_h^{(\tau)}(\beta_\sigma)$$

gesetzt ist. Es muß ein System von N, in ihren Verhältnissen bestimmten, Konstanten

(53) $$c_0\,,\ c_1\,,\ \ldots,\ c_{N-1}$$

geben, welches die N Gleichungen (51) befriedigt; denn sind die Konstanten (53) so gewählt, daß irgend welche $N-1$ Gleichungen des Systems (51) erfüllt sind (und dies ist stets möglich), so stellt die Funktion

(54) $$T(u) = c_0\, T_0(u) + c_1\, T_1(u) + \ldots + c_{N-1}\, T_{N-1}(u)\,,$$

da sie nach der über die Funktionen $T_0(u)$, $T_1(u)$, ..., $T_{N-1}(u)$ gemachten Voraussetzung nicht identisch verschwindet, eine mit $T_N(u)$ gleichändrige ganze elliptische Funktion dritter Art dar, welche mit $T_N(u)$ $N-1$ Nullpunkte im Periodenparallelogramm gemein hat; es muß dann auch der N-te Nullpunkt von $T_N(u)$ beiden Funktionen gemeinsam, d. h. auch die letzte der Gleichungen (51) erfüllt sein. Die Funktionen $T(u)$ und $T_N(u)$ können sich nur um einen konstanten Faktor unterscheiden:

(55) $$T(u) = -c_N\, T_N(u)\,,$$

womit unser Satz bewiesen ist.

Wir können diesen Satz auch so aussprechen:

Wenn es N gleichändrige ganze elliptische Funktionen dritter Art von der Ordnung N gibt, zwischen welchen keine lineare homogene Relation mit konstanten Koeffizienten besteht, so läßt sich jede andere mit ihnen gleichändrige ganze elliptische Funktion dritter Art linear und homogen mit konstanten Koeffizienten durch sie ausdrücken.

In Nr. 100 wird bewiesen werden, daß es tatsächlich N linear unabhängige Funktionen dieser Art gibt.

Da verwandte elliptische Funktionen dritter Art durch Hinzufügung von Faktoren der Form

(56) $$e^{-\pi i[\varkappa u^2 + \lambda u]}$$

stets in gleichändrige verwandelt werden können, so ergibt sich aus dem vorhergehenden Satze unmittelbar der folgende:

Zwischen $N+1$ verwandten ganzen elliptischen Funktionen dritter Art von der Ordnung N

$$\bar{T}_0(u)\,,\quad \bar{T}_1(u)\,,\ \ldots,\ \bar{T}_{N-1}(u)\,,\quad \bar{T}_N(u) \tag{57}$$

besteht immer eine Relation der Form:

$$\left\{\begin{aligned} &C_0\, e^{-\pi i[\varkappa_0 u^2+\lambda_0 u]}\,\bar{T}_0(u) + C_1\, e^{-\pi i[\varkappa_1 u^2+\lambda_1 u]}\,\bar{T}_1(u) + \ldots \\ &\qquad + C_N\, e^{-\pi i[\varkappa_N u^2+\lambda_N u]}\,\bar{T}_N(u) = 0. \end{aligned}\right. \tag{58}$$

Als Spezialfall des Satzes Nr. 94 erhalten wir ferner:

Jede ganze elliptische Funktion dritter Art läßt sich als Produkt von σ-Funktionen mit einem Exponentialfaktor in der Form schreiben:

$$\left\{\begin{aligned} T(u) &= C\, e^{-\pi i[\varkappa u^2+\lambda u]}\cdot[\sigma(u-\beta_1)]^{n_1}\cdot[\sigma(u-\beta_2)]^{n_2}\cdot\ldots \\ &\qquad \cdot[\sigma(u-\beta_\nu)]^{n_\nu}\,. \end{aligned}\right. \tag{59}$$

Jede ganze elliptische Funktion dritter Art von der Ordnung 1 hat die Form

$$t(u) = C\cdot e^{-\pi i[\varkappa u^2+\lambda u]}\cdot\sigma(u-u_0)\,, \tag{60}$$

woraus folgt, daß auch umgekehrt die Funktion $\sigma(u)$ durch jede beliebige ganze elliptische Funktion dritter Art $t_1(u)$ von der Ordnung 1 so ausgedrückt werden kann:

$$\sigma(u) = C'\cdot e^{-\pi i[\varkappa' u^2+\lambda' u]}\cdot t_1(u-u_0')\,, \tag{61}$$

und daß daher die *allgemeine ganze elliptische Funktion dritter Art von beliebiger Ordnung N ebensowohl wie durch* (59) *auch durch den folgenden Ausdruck dargestellt werden kann:*

$$\left\{\begin{aligned} T(u) &= C\cdot e^{-\pi i[\varkappa u^2+\lambda u]}\cdot[t_1(u-\gamma_1)]^{n_1}\cdot[t_1(u-\gamma_2)]^{n_2}\cdot\ldots \\ &\qquad \cdot[t_1(u-\gamma_\nu)]^{n_\nu}\,. \end{aligned}\right. \tag{62}$$

Die Beziehungen (59) und (60) sind als besondere Fälle in dem nachstehenden Satze enthalten, welcher aus dem Resultate der Nr. 95 folgt:

Jede ganze elliptische Funktion dritter Art erster Ordnung $t(u)$ läßt sich durch irgend eine unter ihnen [wir bezeichnen sie mit $t_1(u)$] so ausdrücken:

$$t(u) = C\cdot e^{-\pi i[\varkappa u^2+\lambda u]}\cdot t_1(u+c)\,, \tag{63}$$

dabei ist $c \equiv a_1 - a$, wenn $t_1(a_1) = 0$, $t(a) = 0$.

In diesen Sätzen ist auch das folgende Resultat enthalten, von welchem wir bisweilen Gebrauch machen werden:

Jede ganze elliptische Funktion dritter Art $T(u)$ von der Ordnung m stellt sich als Produkt von m ganzen elliptischen Funktionen dritter Art erster Ordnung dar:

$$T(u) = t_1(u) \cdot t_2(u) \cdot \ldots \cdot t_m(u)\,. \tag{64}$$

Die allgemeinste elliptische Funktion dritter Art, ausgedrückt durch Jacobische Funktionen.

97. *Jede beliebige elliptische Funktion dritter Art läßt sich als Quotient zweier ganzer elliptischer Funktionen dritter Art schreiben.*

Sei nämlich $\psi(u)$ eine elliptische Funktion dritter Art, welche in dem für Π, θ konstruierten Periodenparallelogramm die Pole

$$\alpha_1\,, \alpha_2\,, \ldots, \alpha_\mu \tag{4}$$

mit den Ordnungszahlen

$$m_1\,, m_2\,, \ldots, m_\mu \tag{5}$$

und die Nullstellen

$$\beta_1\,, \beta_2\,, \ldots, \beta_\nu \tag{6}$$

mit den Ordnungszahlen

$$n_1\,, n_2\,, \ldots, n_\nu \tag{7}$$

besitzt, sonst aber weder Pole noch Nullpunkte.

Wir konstruieren eine ganze elliptische Funktion dritter Art $T_1(u)$, welche in den Punkten (4) Nullstellen von den Ordnungen (5) besitzt; dann ist

$$\psi(u) \cdot T_1(u) = T_2(u) \tag{65}$$

eine elliptische Funktion dritter Art, welche in dem Periodenparallelogramm keine Pole mehr besitzt, also eine ganze Funktion sein muß, womit unser Satz bewiesen ist; er ist übrigens in der durch Formel (39) dieses Kapitels gegebenen Darstellung bereits enthalten.

Ist $\psi(u)$ eine elliptische Funktion erster Art, so sind die beiden in (65) auftretenden Funktionen $T_1(u)$ und $T_2(u)$ gleichändrig, und wir haben demnach den Satz:

Jede elliptische Funktion erster Art läßt sich als Quotient zweier gleichändriger ganzer elliptischer Funktionen dritter Art schreiben,
ein Resultat, welches wir in etwas anderer Form bereits in Nr. 81 kennen gelernt haben. Als gleichändrige Funktionen sind $T_1(u)$ und $T_2(u)$ auch verwandte Funktionen, woraus wir nach Nr. 92 schließen, daß in diesem Falle

$$\sum_{h=1}^{h=\nu} n_h = \sum_{k=1}^{k=\mu} m_k$$

$$\sum_{h=1}^{h=\nu} \beta_h n_h \equiv \sum_{k=1}^{k=\mu} \alpha_k m_k$$

sein muß. Diese Beziehungen sind uns aus Nr. 79 bekannt.

Aus den durch (62) und (65) ausgedrückten Sätzen können wir die folgenden ableiten:

Legt man eine beliebige ganze elliptische Funktion dritter Art erster Ordnung mit den Perioden Π, θ

$$t_1(u)$$

zugrunde, so läßt sich jede beliebige elliptische Funktion dritter Art irgendwelcher Ordnung (im besonderen also auch jede elliptische Funktion erster Art) mit denselben Perioden Π, θ darstellen durch einen Ausdruck der Form

$$(66)\quad \begin{cases} \psi(u) = C \cdot e^{-\pi i[\varkappa u^2 + \lambda u]} \\ \cdot \dfrac{[t_1(u-\gamma_1)]^{n_1} \cdot [t_1(u-\gamma_2)]^{n_2} \cdot \ldots \cdot [t_1(u-\gamma_\nu)]^{n_\nu}}{[t_1(u-\delta_1)]^{m_1} \cdot [t_1(u-\delta_2)]^{m_2} \cdot \ldots \cdot [t_1(u-\delta_\mu)]^{m_\mu}}. \end{cases}$$

Jede elliptische Funktion dritter Art, welche im Periodenparallelogramm n Nullpunkte und m Pole besitzt, läßt sich in der Form

$$(67)\qquad \psi(u) = \frac{t_1(u) \cdot t_2(u) \cdot \ldots \cdot t_n(u)}{t_{n+1}(u) \cdot t_{n+2}(u) \cdot \ldots \cdot t_{n+m}(u)}$$

durch ganze elliptische Funktionen dritter Art erster Ordnung darstellen.

Reduzierte elliptische Funktionen dritter Art. — Thetafunktionen.

98. Sei $\psi(u)$ eine beliebige elliptische Funktion dritter Art, welche in Beziehung auf ihre Perioden Π, θ die Ordnung N und die Charakteristik (g_Π, g_θ) hat; ihre Funktionalgleichungen wollen wir, je nach der Bezeichnungsweise, in den Formen (2), (30), (33) annehmen. Es soll nun eine neue Funktion

$$\overline{\psi}(u) = \psi(u) \cdot L(u) \tag{68}$$

gebildet werden, wo $L(u)$ einen Exponentialfaktor bezeichnet, welcher wiederum — den drei Formen der Funktionalgleichungen entsprechend — auf dreierlei Weise geschrieben werden kann:

$$\left\{\begin{aligned} L(u) &= e^{-\frac{E_\Pi}{2\Pi}u^2 - \frac{D_\Pi - \frac{1}{2}E_\Pi \cdot \Pi + \pi i g_\Pi}{\Pi}u} \\ &= e^{\frac{\pi i}{\Pi}[F_\Pi \cdot u^2 + (G_\Pi - g_\Pi)u]} = e^{-\pi i\left[\frac{N u^2}{2\Pi\theta} - (\varkappa u^2 + \lambda u)\right]}. \end{aligned}\right. \tag{69}$$

Die Funktion $\overline{\psi}(u)$ genügt nun den Funktionalgleichungen:

$$\left\{\begin{aligned} \overline{\psi}(u + \Pi) &= e^{-\pi i g_\Pi} \cdot \overline{\psi}(u), \\ \overline{\psi}(u + \theta) &= e^{-\pi i\left[\frac{N}{\Pi}(2u+\theta) + g_\theta\right]} \cdot \overline{\psi}(u). \end{aligned}\right. \tag{70}$$

Eine solche Funktion möge als **reduzierte elliptische Funktion dritter Art** bezeichnet werden.

So sind z. B. die in Nr. 68 besprochenen Funktionen reduzierte elliptische Funktionen dritter Art; es folgt dies unmittelbar aus den in jener Nummer angegebenen Funktionalgleichungen, in welchen jetzt, gemäß einer inzwischen gemachten Festsetzung [vgl. Nr. 91, Schluß], $\varepsilon = +1$ zu setzen ist. Die Funktion ${}^{(\Pi)}\mathrm{H}(u)$ besitzt, in Beziehung auf die Perioden Π, θ, die Charakteristik (1, 1) und ist von der ersten Ordnung, während mit Beziehung auf die Perioden 2Π; 2θ ihre Charakteristik (0, 0), ihre Ordnung 4 wird; denn wir haben die Identitäten:

$$\left\{\begin{aligned} {}^{(\Pi)}\mathrm{H}(u + 2\Pi) &= {}^{(\Pi)}\mathrm{H}(u), \\ {}^{(\Pi)}\mathrm{H}(u + 2\theta) &= e^{-4\pi i\frac{2u+2\theta}{2\Pi}} \cdot {}^{(\Pi)}\mathrm{H}(u). \end{aligned}\right. \tag{71}$$

Aus der Definition der reduzierten elliptischen Funktionen dritter Art folgt unmittelbar:

Zwei verwandte reduzierte elliptische Funktionen dritter Art sind gleichändrig.

Durch Multiplikation und Division reduzierter elliptischer Funktionen dritter Art, welche zu denselben Perioden gehören, entstehen wieder reduzierte Funktionen.

Jede reduzierte elliptische Funktion dritter Art läßt sich in der Form

$$\bar{\psi}(u) = \frac{\bar{t}_1(u) \cdot \bar{t}_2(u) \cdot \ldots \cdot \bar{t}_n(u)}{\bar{t}_{n+1}(u) \cdot \bar{t}_{n+2}(u) \cdot \ldots \cdot \bar{t}_{n+m}(u)} \tag{72}$$

durch reduzierte ganze elliptische Funktionen dritter Art erster Ordnung darstellen.

Sei in der Tat $\bar{\psi}(u)$ eine reduzierte elliptische Funktion dritter Art; nach Nr. 97 (67) können wir ihr jedenfalls die Form geben

$$\psi(u) = \frac{t_1(u) \cdot t_2(u) \cdot \ldots \cdot t_n(u)}{t_{n+1}(u) \cdot t_{n+2}(u) \cdot \ldots \cdot t_{n+m}(u)}, \tag{67a}$$

worin die $t_s(u)$ (für $s = 1, 2, \ldots, n+m$) ganze elliptische Funktionen dritter Art erster Ordnung bedeuten; diese brauchen nicht reduziert zu sein, können aber sämtlich durch Multiplikation mit Exponentialfaktoren in reduzierte Funktionen verwandelt werden; sei

$$l_s(u) = e^{-\pi i [\varkappa_s u^2 + \lambda_s u]} \tag{73}$$

$$(s = 1, 2, \ldots, n+m)$$

der Faktor, mit welchem $t_s(u)$ multipliziert werden muß, und

$$\bar{t}_s(u) = l_s(u) \cdot t_s(u) \tag{74}$$

die entstehende reduzierte Funktion. Setzen wir

$$\Lambda(u) = \frac{l_1(u) \cdot \ldots \cdot l_n(u)}{l_{n+1}(u) \cdot \ldots \cdot l_{n+m}(u)} = e^{-\pi i [\varkappa u^2 + \lambda u]}, \tag{75}$$

worin offenbar

$$\varkappa = \sum_{s=1}^{s=n} \varkappa_s - \sum_{s=n+1}^{s=n+m} \varkappa_s, \quad \lambda = \sum_{s=1}^{s=n} \lambda_s - \sum_{s=n+1}^{s=n+m} \lambda_s \tag{76}$$

ist, so haben wir in dem Ausdruck

$$\psi(u) \cdot \Lambda(u) = \frac{\bar{t}_1(u) \cdot \ldots \cdot \bar{t}_n(u)}{\bar{t}_{n+1}(u) \cdot \ldots \cdot \bar{t}_{n+m}(u)} = \bar{\bar{\psi}}(u) \tag{77}$$

eine elliptische Funktion dritter Art, welche selbst reduziert und außerdem mit $\bar{\psi}(u)$ verwandt sein muß. $\bar{\bar{\psi}}(u)$ ist daher gleichändrig mit $\overline{\psi}(u)$. Ferner haben $\overline{\psi}(u)$ und $\overline{\overline{\psi}}(u)$ offenbar dieselben Nullpunkte und Pole; sie können sich also nur durch einen konstanten Faktor unterscheiden, d. h.

$$(78) \qquad \Lambda(u) = e^{-\pi i[\varkappa u^2 + \lambda u]} = \text{const.}$$

Dies ist nur in der Weise möglich, daß

$$(79) \qquad \varkappa = 0\,, \quad \lambda = 0\,, \quad \Lambda(u) = 1\,,$$

und wir haben also $\overline{\psi}(u)$ dargestellt in der Form

$$(71) \qquad \overline{\psi}(u) = \frac{\bar{t}_1(u) \cdot \ldots \cdot \bar{t}_n(u)}{\bar{t}_{n+1}(u) \cdot \ldots \cdot \bar{t}_{n+m}(u)}\,,$$

wie es unser Satz verlangt. —

Jede reduzierte elliptische Funktion dritter Art von u mit den Perioden Π, θ kann durch Multiplikation mit einem von u unabhängigen Faktor in eine Funktion verwandelt werden, welche die drei Größen u, Π, θ nur in den beiden Verbindungen

$$(80) \qquad \zeta = \frac{u}{\Pi}\,, \quad \tau = \frac{\theta}{\Pi}$$

enthält und, als solche, den Funktionalgleichungen genügt:

$$(81) \qquad \begin{cases} \Psi(\zeta + 1\,, \tau) = e^{-\pi i g_\Pi} \cdot \Psi(\zeta\,, \tau)\,, \\ \Psi(\zeta + \tau\,, \tau) = e^{-\pi i g_\theta} \cdot e^{-\pi i N(2\zeta + \tau)} \cdot \Psi(\zeta\,, \tau)\,. \end{cases}$$

Wie ein Blick auf (72) lehrt, wird dieser Satz in seiner allgemeinen Form bewiesen sein, wenn es gelingt, ihn für reduzierte ganze elliptische Funktionen dritter Art erster Ordnung zu beweisen. Sei $\bar{t}(u)$ eine solche Funktion mit der Charakteristik $(\bar{g}_\Pi, \bar{g}_\theta)$, so sind nach (70) ihre Funktionalgleichungen:

$$(82) \qquad \begin{cases} \bar{t}(u + \Pi) = e^{-\pi i \bar{g}_\Pi} \cdot \bar{t}(u)\,, \\ \bar{t}(u + \theta) = e^{-\pi i\left[2\frac{u}{\Pi} + \frac{\theta}{\Pi} + \bar{g}_\theta\right]} \cdot \bar{t}(u)\,; \end{cases}$$

um die Abhängigkeit von den drei Größen u, Π, θ anzudeuten, können wir die Funktion $\bar{t}(u)$ als Funktion dreier Argumente schreiben

$$(83) \qquad \bar{t}(u) \equiv \bar{t}(u\,, \Pi\,, \theta)\,;$$

die Funktion $\bar{t}(hu, h\Pi, h\theta)$, welche entsteht, wenn wir die Variable u und beide Perioden mit demselben willkürlichen Faktor h multiplizieren, ist, als Funktion von u aufgefaßt, eine mit $\bar{t}(u)$ gleichändrige ganze elliptische Funktion dritter Art erster Ordnung mit den Perioden Π, θ; denn in den Funktionalgleichungen (82) treten die Größen u, Π, θ nur in ihren Verhältnissen auf, so daß der Multiplikator h darin wegfällt. Beide Funktionen können sich also nach Satz nur um einen von u unabhängigen Faktor $\varphi(\Pi, \theta)$ unterscheiden; denn eine elliptische Funktion erster Art von u, welche nur einen Nullpunkt und einen Pol besitzt, muß notwendig eine Konstante sein. Wir haben also

(84) $$\frac{\bar{t}(hu, h\Pi, h\theta)}{\bar{t}(u, \Pi, \theta)} = \varphi(\Pi, \theta);$$

da $\bar{t}(u, \Pi, \theta)$ keine Nullstelle zweiter Ordnung besitzen kann, so ist entweder die Funktion $\bar{t}(u, \Pi, \theta)$ selbst oder ihre erste Ableitung für $u = 0$ von Null verschieden; es kann demnach $\varphi(\Pi, \theta)$ stets in die Form gesetzt werden

(85) $$\varphi(\Pi, \theta) = \frac{\omega(h\Pi, h\theta)}{\omega(\Pi, \theta)},$$

worin entweder

(86) $$\omega(\Pi, \theta) = \bar{t}(0, \Pi, \theta)$$

oder

(86a) $$\omega(\Pi, \theta) = \Pi \cdot \bar{t}'(0, \Pi, \theta)$$

anzunehmen ist. Es besteht nun die Identität

(87) $$\frac{\bar{t}(hu, h\Pi, h\theta)}{\omega(h\Pi, h\theta)} = \frac{\bar{t}(u, \Pi, \theta)}{\omega(\Pi, \theta)},$$

d. h. die Funktion

(88) $$\bar{\bar{t}}(u, \Pi, \theta) = \frac{\bar{t}(u, \Pi, \theta)}{\omega(\Pi, \theta)}$$

erfüllt für jedes h die Funktionalgleichung

(89) $$\bar{\bar{t}}(hu, h\Pi, h\theta) = \bar{\bar{t}}(u, \Pi, \theta),$$

welche für $h = \frac{1}{\Pi}$ die spezielle Form annimmt:

(90) $$\bar{t}(u, \Pi, \theta) = \bar{\bar{t}}(\zeta, 1, \tau) = \vartheta(\zeta, \tau)$$

und also zeigt, daß $\bar{t}(u, \Pi, \theta)$ eine reine Funktion der beiden Größen (80) ist; aus (88) und (90) entsteht

(91) $$\bar{t}(u, \Pi, \theta) = \omega(\Pi, \theta) \cdot \vartheta(\zeta, \tau),$$

womit unser Beweis erbracht ist. Die Funktion $\vartheta(\zeta, \tau)$ genügt den Funktionalgleichungen:

(92) $$\begin{cases} \vartheta(\zeta + 1, \tau) = e^{-\pi i \bar{g}_\Pi} \cdot \vartheta(\zeta, \tau), \\ \vartheta(\zeta + \tau, \tau) = e^{-\pi i [2\zeta + \tau + \bar{g}_\theta]} \cdot \vartheta(\zeta, \tau). \end{cases}$$

Wenden wir dieses Verfahren auf die Funktion ${}^{(\Pi)}\mathrm{H}(u)$ an, welche wir oben als Beispiel einer reduzierten elliptischen Funktion dritter Art angeführt haben, so finden wir, daß die Funktion

$$\frac{1}{\Pi} \cdot {}^{(\Pi)}\mathrm{H}(u)$$

nur von den Verhältnissen der drei Größen u, Π, θ abhängt; denn es ist

$${}^{(\Pi)}\mathrm{H}(0) = 0, \qquad {}^{(\Pi)}\mathrm{H}'(0) = 1,$$

folglich gemäß (86a):

$$\omega(\Pi, \theta) = \Pi \cdot {}^{(\Pi)}\mathrm{H}'(0) = \Pi.$$

Eine reduzierte ganze elliptische Funktion dritter Art der Ordnung N, welche nur von den Verhältnissen der drei Größen u, Π, θ abhängt und daher als Funktion der beiden Argumente ζ, τ angesehen werden kann, bezeichnet man als **Thetafunktion** N-**ter Ordnung**. Ihre Funktionalgleichungen sind

(93) $$\begin{cases} \theta(\zeta + 1, \tau) = e^{-\pi i g_\Pi} \cdot \theta(\zeta, \tau), \\ \theta(\zeta + \tau, \tau) = e^{-\pi i g_\theta} \cdot e^{-\pi i N(2\zeta + \tau)} \cdot \theta(\zeta, \tau). \end{cases}$$

Die Funktion $\vartheta(\zeta, \tau)$, welche uns oben entgegentrat, ist also eine **Thetafunktion erster Ordnung**; *eine solche ist durch ihre Funktionalgleichungen, d. h. durch Angabe des Periodenverhältnisses τ und der Charakteristik*

$(\bar{g}_\Pi, \bar{g}_\theta)$ *bis auf einen von* ζ *unabhängigen Faktor bestimmt; dieser Faktor kann als Funktion von* τ, $\bar{g}_\Pi$, $\bar{g}_\theta$ *ganz beliebig gewählt werden.*

Jede Thetafunktion N-ter Ordnung $\theta(\zeta, \tau)$ *läßt sich als Produkt von N Thetafunktionen erster Ordnung* $\vartheta(\zeta, \tau)$ *darstellen.*

Jede Thetafunktion N-ter Ordnung läßt sich durch eine einzige Thetafunktion erster Ordnung in der Form ausdrücken:

$$(94)\quad \theta(\zeta, \tau) = c[\vartheta(\zeta+\gamma_1, \tau)]^{n_1}\cdot[\vartheta(\zeta+\gamma_2, \tau)]^{n_2}\cdot\ldots\cdot[\vartheta(\zeta+\gamma_\nu, \tau)]^{n_\nu}$$
$$(n_1 + n_2 + \ldots + n_\nu = N)\,.$$

Jede beliebige ganze elliptische Funktion dritter Art $T(u, \Pi, \theta)$ *kann durch Multiplikation mit einem Exponentialfaktor in eine Thetafunktion* $\theta(\zeta, \tau)$ *gleicher Ordnung und Charakteristik übergeführt werden:*

$$(95)\qquad T(u, \Pi, \theta) = \varphi(\Pi, \theta)\cdot e^{-\pi i[\varkappa u^2 + \lambda u]}\cdot\theta(\zeta, \tau)\,.$$

Jede beliebige reduzierte elliptische Funktion dritter Art $\overline{\psi}(u, \Pi, \theta)$ *läßt sich bis auf einen von u unabhängigen Faktor* $\varphi(\Pi, \theta)$ *durch einen Quotienten zweier Thetafunktionen ausdrücken:*

$$(96)\qquad \overline{\psi}(u, \Pi, \theta) = \varphi(\Pi, \theta)\frac{\theta_1(\zeta, \tau)}{\theta_2(\zeta, \tau)}\,;$$

wenn die Funktion auf der linken Seite selbst eine reine Funktion der beiden Größen ζ, τ *ist, so hängt der Faktor* $\varphi(\Pi, \theta)$ *nur von dem Periodenverhältnis* τ *ab, und die Darstellung* (96) *geht über in:*

$$(97)\qquad \Psi(\zeta, \tau) = \omega(\tau)\cdot\frac{\theta_1(\zeta, \tau)}{\theta_2(\zeta, \tau)}\,.$$

Analytische Ausdrücke für reduzierte elliptische Funktionen dritter Art mit der Charakteristik (0, 0) und einer von Null verschiedenen Ordnung (Psi-Funktionen). — Vorbereitung der Aufgabe.

99. Handelt es sich um elliptische Funktionen dritter Art, deren Ordnung von Null verschieden ist, so können wir durch Hinzufügung einer Konstanten zum Argument von einer beliebigen Charakteristik zu der Charakteristik (0, 0) übergehen (vgl. Nr. 95).

Wir beschränken uns daher in den folgenden Nummern (bis Nr. 104 einschließlich) auf die Betrachtung reduzierter elliptischer Funktionen dritter Art, welche nur von ζ und τ abhängen, die Charakteristik (0, 0) und eine von Null verschiedene Ordnung besitzen. Sie mögen zur Abkürzung als Ψ-(Psi-)Funktionen bezeichnet werden. Ihre Funktionalgleichungen lauten:

$$(98)\quad \begin{cases} \Psi(\zeta+1,\tau)=\Psi(\zeta,\tau), \\ \Psi(\zeta+\tau,\tau)=e^{-\pi i N(2\zeta+\tau)}\cdot\Psi(\zeta,\tau) \qquad (N\neq 0). \end{cases}$$

Die Ψ-Funktionen, welche zugleich den Charakter ganzer Funktionen haben, sind unsere Thetafunktionen. In der vorhergehenden Nummer haben wir festgestellt, daß die Funktion

$$(99)\qquad \frac{1}{\Pi}\cdot{}^{(\Pi)}\mathrm{H}(u)$$

eine Thetafunktion der beiden Argumente ζ, τ ist, was auch durch die analytischen Ausdrücke der Nr. 70 bestätigt wird. Sie genügt den Funktionalgleichungen (98), wenn darin $N=4$, $\zeta=\frac{u}{2\Pi}$, $\tau=\frac{\theta}{\Pi}$ gesetzt wird [vgl. die Formeln (71) dieses Kapitels].

Es sollen nun für die allgemeine Ψ-Funktion analytische Ausdrücke aufgestellt werden, von welchen die in Nr. 70 für die Funktion (99) gegebenen Formen spezielle Fälle sind. Wir setzen

$$(100)\qquad e^{\pi i\zeta}=w, \quad e^{\pi i\tau}=q$$

und betrachten die Funktion $\Psi(\zeta,\tau)$ als Funktion der beiden Argumente w, q:

$$(101)\qquad \Psi(\zeta,\tau)=\Phi(w,q).$$

Gemäß (100) ist

$$(101)\qquad \zeta=\frac{1}{\pi i}\log w, \quad \tau=\frac{1}{\pi i}\log q,$$

$$(102)\quad \zeta+1=\frac{1}{\pi i}\log(-w), \quad \zeta+\tau=\frac{1}{\pi i}\log(qw);$$

$$e^{-\pi i(2\zeta+\tau)}=w^{-2}q^{-1}.$$

Alle zu demselben Werte w gehörigen Werte von ζ unterscheiden sich um gerade ganze Zahlen; diesen sämtlichen Werten ζ entspricht aber, wie die erste Funktionalgleichung zeigt, ein einziger Funktionswert; (denn $\Psi(\zeta, \tau)$ ist als Funktion von ζ eindeutig); daraus folgt zunächst, daß $\Phi(w, q)$ eine einwertige Funktion von w sein muß. Die erste Funktionalgleichung besagt aber außerdem, daß

$$\Phi(-w, q) = \Phi(w, q), \tag{103}$$

d. h. daß $\Phi(w, q)$ eine gerade Funktion von w, oder, mit anderen Worten, eine einwertige Funktion von w^2 sein muß. Sie muß ferner der Funktionalgleichung

$$\Phi(qw, q) = w^{-2N} q^{-N} \Phi(w, q) \tag{104}$$

genügen, in welche die zweite der Gleichungen (98) durch (100) und (101) übergeführt wird.

Lösung des Problems der vorhergehenden Nummer für den besonderen Fall der Thetafunktionen mit der Charakteristik (0, 0). — Unendliche Reihen, nach Exponentialfunktionen fortschreitend.

100. Wir setzen zunächst voraus, daß $\Psi(\zeta, \tau)$ eine ganze transzendente Funktion, also eine Thetafunktion N-ter Ordnung sei. Dann sind offenbar die einzigen Stellen, an welchen $\Phi(w, q)$, als Funktion von w, unendlich groß wird, gegeben durch diejenigen w-Werte, welchen ein unendlich großer ζ-Wert entspricht, d. h. durch

$$w = 0 \quad \text{und} \quad w = \infty; \tag{105}$$

in diesen beiden Punkten werden wir wesentliche Singularitäten für die Funktion $\Phi(w, q)$ zu erwarten haben.

Jedenfalls besitzt die Funktion $\Phi(w, q)$ eine nach positiven und negativen Potenzen von w^2 fortschreitende Laurentsche Entwickelung, welche in dem Kreisring zwischen $w = 0$ und $w = \infty$ konvergiert. Wir setzen sie mit unbestimmten Koeffizienten in der Form

$$\Phi(w, q) = \sum_{k=-\infty}^{k=+\infty} A_k w^{2k} \tag{106}$$

an und suchen das Gesetz, welches durch die Funktionalgleichung (104) den Koeffizienten A_k auferlegt wird. Es muß die identische Beziehung stattfinden:

$$(107)\quad \sum_{k=-\infty}^{k=+\infty} A_k q^{2k} w^{2k} = \sum_{k=-\infty}^{k=+\infty} A_k q^{-N} w^{2(k-N)} = \sum_{k'=-\infty}^{k'=+\infty} A_{k'+N} q^{-N} w^{2k'},$$

aus welcher sich unmittelbar die folgende rekurrente Beziehung zwischen den A_k ergibt:

$$(108)\qquad A_{k+N} = A_k \cdot q^{2k+N},$$

$$(109)\qquad A_{k+rN} = A_k \cdot q^{2rk+r^2N},$$

worin r eine beliebige positive oder negative Zahl bedeutet. N aufeinanderfolgende Koeffizienten, z. B.

$$(110)\qquad A_0,\ A_1,\ \ldots,\ A_{N-1}$$

können willkürlich gewählt werden; alle übrigen sind alsdann durch (109) bestimmt; setzen wir alle Koeffizienten (110) bis auf einen einzigen, A_h, gleich Null, diesen aber gleich 1, so resultiert eine spezielle Funktion

$$(111)\qquad \Phi_h(w, q) = \sum_{r=-\infty}^{r=+\infty} q^{2rh+r^2N} \cdot w^{2(h+rN)}$$

und *die allgemeinste Funktion* $\Phi(w, q)$, *welche unseren Annahmen entspricht, setzt sich aus den* N *Funktionen*

$$(112)\qquad \Phi_0(w, q),\quad \Phi_1(w, q),\quad \ldots,\quad \Phi_{N-1}(w, q)$$

linear und homogen mit den willkürlichen, von w *unabhängigen Koeffizienten* (110) *zusammen:*

$$(113)\quad \left\{ \begin{aligned} \Phi(w, q) = A_0 \cdot \Phi_0(w, q) + A_1 \cdot \Phi_1(w, q) + \ldots \\ + A_{N-1} \cdot \Phi_{N-1}(w, q)\,. \end{aligned} \right.$$

In ihrer Abhängigkeit von der ursprünglichen Variablen ζ *sind die* N *Funktionen* (112) *Thetafunktionen von der Ordnung* N *und der Charakteristik* (0, 0):

$$(114)\quad \Phi_h(w, q) = \theta_h^{(N)}(\zeta, \tau) = \sum_{r=-\infty}^{r=+\infty} e^{\pi i \tau (2rh + r^2N)} \cdot e^{2\pi i \zeta (h + rN)}$$

und die allgemeinste Thetafunktion der Ordnung N und der Charakteristik $(0, 0)$, *in welche $\Phi(w, q)$ übergeht, läßt sich in die Form setzen:*

$$(115)\quad \begin{cases} \theta_{00}^{(N)}(\zeta, \tau) = A_0 \cdot \theta_0^{(N)}(\zeta, \tau) + A_1 \cdot \theta_1^{(N)}(\zeta, \tau) + \dots \\ \qquad\qquad + A_{N-1} \cdot \theta_{N-1}^{(N)}(\zeta, \tau) . \end{cases}$$

Dieses Ergebnis entspricht dem in Nr. 96 aufgestellten Satze, wonach zwischen $N + 1$ gleichändrigen ganzen elliptischen Funktionen dritter Art eine lineare homogene Beziehung mit konstanten Koeffizienten bestehen muß. Jener Satz erfährt aber durch das neue Resultat eine wichtige Ergänzung, indem nun dargetan ist, daß es wirklich, für eine bestimmte Charakteristik, N linear unabhängige ganze elliptische Funktionen dritter Art gibt; die durch (114) gegebenen Funktionen bilden ein solches System für die Charakteristik (0, 0); wir brauchen in diesen Ausdrücken nur das Argument um eine geeignete Konstante zu vermehren, so bilden sie ein System von Thetafunktionen N-ter Ordnung für eine beliebige Charakteristik.

Eine Vergleichung mit dem durch die Formel (116) in Nr. 70 gegebenen Ausdruck zeigt uns, daß

$$(116)\qquad {}^{(\Pi)}\mathrm{H}(u) = H \cdot [\theta_1^{(4)}(\zeta, \tau) - q^2\, \theta_3^{(4)}(\zeta, \tau)] .$$

Der Quotient $H : \Pi$ ist eine reine Funktion des Periodenverhältnisses $\theta : \Pi$ [Nr. 70 (115)], so daß also die Funktion ${}^{(\Pi)}\mathrm{H}(u) : \Pi$ tatsächlich in der Form (115) [der vorliegenden Nummer] enthalten ist; wir haben nur

$$(117)\quad A_0 = 0, \qquad A_1 = \frac{H}{\Pi}, \qquad A_2 = 0, \qquad A_3 = -\frac{H\, q^2}{\Pi}$$

zu setzen.

Die durch (111) definierte Funktion kann auch so geschrieben werden:

$$(118)\qquad \Phi_h(w, q) = \sum_{r=-\infty}^{r=+\infty} q^{r^2 N}\, w^{2rN} (w^2 q^{2r})^h ;$$

die Reihe

$$(119)\qquad \Phi(w, q) = \sum_{h=0}^{h=N-1} A_h \cdot \Phi_h(w, q)$$

muß, als Laurentsche Entwickelung der Funktion $\Phi(w, q)$, absolut konvergieren; wir können daher die Summierung der Glieder auch in der Weise ausführen, daß wir zunächst die zu einem bestimmten Werte des Index r gehörigen N Glieder addieren und alsdann den Index r von $-\infty$ bis $+\infty$ laufen lassen. So ergibt sich für $\Phi(w, q)$ der Ausdruck

$$(120)\qquad \Phi(w, q) = \sum_{r=-\infty}^{r=+\infty} q^{r^2 N} w^{2rN} \cdot P(w^2 q^{2r}),$$

worin zur Abkürzung

$$(121)\qquad P(w^2 q^{2r}) = \sum_{h=0}^{h=N-1} A_h (w^2 q^{2r})^h$$

gesetzt ist.

Gehen wir wieder auf die ursprünglichen Variablen ζ, τ zurück, so haben wir

$$(122)\qquad \theta_{00}^{(N)}(\zeta, \tau) = \sum_{r=-\infty}^{r=+\infty} q^{r^2 N} \cdot e^{2rN\pi i\zeta} \cdot P(q^{2r} \cdot e^{2\pi i\zeta}).$$

Konvergenzuntersuchung, welche die Lösung des allgemeineren Problems herbeiführt.

101. Wenn die Existenz einer Funktion $\Phi(w, q)$ von den verlangten Eigenschaften vorausgesetzt wird, so folgt die Konvergenz ihrer Laurentschen Entwickelung aus allgemeinen funktionentheoretischen Sätzen; jene Existenz aber durfte uns durch den Zusammenhang der allgemeinen elliptischen Funktionen dritter Art mit der uns bereits bekannten Funktion $\sigma(u)$ als erwiesen gelten, und wir brauchten daher die in (120) gegebene Reihe, welche nichts anderes ist als eben die Laurentsche Entwickelung mit Umstellung der Glieder, nicht direkt auf ihre Konvergenz zu untersuchen.

Eine solche Konvergenzbetrachtung soll nun aber nachträglich in einer allgemeineren Form angestellt werden, indem wir uns die Frage vorlegen:

Welche Eigenschaften muß eine Funktion $Q(x)$ besitzen, damit die mit ihrer Hilfe gebildete zweistrahlige Reihe

$$(123)\qquad X(w, q) = \sum_{r=-\infty}^{r=+\infty} q^{r^2 N} w^{2rN} \cdot Q(w^2 q^{2r})$$

unbedingt konvergiert für alle von Null verschiedenen Werte von w, mit Ausnahme derjenigen, für welche etwa einer der Ausdrücke $Q(w^2 q^{2r})$ unendlich wird? Wenn $Q(x)$, wie in (120), eine ganze Funktion ist, so existieren solche Werte nicht.

Alle durch eine unbedingt konvergierende Reihe der Form (123) dargestellten Funktionen sind gerade Funktionen, d. h.

$$X(-w, q) = X(w, q), \tag{124}$$

und alle genügen, wie auch die Funktion $Q(x)$ beschaffen sein möge, der Funktionalgleichung

$$X(qw, q) = w^{-2N} q^{-N} X(w, q); \tag{125}$$

denn es ist

$$\left\{\begin{aligned} X(qw, q) &= \sum_{r=-\infty}^{r=+\infty} q^{(r^2+2r)N} w^{2rN} Q(w^2 q^{2(r+1)}) \\ &= w^{-2N} q^{-N} \sum_{r=-\infty}^{r=+\infty} q^{(r+1)^2 N} w^{2(r+1)N} Q(w^2 q^{2(r+1)}) . \end{aligned}\right. \tag{126}$$

Was nun die Frage der unbedingten Konvergenz betrifft, so liefert uns das Cauchysche Kriterium eine hinreichende Bedingung. Der Quotient zweier aufeinanderfolgender Glieder strebt in dem positiven Halbstrahl unserer Reihe der Grenze:

$$\left[q^{(2r+1)N} w^{2N} \cdot \frac{Q(w^2 q^{2r+2})}{Q(w^2 q^{2r})}\right]_{r=+\infty}, \tag{127}$$

in dem negativen Halbstrahl der Grenze

$$\left[q^{(2r+1)N} w^{-2N} \cdot \frac{Q(w^2 q^{-(2r+2)})}{Q(w^2 q^{-2r})}\right]_{r=+\infty} \tag{128}$$

zu. In diesen Ausdrücken haben wir w als eine endliche Größe zu betrachten; q ist eine Konstante, deren absoluter Betrag kleiner als Eins ist, da wir annehmen [vgl. Nr. 91, Schluß], daß τ einen positiv imaginären Bestandteil hat.

Wenn nun die Funktion $Q(x)$ so beschaffen ist, daß es zwei positive oder negative ganzzahlige Exponenten α und β gibt, für welche die Grenzausdrücke

$$[x^\alpha \cdot Q(x)]_{x=0} = A \quad \text{und} \quad [x^\beta \cdot Q(x)]_{x=\infty} = B \tag{129}$$

endliche von Null verschiedene Größen sind, so gehen die Grenzausdrücke (127) und (128) über in

$$(127\text{a})\qquad w^{2N}[q^{(2r+1)N-2\alpha}]_{r=+\infty}\,,$$

$$(128\text{a})\qquad w^{-2N}[q^{(2r+1)N+2\beta}]_{r=+\infty}\,,$$

sind also beide gemäß der über q gemachten Annahme gleich Null, woraus die Konvergenz der Reihe (123) sich ergibt, wenn N eine positive Zahl bedeutet.

Hätten wir angenommen, daß τ einen negativ imaginären Bestandteil besitze, so würde der Modul von q größer als 1 sein und die Reihe für negatives N konvergieren; es würde aber alsdann auch nicht mehr N, sondern $-N$ die Ordnung der elliptischen Funktion dritter Art bezeichnen (vgl. Nr. 91).

In dem Ausdrucke (113) war die Funktion $Q(x)$ ein Polynom $(N-1)$-ten Grades in x, welches wir damals mit

$$(130)\qquad P(x) = A_0 + A_1 x + \dots + A_{N-1} x^{N-1}$$

bezeichneten; wenn nun ϱ der Exponent der niedersten, σ der Exponent der höchsten in $P(x)$ auftretenden Potenz von x ist, d. h. wenn

$$(131)\qquad \begin{cases} A_0 = 0\,,\ A_1 = 0\,,\ \dots,\ A_{\varrho-1} = 0\,,\ A_\varrho \neq 0\,; \\ \quad A_\sigma \neq 0\,,\ A_{\sigma+1} = 0\,,\ \dots,\ A_{N-1} = 0\,, \end{cases}$$

so haben wir

$$(132)\qquad [x^{-\varrho}\cdot P(x)]_{x=0} = A_\varrho\,,\qquad [x^{-\sigma}\cdot P(x)]_{x=\infty} = A_\sigma\,;$$

die Bedingungen (129) sind dadurch erfüllt [mit $\alpha = -\varrho$, $\beta = -\sigma$], und die Konvergenz der Reihe (120) ist somit auch direkt erwiesen.

Wie man sieht, konvergiert die Reihe (120) auch dann noch, wenn darin der Grad des Polynoms $P(x)$ größer als $N-1$ angenommen wird. Da aber in dem Ausdruck (106) der allgemeinsten Funktion $\Phi(w, q)$, welche den in Nr. 99 gestellten Bedingungen entspricht, nur N Koeffizienten willkürlich angenommen werden durften, so wird offenbar die Erhöhung des Grades von $P(x)$ nicht zu wesentlich neuen Funktionen führen können. Man überzeugt sich davon aber auch leicht direkt durch eine Umformung der entstehenden Reihen; es ist ja, wenn s

eine beliebige positive oder negative ganze Zahl, α eine der Zahlen $0, 1, \ldots, N-1$ bedeutet:

$$(133)\quad \begin{cases} \sum_{r=-\infty}^{r=+\infty} q^{r^2 N} w^{2rN} (q^{2r} w^2)^{sN+\alpha} \\ = q^{-s^2 N - 2s\alpha} \cdot \sum_{r=-\infty}^{r=+\infty} q^{(r+s)^2 N} w^{2(r+s)N} (q^{2(r+s)} w^2)^{\alpha} . \end{cases}$$

Jede Reihe der Form (120), in welcher der Grad von $P(x)$ die Zahl $N-1$ übersteigt, läßt sich also durch identische Umformung in eine Reihe derselben Struktur verwandeln, in welcher $P(x)$ höchstens vom Grade $N-1$ ist.

Aber der Bereich der Funktionen $Q(x)$, welche den Bedingungen (129) genügen, erstreckt sich viel weiter als auf die ganzen Polynome; setzen wir z. B. an Stelle von $Q(x)$ eine beliebige rationale Funktion, geschrieben in der Form

$$(134)\quad R(x) = x^{\varrho} \cdot \frac{A_0 + A_1 x + \ldots + A_\sigma x^\sigma}{1 + B_1 x + \ldots + B_{\sigma'} x^{\sigma'}} = x^{\varrho} \cdot r(x) ,$$

worin ϱ eine positive oder negative ganze Zahl bedeutet und die Koeffizienten A_0, A_σ und B_σ von Null verschieden sein sollen, so ist:

$$(135)\quad [x^{-\varrho} \cdot R(x)]_{x=0} = A_0 ; \qquad [x^{\sigma' - \sigma - \varrho} \cdot R(x)]_{x=\infty} = \frac{A_\sigma}{B_{\sigma'}} ;$$

die *mit der rationalen Funktion* $R(x)$ *gebildete Reihe* (123)

$$(136)\quad X(w, q) = \sum_{r=-\infty}^{r=+\infty} q^{r^2 N} w^{2rN} \cdot (w^2 q^{2r})^{\varrho} \cdot r(w^2 q^{2r}) ,$$

worin N *eine positive ganze Zahl bedeutet, konvergiert also unbedingt für alle endlichen von Null verschiedenen Werte von* w, *ausgenommen diejenigen, für welche einer der Ausdrücke* $r(w^2 q^{2r})$ *unendlich wird.* Welches nun auch die ganze Zahl ϱ sei, jedenfalls können wir sie in die Form setzen:

$$(137)\quad \varrho = s \cdot N + t ,$$

worin mit s eine positive oder negative ganze Zahl oder Null, mit t aber eine positive ganze Zahl zwischen den Grenzen

$$(138)\quad 0 \leq t < N$$

bezeichnet sein soll. Hierdurch geht die Reihe (136) über in:

$$(139)\quad X(w, q) = \sum_{r=-\infty}^{r=+\infty} q^{(r+s)^2 N} w^{2(r+s)N} \cdot q^{-s^2 N} (w^2 q^{2r})^t \cdot r(w^2 q^{2r}) ,$$

$$(140)\quad = \sum_{r=-\infty}^{r=+\infty} q^{(r+s)^2 N} w^{2(r+s)N} (w^2 q^{2(r+s)})^t \cdot r_1(w^2 q^{2(r+s)}) ,$$

wenn:

$$(141)\quad r_1(x) = \frac{\bar{A}_0 + \bar{A}_1 x + \ldots + \bar{A}_\sigma x^\sigma}{1 + \bar{B}_1 x + \ldots + \bar{B}_{\sigma'} x^{\sigma'}} ;$$

$$(142)\quad \bar{A}_i = A_i \cdot q^{-s^2 N - 2s(i+t)} ,$$

$$(143)\quad \bar{B}_i = B_i \cdot q^{-2si}$$

gesetzt wird. Da $r + s$ gleichzeitig mit r von $-\infty$ bis $+\infty$ läuft, so stimmt die Form der Reihe (140) vollkommen mit der von (136) überein, nur daß $r(x)$ durch $r_1(x)$ und ϱ durch t ersetzt ist. Die $\bar{A}_i$, $\bar{B}_i$ sind wie die A_i, B_i noch völlig unbestimmte konstante Koeffizienten. Es ist also nicht nötig, neue Bezeichnungen einzuführen; wir behalten vielmehr die Ausdrücke (134), (136) bei und stellen uns nur unter ϱ eine positive ganze Zahl vor, was nach dem soeben erhaltenen Resultat keine Beschränkung der Allgemeinheit mit sich bringt. Unter dieser Annahme kann die Funktion $R(x)$ in die Form gesetzt werden

$$(144)\quad R(x) = \frac{g_1(x)}{n(x)} + g_2(x) ,$$

wobei

$$(145)\quad n(x) = 1 + B_1 x + \ldots + B_{\sigma'} x^{\sigma'} ,$$

während $g_1(x)$ eine ganze rationale Funktion von x bezeichnet, deren Grad kleiner als σ' sein soll; $g_2(x)$ ist dann eine beliebige ganze rationale Funktion von x. Dementsprechend ist

$$(146)\quad X(w, q) = X_1(w, q) + X_2(w, q) ,$$

wenn

$$(147)\quad X_1(w, q) = \sum_{r=-\infty}^{r=+\infty} q^{r^2 N} w^{2rN} \cdot \frac{g_1(w^2 q^{2r})}{n(w^2 q^{2r})} ,$$

$$(148)\quad X_2(w, q) = \sum_{r=-\infty}^{r=+\infty} q^{r^2 N} w^{2rN} \cdot g_2(w^2 q^{2r}) .$$

Die beiden Funktionen $X_1(w, q)$ und $X_2(w, q)$ genügen einzeln der Funktionalgleichung (125); da nun aber die Funktion $X_2(w, q)$ für keinen von Null verschiedenen Wert von w unendlich wird, so gehört sie zu dem in Nr. 100 untersuchten Typus. Wir können daher, nach dem auf S. 236 [nach (133)] Angeführten, ohne Beschränkung der Allgemeinheit annehmen, daß die in (148) auftretende Funktion $g_2(x)$ von nicht höherem als dem $(N-1)$-ten Grade ist. $X_2(w, q)$ stellt sich daher in der Form (119) als lineare homogene Funktion der N Funktionen $\Phi_h(w, q)$ dar $(h = 0, 1, 2, \ldots, N-1)$.

Die allgemeinste Funktion $X(w, q)$, welche in der Form

$$(149) \qquad X(w, q) = \sum_{r=-\infty}^{r=+\infty} q^{r^2 N} w^{2rN} R(w^2 q^{2r})$$

enthalten ist, worin $R(x)$ eine rationale Funktion bedeutet, ergibt sich, gemäß dem so erhaltenen Resultate, wenn

$$(150) \quad R(x) = \frac{p(x)}{n(x)} = \frac{C_0 + C_1 x + \ldots + C_{\sigma'+N-1} x^{\sigma'+N-1}}{1 + B_1 x + \ldots + B_{\sigma'} x^{\sigma'}},$$

$$(151) \quad \begin{cases} = \dfrac{g_1(x)}{n(x)} + g_2(x) = \dfrac{D_0 + D_1 x + \ldots + D_{\sigma'-1} x^{\sigma'-1}}{1 + B_1 x + \ldots + B_{\sigma'} x^{\sigma'}} \\ \qquad + A_0 + A_1 x + \ldots + A_{N-1} x^{N-1} \end{cases}$$

gesetzt wird; es liegt nahe, diese Funktion in Partialbrüche zu zerlegen; sei also

$$(152) \quad n(x) = (x - a_1)^{m_1} \cdot (x - a_2)^{m_2} \cdot \ldots \cdot (x - a_\mu)^{m_\mu},$$

$$(153) \quad \begin{cases} \dfrac{g_1(x)}{n(x)} = \sum_{k=1}^{k=\mu} \{A_{k1}(x - a_k)^{-1} + A_{k2}(x - a_k)^{-2} + \ldots \\ \qquad + A_{k m_k}(x - a_k)^{-m_k}\}. \end{cases}$$

Führen wir nun das Funktionszeichen

$$(154) \qquad \Phi_{-l}(w, q, a_k) = \sum_{r=-\infty}^{r=+\infty} q^{r^2 N} w^{2rN} [w^2 q^{2r} - a_k]^{-l}$$

ein, so setzt sich die Funktion $X_1(w, q)$ linear und homogen mit konstanten Koeffizienten aus den σ' Funktionen

$$(155)\quad \begin{cases} \Phi_{-1}(w, q, a_1), \ \Phi_{-2}(w, q, a_1), \ \ldots, \ \Phi_{-m_1}(w, q, a_1), \\ \Phi_{-1}(w, q, a_2), \ \Phi_{-2}(w, q, a_2), \ \ldots, \ \Phi_{-m_2}(w, q, a_2), \\ \ldots\ldots\ldots\ldots\ldots\ldots\ldots\ldots, \\ \Phi_{-1}(w, q, a_k), \ \Phi_{-2}(w, q, a_k), \ \ldots, \ \Phi_{-m_k}(w, q, a_k) \end{cases}$$

zusammen, und für die allgemeine Funktion $X(w, q)$ erhalten wir:

$$(156)\quad \begin{cases} X(w, q) = \sum_{h=0}^{h=N-1} A_h \Phi_h(w, q) \\ + \sum_{k=1}^{k=\mu} \{A_{k1} \cdot \Phi_{-1}(w, q, a_k) + \ldots + A_{km_k} \cdot \Phi_{-m_k}(w, q, a_k)\}. \end{cases}$$

Auf Grund der identischen Beziehungen:

$$(157)\quad \Phi_{-l}(w, q, a_k) = + \frac{1}{l-1} \frac{\partial}{\partial a_k} [\Phi_{-(l-1)}(w, q, a_k)],$$

$$(158)\quad = \frac{1}{(l-1)!} \cdot \frac{\partial^{l-1}}{\partial a_k^{l-1}} [\Phi_{-1}(w, q, a_k)]$$

läßt sich der Ausdruck (156) auch in die Form schreiben

$$(159)\quad \begin{cases} X(w, q) = \sum_{h=0}^{h=N-1} A_h \Phi_h(w, q) + \sum_{k=1}^{k=\mu} \Big\{ A_{k1} \cdot \Phi_{-1}(w, q, a_k) \\ \qquad + A_{k2} \frac{\partial}{\partial a_k} [\Phi_{-1}(w, q, a_k)] + \ldots \\ \qquad + \frac{A_{km_k}}{(m_k - 1)!} \cdot \frac{\partial^{m_k - 1}}{\partial a_k^{m_k - 1}} [\Phi_{-1}(w, q, a_k)] \Big\}. \end{cases}$$

Bei der von uns angewandten Bezeichnungsweise wird die rationale Funktion $R(w^2 q^{2r})$, als Funktion von w betrachtet, unendlich in den 2μ Punkten

$$(160)\quad \pm q^{-r} \sqrt{a_1}, \ \pm q^{-r} \sqrt{a_2}, \ \ldots, \ \pm q^{-r} \sqrt{a_\mu},$$

jeweils von der Ordnung m_k, welche zu dem unter der Quadratwurzel stehenden a_k gehört. Wenn wir in (160) den ganzzahligen Index r von $-\infty$ bis $+\infty$ laufen lassen, so erhalten wir die sämtlichen von Null verschiedenen endlichen Werte von w, für welche die Reihe (149) unendlich wird. Alle Punkte der aus (160) entstehenden μ

Reihen sind Pole der Funktion $X(w, q)$, und die Pole, welche derselben Reihe angehören (sich also nur durch das Vorzeichen und die Werte des Exponenten r unterscheiden) haben jeweils dieselbe Ordnungszahl.

Die durch (154) definierte spezielle Funktion $\Phi_{-l}(w, q, a_k)$ hat nur die Punkte der Reihe

$$\pm q^{-r}\sqrt{a_k} \qquad (r = 0, \pm 1, \pm 2, \ldots \pm\infty) \tag{161}$$

zu Polen, und zwar sämtliche zu Polen l-ter Ordnung.

Geht man nun von w, q wieder auf die Argumente ζ, τ zurück, indem man setzt:

$$w = e^{\pi i \zeta}, \qquad q = e^{\pi i \tau}, \tag{162}$$

so wird $X(w, q)$ übergeführt in eine Funktion von ζ, τ:

$$\Psi(\zeta, \tau) = \sum_{r=-\infty}^{r=+\infty} e^{\pi i [r^2 N \tau + 2 r N \zeta]} \cdot R(e^{2\pi i(\zeta + r\tau)}), \tag{163}$$

welche folgende Eigenschaften besitzt:

1. Sie ist für alle endlichen Bereiche der Variablen ζ meromorph als Funktion dieser Variablen.

2. Sie genügt den [aus (124) und (125) sich ergebenden] Funktionalgleichungen

$$\begin{cases} \Psi(\zeta + 1, \tau) = \Psi(\zeta, \tau), \\ \Psi(\zeta + \tau, \tau) = e^{-\pi i N(2\zeta + \tau)}\,\Psi(\zeta, \tau). \end{cases} \tag{164}$$

3. Sie hat ihre Pole in den Punkten ζ, welche zu den in (160) gegebenen Werten von w gehören; dies sind die Punkte

$$\zeta = \frac{1}{\pi i}\log\left[\pm q^{-r} \cdot \sqrt{a_k}\right] = \alpha_k - r\tau + s \tag{165}$$
$$(k = 1, 2, \ldots, \mu);$$

dabei bedeutet α_k irgend eine Bestimmung des Logarithmus

$$\frac{1}{2\pi i}\log a_k, \tag{166}$$

welche wir im besonderen so treffen können, daß alle μ Punkte α_k in ein bestimmtes, mit den Perioden $1, \tau$ konstruiertes Periodenparallelogramm zu liegen kommen; die Buchstaben r und s bedeuten irgendwelche beliebig wählbare positive oder negative ganze Zahlen. Wie man leicht erkennt, sind der Punkt α_k und alle ihm nach dem Modul $(1, \tau)$ kongruenten Punkte Pole von derselben Ordnung m_k, welche den Polen $\pm q^{-r}\sqrt{a_k}$ mit Beziehung auf die Funktion $X(w, q)$ zukommt.

Sind nun

$$(167) \qquad \beta_1, \beta_2, \ldots, \beta_\nu,$$

die im Periodenparallelogramm gelegenen Nullpunkte mit den zugehörigen Ordnungszahlen

$$(168) \qquad n_1, n_2, \ldots, n_\nu,$$

so muß nach unseren allgemeinen Sätzen die Ordnung

$$(169) \qquad \sum_{h=1}^{h=\nu} n_h - \sum_{k=1}^{k=\mu} m_k = N$$

eine positive Zahl sein, damit die Reihen (149), (163) konvergieren.

Die durch (154) eingeführte Funktion $\Phi_{-l}(w, q, a_k)$ geht, wenn, in Übereinstimmung mit (166),

$$(170) \qquad a_1 = e^{2\pi i \alpha_1}, \; a_2 = e^{2\pi i \alpha_2}, \; \ldots, \; a_\mu = e^{2\pi i \alpha_\mu}$$

gesetzt wird, über in eine Funktion von ζ, τ, α_k

$$(171) \quad \Psi_{-l}(\zeta, \tau, \alpha_k) = \sum_{r=-\infty}^{r=+\infty} e^{\pi i [r^2 N \tau + 2 r N \zeta]} \cdot [e^{2\pi i(\zeta + r\tau)} - e^{2\pi i \alpha_k}]^{-l},$$

welche denselben Funktionalgleichungen genügt wie die Funktion $\Psi(\zeta, \tau)$, aber im Periodenparallelogramm nur den einen Pol α_k besitzt, welcher von der Ordnung l ist.

Für die Funktion $\Psi(\zeta, \tau)$ erhalten wir aus (156), mit Benutzung von (114) und (171) den Ausdruck

$$(172) \left\{ \begin{aligned} \Psi(\zeta, \tau) = \sum_{h=0}^{h=N-1} A_h \cdot \theta_h(\zeta, \tau) + \sum_{k=1}^{k=\mu} \{ & A_{k1} \cdot \Psi_{-1}(\zeta, \tau, \alpha_k) + \ldots \\ & + A_{k m_k} \cdot \Psi_{-m_k}(\zeta, \tau, \alpha_k) \}, \end{aligned} \right.$$

welcher sich wiederum auf Grund der identischen Beziehungen

$$(173) \quad \Psi_{-l}(\zeta, \tau, \alpha_k) = \frac{1}{2\pi i e^{2\pi i \alpha_k}(l-1)} \frac{\partial}{\partial \alpha_k} [\Psi_{-(l-1)}(\zeta, \tau, \alpha_k),$$

$$(174) \quad = \frac{1}{(2\pi i)^{l-1} \cdot e^{2\pi i \alpha_k (l-1)} \cdot (l-1)!} \frac{\partial^{l-1}}{\partial \alpha_k^{l-1}} [\Psi_{-1}(\zeta, \tau, \alpha_k)]$$

in die Form setzen läßt:

$$(175)\quad \left\{\begin{aligned} \Psi(\zeta, \tau) = \sum_{h=0}^{h=N-1} A_h \cdot \theta_h(\zeta, \tau) + \sum_{k=1}^{k=\mu} \Big\{ B_{k1} \cdot \Psi_{-1}(\zeta, \tau, \alpha_k) \\ + B_{k2} \cdot \frac{\partial \Psi_{-1}(\zeta, \tau, \alpha_k)}{\partial \alpha_k} + \dots + B_{km_k} \cdot \frac{\partial^{m_k-1} \Psi_{-1}(\zeta, \tau, \alpha_k)}{\partial \alpha_k^{m_k-1}} \Big\}, \end{aligned}\right.$$

worin

$$(176)\qquad B_{kl} = \frac{A_{kl}}{(2\pi i)^{l-1} \cdot e^{2\pi i \alpha_k (l-1)} \cdot (l-1)!}.$$

Darstellung der allgemeinen Psi-Funktion von positiver Ordnung (Partialbruchzerlegung).

102. Es soll nun gezeigt werden, daß die in den Formeln (163), (172), (175) gegebenen, untereinander vollkommen äquivalenten analytischen Ausdrücke geeignet sind, die allgemeinste Ψ-Funktion von positiver Ordnungszahl N darzustellen.

Sei $\Psi_1(\zeta, \tau)$ eine ganze beliebige Psi-Funktion von der Ordnung N, und seien innerhalb eines bestimmten Periodenparallelogramms in der Ebene der ζ:

$$(177)\qquad \alpha_1, \alpha_2, \dots, \alpha_\mu$$

ihre Pole, mit den Ordnungszahlen

$$(178)\qquad m_1, m_2, \dots, m_\mu \qquad (m_1 + m_2 + \dots + m_\mu = \sigma')$$

und

$$(179)\qquad \beta_1, \beta_2, \dots, \beta_\nu$$

ihre Nullstellen mit den Ordnungszahlen

$$(180)\qquad n_1, n_2, \dots, n_\nu \qquad (n_1 + n_2 + \dots + n_\nu = \sigma);$$

dann müssen nach unseren allgemeinen Sätzen die beiden Bedingungen erfüllt sein

$$(181)\qquad \sum_{h=1}^{h=\nu} n_h \beta_h - \sum_{k=1}^{k=u} m_k \alpha_k \equiv 0 \quad (\mathrm{mod}\,(1, \tau)),$$

$$(182)\qquad \sigma - \sigma' = N.$$

Abgesehen davon sind jedoch die Daten (177) bis (180) durchaus willkürlich. Die Bezeichnungen sind bereits so gewählt, daß die durch (172) gegebene Funktion $\Psi(\zeta, \tau)$ mit $\Psi_1(\zeta, \tau)$ in den Polen übereinstimmt.

Da nun zwei reduzierte elliptische Funktionen dritter Art, welche in den Perioden, den Nullpunkten und Polen übereinstimmen, sich nur durch einen konstanten Faktor unterscheiden können, so genügt es für unseren Zweck, wenn wir nachweisen, daß die Funktion $\Psi(\zeta, \tau)$ bei geeigneter Bestimmung der in (172) disponiblen Konstanten in denselben Punkten und von derselben Ordnung verschwindet wie die Funktion $\Psi_1(\zeta, \tau)$.

Wir setzen die σ Gleichungen an:

$$(183)\quad \left\{\begin{array}{lll}
[\Psi(\zeta, \tau)]_{\zeta=\beta_1} = 0; & \left[\frac{\partial}{\partial \zeta}(\Psi(\zeta, \tau))\right]_{\zeta=\beta_1} = 0; & \ldots; \\
 & \left[\frac{\partial^{n_1-1}}{\partial \zeta^{n_1-1}}(\Psi(\zeta, \tau))\right]_{\zeta=\beta_1} = 0; & \\
[\Psi(\zeta, \tau)]_{\zeta=\beta_2} = 0; & \left[\frac{\partial}{\partial \zeta}(\Psi(\zeta, \tau))\right]_{\zeta=\beta_2} = 0; & \ldots; \\
 & \left[\frac{\partial^{n_2-1}}{\partial \zeta^{n_2-1}}(\Psi(\zeta, \tau))\right]_{\zeta=\beta_2} = 0; & \\
\ldots\ldots & \ldots\ldots\ldots\ldots & \ldots \\
[\Psi(\zeta, \tau)]_{\zeta=\beta_\nu} = 0; & \left[\frac{\partial}{\partial \zeta}(\Psi(\zeta, \tau))\right]_{\zeta=\beta_\nu} = 0; & \ldots; \\
 & \left[\frac{\partial^{n_\nu-1}}{\partial \zeta^{n_\nu-1}}(\Psi(\zeta, \tau))\right]_{\zeta=\beta_\nu} = 0; &
\end{array}\right.$$

diese sind linear und homogen in den σ zur Verfügung stehenden Konstanten des Ausdruckes (172), nämlich

$$(184)\quad \left\{\begin{array}{l}
A_0, A_1, \ldots, A_{N-1}; \quad A_{11}, A_{12}, \ldots, A_{1m_1}; \quad \ldots; \\
\qquad A_{\mu 1}, A_{\mu 2}, \ldots, A_{\mu m_\mu};
\end{array}\right.$$

wir können also stets die $\sigma - 1$ Verhältnisse dieser Konstanten so wählen, daß $\sigma - 1$ von den Gleichungen (183) befriedigt sind; alsdann ist die Funktion $\Psi(\zeta, \tau)$ bis auf einen konstanten Faktor bestimmt und verschwindet in $\sigma - 1$ von den (einfach gezählten) Nullpunkten der Funktion $\Psi_1(\zeta, \tau)$ innerhalb des Periodenparallelogramms; der Quotient beider Funktionen muß daher eine elliptische

Funktion erster Ordnung, d. h. eine Konstante sein; $\Psi(\zeta, \tau)$ und $\Psi_1(\zeta, \tau)$ haben auch den letzten der σ Nullpunkte gemein, das Gleichungssystem (183) ist vollständig befriedigt.

In unserem Beweise ist nur noch eine Lücke: Es wäre denkbar, daß die in der oben angegebenen Weise bestimmte Funktion $\Psi(\zeta, \tau)$ identisch gleich Null würde. In diesem Falle bestände also zwischen den σ Funktionen

$$(185)\quad \left\{ \begin{array}{ll} \theta_0(\zeta, \tau), \quad \ldots, \quad \theta_{N-1}(\zeta, \tau); & \Psi_{-1}(\zeta, \tau, \alpha_k), \ldots, \\ \qquad\qquad \Psi_{-m_k}(\zeta, \tau, \alpha_k) & (k = 1, 2, \ldots, \mu) \end{array} \right.$$

eine lineare homogene Relation mit konstanten, nicht sämtlich verschwindenden Koeffizienten. Man erkennt aber aus der analytischen Darstellung der Funktionen (185) unmittelbar, daß dies unmöglich ist. Daher muß der analytische Ausdruck $\Psi(\zeta, \tau)$, welchen wir durch (172) und das Gleichungssystem (183) definiert haben, eine wirkliche Funktion von ζ sein; unter dieser Voraussetzung ist aber bereits bewiesen, daß er die allgemeinste Psi-Funktion darstellt; in seiner Form bildet er ein vollkommenes Analogon zu der Partialbruchzerlegung rationaler Funktionen und ist dem Ausdrucke zu vergleichen, welchen wir in Nr. 83 für die allgemeinste elliptische Funktion erster Art gefunden haben.

Wenn wir auf der rechten Seite von (172) nur die Größe τ, die Ordnung N und die Anzahl σ' der im Periodenparallelogramm gelegenen Pole als gegeben betrachten, so haben wir noch über $\sigma + \sigma' = 2\sigma' + N$ Konstanten zu verfügen, nämlich die σ' Pole und die σ Koeffizienten (184).

Die Mannigfaltigkeit der Ψ-Funktionen, für welche τ, N und σ' gegeben sind, ist also gleich $2\sigma' + N$ *).

Dieses Resultat kann vorerst nur für Psi-Funktionen positiver Ordnung als bewiesen betrachtet werden (vgl. Nr. 104).

---

*) Die Mannigfaltigkeit der nicht reduzierten Funktionen ist um 2 größer.

Dieselbe Darstellung bei anderen Angaben zur Bestimmung der Konstanten.

103. Es soll nun eine Psi-Funktion von der positiven Ordnung N konstruiert werden, unter der Voraussetzung, daß wir ihre σ' Pole α_k im Periodenparallelogramm und das nach negativen Potenzen von $\zeta - \alpha_k$ fortschreitende Stück ihrer Entwickelung in der Umgebung jedes dieser Pole kennen; wir werden sehen, daß dann von den $\sigma' + N$ Nullpunkten, welche die Funktion im Periodenparallelogramm besitzen muß, nur N Nullpunkte noch unbestimmt bleiben.

Zu dem angegebenen Zwecke fragen wir uns zunächst, wie die Entwickelung der durch (171) definierten Funktion $\Psi_{-1}(\zeta, \tau, \alpha_k)$ in der Umgebung des Poles α_k aussieht.

$$(186)\quad \Psi_{-1}(\zeta, \tau, \alpha_k) = \sum_{r=-\infty}^{r=+\infty} e^{\pi i [r^2 N \tau + 2 r N \zeta]} . [e^{2\pi i(\zeta + r\tau)} - e^{2\pi i \alpha_k}]^{-1}.$$

Das einzige Glied der Reihe, welches für $\zeta = \alpha_k$ unendlich wird, ist das dem Index $r = 0$ entsprechende:

$$(187)\quad \begin{cases} e^{-2\pi i \alpha_k} . [e^{2\pi i(\zeta - \alpha_k)} - 1]^{-1} \\ = \dfrac{1}{2\pi i} \cdot e^{-2\pi i \alpha_k} . \dfrac{1}{\zeta - \alpha_k} + \mathfrak{p}(\zeta - \alpha_k)\,, \end{cases}$$

worin $\mathfrak{p}(\zeta - \alpha_k)$ eine reguläre Potenzreihe bezeichnet; alle anderen Glieder liefern nur positive Potenzen von $\zeta - \alpha_k$, und wir können daher die Entwickelung der Funktion in der Umgebung von α_k durch folgende Formel andeuten:

$$(188)\quad \Psi_{-1}(\zeta, \tau, \alpha_k) = \frac{1}{2\pi i} \cdot e^{-2\pi i \alpha_k} . \frac{1}{(\zeta - \alpha_k)} + \mathfrak{P}_{-1}(\zeta - \alpha_k)\,;$$

für die erste Ableitung nach α_k erhalten wir dann:

$$(189)\quad \begin{cases} \dfrac{\partial \Psi_{-1}(\zeta, \tau, \alpha_k)}{\partial \alpha_k} = \dfrac{1}{2\pi i} e^{-2\pi i \alpha_k} . \dfrac{1}{(\zeta - \alpha_k)^2} \\ \qquad - e^{-2\pi i \alpha_k} \dfrac{1}{(\zeta - \alpha_k)} - \mathfrak{P}'_{-1}(\zeta - \alpha_k) \end{cases}$$

usw. Führen wir diese Einzelentwickelungen in den Ausdruck (175) ein, so erhalten wir das nach negativen Potenzen von $\zeta - \alpha_k$ fortschreitende Stück der Entwickelung von $\Psi(\zeta, \tau)$ in der Umgebung des Poles $\zeta = \alpha_k$; wir können es durch geeignete Wahl der Konstanten

$$(190) \qquad A_{k1}, A_{k2}, \ldots, A_{km_k}$$

mit dem vorgeschriebenen Stück der Entwickelung identifizieren. Wird diese Bestimmung für alle μ Pole α_k ausgeführt, so bleiben schließlich nur die N Koeffizienten A_h in dem analytischen Ausdruck der Funktion $\Psi(\zeta, \tau)$ willkürlich.

Die betrachteten Verhältnisse werden noch übersichtlicher, wenn wir statt der Funktion $\Psi_{-1}(\zeta, \tau, \alpha_k)$ die folgende verwenden:

$$(191) \begin{cases} \overline{\Psi}_{-1}(\zeta, \tau, \alpha_k) = 2\pi i \cdot e^{2\pi i \alpha_k} \Psi_{-1}(\zeta, \tau, \alpha_k) \\ = 2\pi i \sum_{r=-\infty}^{r=+\infty} e^{\pi i [r^2 N \tau + 2 r N \zeta]} \left[e^{2\pi i(\zeta - \alpha_k + r\tau)} - 1\right]^{-1}. \end{cases}$$

Diese hat in der Umgebung des Poles α_k die Entwickelung

$$(192) \qquad \overline{\Psi}_{-1}(\zeta, \tau, \alpha_k) = \frac{1}{\zeta - \alpha_k} + \bar{\mathfrak{p}}(\zeta - \alpha_k),$$

während sich für ihre partiellen Differentialquotienten nach dem Parameter α_k die Entwickelungen ergeben:

$$(193) \quad \frac{\partial^{l-1} \overline{\Psi}_{-1}(\zeta, \tau, \alpha_k)}{\partial \alpha_k^{l-1}} = \frac{(l-1)!}{(\zeta - \alpha_k)^l} + (-1)^{l-1} \cdot \bar{\mathfrak{p}}^{(l-1)}(\zeta - \alpha_k).$$

Die Funktion $\overline{\Psi}_{-1}$ selbst, sowie ihre sämtlichen Ableitungen nach α_k sind Psi-Funktionen N-ter Ordnung, d. h. sie genügen den Funktionalgleichungen (164). Bilden wir nun mit ganz beliebigen Koeffizienten $\overline{A}_{kl}$ die Funktion

$$(194) \begin{cases} \overline{\Psi}(\zeta, \tau) = \sum_{k=1}^{k=\mu} \Big\{ \overline{A}_{k1} \cdot \overline{\Psi}_{-1}(\zeta, \tau, \alpha_k) + \overline{A}_{k2} \frac{\partial \overline{\Psi}_{-1}(\zeta, \tau, \alpha_k)}{\partial \alpha_k} \\ + \frac{\overline{A}_{k3}}{2!} \cdot \frac{\partial^2 \overline{\Psi}_{-1}(\zeta, \tau, \alpha_k)}{\partial \alpha_k^2} + \cdots + \frac{\overline{A}_{km_k}}{(m_k - 1)!} \cdot \frac{\partial^{m_k - 1} \overline{\Psi}_{-1}(\zeta, \tau, \alpha_k)}{\partial \alpha_k^{m_k - 1}} \end{cases}$$

so ist dies eine Psi-Funktion N-ter Ordnung mit den Polen $\alpha_1, \alpha_2, \ldots, \alpha_\mu$ im Periodenparallelogramm. Ihre

Entwickelung in der Umgebung des Poles α_k $(k = 1, 2, \ldots, \mu)$ enthält folgende Glieder mit negativen Potenzen:

$$(195)\quad \begin{cases} \bar{A}_{k1}\cdot(\zeta-\alpha_k)^{-1} + \bar{A}_{k2}\cdot(\zeta-\alpha_k)^{-2} + \ldots \\ \qquad\qquad + \bar{A}_{km_k}\cdot(\zeta-\alpha_k)^{-m_k}. \end{cases}$$

Ist nun $\Psi(\zeta, \tau)$ irgend eine Funktion, welche im Periodenparallelogramm dieselben Pole $\alpha_1, \alpha_2, \ldots, \alpha_\mu$ besitzt, und deren Entwickelungen in der Umgebung dieser Pole so aussehen:

$$(196)\quad \begin{cases} \bar{A}_{km_k}\cdot(\zeta-\alpha_k)^{-m_k} + \ldots + \bar{A}_{k2}\cdot(\zeta-\alpha_k)^{-2} \\ \qquad\qquad + \bar{A}_{k1}\cdot(\zeta-\alpha_k)^{-1} + \mathfrak{P}(\zeta-\alpha_k) \end{cases}$$

(wobei $\mathfrak{P}(\zeta-\alpha_k)$ wieder eine reguläre Potenzreihe bedeutet), so muß die Differenz

$$(197)\qquad \bar{\Psi}(\zeta, \tau) - \Psi(\zeta, \tau)$$

eine ganze Psi-Funktion, d. h. eine Theta-Funktion der Charakteristik (0, 0) sein und sich in der Form

$$(198)\qquad \sum_{h=0}^{h=N-1} A_h\,\theta_h\zeta, \tau)$$

darstellen lassen. Wir haben also für $\Psi(\zeta, \tau)$ den allgemeinen Ausdruck:

$$(199)\quad \begin{cases} \Psi(\zeta, \tau) = \sum\limits_{h=0}^{h=N-1} A_h\,\theta_h(\zeta, \tau) + \sum\limits_{k=1}^{k=\mu}\Big\{\bar{A}_{k1}\cdot\bar{\Psi}_{-1}(\zeta, \tau, \alpha_k) + \ldots \\ \qquad + \dfrac{\bar{A}_{km_k}}{(m_k-1)!}\cdot\dfrac{\partial^{m_k-1}\bar{\Psi}_{-1}(\zeta, \tau, \alpha_k)}{\partial\alpha_k^{m_k-1}}\Big\}. \end{cases}$$

Die hierin noch unbestimmten Koeffizienten $A_0, \ldots, A_{N-1}$ können so gewählt werden, daß die Funktion $\Psi(\zeta, \tau)$ in N beliebig vorgeschriebenen Punkten des Periodenparallelogramms verschwindet.

Darstellung der Psi-Funktionen von negativer Ordnung.

104. Um nun auch für Psi-Funktionen mit negativer Ordnungszahl eine analoge analytische Darstellung geben zu können, müssen wir zunächst den folgenden, für derartige Funktionen allgemein gültigen Satz beweisen:

Sei $\Psi(\zeta, \tau)$ eine Psi-Funktion von der negativen Ordnung $-N$, d. h. eine Funktion, welche den Funktionalgleichungen genügt:

$$(200)\quad \begin{cases} \Psi(\zeta + 1, \tau) = \Psi(\zeta, \tau); \\ \Psi(\zeta + \tau, \tau) = e^{\pi i N(2\zeta + \tau)} \cdot \Psi(\zeta, \tau); \qquad (N > 0) \end{cases}$$

sie besitze im Innern eines bestimmten mit den Perioden $1, \tau$ konstruierten Parallelogramms die Pole

$$(201)\qquad \alpha_1, \alpha_2, \ldots, \alpha_\mu,$$

und ihre Entwickelungen in der Umgebung dieser Pole seien gegeben in den Ausdrücken

$$(202)\quad \begin{cases} \Psi(\zeta, \tau) = \dfrac{A_{km_k}}{(\zeta - \alpha_k)^{m_k}} + \dfrac{A_{km_k-1}}{(\zeta - \alpha_k)^{m_k-1}} + \cdots + \dfrac{A_{k2}}{(\zeta - \alpha_k)^2} \\ \qquad + \dfrac{A_{k1}}{(\zeta - \alpha_k)} + \mathfrak{P}_k(\zeta - \alpha_k) \end{cases}$$

$$(k = 1, 2, \ldots, \mu),$$

worin mit $\mathfrak{P}_k(\zeta - \alpha_k)$ wieder irgendwelche reguläre Potenzreihen bezeichnet sind, deren Koeffizienten uns hier nicht interessieren.

Sei ferner $\theta_h(\zeta, \tau)$ eine der in Nr. 100 durch (114) definierten Funktionen

$$(203)\qquad \theta_h(\zeta, \tau) = \sum_{r=-\infty}^{r=+\infty} e^{\pi i N(r^2\tau + 2r\zeta)} \cdot e^{2\pi i h(r\tau + \zeta)}$$

$$(h = 0, 1, 2, \ldots, N-1).$$

Dann besteht folgende identische Beziehung:

$$(204)\quad \begin{cases} 0 = \sum\limits_{k=1}^{k=\mu} \Bigg\{ A_{k1} \cdot \theta_h(\alpha_k, \tau) + \dfrac{A_{k2}}{1} \cdot \left[\dfrac{\partial \theta_h(\zeta, \tau)}{\partial \zeta}\right]_{\zeta=\alpha_k} \\ \quad + \dfrac{A_{k3}}{2} \cdot \left[\dfrac{\partial^2 \theta_h(\zeta, \tau)}{\partial \zeta^2}\right]_{\zeta=\alpha_k} + \cdots \\ \quad + \dfrac{A_{km_k-1}}{(m_k-2)!} \cdot \left[\dfrac{\partial^{m_k-2} \theta_h(\zeta, \tau)}{\partial \zeta^{m_k-2}}\right]_{\zeta=\alpha_k} + \dfrac{A_{km_k}}{(m_k-1!)} \left[\dfrac{\partial^{m_k-1} \theta_h(\zeta, \tau)}{\partial \zeta^{m_k-1}}\right]_{\zeta=\alpha_k} \end{cases}$$

Man überzeugt sich davon auf folgende Weise:

Die Funktion $\theta_h(\zeta, \tau)$ genügt als Theta-Funktion von der Ordnung $+N$ und Charakteristik $(0, 0)$ der Funktionalgleichungen:

$$(205)\qquad \begin{cases} \theta_h(\zeta + 1, \tau) = \theta_h(\zeta, \tau); \\ \theta_h(\zeta + \tau, \tau) = e^{-\pi i N(2\zeta + \tau)}\, \theta_h(\zeta, \tau); \end{cases}$$

daher ist das Produkt

$$(206)\qquad \theta_h(\zeta, \tau) \cdot \Psi(\zeta, \tau)$$

eine elliptische Funktion erster Art mit den Perioden $1, \tau$; ihre Pole innerhalb des oben betrachteten Periodenparallelogramms sind die Pole der Funktion $\Psi(\zeta, \tau)$, d. h. die Punkte α_k; die Entwickelung der Funktion (206) in der Umgebung des Poles α_k erhalten wir, indem wir den Ausdruck (202) mit der Taylorschen Entwickelung der Funktion $\theta_h(\zeta, \tau)$, d. h. mit

$$(207)\qquad \begin{cases} \theta_h(\zeta, \tau) = \theta_h(\alpha_k, \tau) + (\zeta - \alpha_k)\left[\dfrac{\partial \theta_h(\zeta, \tau)}{\partial \zeta}\right]_{\zeta = \alpha_k} \\ \qquad + \dfrac{(\zeta - \alpha_k)^2}{2\,!} \cdot \left[\dfrac{\partial^2 \theta_h(\zeta, \tau)}{\partial \zeta^2}\right]_{\zeta = \alpha_k} + \cdots \\ \qquad + \dfrac{(\zeta - \alpha_k)^{m_k - 1}}{(m_k - 1)\,!} \cdot \left[\dfrac{\partial^{m_k - 1} \theta_h(\zeta, \tau)}{\partial \zeta^{m_k - 1}}\right]_{\zeta = \alpha_k} + \cdots \end{cases}$$

multiplizieren. Für unsere Zwecke brauchen wir von der so entstehenden Reihe nur den Koeffizienten der Potenz $(\zeta - \alpha_k)^{-1}$, d. h. das Residuum der Funktion (206) in dem Pole α_k; dieses lautet

$$(208)\qquad \begin{cases} A_{k1} \cdot \theta_h(\alpha_k, \tau) + \dfrac{A_{k2}}{1} \cdot \left[\dfrac{\partial \theta_h(\zeta, \tau)}{\partial \zeta}\right]_{\zeta = \alpha_k} \\ + \dfrac{A_{k3}}{2\,!}\left[\dfrac{\partial^2 \theta_h(\zeta, \tau)}{\partial \zeta^2}\right]_{\zeta = \alpha_k} + \cdots + \dfrac{A_{k m_k}}{(m_k - 1)!}\left[\dfrac{\partial^{m_k - 1} \theta_h(\zeta, \tau)}{\partial \zeta^{m_k - 1}}\right]_{\zeta = \alpha_k} \end{cases}$$

Die Summe der Residuen in Beziehung auf sämtliche Pole α_k muß, da (206) eine elliptische Funktion ist, verschwinden (Nr. 79); diese Summe ist aber gerade der Ausdruck, welcher in (204) gleich Null gesetzt wurde. —

Bei der Konstruktion des analytischen Ausdruckes für unsere Funktion $\Psi(\zeta, \tau)$, welche wir jetzt in Angriff nehmen wollen, wird abermals die in (191), Nr. 103 definierte Funktion $\overline{\Psi}_{-1}(\zeta, \tau, \alpha)$ als Element dienen; aber wir betrachten diese jetzt in ihrer Abhängigkeit von dem dritten Argument, welches bisher die Rolle eines Parameters spielte, d. h. wir vertauschen ζ und α; so entsteht die Funktion:

$$(209)\quad \overline{\Psi}_{-1}(\alpha, \tau, \zeta) = 2\pi i \sum_{r=-\infty}^{r=+\infty} e^{\pi i r N(r\tau + 2\alpha)} \cdot \left[e^{2\pi i(\alpha - \zeta + r\tau)} - 1\right]^{-1};$$

diese ist offenbar eine überall eindeutige Funktion von ζ, welche im Endlichen keine anderen Unstetigkeiten besitzt als die Pole erster Ordnung in den Punkten

$$(210)\quad \zeta = \alpha - r\tau + s;$$

denn für jeden anderen Wert von ζ ist die Reihe (209) unbedingt konvergent. In der Umgebung des Poles $\zeta = \alpha$ lautet die Entwickelung der Funktion:

$$(211)\quad \overline{\Psi}_{-1}(\alpha, \tau, \zeta) = -\frac{1}{\zeta - \alpha} + \mathfrak{p}(\zeta - \alpha).$$

Die partiellen Ableitungen der Funktion $\overline{\Psi}_{-1}(\alpha, \tau, \zeta)$ nach dem Parameter α besitzen in den Punkten (210) mehrfache Pole; und zwar lautet die Entwickelung der $(l-1)$-ten Ableitung

$$(212)\quad \frac{\partial^{l-1}\overline{\Psi}_{-1}(\alpha, \tau, \zeta)}{\partial\alpha^{l-1}} = -\frac{(l-1)!}{(\zeta-\alpha)^l} + (-1)^{l-1}\mathfrak{p}^{(l-1)}(\zeta - \alpha).$$

Die Funktion $\overline{\Psi}_{-1}(\alpha, \tau, \zeta)$ genügt der Funktionalgleichung

$$(213)\quad \overline{\Psi}_{-1}(\alpha, \tau, \zeta + 1) = \overline{\Psi}_{-1}(\alpha, \tau, \zeta),$$

ist aber, als Funktion von ζ, keine Psi-Funktion; wir finden nämlich:

$$(214)\quad \begin{cases} \overline{\Psi}_{-1}(\alpha, \tau, \zeta + \tau) = 2\pi i \sum\limits_{r=-\infty}^{r=+\infty} e^{\pi i r N(r\tau + 2\alpha)} \\ \qquad\qquad \cdot \left[e^{2\pi i(\alpha - \zeta + (r-1)\tau)} - 1\right]^{-1}, \end{cases}$$

oder, indem wir als Summenindex $r - 1$ wählen und hierfür wieder r schreiben:

$$
(215)\begin{cases}
= 2\pi i \sum\limits_{r=-\infty}^{r=+\infty} e^{\pi i r N(r\tau+2\alpha)} \cdot e^{\pi i N(2\alpha+2r\tau+\tau)} \cdot \left[e^{2\pi i(\alpha-\zeta+r\tau)} - 1\right]^{-1} \\
= 2\pi i e^{\pi i N(2\zeta+\tau)} \sum\limits_{r=-\infty}^{r=+\infty} e^{\pi i r N(r\tau+2\alpha)} \cdot e^{2\pi i N(\alpha+r\tau-\zeta)} \left[e^{2\pi i(\alpha-\zeta+r\tau)} - 1\right]^{-1};
\end{cases}
$$

$$
(216)\begin{cases}
\overline{\Psi}_{-1}(\alpha, \tau, \zeta+\tau) - e^{\pi i N(2\zeta+\tau)}\, \overline{\Psi}_{-1}(\alpha, \tau, \zeta) \\
= 2\pi i\, e^{\pi i N(2\zeta+\tau)} \sum\limits_{r=-\infty}^{r=+\infty} e^{\pi i N r(r\tau+2\alpha)} \dfrac{e^{2\pi i N(\alpha+r\tau-\zeta)} - 1}{e^{2\pi i(\alpha+r\tau-\zeta)} - 1} \\
= 2\pi i\, e^{\pi i N(2\zeta+\tau)} \sum\limits_{h=0}^{h=N-1} e^{-2\pi i h\zeta} \sum\limits_{r=-\infty}^{r=+\infty} e^{\pi i r N(r\tau+2\alpha)}\, e^{2\pi i h(\alpha+r\tau)},
\end{cases}
$$

oder schließlich, mit Benutzung von (203)

$$
(217)\quad \begin{cases}
\overline{\Psi}_{-1}(\alpha, \tau, \zeta+\tau) - e^{\pi i N(2\zeta+\tau)}\, \overline{\Psi}_{-1}(\alpha, \tau, \zeta) \\
= 2\pi i\, e^{\pi i N(2\zeta+\tau)} \sum\limits_{h=0}^{h=N-1} e^{-2\pi i h\zeta} \theta_h(\alpha, \tau).
\end{cases}
$$

Da die Identitäten (213) und (217) für jeden Wert des Parameters α gelten, so dürfen sie nach α differentiiert werden; demnach ist:

$$
(218)\qquad \frac{\partial^l \overline{\Psi}_{-1}(\alpha, \tau, \zeta+1)}{\partial\alpha^l} = \frac{\partial^l \overline{\Psi}_{-1}(\alpha, \tau, \zeta)}{\partial\alpha^l},
$$

$$
(219)\begin{cases}
\dfrac{\partial^l \overline{\Psi}_{-1}(\alpha, \tau, \zeta+\tau)}{\partial\alpha^l} - e^{\pi i N(2\zeta+\tau)} \dfrac{\partial^l \overline{\Psi}_{-1}(\alpha, \tau, \zeta)}{\partial\alpha^l} \\
= 2\pi i\, e^{\pi i N(2\zeta+\tau)} \sum\limits_{h=0}^{h=N-1} e^{-2\pi i h\zeta} \cdot \dfrac{\partial^l \theta_h(\alpha, \tau)}{\partial\alpha^l}.
\end{cases}
$$

Bilden wir nun mit den Koeffizienten der Entwickelung (202) die Funktionen

$$
(220)\begin{cases}
F_k(\alpha_k, \tau, \zeta) = -A_{k1} \cdot \overline{\Psi}_{-1}(\alpha_k, \tau, \zeta) \\
-\dfrac{A_{k2}}{1}\left[\dfrac{\partial \overline{\Psi}_{-1}(\alpha, \tau, \zeta)}{\partial\alpha}\right]_{\alpha=\alpha_k} - \cdots - \dfrac{A_{km_k}}{(m_k-1)!}\left[\dfrac{\partial^{m_k-1} \overline{\Psi}_{-1}(\alpha, \tau, \zeta)}{\partial\alpha^{m_k-1}}\right]_{\alpha=\alpha_k},
\end{cases}
$$

$$
(k = 1, 2, \ldots, \mu)
$$

so bestehen für diese die Identitäten

$$(221) \qquad F_k(\alpha_k, \tau, \zeta + 1) = F_k(\alpha_k, \tau, \zeta);$$

$$(222) \left\{ \begin{aligned} & F_k(\alpha_k, \tau, \zeta + \tau) - e^{\pi i N(2\zeta + \tau)} F_k(\alpha_k, \tau, \zeta) \\ & = -2\pi i\, e^{\pi i N(2\zeta+\tau)} \sum_{h=0}^{h=N-1} e^{-2\pi i h \zeta} \Big\{ A_{k1} \cdot \theta_h(\alpha_k, \tau) \\ & + \frac{A_{k2}}{1} \left[\frac{\partial \theta_h(\alpha, \tau)}{\partial \alpha} \right]_{\alpha=\alpha_k} + \cdots + \frac{A_{k m_k}}{(m_k - 1)!} \left[\frac{\partial^{m_k - 1} \theta_h(\alpha, \tau)}{\partial \alpha^{m_k - 1}} \right]_{\alpha = \alpha_k} \end{aligned} \right.$$

Addiert man die μ Gleichungen (222) für $k = 1, 2, \ldots, \mu$), so muß nach (204) die Summe der rechten Seiten verschwinden; es ist

$$(223) \qquad \sum_{k=1}^{k=\mu} F_k(\alpha_k, \tau, \zeta + 1) = \sum_{k=1}^{k=\mu} F_k(\alpha_k, \tau, \zeta),$$

$$(224) \quad \sum_{k=1}^{k=\mu} F_k(\alpha_k, \tau, \zeta + \tau) = e^{\pi i N(2\zeta + \tau)} \sum_{k=1}^{k=\mu} F_k(\alpha_k, \tau, \zeta),$$

d. h. die Funktion

$$(225) \qquad \overline{\Psi}(\zeta, \tau) = \sum_{k=1}^{k=\mu} F_k(\alpha_k, \tau, \zeta)$$

ist eine Psi-Funktion von der Ordnung $-N$; sie hat im Periodenparallelogramm die Pole (201), und ihre Entwickelungen in der Umgebung dieser Pole enthalten, auf Grund von (211), (212) und (220), dieselben Glieder mit negativen Potenzen, welche in den für die Funktion $\Psi(\zeta, \tau)$ aufgestellten Entwickelungen auftreten. Die Differenz

$$(226) \qquad \Psi(\zeta, \tau) - \overline{\Psi}(\zeta, \tau)$$

ist daher eine Psi-Funktion von der Ordnung $-N$, welche in dem Periodenparallelogramm, das die Pole (201) der Funktion $\Psi(\zeta, \tau)$ enthält, nicht mehr unendlich wird und daher identisch gleich Null sein muß.

Wir erhalten so für die Funktion $\Psi(\zeta, \tau)$ die folgende, der Partialbruchzerlegung rationaler Funktionen analoge Darstellung:

$$(227)\begin{cases} \Psi(\zeta, \tau) = \overline{\Psi}(\zeta, \tau) = \sum_{k=1}^{k=\mu} F_k(\alpha_k, \tau, \zeta) = -\sum_{k=1}^{k=\mu} \Big\{ A_{k1} \cdot \overline{\Psi}_{-1}(\alpha_k, \tau, \zeta) \\ + \frac{A_{k2}}{1} \cdot \left[\frac{\partial \overline{\Psi}_{-1}(\alpha, \tau, \zeta)}{\partial \alpha}\right]_{\alpha=\alpha_k} + \dots + \frac{A_{k m_k}}{(m_k-1)!} \left[\frac{\partial^{m_k-1} \overline{\Psi}_{-1}(\alpha, \tau, \zeta)}{\partial \alpha^{m_k-1}}\right]_{\alpha=\alpha_k} \Big\}, \end{cases}$$

welche wir in der gebräuchlichen, wenn auch nicht ganz logischen, Schreibweise auch so wiedergeben können:

$$(228)\begin{cases} \overline{\Psi}(\zeta, \tau) = -\sum_{k=1}^{k=\mu} \Big\{ A_{k1} \cdot \overline{\Psi}_{-1}(\alpha_k, \tau, \zeta) \\ + \frac{A_{k2}}{1} \cdot \frac{\partial \overline{\Psi}_{-1}(\alpha_k, \tau, \zeta)}{\partial \alpha_k} + \dots + \frac{A_{k m_k}}{(m_k-1)!} \frac{\partial^{m_k-1} \overline{\Psi}_{-1}(\alpha_k, \tau, \zeta)}{\partial \alpha_k^{m_k-1}} \Big\}. \end{cases}$$

Aus dieser Formel können wir die Mannigfaltigkeit der Psi-Funktionen ablesen, für welche der Wert von τ, die negative Ordnungszahl $-N$ und die Anzahl σ' der im Periodenparallelogramm gelegenen einfachen Pole gegeben ist. Wir haben zu unserer Verfügung die σ' Pole, welche beliebig gewählt werden können; von den σ' Koeffizienten A_{kl} sind aber nur $\sigma' - N$ disponibel, die übrigen werden durch die N Bedingungen (204) bestimmt; die Gesamtzahl der unabhängigen Konstanten des Ausdruckes (228) ist also $2\sigma' - N$, und demnach wiederum (vgl. Nr. 102) gleich der Summe der Ordnung und der doppelten Anzahl aller im Periodenparallelogramm gelegenen einfachen Pole.

Elliptische Funktionen dritter Art von der Ordnung Null. — Zurückführung auf elliptische Funktionen zweiter Art.

105. Wir werden im folgenden den elliptischen Funktionen dritter Art von der Ordnung Null, unter deren Begriff auch die elliptischen Funktionen zweiter Art gehören, eine besondere Betrachtung widmen. Denn diese Funktionen können nicht wie die von positiver oder negativer Ordnung durch Addition einer Konstanten zum Argument auf Funktionen mit der Charakteristik (0, 0) zurückgeführt werden (vgl. Nr. 95).

Unsere für die Psi-Funktionen abgeleiteten Resultate lassen sich daher für elliptische Funktionen dritter Art von der Ordnung Null nicht nutzbar machen*), während wir sie auf jede elliptische Funktion dritter Art von positiver oder negativer Ordnung übertragen können, indem wir den Weg, welcher von der allgemeinsten derartigen Funktion zu der Psi-Funktion führte, in umgekehrtem Sinne zurücklegen.

Wenn wir somit von dem Inhalte der Nummern 99 bis 104 im folgenden keinen Gebrauch machen dürfen, so bleibt doch alles, was in Nr. 91 bis 98 über elliptische Funktionen dritter Art gesagt worden ist, auch für solche von der nullten Ordnung und im besonderen für elliptische Funktionen zweiter Art gültig, sofern wir nur die erforderlichen Spezialisierungen der auftretenden Konstanten vornehmen.

Zunächst sehen wir, daß für $N = 0$ die Konstanten F_Π und F_θ sich zueinander verhalten müssen, wie die Perioden Π und θ [Nr. 92, Formel (25)]; daher dürfen wir setzen

$$(229)\qquad F_\Pi = \varkappa \Pi, \quad F_\theta = \varkappa \theta, \qquad \text{[vgl. Nr. 92, (32)]}$$

und die Funktionalgleichungen der allgemeinsten elliptischen Funktion dritter Art von der Ordnung Null haben [gemäß (33)] die Gestalt

$$(230)\qquad \begin{cases} \psi_0(u+\Pi) = e^{-\pi i[\varkappa(2\Pi u + \Pi^2) + \lambda\Pi + g_\Pi]}\,\psi_0(u)\,; \\ \psi_0(u+\theta) \;= e^{-\pi i[\varkappa(2\theta u + \theta^2) + \lambda\theta + g_\theta]}\,\psi_0(u)\,. \end{cases}$$

Die Funktion

$$(231)\qquad \omega(u) = e^{\pi i(\varkappa u^2 + \lambda u)}\cdot\psi_0(u)$$

genügt alsdann den Funktionalgleichungen:

$$(232)\qquad \begin{cases} \omega(u+\Pi) = e^{-\pi i g_\Pi}\cdot\omega(u)\,, \\ \omega(u+\theta) \;= e^{-\pi i g_\theta}\cdot\omega(u)\,, \end{cases}$$

sie ist also eine elliptische Funktion zweiter Art. Demnach können wir den Satz aussprechen:

Jede elliptische, Funktion dritter Art von der Ordnung Null kann durch Multiplikation mit einem Exponential-

---

*) Eine Psi-Funktion von der Ordnung Null ist eine elliptische Funktion erster Art.

faktor der Form $e^{\pi i \varkappa u^2 + \lambda u}$ *in eine elliptische Funktion zweiter Art verwandelt werden.*

Aus diesem Grunde dürfen wir uns im folgenden auf die Betrachtung von elliptischen Funktionen zweiter Art beschränken.

Als Spezialfall des soeben aufgestellten Satzes erhalten wir das Resultat:

Jede elliptische Funktion zweiter Art von der Charakteristik (0, 0) *ist gleich dem Produkt aus einer elliptischen Funktion erster Art und einem Exponentialfaktor der Form* $e^{+\pi i \lambda u}$.

Es gibt außer der Funktion

$$C \cdot e^{+\pi i \lambda u} \tag{233}$$

keine ganze elliptische Funktion zweiter Art.

Denn wenn eine elliptische Funktion zweiter Art keine Pole im Periodenparallelogramm hat, so kann sie auch keine Nullstellen besitzen [nach (25) für $N = 0$]; infolgedessen ist ihre Charakteristik (0, 0); nach dem vorhergehenden Satze hat sie also die Form $e^{-\pi i \lambda u} f(u)$, wo $f(u)$ eine elliptische Funktion erster Art bedeutet, welche aber keine Nullpunkte und Pole besitzt und daher in eine Konstante C ausartet. Ebenso erkennt man:

Zwei elliptische Funktionen zweiter Art, welche in den Nullpunkten und Polen übereinstimmen, können sich nur um einen Exponentialfaktor von der Form $C e^{-\pi i \lambda u}$ *unterscheiden.*

Darstellung der elliptischen Funktionen zweiter Art mit Hilfe der σ-Funktion.

106. Die Funktion

$$\chi(u) = \frac{[\sigma(u-\beta_1)]^{n_1} \cdot [\sigma(u-\beta_2)]^{n_2} \cdot \ldots \cdot [\sigma(u-\beta_\nu)]^{n_\nu}}{[\sigma(u-\alpha_1)]^{m_1} \cdot [\sigma(u-\alpha_2)]^{m_2} \cdot \ldots \cdot [\sigma(u-\alpha_\mu)]^{m_\mu}} \tag{38}$$

genügt den Funktionalgleichungen

$$\left\{\begin{aligned} \chi(u+\Pi) &= (-1)^{\Sigma n_h - \Sigma m_k} \cdot e^{\eta_\Pi\left(u+\frac{\Pi}{2}\right)(\Sigma n_h - \Sigma m_k)} \\ &\quad \cdot e^{\eta_\Pi(\Sigma \alpha_k m_k - \Sigma \beta_h n_h)}\, \chi(u)\,, \\ \chi(u+\theta) &= (-1)^{\Sigma n_h - \Sigma m_k} \cdot e^{\eta_\theta\left(u+\frac{\theta}{2}\right)(\Sigma n_h - \Sigma m_k)} \\ &\quad \cdot e^{\eta_\theta(\Sigma \alpha_k m_k - \Sigma \beta_h n_h)}\, \chi(u)\,. \end{aligned}\right. \tag{234}$$

Wenn nun die Bedingung

(235) $$\sum_{h=1}^{h=\nu} n_h - \sum_{k=1}^{k=\mu} m_k = 0$$

erfüllt ist, so stellt $\chi(u)$ eine elliptische Funktion zweiter Art dar; setzen wir

(236) $$\begin{cases} \eta_\Pi \cdot (\Sigma \beta_h n_h - \Sigma \alpha_k n_k) = \pi i G_\Pi , \\ \eta_\theta \cdot (\Sigma \beta_h n_h - \Sigma \alpha_k n_k) = \pi i G_\theta , \end{cases}$$

so nehmen die Funktionalgleichungen (234) die Form an:

(237) $$\begin{cases} \chi(u + \Pi) = e^{-\pi i G_\Pi} \cdot \chi(u) ; \\ \chi(u + \theta) = e^{-\pi i G_\theta} \cdot \chi(u) . \end{cases}$$

Die Legendresche Relation [vgl. Nr. 53 (124)] lautet, da wir annehmen, daß das Periodenverhältnis $\frac{\theta}{\Pi}$ einen positiv imaginären Bestandteil habe:

(238) $$\eta_\Pi \cdot \theta - \eta_\theta \cdot \Pi = 2 \pi i ,$$

und es ergibt sich aus (236) das nach unseren allgemeinen Sätzen zu erwartende Resultat

(239) $$\sum_{h=1}^{h=\nu} \beta_h n_h - \sum_{k=1}^{k=\mu} \alpha_k m_k = \tfrac{1}{2} (G_\Pi \theta - G_\theta \Pi)$$

[vgl. Formel (26) dieses Kapitels].

Auf Grund des vorhergehenden Satzes können wir folgende allgemeine analytische Darstellung geben:

Jede elliptische Funktion zweiter Art drückt sich in der Form

(240) $$\omega(u) = C \cdot e^{-\pi i \lambda u} \chi(u)$$

durch die Funktion $\sigma(u)$ aus.

Andere Darstellung mit Hilfe einer Elementarfunktion (Partialbruchzerlegung).

107. Es soll nun eine elliptische Funktion zweiter Art konstruiert werden, welche im Periodenparallelogramm nur einen einzigen einfachen Pol α und demgemäß nur eine einzige einfache Nullstelle β besitzt, deren Residuum für den Pol α gleich 1 ist.

$$\chi_1(u) = C\frac{\sigma(u-\beta)}{\sigma(u-\alpha)}, \tag{241}$$

$$\begin{cases} \chi_1(u+\Pi) = e^{\eta_\Pi(\alpha-\beta)} \cdot \chi_1(u), \\ \chi_1(u+\theta) = e^{\eta_\theta(\alpha-\beta)} \cdot \chi_1(u). \end{cases} \tag{242}$$

$$\sigma(u-\alpha) = u - \alpha + \tfrac{1}{2}\sigma''(0)\cdot(u-\alpha)^2 + \dots, \tag{243}$$

$$\sigma(u-\beta) = \sigma(\alpha-\beta) + \sigma'(\alpha-\beta)\cdot(u-\alpha) + \dots; \tag{244}$$

folglich ist das Residuum der Funktion $\chi_1(u)$ für den Pol $u = \alpha$:

$$C\cdot\sigma(\alpha-\beta). \tag{245}$$

Durch die Forderung, daß diese Konstante den Wert 1 haben soll, ist C bestimmt, und unsere „Elementarfunktion" hat die Form:

$$\chi_1(u) = \frac{\sigma(u-\beta)}{\sigma(\alpha-\beta)\cdot\sigma(u-\alpha)}. \tag{246}$$

Wir wollen sie, um die Lage des Poles und des Nullpunktes anzudeuten, mit

$$\omega(u, \alpha, \delta)$$

bezeichnen, indem wir gleichzeitig an Stelle der Größe β die Differenz

$$\alpha - \beta = \delta \tag{247}$$

einführen, so daß

$$\omega(u, \alpha, \delta) = \frac{\sigma(u-\alpha+\delta)}{\sigma(\delta)\cdot\sigma(u-\alpha)}, \tag{248}$$

$$\begin{cases} \omega(u+\Pi, \alpha, \delta) = e^{\eta_\Pi\cdot\delta} \cdot \omega(u, \alpha, \delta), \\ \omega(u+\theta, \alpha, \delta) = e^{\eta_\theta\cdot\delta} \cdot \omega(u, \alpha, \delta); \end{cases} \tag{249}$$

der nach u genommene partielle Differentialquotient l-ter Ordnung von $\omega(u, \alpha, \delta)$ genügt denselben Funktionalgleichungen (249); er hat im Punkte α einen Pol von der Ordnung $(l+1)$ und seine Entwickelung in der Umgebung dieses Punktes sieht so aus:

$$(250)\qquad \frac{\partial^l \omega(u\,,\,\alpha\,,\,\delta)}{\partial u^l} = (-1)^l \frac{l!}{(u-\alpha)^{l+1}} + \mathfrak{P}(u-\alpha)\,,$$

wo $\mathfrak{P}(u-\alpha)$ eine nach positiven ganzen Potenzen von $u-\alpha$ fortschreitende reguläre Entwickelung bezeichnet.

Bilden wir nun die Summe

$$(251)\quad \left\{\begin{aligned} \overline{\omega}(u\,,\,\delta) = \sum_{k=1}^{k=\mu} \Big\{ & A_{k1}\,\omega(u,\,\alpha_k,\,\delta) - \frac{A_{k2}}{1!}\,\frac{\partial\omega(u\,,\,\alpha_k\,,\,\delta)}{\partial u} + \dots \\ & + (-1)^{m_k-1}\frac{A_{k m_k}}{(m_k-1)!}\cdot\frac{\partial^{m_k-1}\omega(u\,,\,\alpha_k,\,\delta)}{\partial u^{m_k-1}}\Big\}\,, \end{aligned}\right.$$

so ist diese offenbar eine elliptische Funktion zweiter Art mit den Multiplikatoren $e^{\eta_\Pi\cdot\delta}$, $e^{\eta_\theta\cdot\delta}$; sie hat im Periodenparallelogramm die Pole $\alpha_1\,,\,\alpha_2\,,\,\dots,\,\alpha_\mu$, und ihre Entwickelung in der Umgebung des Poles α_k lautet:

$$(252)\quad \left\{\begin{aligned} & A_{k1}\cdot\frac{1}{u-\alpha_k} + A_{k2}\frac{1}{(u-\alpha_k)^2} + \dots + A_{k m_k}\cdot\frac{1}{(u-\alpha_k)^{m_k}} \\ & \qquad + \mathfrak{P}_k(u-\alpha_k) \qquad (k=1,\,2,\,\dots,\,\mu)\,. \end{aligned}\right.$$

Es sei nun irgend eine elliptische Funktion zweiter Art $\omega(u)$ vorgelegt, welche den Funktionalgleichungen genügt:

$$(253)\qquad \left\{\begin{aligned} \omega(u+\Pi) &= e^{-\pi i G_\Pi}\cdot\omega(u)\,, \\ \omega(u+\theta) &= e^{-\pi i G_\theta}\cdot\omega(u)\,; \end{aligned}\right.$$

ihre Charakteristik sei von $(0,\,0)$ verschieden, d. h. die Konstanten G_Π, G_θ sollen sich nicht zueinander verhalten wie die Perioden Π und θ; die Pole $\alpha_1\,,\,\alpha_2\,,\,\dots,\,\alpha_\mu$ seien ihre einzigen Pole im Periodenparallelogramm, und ihre Entwickelungen in der Umgebung dieser Pole mögen dieselben Glieder mit negativen Potenzen enthalten wie die in (252) angedeuteten Entwickelungen der Funktion $\overline{\omega}(u,\,\delta)$.

Dann setzen wir in (251):

$$(254)\qquad \delta = -\tfrac{1}{2}(G_\Pi\,\theta - G_\theta\,\Pi)\,;$$

vermöge der Legendreschen Relation ist

$$(\delta\cdot\eta_{\Pi})\theta-(\delta\cdot\eta_{\theta})\Pi=-\pi i(G_{\Pi}\theta-G_{\theta}\Pi) \tag{255}$$

und also

$$\begin{cases}\delta\cdot\eta_{\Pi}=-\pi i(G_{\Pi}+\lambda\Pi)\,,\\ \delta\cdot\eta_{\theta}=-\pi i(G_{\theta}+\lambda\theta)\,.\end{cases} \tag{256}$$

Die Funktion

$$e^{+\pi i\lambda u}\cdot\overline{\omega}(u\,,\,\delta) \tag{257}$$

ist daher mit $\omega(u)$ gleichändrig und die Differenz

$$\omega(u)-e^{\pi i\lambda u}\,\overline{\omega}(u\,,\,\delta) \tag{258}$$

ebenfalls; zugleich aber muß diese Differenz eine ganze Funktion sein und also die Form (233) haben; daher sind die beiden Forderungen, zu denen wir soeben gelangten, nur dann durch eine wirkliche Funktion erfüllbar, wenn die Proportion besteht:

$$G_{\Pi}:G_{\theta}=\Pi:\theta\,, \tag{259}$$

welche wir durch unsere Voraussetzungen ausdrücklich verneint haben; es bleibt demnach nur die Möglichkeit, daß die Differenz (258) identisch verschwindet. — Das Resultat unserer Betrachtungen läßt sich in den Satz zusammenfassen:

Jede elliptische Funktion zweiter Art, deren Charaktere nicht beide gleich Null sind, kann mit Hilfe der Elementarfunktion $\omega(u\,,\,\alpha\,,\,\delta)$ in folgender Weise ausgedrückt werden:

$$\begin{cases}\omega(u)=e^{\pi i\lambda u}\cdot\sum\limits_{k=1}^{k=\mu}\Big\{A_{k1}\,\omega(u,\,\alpha_k,\,\delta)-\dfrac{A_{k2}}{1}\dfrac{\partial\,\omega(u,\,\alpha_k,\,\delta)}{\partial u}+\cdots\\ \qquad+(-1)^{m_k-1}\dfrac{A_{km_k}}{(m_k-1)!}\,\dfrac{\partial^{m_k-1}\omega(u\,,\,\alpha_k\,,\,\delta)}{\partial u^{m_k-1}}\Big\}\,.\end{cases} \tag{260}$$

Dies ist die Partialbruchzerlegung für die elliptischen Funktionen zweiter Art, wenn die Charakteristik nicht (0, 0) ist. Die Mannigfaltigkeit der so definierten Funktionen ist, wie man leicht nachzählt, gleich

$$2\sum_{k=1}^{k=\mu}m_k+2\,.$$

Kennt man von einer Funktion $\omega(u)$ außer den Perioden Π, θ die Σm_k Pole und die $\Sigma n_k = \Sigma m_k$ Nullpunkte eines Periodenparallelogramms, so sind dadurch in der Summe auf der rechten Seite von (260) die Σm_k Konstanten α_k, die $\Sigma m_k - 1$ Verhältnisse der Koeffizienten A_{kl} und die Größe δ bestimmt; willkürlich bleiben noch ein konstanter Faktor (etwa A_{11}) und die Größe λ, wie es dem Satze am Schluß von Nr. 105 entspricht.

Das oben angewandte Verfahren versagt, wenn die Charakteristik der Funktion (0, 0) ist; denn dann würde ja (254) δ gleich Null werden. Aber nach einem Satze der Nr. 105 hat jede elliptische Funktion zweiter Art von der Charakteristik (0, 0) die Form:

$$e^{-\pi i \lambda u} \cdot f(u),$$

wo $f(u)$ eine elliptische Funktion erster Art bezeichnet; für eine solche kennen wir bereits aus Nr. 83 die Partialbruchzerlegung, und das Problem ist somit auch für diesen besonderen Fall als gelöst zu betrachten.

Elftes Kapitel.

Die Weierstraßschen Transzendenten. Zusammenstellung von Lehrsätzen und Formeln.

Einleitung. — Einige neue Bezeichnungen.

108. Wir haben gesehen, daß sich alle elliptischen Funktionen erster, zweiter und dritter Art durch eine kleine Anzahl von Funktionen ausdrücken lassen, mit deren Hilfe wir also, auf Grund allgemeiner Sätze, das ganze große Gebiet beherrschen. Eine einzige Funktion, die Funktion $\sigma(u)$, würde dazu schon ausreichen. Es ist aber vorteilhafter, die Reduktion nicht so weit zu treiben, vielmehr eine Zusammenstellung mehrerer Elementarfunktionen, welche alsdann untereinander in gewissen Beziehungen stehen müssen, der Theorie zugrunde zu legen.

Die Wahl dieser Elemente ist bis zu einem gewissen Grade willkürlich und daher eine Frage der Zweckmäßigkeit. Ein System von Elementarfunktionen, welches für eine gewisse Klasse von Problemen den Vorzug verdient, kann weniger tauglich sein als ein anderes, wenn die Behandlung anderer Aufgaben gefordert wird. Zwei große Systeme elliptischer Transzendenten haben sich in der Analysis Geltung verschafft; sie tragen die Namen ihrer Begründer, Jacobi und Weierstraß.

Daß historisch jüngere Weierstraßsche System ist auf diejenigen Funktionen aufgebaut, welche bei dem von uns eingeschlagenen Wege als die natürlichen Elemente der Theorie erscheinen und uns der Hauptsache nach bereits bekannt sind. Wenn wir es daher in diesem Kapitel unternehmen, die wichtigsten Formeln der Weierstraßschen Theorie zusammenzustellen, so sind Wiederholungen längst gefundener Resultate unvermeidlich; dafür entschädigen uns aber zahlreiche Vorteile: Formelgruppen, welche im Verlaufe unserer Entwickelungen durch langwierige Beweisgänge getrennt werden mußten, können nun unmittelbar nebeneinander gestellt werden, wodurch die Übersicht erleichtert wird. Während ferner bisher die Heraustreibung des Gedankens das wichtigste Ziel bildete, und die Ausarbeitung rechnerischen Details deshalb möglichst zu vermeiden war, können wir jetzt der formalen Seite größere Berücksichtigung schenken. Wir benutzen die Gelegenheit, um uns vollkommen mit den von Weierstraß aufgestellten, zum Teil von späteren Forschern äußerlich modifizierten, Formeln in Übereinstimmung zu zetzen. Manche von den üblichen Bezeichnungsweisen (wie zum Beispiel die der Perioden) sind nur in der Absicht gewählt, die Formeln symmetrisch und elegant zu gestalten; in eine einführende funktionentheoretische Betrachtung wird dadurch ein Element hineingetragen, welches durch seinen künstlichen Charakter störend wirken und das Verständnis erschweren kann. Viel weniger bedenklich erscheint es daher, an der Bezeichnungsweise nachträglich einige leichte Änderungen anzubringen und so die rein formale Bedeutung dieser Dinge augenscheinlich zu machen.

Die beiden Perioden einer elliptischen Funktion erster, zweiter oder dritter Art erhalten in diesem Kapitel die Bezeichnung

$$(1) \qquad 2\omega_1 \quad \text{und} \quad 2\omega_3\,,$$

und es wird durchweg vorausgesetzt, daß das Verhältnis $\omega_3 : \omega_1$ einen positiv imaginären Bestandteil habe.

Eine dritte Konstante ω_2 wird definiert durch die Gleichung

$$(2) \qquad \omega_1 + \omega_2 + \omega_3 = 0 .$$

In Summen und Produkten, welche sich über alle aus $2\omega_1$ und $2\omega_3$ zusammengesetzten Perioden erstrecken, soll

$$(3) \qquad w = 2m_1\omega_1 + 2m_3\omega_3$$

gesetzt werden; die ganzzahligen Indizes m_1, m_3 können, nach dieser Übereinkunft, an dem Summen- oder Produktzeichen wegbleiben; es genügen außerdem, obwohl es sich um Doppelsummen und Doppelprodukte handelt, die einfachen Summen- und Produktzeichen; wir werden also schreiben:

$$(4a) \qquad \sum_{m_1=-\infty}^{m_1=+\infty} \sum_{m_3=-\infty}^{m_3=+\infty} f(2m_1\omega_1 + 2m_3\omega_3) = \Sigma f(w) ;$$

$$(4b) \qquad \prod_{m_1=-\infty}^{m_1=+\infty} \prod_{m_3=-\infty}^{m_3=+\infty} f(2m_1\omega_1 + 2m_3\omega_3) = \Pi f(w)$$

Die fundamentalen Funktionen $\sigma(u)$, $\zeta(u)$, $p(u)$. — Homogeneität.

109. Führen wir diese Bezeichnungen in die analytischen Ausdrücke der früher (Nr. 62, Nr. 49, Nr. 47) definierten Funktionen $\sigma(u)$, $\zeta(u)$, $p(u)$ ein, so erhalten wir die drei, in der Weierstraßschen Theorie fundamentalen Funktionen

$$(5) \qquad \sigma(u) = u\,\Pi'\left\{\left(1 - \frac{u}{w}\right)e^{\frac{u}{w} + \frac{u^2}{2w^2}}\right\};$$

$$(6) \qquad \zeta(u) = \frac{d}{du}\log\sigma(u) = \frac{1}{u} + \sum{}'\left\{\frac{1}{u-w} + \frac{1}{w} + \frac{u}{w^2}\right\};$$

$$(7) \qquad \begin{cases} p(u) = -\zeta'(u) = -\dfrac{d^2}{du^2}\log\sigma(u) \\ \qquad = \dfrac{1}{u^2} + \sum{}'\left\{\dfrac{1}{(u-w)^2} - \dfrac{1}{w^2}\right\}. \end{cases}$$

Nach unseren früheren Untersuchungen gelten die folgenden Formeln:

(8) $$p^{(n)}(u) = \frac{d^n p(u)}{du^n} = (-1)^n \cdot (n+1)! \sum \frac{1}{(u-w)^{n+2}};$$

(9) $$\begin{cases} \sigma(-u) = -\sigma(u); & p(-u) = p(u); \\ \zeta(-u) = -\zeta(u); & p^{(n)}(-u) = (-1)^n p(u); \end{cases}$$

Homogeneität:

(10) $$\sigma(\lambda u, \lambda \omega_1, \lambda \omega_3) = \lambda \cdot \sigma(u, \omega_1, \omega_3),$$

(11) $$\zeta(\lambda u, \lambda \omega_1, \lambda \omega_3) = \lambda^{-1} \cdot \zeta(u, \omega_1, \omega_3),$$

(12) $$p(\lambda u, \lambda \omega_1, \lambda \omega_3) = \lambda^{-2} \cdot p(u, \omega_1, \omega_3),$$

(13) $$p^{(n)}(\lambda u, \lambda \omega_1, \lambda \omega_3) = \lambda^{-(n+2)} \cdot p^{(n)}(u, \omega_1, \omega_3).$$

Potenzreihenentwickelungen der Funktionen $\sigma(u)$, $\zeta(u)$, $p(u)$ in der Umgebung des Punktes $u = 0$.

110.

$$\left(1 - \frac{u}{w}\right) e^{\frac{u}{w} + \frac{u^2}{2w^2}} = 1 - \frac{1}{3}\frac{u^3}{w^3} - \frac{1}{4}\frac{u^4}{w^4} - \frac{1}{5}\frac{u^5}{w^5} - \frac{1}{9}\frac{u^6}{w^6} - \dots$$

$$\prod{}'\left(1 - \frac{u}{w}\right) e^{\frac{u}{w} + \frac{u^2}{2w^2}} = 1 - \frac{u^3}{3}\Sigma' w^{-3} - \frac{u^4}{4}\Sigma' w^{-4}$$

$$- \frac{u^5}{5}\Sigma' w^{-5} - \frac{u^6}{9}\left[\frac{-1}{2}(\Sigma' w^{-3})^2 + \frac{3}{2}\Sigma' w^{-6}\right] + \dots$$

Bedenkt man nun, daß identisch

$$\Sigma' w^{-(2n+1)} = 0, \qquad (n = 1, 2, \dots)$$

so findet man

$$u \cdot \prod{}'\left(1 - \frac{u}{w}\right) e^{\frac{u}{w} + \frac{u^2}{2w^2}} = u - \frac{u^5}{4}\Sigma' w^{-4} - \frac{u^7}{6}\Sigma' w^{-6} - \dots$$

Führen wir die Bezeichnungen ein:

(14) $$g_2 = 60\,\Sigma' w^{-4}; \qquad g_3 = 140\,\Sigma' w^{-6},$$

aus denen sich unmittelbar ergibt:

(15) $$\begin{cases} g_2(\lambda \omega_1, \lambda \omega_3) = \lambda^{-4} \cdot g_2(\omega_1, \omega_3); \\ g_3(\lambda \omega_1, \lambda \omega_3) = \lambda^{-6} \cdot g_3(\omega_1, \omega_3), \end{cases}$$

so nehmen die ersten Glieder der Entwickelung von $\sigma(u)$ die Form an:

(16) $$\sigma(u) = u - \frac{g_2}{2^4 \cdot 3 \cdot 5} u^5 - \frac{g_3}{2^3 \cdot 3 \cdot 5 \cdot 7} u^7 - \dots$$

Nimmt man die logarithmische Ableitung, so ergibt sich die Potenzreihenentwickelung der Funktion $\zeta(u)$; einfacher noch ist es, sie aus der Reihe für $p(u)$ durch Integration zu gewinnen und die Integrationskonstante aus der Anfangsbedingung

$$\left[\zeta(u) - \frac{1}{u}\right]_{u=0} = 0 \tag{17}$$

zu berechnen; diesen Weg deuten die folgenden Formeln an:

$$\frac{1}{(u-w)^2} = \frac{1}{w^2} \frac{1}{\left(1 - \frac{u}{w}\right)^2}$$

$$= \frac{1}{w^2}\left(1 + 2\frac{u}{w} + 3\frac{u^2}{w^2} + 4\frac{u^3}{w^3} + 5\frac{u^4}{w^4} + \dots\right)$$

$$\sum{}'\left\{\frac{1}{(u-w)^2} - \frac{1}{w^2}\right\} = 3u^2 \Sigma w^{-4} + 5u^4 \Sigma w^{-6} + \dots$$

$$p(u) = \frac{1}{u^2} + \frac{g_2}{2^2 \cdot 5} u^2 + \frac{g_3}{2^2 \cdot 7} u^4 + \dots \tag{18}$$

$$\zeta(u) = \frac{1}{u} - \frac{g_2}{2^2 \cdot 3 \cdot 5} u^3 - \frac{g_3}{2^2 \cdot 5 \cdot 7} u^5 - \dots \tag{19}$$

Beziehungen zwischen der Funktion $p(u)$ und ihren Ableitungen. — Nullstellen der Funktion $p'(u)$. — Die Größen e_1, e_2, e_3.

111.

(20) $p'(u)^2 = 4\,p(u)^3 - g_2\,p(u) - g_3$ [vgl. Nr. 86];

(21) $p'(u)^2 = 4(p(u) - e_1)(p(u) - e_2)(p(u) - e_3)$;

(22) $p''(u) = 6\,p(u)^2 - \frac{1}{2} g_2$;

(23) $p'''(u) = 12\,p(u)\,p'(u)$.

In (21) haben wir mit e_1, e_2, e_3 die drei Werte bezeichnet, welche die Funktion $p(u)$ in den Nullpunkten ihrer Ableitung $p'(u)$ annimmt; es ist daher

$$e_1 + e_2 + e_3 = 0; \tag{24}$$

$$\begin{cases} g_2 = -4(e_1 e_2 + e_1 e_3 + e_2 e_3) = 2(e_1^2 + e_2^2 + e_3^2) \\ \quad = 4(e_1^2 - e_2 e_3) = 4(e_2^2 - e_3 e_1) = 4(e_3^2 - e_1 e_2); \end{cases} \tag{25}$$

$$g_3 = 4\,e_1 e_2 e_3. \tag{26}$$

Drei inkongruente Werte von u, für welche die Funktion $p'(u)$ verschwindet, lassen sich aber leicht aus dem analytischen Ausdruck

$$p'(u) = -2\sum \frac{1}{(u-w)^3}$$

$$= -2\sum_{m_1=-\infty}^{m_1=+\infty}\sum_{m_3=-\infty}^{m_3=+\infty} \frac{1}{(u-2m_1\omega_1-2m_3\omega_3)^3}$$

ablesen; denn es ist

$$p'(\omega_1) = +2\sum_{m_1=-\infty}^{m_1=+\infty}\sum_{m_3=-\infty}^{m_3=+\infty} \frac{1}{[(2m_1-1)\omega_1+2m_3\omega_3]^3}$$

eine absolut konvergente Summe (Nr. 44), deren Glieder paarweise entgegengesetzt gleiche Werte haben, nämlich:

$$\frac{1}{[(2m_1-1)\omega_1+2m_3\omega_3]^3} = -\frac{1}{[(2(-m_1+1)-1)\omega_1+2(-m_3)\omega_3]^3}$$

daher ist $u=\omega_1$ eine Nullstelle der Funktion $p'(u)$; ganz ebenso finden wir

(27) $$p'(\omega_1)=0,\qquad p'(\omega_2)=0,\qquad p'(\omega_3)=0.$$

und es ist also

(28) $$e_1=p(\omega_1),\qquad e_2=p(\omega_2),\qquad e_3=p(\omega_3)$$

zu setzen.

Berechnung der höheren Koeffizienten für die Potenzreihen der $n^0 = 110$. — $\sigma(u)$, $\zeta(u)$, $p(u)$ als Funktionen von u, g_2, g_3.

112. Die Identität (22) liefert uns eine rekurrente Formel für die Koeffizienten der höheren Potenzen von u in den Reihen (16), (18), (19). Setzen wir nämlich die Entwickelung

(29) $$p(u) = \frac{1}{u^2} + c_2u^2 + c_4u^4 + \ldots + c_{2n}u^{2n} + \ldots$$

in (22) ein, so erhalten wir

(30) $$c_2 = \frac{g_2}{2^2\cdot 5},\qquad c_4 = \frac{g_3}{2^2\cdot 7}$$

und, indem wir die Koeffizienten der Potenz u^{2n-2} auf beiden Seiten einander gleich setzen,

$$6(c_{2n}+c_2c_{2n-4}+c_4c_{2n-6}+\dots+c_{2n-6}c_4+c_{2n-4}c_2+c_{2n}) \\ =2n(2n-1)c_{2n};$$

$$(31)\quad c_{2n}=\frac{6(c_2c_{2n-4}+c_4c_{2n-6}+\dots+c_{2n-6}c_{2n-4}+c_{2n-4}c_2)}{2n(2n-1)-12},$$

so daß also die Koeffizienten aller höheren Glieder der Entwickelung (29) ganze rationale Funktionen von g_2 und g_3 mit rationalen Zahlenkoeffizienten sind; dasselbe gilt folglich auch für die Koeffizienten der Entwickelungen von $\zeta(u)$ und $\sigma(u)$ in der Umgebung des Punktes $u=0$.

Man kann nach dem soeben Gesagten die Funktionen $\sigma(u)$, $\zeta(u)$, $p(u)$, welche bisher als Funktionen der drei Größen u, ω_1, ω_3 angesehen wurden, auch in ihrer Abhängigkeit von u, g_2, g_3 betrachten; die beiden Konstanten g_2, g_3 führen, aus später (Nr. 171) zu entwickelnden Gründen, den Namen Invarianten.

Aus den Formeln (10) bis (13) erhalten wir, mit Benutzung von (15) die folgenden Identitäten:

$$(10a)\qquad \sigma\left(\lambda u;\ \frac{g_2}{\lambda^4},\ \frac{g_3}{\lambda^6}\right)=\lambda\,\sigma(u;\ g_2,\ g_3);$$

$$(11a)\qquad \zeta\left(\lambda u;\ \frac{g_2}{\lambda^4},\ \frac{g_3}{\lambda^6}\right)=\frac{1}{\lambda}\,\zeta(u;\ g_2,\ g_3);$$

$$(12a)\qquad p\left(\lambda u;\ \frac{g_2}{\lambda^4},\ \frac{g_3}{\lambda^6}\right)=\frac{1}{\lambda^2}\,p(u;\ g_2,\ g_3);$$

$$(13a)\qquad p^{(n)}\left(\lambda u;\ \frac{g_2}{\lambda^4},\ \frac{g_3}{\lambda^6}\right)=\frac{1}{\lambda^{n+2}}\,p^{(n)}(u;\ g_2,\ g_3).$$

Vermehrung des Argumentes um eine beliebige Konstante, welche nicht eine Periode ist.

113.

$$(32)\qquad \frac{\sigma(u+a)}{\sigma(a)}\cdot e^{-u\zeta(a)+\frac{u^2}{2}p(a)}=\prod\left\{\left(1-\frac{u}{w-a}\right)e^{\frac{u}{w-a}+\frac{1}{2}\frac{u^2}{(w-a)^2}}\right\};$$

$$(33)\qquad \zeta(u+a)-\zeta(a)+up(a)=\sum\left\{\frac{1}{u+a-w}-\frac{1}{a-w}+\frac{u}{(a-w)^2}\right\};$$

$$(34)\qquad p(u+a)-p(a)=\sum\left\{\frac{1}{(u+a-w)^2}-\frac{1}{(a-w)^2}\right\}.$$

Die letzte dieser Formeln ergibt sich unmittelbar aus der Definition der Funktion $p(u)$ durch die unbedingt konvergente Reihe (7); die zweite und erste erhalten wir dann am einfachsten durch zweimalige Integration zwischen den Grenzen 0 und u; die Integration darf auf der rechten Seite an den einzelnen Gliedern ausgeführt werden, da die Reihen unbedingt konvergieren. Man vergleiche übrigens auch die Formel (37) der Nr. 65, von welcher man leicht zu (32) übergehen kann.

Vermehrung des Argumentes um eine Periode.

114. Wir setzen

$$(35)\qquad \zeta(\omega_1) = \eta_1\,; \qquad \zeta(\omega_2) = \eta_2\,; \qquad \zeta(\omega_3) = \eta_3\,;$$

die beiden Konstanten η_1 *und* η_3 entsprechen also den früher mit $\frac{1}{2}\eta_{\Pi}$ und $\frac{1}{2}\eta_{\theta}$ bezeichneten Größen [vgl. Nr. 54, (130)]. Die η_α sind Funktionen der beiden Größen ω_1, ω_3 und als solche nach (11) homogen vom Grade -1, d. h.

$$(35\text{a})\qquad \eta_\alpha(\lambda\,\omega_1\,,\ \lambda\,\omega_3) = \lambda^{-1}\cdot\eta_\alpha(\omega_1\,,\ \omega_3)\,; \qquad (\alpha = 1,\ 2,\ 3)$$

$$(36)\quad \begin{cases} \zeta(u + 2\,\omega_1) = \zeta(u) + 2\,\eta_1\,; \quad \zeta(u + 2\,\omega_3) = \zeta(u) + 2\,\eta_3\,; \\ \zeta(u - 2\,\omega_1 - 2\,\omega_3) = \zeta(u + 2\,\omega_2) = \zeta(u) - 2(\eta_1 + \eta_3)\,; \end{cases}$$

diese letzte Formel liefert für $u = -\omega_2$ die Beziehung

$$\eta_1 + \eta_3 = -\zeta(\omega_2) = -\eta_2$$

oder

$$(37)\qquad \eta_1 + \eta_2 + \eta_3 = 0\,,$$

während aus der Legendreschen Relation [vgl. Nr. 53, (124)] und den Identitäten (2) und (37) folgt, daß

$$(38)\quad \eta_1\,\omega_3 - \eta_3\,\omega_1 = \eta_2\,\omega_1 - \eta_1\,\omega_2 = \eta_3\,\omega_2 - \eta_2\,\omega_3 = \frac{\pi i}{2}\,.$$

Mit Benutzung von (37) und (38) stellt man ohne Schwierigkeit die drei Formeln auf

$$(39)\qquad \begin{cases} \sigma(u + 2\,\omega_1) = -e^{2\eta_1(u+\omega_1)}\cdot\sigma(u)\,, \\ \sigma(u + 2\,\omega_2) = -e^{2\eta_2(u+\omega_2)}\cdot\sigma(u)\,, \\ \sigma(u + 2\,\omega_3) = -e^{2\eta_3(u+\omega_3)}\cdot\sigma(u)\,. \end{cases}$$

Wir können diese drei Identitäten, von denen je zwei die Funktion $\sigma(u)$ als elliptische Funktion dritter Art charakterisieren, in eine einzige Formel zusammenfassen

(40) $$\begin{cases} \sigma(u + 2m\omega_1 + 2n\omega_2 + 2r\omega_3) \\ = (-1)^{mn+nr+rm+m+n+r} e^{2(m\eta_1+n\eta_2+r\eta_3)(u+m\omega_1+n\omega_2+r\omega_3)} \sigma(u). \end{cases}$$

In ähnlicher Weise vereinigen wir die Formeln (36):

(41) $$\begin{cases} \zeta(u + 2m\omega_1 + 2n\omega_2 + 2r\omega_3) \\ = \zeta(u) + 2m\eta_1 + 2n\eta_2 + 2r\eta_3 . \end{cases}$$

Schließlich haben wir für die Funktion $p(u)$:

(42) $$p(u + 2m\omega_1 + 2n\omega_2 + 2r\omega_3) = p(u) .$$

Einige Identitäten. — Additionstheoreme. — Vermehrung des Argumentes um halbe Perioden.

115. Wir zitieren zunächst die fundamentale Formel Nr. 82, (20):

(43) $$p(u) - p(a) = -\frac{\sigma(u+a)\cdot\sigma(u-a)}{\sigma(u)^2\cdot\sigma(a)^2} .$$

Der Ausdruck

(44) $$\begin{cases} [p(u) - p(a)]\,[p(b) - p(c)] + [p(u) - p(b)]\,[p(c) - p(a)] \\ \qquad + [p(u) - p(c)]\,[p(a) - p(b)] \end{cases}$$

müßte, wenn er überhaupt eine Funktion von u darstellte, eine elliptische Funktion zweiter Ordnung sein; denn er wird nur in den Punkten

(45) $$u \equiv 0 \mod(2\omega_1, 2\omega_3)$$

und in diesen von zweiter Ordnung unendlich. Andererseits verschwindet aber der Ausdruck (44) für die drei Werte

(46) $$u = a, \quad u = b, \quad u = c;$$

sind zwei von diesen einander nach dem Modul $(2\omega_1, 2\omega_3)$ kongruent, so erkennt man unmittelbar aus der Form von (44), daß der Ausdruck identisch verschwindet; sind aber alle drei Werte (46) inkongruent, so findet dasselbe statt, da eine elliptische Funktion zweiter Ordnung, welche mehr als zwei Nullpunkte im Periodenparallelogramm besitzt, identisch gleich Null sein muß; wir haben also unter allen Umständen die Identität:

$$(47)\quad \begin{cases} [p(u)-p(a)]\,[p(b)-p(c)]+[p(u)-p(b)]\,[p(c)-p(a)] \\ \qquad +[p(u)-p(c)]\,[p(a)-p(b)]=0\,, \end{cases}$$

und, infolgedessen, auf Grund von (43):

$$(48)\quad \begin{cases} \sigma(u+a)\,\sigma(u-a)\,\sigma(b+c)\,\sigma(b-c) \\ +\sigma(u+b)\,\sigma(u-b)\,\sigma(c+a)\,\sigma(c-a) \\ +\sigma(u+c)\,\sigma(u-c)\,\sigma(a+b)\,\sigma(a-b)=0\,. \end{cases}$$

Die in Nr. 82 aufgestellten Additionstheoreme lauteten:

$$(49)\quad \zeta(u+a)=\zeta(u)+\zeta(a)+\frac{1}{2}\,\frac{p'(u)-p'(a)}{p(u)-p(a)}\,,$$

$$(50)\quad p(u+a)=p(u)-\frac{1}{2}\,\frac{\partial}{\partial u}\left[\frac{p'(u)-p'(a)}{p(u)-p(a)}\right],$$

$$(51)\quad p'(u+a)=-\frac{1}{2}\,\frac{\partial^2}{\partial u\,\partial a}\left[\frac{p'(u)-p'(a)}{p(u)-p(a)}\right].$$

Wir können die zweite dieser Identitäten noch in eine andere Form bringen; zunächst führen wir die Differentiation aus:

$$(52)\quad p(u+a)=p(u)-\frac{1}{2}\,\frac{p''(u)}{p(u)-p(a)}+\frac{1}{2}\,\frac{p'(u)\,[p'(u)-p'(a)]}{[p(u)-p(a)]^2}\,;$$

durch Vertauschung von u und a ergibt sich:

$$(53)\quad p(u+a)=p(a)-\frac{1}{2}\,\frac{p''(a)}{p(a)-p(u)}+\frac{1}{2}\,\frac{p'(a)\,[p'(a)-p'(u)]}{[p(a)-p(u)]^2}\,;$$

wir addieren diese beiden Formeln und berücksichtigen, daß nach (22):

$$(54)\quad p''(u)-p''(a)=6\,[p(u)+p(a)]\,[p(u)-p(a)]$$

ist. So gelangen wir zu dem Resultate:

$$(55)\quad p(u+a)+p(u)+p(a)=\frac{1}{4}\left[\frac{p'(u)-p'(a)}{p(u)-p(a)}\right]^2.$$

In den nachstehenden Formeln sollen die Indizes α, β, γ zur Bezeichnung der drei in irgendwelcher Reihenfolge geschriebenen Zahlen 1, 2, 3 dienen, wodurch jeweils drei Formeln in eine einzige zusammengefaßt werden:

(35a) $$\zeta(\omega_\alpha) = \eta_\alpha \,;$$

(28a) $$p(\omega_\alpha) = e_\alpha \,;$$

(27a) $$p'(\omega_\alpha) = 0 \,.$$

Aus (22) und (25) erhält man den Ausdruck

(56) $$\left\{\begin{aligned} p''(\omega_\alpha) &= 6\,e_\alpha^2 - \tfrac{1}{2}\,g_2 = 2\,e_\alpha^2 + 4\,e_\beta\,e_\gamma + \tfrac{1}{2}\,g_2 \\ &= 2(e_\alpha - e_\beta)\,(e_\alpha - e_\gamma)\,. \end{aligned}\right.$$

Die Identitäten (49) und (53) liefern die Resultate:

(57) $$\zeta(u + \omega_\alpha) = \zeta(u) + \eta_\alpha + \frac{1}{2}\,\frac{p'(u)}{p(u) - e_\alpha}\,;$$

(57a) $$p(u + \omega_\alpha) = p(\omega_\alpha) + \frac{1}{2}\,\frac{p''(\omega_\alpha)}{p(u) - p(\omega_\alpha)}\,;$$

(58) $$p(u + \omega_\alpha) = e_\alpha + \frac{(e_\alpha - e_\beta)\,(e_\alpha - e_\gamma)}{p(u) - e_\alpha}\,.$$

Integriert man die Formel (57) und bestimmt die Integrationskonstante durch die Spezialisierung $u = 0$, so erhält man:

(59) $$\left[\frac{\sigma(u + \omega_\alpha)}{\sigma(u)\,\sigma(\omega_\alpha)}\right]^2 \cdot e^{-2\eta_\alpha u} = p(u) - e_\alpha\,.$$

Transzendenten dritter Gattung.

116. Wir dürfen die Identität (49) nach u integrieren, vorausgesetzt, daß keiner der beiden kritischen Punkte $u = 0$ und $u = -a$ von dem Integrationsweg geschnitten wird; wir erhalten:

(60) $$\frac{1}{2}\int_c^u \frac{p'(u) - p'(a)}{p(u) - p(a)}\,du = \int_c^u [\zeta(u + a) - \zeta(u) - \zeta(a)]\,du$$

(61) $$= \log\left[\frac{\sigma(u + a)}{\sigma(u)\,\sigma(a)}\right] - u\,\zeta(a) - \varphi(c\,,\,a)\,,$$

wenn

(62) $$\varphi(c\,,\,a) = \log\left[\frac{\sigma(c + a)}{\sigma(c)\,\sigma(a)}\right] - c\,\zeta(a)$$

gesetzt wird. Die Funktionen, zu denen wir so gelangen, sind unendlich vieldeutig; die Werte der auftretenden Logarithmen sind nur bis auf ganzzahlige Vielfache von $2\pi i$ bestimmt und werden erst durch Angabe des Integrationsweges völlig determiniert. Daran hat man sich im folgenden stets zu erinnern.

Bezeichnet man mit $\bar{c}$ eine Funktion von a, für welche $\varphi(\bar{c}, a)$ identisch verschwindet, so ist:

$$(63)\quad \frac{1}{2}\int_{\bar{c}}^{u} \frac{p'(u) - p'(a)}{p(u) - p(a)}\, du = \log\left[\frac{\sigma(u+a)}{\sigma(u)\,\sigma(a)}\right] - u\,\zeta(a)$$

Integriert man aber von $-u$ bis $+u$, so ergibt sich:

$$(64)\quad \frac{1}{2}\int_{-u}^{+u} \frac{p'(u) - p'(a)}{p(u) - p(a)}\, du = \log\left[\frac{\sigma(u+a)}{\sigma(u-a)}\right] - 2\,u\,\zeta(a)\,.$$

Da $p(u)$ eine gerade Funktion ist, während $p'(u)$ und $\zeta(u)$ ungerade Funktionen sind, so folgt aus (49) die Identität:

$$(65)\quad -\frac{p'(a)}{p(u) - p(a)} = \zeta(u+a) - \zeta(u-a) - 2\,\zeta(a)\,,$$

deren beide Seiten für $u = 0$ endlich bleiben, also von $u = 0$ bis zu einer bestimmten oberen Grenze integriert werden dürfen; es ergibt sich:

$$(66)\quad -\int_{0}^{u} \frac{p'(a)}{p(u) - p(a)}\, du = \log\left[\frac{\sigma(u+a)\,\sigma(-a)}{\sigma(u-a)\,\sigma(a)}\right] - 2\,u\,\zeta(a)\,,$$

$$(67).\quad \frac{1}{2}\int_{0}^{u} \frac{p'(a)}{p(u) - p(a)}\, du = \frac{1}{2}\log\left[\frac{\sigma(a-u)}{\sigma(a+u)}\right] + u\,\zeta(a)\,.$$

In den durch (63) und (67) gegebenen Funktionen von u und a haben wir zwei in der Weierstraßschen Theorie gebräuchliche Normalformen der „Transzendente dritter Gattung“ *) vor uns; man nennt u das

---

*) Vgl. Nr. 78. — Im zweiten Teile dieses Buches (Kap. III) werden wir die Begriffe „Transzendente zweiter Gattung“ und „Transzendente dritter Gattung“ tiefer erfassen können.

Argument, a den Parameter. Es sollen im folgenden die wichtigsten Eigenschaften der beiden Transzendenten dritter Gattung

$$\psi(u, a) = \log\left[\frac{\sigma(u+a)}{\sigma(u)\,\sigma(a)}\right], \tag{68}$$

$$\chi(u, a) = \frac{1}{2}\log\left[\frac{\sigma(u+a)}{\sigma(u-a)}\right] \tag{69}$$

angegeben werden, welche sich, mit Benutzung von uns bereits bekannten Eigenschaften der Funktion $\zeta(u)$, ohne weiteres auf die Integrale (63) und (67) übertragen. — Vertauschung von Argument und Parameter:

$$\psi(u, a) = \psi(a, u); \quad \chi(u, a) = \chi(a, u) \pm \frac{\pi i}{2}. \tag{70}$$

Ferner haben wir die Identitäten:

$$\psi(u, a) - \psi(-u, a) = 2\chi(u, a); \quad \chi(-u, a) = -\chi(u, a); \tag{71}$$

$$\psi(u, a) - \psi(u, -a) = 2\chi(a, u); \quad \chi(u, a) = -\chi(u, -a); \tag{72}$$

$$\begin{cases} \psi(u + 2\omega_\alpha, a) = \psi(u, a) + 2\eta_\alpha a, \\ \psi(u, a + 2\omega_\alpha) = \psi(u, a) + 2\eta_\alpha u, \end{cases} \quad (\alpha = 1, 2, 3) \tag{73}$$

$$\begin{cases} \chi(u + 2\omega_\alpha, a) = \chi(u, a) + 2\eta_\alpha a, \\ \chi(u, a + 2\omega_\alpha) = \chi(u, a) + 2\eta_\alpha u, \end{cases} \quad (\alpha = 1, 2, 3) \tag{74}$$

$$\begin{cases} \psi(0, a) = \infty; \\ \psi(u, 0) = \infty \cdot \end{cases} \tag{75}$$

$$\begin{cases} \chi(0, a) = \pm\dfrac{\pi i}{2}; \\ \chi(u, 0) = 0; \end{cases} \tag{76}$$

$$\psi(\omega_\alpha, a) = \eta_\alpha a + \log\left[\frac{\sigma_\alpha(a)}{\sigma(a)}\right]; \tag{77}$$

$$\chi(\omega_\alpha, a) = \eta_\alpha a; \tag{78}$$

$$\begin{cases} \psi(u_1 + u_2, a) - \psi(u_1, a) - \psi(u_2, a) \\ = \log\left[\dfrac{\sigma(u_1 + u_2 + a)\cdot\sigma(u_1)\cdot\sigma(u_2)\cdot\sigma(a)}{\sigma(u_1 + u_2)\cdot\sigma(u_1 + a)\cdot\sigma(u_2 + a)}\right]; \end{cases} \tag{79}$$

durch Anwendung der Formel (43) findet man nun

$$\left[\frac{\sigma(u_1 + u_2 + a)\cdot\sigma(u_1)\cdot\sigma(u_2)\cdot\sigma(a)}{\sigma(u_1 + u_2)\cdot\sigma(u_1 + a)\cdot\sigma(u_2 + a)}\right]^2$$

$$= \frac{p(u_1 + a) - p(u_2 + a)}{[p(u_1 + u_2 + a) - p(a)]\,[p(u_1) - p(u_2)]},$$

so daß wir das Additionstheorem der Funktion $\psi(u, a)$ in folgender Form schreiben können:

$$(80)\quad \begin{cases} \psi(u_1 + u_2, a) - \psi(u_1, a) - \psi(u_2, a) \\ = \dfrac{1}{2}\log\left\{\dfrac{p(u_1 + a) - p(u_2 + a)}{[p(u_1 + u_2 + a) - p(a)]\,[p(u_1) - p(u_2)]}\right\}, \end{cases}$$

woraus sich durch Vertauschung von Argument und Parameter [vgl. Formel (70)] ein zweites Theorem ergibt:

$$(81)\quad \begin{cases} \psi(u, a_1 + a_2) - \psi(u, a_1) - \psi(u, a_2) \\ = \log\left[\dfrac{\sigma(u + a_1 + a_2)\cdot\sigma(u)\cdot\sigma(a_1)\cdot\sigma(a_2)}{\sigma(u + a_1)\cdot\sigma(u + a_2)\cdot\sigma(a_1 + a_2)}\right] \\ = \dfrac{1}{2}\log\left\{\dfrac{p(u + a_1) - p(u + a_2)}{[p(u + a_1 + a_2) - p(u)]\,[p(a_1) - p(a_2)]}\right\} \end{cases}$$

Die entsprechenden Sätze für die Funktion $\chi(u, a)$ lassen sich entweder auf dieselbe Weise mit Hilfe der Formel (43) direkt gewinnen, oder, auf Grund des durch (71) gegebenen Zusammenhanges, aus den soeben aufgestellten Additionstheoremen der Funktion $\psi(u, a)$ ableiten; es ergeben sich die Identitäten:

$$(82)\quad \begin{cases} \chi(u_1 + u_2, a) - \chi(u_1, a) - \chi(u_2, a) \\ = \dfrac{1}{2}\log\left[\dfrac{\sigma(u_1 + u_2 + a)\,\sigma(u_1 - a)\,\sigma(u_2 - a)}{\sigma(u_1 + u_2 - a)\,\sigma(u_1 + a)\,\sigma(u_2 + a)}\right] \\ = \dfrac{1}{4}\log\left\{\dfrac{[p(u_1 + a) - p(u_2 + a)]\,[p(u_1 + u_2 - a) - p(a)]}{[p(u_1 - a) - p(u_2 - a)]\,[p(u_1 + u_2 + a) - p(a)]}\right\}; \end{cases}$$

$$(83)\quad \begin{cases} \chi(u, a_1 + a_2) - \chi(u, a_1) - \chi(u, a_2) \\ = \dfrac{1}{2}\log\left[\dfrac{\sigma(u + a_1 + a_2)\,\sigma(u - a_1)\,\sigma(u - a_2)}{\sigma(u - a_1 - a_2)\,\sigma(u + a_1)\,\sigma(u + a_2)}\right] \\ = \dfrac{1}{4}\log\left\{\dfrac{[p(u + a_1) - p(u + a_2)]\,[p(u - a_1 - a_2) - p(u)]}{[p(u - a_1) - p(u - a_2)]\,[p(u + a_1 + a_2) - p(u)]}\right\}. \end{cases}$$

Trigonometrische Produkte und Reihen für die Funktion $\sigma(u, \omega_1, \omega_3)$.

117. In den Formeln (82), (84), (101) der Nr. 70 haben wir die Funktion $^{(\Pi)}\mathrm{H}(u)$ auf drei verschiedene Arten durch ein einfaches Produkt dargestellt; daraus ergeben sich dann drei derartige Ausdrücke für die Funktion $\sigma(u)$ auf Grund der Formel Nr. 68, (59). Setzen wir

$$(84)\qquad q = e^{\pi i \frac{\omega_3}{\omega_1}},$$

so erhalten wir aus jenen drei Formeln der Nr. 70 die folgenden:

$$(85)\quad \sigma(u, \omega_1, \omega_3) = e^{\frac{\eta_1 u^2}{2\omega_1}} \cdot \frac{2\omega_1}{\pi} \cdot \sin\frac{\pi u}{2\omega_1} \cdot \lim_{n_1=\infty} \left[\prod_{n=-n_1}^{n=+n_1}{}' \frac{\sin\frac{\pi}{2\omega_1}(u - 2n\omega_3)}{\sin\frac{\pi}{2\omega_1}(-2n\omega_3)} \right];$$

$$(86)\quad \sigma(u, \omega_1, \omega_3) = e^{\frac{\eta_1 u^2}{2\omega_1}} \cdot \frac{2\omega_1}{\pi} \cdot \sin\frac{\pi u}{2\omega_1} \cdot \prod_{n=1}^{n=\infty} \left\{ 1 - \frac{\sin^2\frac{\pi u}{2\omega_1}}{\sin^2\frac{\pi n \omega_3}{\omega_1}} \right\};$$

$$(87)\quad \sigma(u, \omega_1, \omega_3) = \frac{\omega_1}{\pi i} e^{\frac{\eta_1 u^2}{2\omega_1}} \left(e^{\frac{\pi i u}{2\omega_1}} - e^{-\frac{\pi i u}{2\omega_1}} \right) \frac{\prod_{n=1}^{n=\infty} \left(1 - q^{2n} e^{-\frac{\pi i u}{\omega_1}}\right)\left(1 - q^{2n} e^{\frac{\pi i u}{\omega_1}}\right)}{\prod_{n=1}^{n=\infty} (1 - q^{2n})^2}$$

Die Formeln (116), (117) der zitierten Nummer liefern uns alsdann folgende Reihenentwickelungen:

$$(88)\quad \sigma(u, \omega_1, \omega_3) = \frac{\omega_1}{\pi i} e^{\frac{\eta_1 u^2}{2\omega_1}} \cdot A^{-3} \cdot \sum_{k=-\infty}^{k=+\infty} (-1)^{k-1} q^{k(k-1)} e^{(2k-1)\frac{\pi i u}{2\omega_1}};$$

$$(88\text{a})\quad = \frac{\omega_1}{\pi i} e^{\frac{\eta_1 u^2}{2\omega_1}} \cdot A^{-3} \cdot q^{-1/4} \sum_{k=-\infty}^{k=+\infty} (-1)^{k-1} q^{(k-1/2)^2} e^{(2k-1)\frac{\pi i u}{2\omega_1}};$$

$$(89)\quad \sigma(u, \omega_1, \omega_3) = \frac{2\omega_1}{\pi} e^{\frac{\eta_1 u^2}{2\omega_1}} \cdot A^{-3} \cdot \sum_{l=1}^{l=\infty} (-1)^{l-1} q^{l(l-1)} \sin\frac{(2l-1)\pi u}{2\omega_1}$$

$$(89\text{a})\quad = \frac{2\omega_1}{\pi} e^{\frac{\eta_1 u^2}{2\omega_1}} \cdot q^{-1/4} \cdot A^{-3} \cdot \sum_{l=1}^{l=\infty} (-1)^{l-1} q^{\frac{(2l-1)^2}{4}} \sin\frac{(2l-1)\pi u}{2\omega_1}$$

$$(89\text{b})\quad = \begin{cases} \frac{2\omega_1}{\pi} e^{\frac{\eta_1 u^2}{2\omega_1}} \cdot q^{-1/4} \cdot A^{-3} \\ \cdot \left[q^{1/4} \sin\frac{\pi u}{2\omega_1} - q^{9/4} \sin\frac{3\pi u}{2\omega_1} + q^{25/4} \sin\frac{5\pi u}{2\omega_1} - \ldots \right. \end{cases}$$

worin zur Abkürzung

$$(90)\qquad A = \prod_{n=1}^{n=\infty}(1 - q^{2n})$$

gesetzt ist.

Trigonometrische Entwickelung für die Funktion $p(u, \omega_1, \omega_3)$.

118.

$$(91)\quad p(u, \omega_1, \omega_3) = -\frac{\eta_1}{\omega_1} + \frac{\pi^2}{4\omega_1^2}\sum_{n=-\infty}^{n=+\infty}\frac{1}{\sin^2\pi\dfrac{u - 2n\omega_3}{\omega_1}}$$

[vgl. Nr. 58, (153)].

Diese unbedingt konvergierende Reihe liefert uns einen Ausdruck für die Größe η_1. Es ist

$$\frac{\pi^2}{4\omega_1^2}\frac{1}{\sin^2\dfrac{\pi u}{2\omega_1}} = \frac{1}{u^2} + \frac{\pi^2}{12\omega_1^2} + u^2\cdot\mathfrak{p}(u),$$

worin $\mathfrak{p}(u)$ eine nach Potenzen von u^2 fortschreitende reguläre Entwickelung bezeichnet; daher

$$\left[p(u, \omega_1, \omega_3) - \frac{\pi^2}{4\omega_1^2}\frac{1}{\sin^2\dfrac{\pi u}{2\omega_1}}\right]_{u=0} = -\frac{\pi^2}{12\omega_1^2}.$$

Setzen wir also in (91) $u = 0$, so ergibt sich

$$(92)\qquad \eta_1 = \frac{\pi^2}{2\omega_1}\left(\frac{1}{6} + \sum_{n=1}^{n=\infty}\frac{1}{\sin^2\pi\dfrac{n\omega_3}{\omega_1}}\right).$$

Den entsprechenden Ausdruck für η_3 erhält man durch Vertauschung der Größen ω_1 und ω_3

$$(93)\qquad \eta_3 = \frac{\pi^2}{2\omega_1}\left(\frac{1}{6} + \sum_{n=1}^{n=\infty}\frac{1}{\sin^2\pi\dfrac{n\omega_1}{\omega_3}}\right).$$

Trigonometrische Reihe für die Funktion $\zeta(u, \omega_1, \omega_3)$.

119.

$$(94)\quad \begin{cases} \zeta(u, \omega_1, \omega_3) = \dfrac{\eta_1 u}{\omega_1} + \dfrac{\pi}{2\omega_1}\cot\dfrac{\pi u}{2\omega_1} \\ + \dfrac{\pi}{2\omega_1}\sum\limits_{n=1}^{n=\infty}\left[\cot\dfrac{\pi}{2\omega_1}(u+2n\omega_3) + \cot\dfrac{\pi}{2\omega_1}(u-2n\omega_3)\right] \end{cases}$$

[vgl. Nr. 58, (155)]

Dieser Darstellung können wir noch eine andere Form geben, wenn wir die unabhängige Variable u auf einen gewissen Bereich einschränken, dessen Grenzen wir unten aufstellen werden.

Es ist

$$(95)\quad \begin{cases} \cot(\alpha - \beta) \pm \cot(\alpha + \beta) \\ \qquad = i\left[\dfrac{1 + e^{-2(\alpha-\beta)i}}{1 - e^{-2(\alpha-\beta)i}} \mp \dfrac{1 + e^{+2(\alpha+\beta)i}}{1 - e^{+2(\alpha+\beta)i}}\right]; \end{cases}$$

nun dürfen wir die Entwickelung ansetzen:

$$(1 - e^{-2(\alpha-\beta)i})^{-1} = 1 + e^{-2(\alpha-\beta)i} + e^{-4(\alpha-\beta)i} + \dots,$$

sofern

$$|e^{-2(\alpha-\beta)i}| < 1;$$

diese Bedingung ist erfüllt, wenn der imaginäre Teil der Differenz $\alpha - \beta$ negativ ist. Ebenso haben wir

$$(1 - e^{2(\alpha+\beta)i})^{-1} = 1 + e^{2(\alpha+\beta)i} + e^{4(\alpha+\beta)i} + \dots,$$

wenn der imaginäre Teil der Summe $\alpha + \beta$ positiv ist. Sind beide Bedingungen zugleich erfüllt, so gelten die beiden folgenden Reihenentwickelungen:

$$(96)\quad \frac{1 + e^{-2(\alpha-\beta)i}}{1 - e^{-2(\alpha-\beta)i}} = 1 + 2\sum_{h=1}^{\infty} e^{-2h(\alpha-\beta)i},$$

$$(97)\quad \frac{1 + e^{+2(\alpha+\beta)i}}{1 - e^{+2(\alpha+\beta)i}} = 1 + 2\sum_{h=1}^{\infty} e^{2h(\alpha+\beta)i};$$

aus ihnen ergibt sich alsdann:

$$(98)\quad \begin{cases} \cot(\alpha-\beta)+\cot(\alpha+\beta) = 2i\sum_{h=1}^{\infty} e^{2h\beta i}\left[e^{-2h\alpha i}-e^{2h\alpha i}\right] \\ \qquad = 4\sum_{h=1}^{\infty} e^{2h\beta i}\sin 2h\alpha\,; \end{cases}$$

$$(99)\quad \cot(\alpha-\beta)-\cot(\alpha+\beta) = 2i+4i\sum_{h=1}^{\infty} e^{2h\beta i}\cos 2h\alpha\,.$$

Ehe wir die erste dieser Formeln auf (94) anwenden, wollen wir noch einige andere Entwickelungen aufstellen, welche sich hier mühelos ergeben und uns später von Nutzen sein werden. Da die Gültigkeit unserer Formeln nur von der Beschaffenheit der imaginären Teile von α und β abhängt, dürfen wir in ihnen die Größe α um den reellen Zuwachs $\frac{\pi}{2}$ vermehren, wodurch die Kotangenten in Tangenten mit negativem Vorzeichen übergehen; wir erhalten:

$$(100)\quad \tan(\alpha-\beta)+\tan(\alpha+\beta) = -4\sum_{h=1}^{\infty}(-1)^h e^{2h\beta i}\sin 2h\alpha\,;$$

$$(101)\quad \tan(\alpha-\beta)-\tan(\alpha+\beta) = -2i-4i\sum_{h=1}^{\infty}(-1)^h e^{2h\beta i}\cos 2h\alpha\,;$$

durch additive Verknüpfung dieser vier Formeln erhalten wir weitere Entwickelungen trigonometrischer Ausdrücke, von welchen wir zu späterem Gebrauch die drei nachstehenden mitteilen:

$$(102)\quad \begin{cases} \cot(\alpha-\beta)+\cot(\alpha+\beta)+\tan(\alpha-\beta)+\tan(\alpha+\beta) \\ \qquad = 8\sum_{h=1}^{h=\infty} e^{(4h-2)\beta i}\sin(4h-2)\alpha\,; \end{cases}$$

$$(103)\quad \begin{cases} \cot(\alpha-\beta)-\cot(\alpha+\beta)+\tan(\alpha-\beta)-\tan(\alpha+\beta) \\ \qquad = 8i\sum_{h=1}^{h=\infty} e^{(4h-2)\beta i}\cos(4h-2)\alpha\,; \end{cases}$$

$$(104)\quad \begin{cases} \cot(\alpha-\beta)-\cot(\alpha+\beta)-\tan(\alpha-\beta)+\tan(\alpha+\beta) \\ \qquad = 4i+8i\sum_{h=1}^{h=\infty} e^{4h\beta i}\cos 4h\alpha\,. \end{cases}$$

Alle diese Entwickelungen gelten unter denselben Bedingungen: Der Koeffizient von i in den beiden Größen $\beta - \alpha$ und $\beta + \alpha$ muß positiv sein.

Setzen wir nun

$$(105)\quad \alpha = \alpha' + i\,\alpha'' = \frac{\pi u}{2\,\omega_1}\,; \quad \beta = n\,\pi(\omega' + i\,\omega'') = n\,\pi\,\frac{\omega_3}{\omega_1}\,,$$

so geht die Formel (94) nach (98) über in:

$$(106)\quad \zeta(u\,,\,\omega_1\,,\,\omega_3) = \frac{\eta_1 u}{\omega_1} + \frac{\pi}{2\omega_1}\cot\frac{\pi u}{2\omega_1} + \frac{2\pi}{\omega_1}\sum_{n=1}^{n=\infty}\sum_{h=1}^{h=\infty} q^{2hn}\sin\pi\frac{h u}{\omega_1}$$

damit diese Entwickelung Gültigkeit besitze, muß der Koeffizient von i in den beiden Größen

$$(107)\qquad n\,\frac{\omega_3}{\omega_1} - \frac{u}{2\,\omega_1}\,, \qquad n\,\frac{\omega_3}{\omega_1} + \frac{u}{2\,\omega_1}$$

für jedes n positiv sein; da wir nun stets annehmen, daß ω'', der imaginäre Bestandteil des Periodenverhältnisses $\frac{\omega_3}{\omega_1}$, positiv ist, so läßt sich die Bedingung offenbar so aussprechen:

Der Koeffizient von i in der komplexen Größe $\frac{u}{2\,\omega_1}$ muß dem absoluten Betrage nach kleiner sein als der (stets positive) Koeffizient von i in der Größe $\frac{\omega_3}{\omega_1}$; d. h. es muß

$$(108)\qquad |\alpha''| < \omega''$$

sein.

Wir dürfen die in (106) auftretende Doppelsumme umordnen, indem wir die Reihenfolge der Summation vertauschen, sofern die hierdurch entstehende Reihe

$$(109)\qquad \sum_{h=1}^{h=\infty}\sum_{n=1}^{n=\infty} q^{2hn}\sin\pi\frac{h u}{\omega_1} = \sum_{h=1}^{h=\infty}\frac{q^{2h}}{1-q^{2h}}\sin\pi\frac{h u}{\omega_1}$$

unbedingt konvergiert; nun ist

$$(110)\quad \sum_{h=1}^{h=\infty}\sum_{n=1}^{n=\infty}|q|^{2hn}\cdot\left|\sin\pi\frac{h u}{\omega_1}\right| = \sum_{h=1}^{h=\infty}\frac{|q|^{2h}}{1-|q|^{2h}}\cdot\left|\sin\pi\frac{h u}{\omega_1}\right|\,;$$

der Koeffizient zweier aufeinanderfolgender Glieder der zuletzt angeschriebenen einfachen Reihe ist:

$$(111)\quad \begin{cases} |q|^2 \dfrac{1-|q|^{2h}}{1-|q|^{2h+2}} \cdot \left|\dfrac{e^{2(h+1)\alpha i} - e^{-2(h+1)\alpha i}}{e^{2h\alpha i} - e^{-2h\alpha i}}\right| = |q|^2 \dfrac{1-|q|^{2h}}{1-|q|^{2h+2}} \\ \cdot \left|\sqrt{\dfrac{e^{4h|\alpha''|+4|\alpha''|} + e^{-4h|\alpha''|-4|\alpha''|} - 2\cos 4(h+1)\alpha'}{e^{4h|\alpha''|} + e^{-4h|\alpha''|} - 2\cos 4h\alpha'}}\right| \end{cases}$$

und strebt daher für $h = \infty$ dem folgenden Grenzwerte zu:

$$(112)\qquad |q|^2 \cdot e^{2|\alpha''|} = e^{2(|\alpha''| - \pi\omega'')};$$

diese Exponentialgröße aber ist unter der oben gemachten Annahme (108) kleiner als 1, und es ist somit die Konvergenz der Reihe (110), folglich auch die unbedingte Konvergenz der Reihe (109) bewiesen.

Nun sind wir berechtigt, die angedeutete Umordnung der Doppelreihe (106) wirklich vorzunehmen, und finden so die nachstehende Darstellung

$$(113)\quad \zeta(u, \omega_1, \omega_3) = \frac{\eta_1 u}{\omega_1} + \frac{\pi}{2\omega_1} \cot \frac{\pi u}{2\omega_1} + \frac{2\pi}{\omega_1} \sum_{h=1}^{h=\infty} \frac{q^{2h}}{1-q^{2h}} \sin \pi \frac{hu}{\omega_1},$$

deren Gültigkeitsbereich durch die bereits angegebenen Bedingungen vollständig bestimmt ist.

Wir kommen nun auf diese Bedingungen noch einmal zurück und setzen in dieser Absicht

$$(114)\quad u = u' + i u'', \quad \omega_1 = \omega_1' + i \omega_1'', \quad \omega_3 = \omega_3' + i \omega_3'';$$

dann können wir die Ungleichung (108) in folgende Form setzen:

$$(115)\qquad |\omega_1' u'' - \omega_1'' u'| < 2(\omega_1' \omega_3'' - \omega_1'' \omega_3');$$

die rechte Seite ist auf Grund der über das Periodenverhältnis $\dfrac{\omega_3}{\omega_1}$ gemachten Annahme stets positiv. Dieser Form der Ungleichung entnehmen wir nun eine einfache geometrische Bedeutung. Repräsentieren wir nämlich die drei komplexen Größen u, ω_1, ω_3 durch drei Punkte in der Gaußschen Zahlenebene, so ist die Länge h des Perpendikels, welches von dem Punkte ω_3 auf die Verbindungslinie der Punkte 0 und ω_1 gefällt wird, gleich

(116) $$h = \frac{\omega_1' \omega_3'' - \omega_1'' \omega_3'}{\left|\sqrt{\omega_1'^2 + \omega_1''^2}\right|},$$

während das von dem Punkte u auf dieselbe Linie gefällte Perpendikel p die Länge

(117) $$p = \frac{|\omega_1 u'' - \omega_1'' u'|}{\left|\sqrt{\omega_1'^2 + \omega_1''^2}\right|}$$

hat. Die Ungleichung (115) erfordert, daß

(118) $$p < 2h$$

sei, daß also u in einem Flächengebiet liege, dessen Begrenzung von zwei zu der Richtung der Periode $2\omega_1$ parallelen unendlich verlängerten Geraden gebildet wird, von denen die eine durch den Punkt $2\omega_3$, die andere durch den Punkt $-2\omega_3$ geht. Die Breite dieses Parallelstreifens, auf welchen die Gültigkeit der Entwickelung (113) eingeschränkt bleibt, ist also doppelt so groß als die Breite eines mit der Größe $2\omega_3$ als Modul konstruierten Kongruenzenstreifens.

Trigonometrische Reihe für die Transzendente dritter Gattung $\chi(u, a)$.

120. Wir schließen an dieser Stelle sogleich die Ableitung einer trigonometrischen Entwickelung für die Transzendente dritter Gattung an. Aus (87) erhalten wir:

(119) $$\begin{cases} \chi(u, a) = \frac{1}{2}\log\left[\frac{\sigma(u+a)}{\sigma(u-a)}\right] = \frac{\eta_1 u a}{\omega_1} + \frac{1}{2}\log\left[\frac{\sin\pi\frac{u+a}{2\omega_1}}{\sin\pi\frac{u-a}{2\omega_1}}\right] \\ + \frac{1}{2}\sum\limits_{n=1}^{n=\infty}\left\{\log\left[1 - q^{2n} e^{\pi i \frac{u+a}{\omega_1}}\right] + \log\left[1 - q^{2n} e^{-\pi i \frac{u+a}{\omega_1}}\right]\right. \\ \left. \qquad - \log\left[1 - q^{2n} e^{\pi i \frac{u-a}{\omega_1}}\right] - \log\left[1 - q^{2n} e^{-\pi i \frac{u-a}{\omega_1}}\right]\right\} \end{cases}$$

Nun lassen sich für die vier Logarithmen unter der Summe Potenzreihenentwickelungen aufstellen, welche wir folgendermaßen in eine einzige Formel zusammenfassen können:

$$(120)\quad \log\left[1 - q^{2n} e^{\pm\pi i \frac{u \pm a}{\omega_1}}\right] = -\sum_{h=1}^{h=\infty} \frac{1}{h} q^{2nh} e^{\pm\pi i h \frac{u \pm a}{\omega_1}};$$

damit diese Reihen konvergieren, ist erforderlich, daß

$$(121)\quad \left|q^{2n} e^{\pm\pi i \frac{u \pm a}{\omega_1}}\right| = \left|e^{\pi i\left(2n \frac{\omega_3}{\omega_1} \pm \frac{u \pm a}{\omega_1}\right)}\right| < 1$$

sei; d. h. die beiden Größen $u + a$ und $u - a$ müssen innerhalb des Bereiches liegen, auf welchen in der vorhergehenden Nummer die Variable u eingeschränkt werden mußte, wenn die Entwickelung (106) Gültigkeit haben sollte.

Unter dieser Voraussetzung dürfen wir also schreiben:

$$(122)\quad \begin{cases} \chi(u, a) = \dfrac{\eta_1 u a}{\omega_1} + \dfrac{1}{2} \log\left[\dfrac{\sin\pi \dfrac{u + a}{2\omega_1}}{\sin\pi \dfrac{u - a}{2\omega_1}}\right] \\ \qquad + 2\sum_{n=1}^{n=\infty} \sum_{h=1}^{h=\infty} \dfrac{1}{h} q^{2nh} \sin\pi \dfrac{hu}{\omega_1} \sin\pi \dfrac{ha}{\omega_1}. \end{cases}$$

Genau wie in dem früheren Falle finden wir, daß diese Doppelreihe unbedingt konvergiert, daß wir also die Summation in beliebiger Ordnung ausführen dürfen. Somit ergibt sich das Resultat:

$$(123)\quad \begin{cases} \chi(u, a) = \dfrac{\eta_1 u a}{\omega_1} + \dfrac{1}{2} \log\left[\dfrac{\sin\pi \dfrac{u + a}{2\omega_1}}{\sin\pi \dfrac{u - a}{2\omega_1}}\right] \\ \qquad + 2\sum_{h=1}^{h=\infty} \dfrac{1}{h} \dfrac{q^{2h}}{1 - q^{2h}} \sin\pi \dfrac{hu}{\omega_1} \sin\pi \dfrac{ha}{\omega_1}. \end{cases}$$

Die Funktionen $\sigma_1(u)$, $\sigma_2(u)$, $\sigma_3(u)$.

121. Obwohl die elliptische Funktion dritter Art $\sigma(u)$ in Verbindung mit der Exponentialfunktion vollkommen ausreicht zur Darstellung aller anderen elliptischen Funktionen erster, zweiter und dritter Art; so ist es doch für viele Zwecke vorteilhaft, neben ihr noch andere ganze elliptische Funktionen zweiter Art mit einer einzigen Nullstelle im Periodenparallelogramm zu benutzen. Wir definieren drei Funktionen:

(124) $\sigma_1(u, \omega_1 \ \omega_3)\,, \quad \sigma_2(u, \omega_1, \omega_3)\,, \quad \sigma_3(u, \omega_1, \omega_3)$

oder auch kurz:

(124a) $\sigma_1(u)\,, \quad \sigma_2(u)\,, \quad \sigma_3(u)\,,$

deren Nullstellen in den Punkten

(125) $u = \omega_1\,, \quad u = \omega_2 = -\omega_1 - \omega_3\,, \quad u = \omega_3$

gelegen sein sollen, d. h.

(126) $\sigma_1(\omega_1) = 0\,, \quad \sigma_2(\omega_2) = 0\,, \quad \sigma_3(\omega_3) = 0\,.$

Nach unseren allgemeinen Sätzen (Nr. 95) können sich diese Funktionen nur durch Exponentialfaktoren von den drei Funktionen

(127) $\sigma(u - \omega_1)\,, \quad \sigma(u - \omega_2)\,, \quad \sigma(u - \omega_3)$

unterscheiden; es sollen nun diese Exponentialfaktoren in der Weise bestimmt werden, daß

(128) $$\sigma_\alpha(u) = -e^{\eta_\alpha u}\frac{\sigma(u-\omega_\alpha)}{\sigma(\omega_\alpha)} = +e^{-\eta_\alpha u}\frac{\sigma(u+\omega_\alpha)}{\sigma(\omega_\alpha)}$$
$$(\alpha = 1, 2, 3)\,.$$

Alle drei Funktionen sind, wie man sieht, gerade Funktionen:

(129) $\sigma_\alpha(-u) = \sigma_\alpha(u)\,;$

es ist ferner

(129a) $\sigma_\alpha(0) = 1\,.$

Auf Grund von (10), (35a) und (128) haben wir die Identitäten:

(130) $\sigma_\alpha(\lambda a, \lambda\omega_1, \lambda\omega_3) = \sigma_\alpha(u, \omega_1, \omega_3)\,, \qquad (\alpha = 1, 2, 3)$

d. h. die drei Funktionen $\sigma_\alpha(u, \omega_1, \omega_3)$ sind homogene Funktionen vom Grade Null.

Die Entwickelung der Funktion $\sigma_\alpha(u)$ nach Potenzen von u erhält man aus der Definitionsgleichung:

$$(131)\quad \begin{cases} \sigma_\alpha(u) = \left(1 - \eta_\alpha u + \dfrac{\eta_\alpha^2 u^2}{2!} - \dfrac{\eta_\alpha^3 u^3}{3!} + \dfrac{\eta_\alpha^4 u^4}{4!} + \dots\right) \cdot \\ \qquad \cdot \left(1 + \dfrac{\sigma'(\omega_\alpha)}{\sigma(\omega_\alpha)} \dfrac{u}{1} + \dfrac{\sigma''(\omega_\alpha)}{\sigma(\omega_\alpha)} \dfrac{u^2}{2!} + \dots\right). \end{cases}$$

Nun ergeben sich auf Grund von (6), (28), (35) die Werte

$$(132)\quad \begin{cases} \dfrac{\sigma'(\omega_\alpha)}{\sigma(\omega_\alpha)} = \zeta(\omega_\alpha) = \eta_\alpha\,, \\ \dfrac{\sigma''(\omega_\alpha)}{\sigma(\omega_\alpha)} = \eta_\alpha^2 - e_\alpha\,, \\ \dfrac{\sigma'''(\omega_\alpha)}{\sigma(\omega_\alpha)} = \eta_\alpha^3 - 3\,\eta_\alpha e_\alpha\,, \\ \dfrac{\sigma''''(\omega_\alpha)}{\sigma(\omega_\alpha)} = \eta_\alpha^4 - 6\,\eta_\alpha^2 e_\alpha - 3\,e_\alpha^2 + \dfrac{g_2}{2}\,, \end{cases}$$

und hiernach die ersten Glieder der gesuchten Reihe:

$$(133)\quad \sigma_\alpha(u) = 1 - \frac{e_\alpha}{2} u^2 + \frac{1}{48}(g_2 - 6\,e_\alpha^2)\,u^4 + \dots$$

Aus (128) erhalten wir auf Grund von (2), (9) und (37) eine Anzahl von identischen Beziehungen zwischen den Werten, welche die Funktionen $\sigma(u)$, $\sigma_1(u)$, $\sigma_2(u)$, $\sigma_3(u)$ annehmen, wenn das Argument gleich einer halben Periode wird. Zunächst ist

$$(134)\qquad \sigma_\alpha(\omega_\beta) = -e^{-\eta_\alpha\omega_\beta}\,\frac{\sigma(\omega_\gamma)}{\sigma(\omega_\alpha)}\,;$$

bilden wir nach dieser Formel die Ausdrücke $\sigma_\beta(\omega_\alpha)$, $\sigma_\gamma(\omega_\alpha)$ und multiplizieren beide, so erhalten wir:

$$(135)\qquad \sigma_\beta(\omega_\alpha)\cdot\sigma_\gamma(\omega_\alpha) = e^{\eta_\alpha\omega_\alpha}\,;$$

in ähnlicher Weise kommen wir zu dem Resultat:

$$\frac{\sigma_\alpha(\omega_\beta)\cdot\sigma_\beta(\omega_\gamma)}{\sigma_\beta(\omega_\alpha)\cdot\sigma_\gamma(\omega_\beta)} = e^{\eta_\beta\omega_\alpha - \eta_\alpha\omega_\beta + \eta_\gamma\omega_\beta - \eta_\beta\omega_\gamma}\,\frac{\sigma(\omega_\gamma)}{\sigma(\omega_\alpha)}\,;$$

da nun

$$\eta_\gamma\omega_\beta - \eta_\beta\omega_\gamma = \eta_\beta\omega_\alpha - \eta_\alpha\omega_\beta = \pm\frac{\pi}{2}i$$

ist, so geht die letzte Formel über in

(136) $$\frac{\sigma_\alpha(\omega_\beta)\cdot\sigma_\beta(\omega_\gamma)}{\sigma_\beta(\omega_\alpha)\cdot\sigma_\gamma(\omega_\beta)} = -\frac{\sigma(\omega_\gamma)}{\sigma(\omega_\alpha)}\,,$$

und es ergibt sich aus (134)

(137) $$e^{\eta_\alpha\omega_\beta} = -\frac{\sigma(\omega_\gamma)}{\sigma(\omega_\alpha)\cdot\sigma_\alpha(\omega_\beta)} = \frac{\sigma_\beta(\omega_\gamma)}{\sigma_\beta(\omega_\alpha)\cdot\sigma_\gamma(\omega_\beta)}\,.$$

Aus der Definitionsgleichung (128) leiten wir nun, zum Teil mit Benutzung der Formeln (134) bis (137), die Gleichungen ab, welche zeigen, wie sich die Funktionen $\sigma_1(u)$, $\sigma_2(u)$, $\sigma_3(u)$ verhalten, wenn ihr Argument um eine ganze oder eine halbe Periode vermehrt wird, nämlich

(138) $$\begin{cases} \sigma_\alpha(u+2\omega_\alpha) = -e^{2\eta_\alpha(u+\omega_\alpha)}\,\sigma_\alpha(u)\,; \\ \sigma_\beta(u+2\omega_\alpha) = +e^{2\eta_\alpha(u+\omega_\alpha)}\,\sigma_\beta(u)\,; \end{cases}$$

(139) $$\begin{cases} \sigma_\alpha(u+2m\,\omega_\alpha+2n\,\omega_\beta+2r\,\omega_\gamma) = (-1)^{nr+rm+mn+m} \\ \quad\cdot\, e^{2(m\eta_\alpha+n\eta_\beta+r\eta_\gamma)\,(u+m\omega_\alpha+n\omega_\beta+r\omega_\gamma)}\cdot\sigma_\alpha(u)\,; \end{cases}$$

(140) $$\begin{cases} \sigma_\alpha(u\pm\omega_\alpha) = \mp e^{\pm\eta_\alpha u}\,e^{\eta_\alpha\omega_\alpha}\,\dfrac{\sigma(u)}{\sigma(\omega_\alpha)} = \mp e^{\pm\eta_\alpha u}\,\dfrac{\sigma_\beta(\omega_\alpha)\,\sigma_\gamma(\omega_\alpha)}{\sigma(\omega_\alpha)}\cdot\sigma(u \\ \sigma_\beta(u\pm\omega_\alpha) = -e^{\pm\eta_\alpha u}\,e^{-\eta_\beta\omega_\alpha}\,\dfrac{\sigma(\omega_\gamma)}{\sigma(\omega_\beta)}\,\sigma_\gamma(u) = +e^{\pm\eta_\alpha u}\,\sigma_\beta(\omega_\alpha)\,\sigma_\gamma(u) \end{cases}$$

Aus (59) erhält man für die Funktion $p(u)$ den dreifachen Ausdruck

(141) $$p(u) - e_\alpha = \frac{\sigma_\alpha(u)^2}{\sigma(u)^2}\,,$$

welcher unmittelbar zu den beiden Formeln führt:

(142) $$\sigma_\alpha(u)^2 - \sigma_\beta(u)^2 = (e_\beta - e_\alpha)\cdot\sigma(u)^2\,,$$

(143) $$(e_\gamma - e_\beta)\,\sigma_\alpha(u)^2 + (e_\alpha - e_\gamma)\,\sigma_\beta(u)^2 + (e_\beta - e_\alpha)\,\sigma_\gamma(u)^2 = 0\,,$$

während er in Verbindung mit (21) die Beziehung liefert:

(144) $$\sigma(u)^6\cdot p'(u)^2 = 4\,\sigma_1(u)^2\cdot\sigma_2(u)^2\cdot\sigma_3(u)^2\,.$$

Die Quadratwurzeln

(145) $$\sqrt{p(u)-e_\alpha} = \pm\frac{\sigma_\alpha(u)}{\sigma(u)}$$

sind eindeutige, aber nur einfach periodische Funktionen.

$$(146)\quad \sqrt{e_\beta - e_\alpha} = \pm \frac{\sigma_\alpha(\omega_\beta)}{\sigma(\omega_\beta)} = \mp e^{-\eta_\alpha \omega_\beta} \frac{\sigma(\omega_\gamma)}{\sigma(\omega_\alpha)\,\sigma(\omega_\beta)};$$

$$(147)\quad \sqrt{e_\alpha - e_\beta} = \pm \frac{\sigma_\beta(\omega_\alpha)}{\sigma(\omega_\alpha)} = \mp e^{-\eta_\beta \omega_\alpha} \frac{\sigma(\omega_\gamma)}{\sigma(\omega_\beta)\,\sigma(\omega_\alpha)}.$$

Werden in den Formeln (146) und (147) die Quadratwurzeln so bestimmt, daß auf der rechten Seite in beiden Formeln dasselbe Vorzeichen auftritt, so ist der Quotient

$$(148)\qquad \frac{\sqrt{e_\alpha - e_\beta}}{\sqrt{e_\beta - e_\alpha}} = e^{(\eta_\alpha \omega_\beta - \eta_\beta \omega_\alpha)}$$

gleich $+i$ oder gleich $-i$, je nachdem der Exponent $\eta_\alpha \omega_\beta - \eta_\beta \omega_\alpha$ gleich $+\frac{\pi i}{2}$ oder gleich $-\frac{\pi i}{2}$ ist; da nun, nach der über das Periodenverhältnis $\frac{\omega_3}{\omega_1}$ gemachten Annahme, die Relation (38) besteht, so ist:

$$(149)\qquad \frac{\sqrt{e_1 - e_3}}{\sqrt{e_3 - e_1}} = \frac{\sqrt{e_2 - e_1}}{\sqrt{e_1 - e_2}} = \frac{\sqrt{e_3 - e_2}}{\sqrt{e_2 - e_3}} = +i;$$

ferner erhält man

$$(150)\qquad \sqrt{e_\alpha - e_\beta}\cdot\sqrt{e_\alpha - e_\gamma} = \sqrt{e_\beta - e_\alpha}\cdot\sqrt{e_\gamma - e_\alpha},$$

denn es ist stets

$$\eta_\alpha \omega_\beta - \eta_\beta \omega_\alpha = \eta_\gamma \omega_\alpha - \eta_\alpha \omega_\gamma.$$

Man überzeugt sich durch eine einfache Rechnung auf Grund von (39) und (134), daß die Funktion $\sigma(2u)$, als Funktion von u betrachtet, denselben Funktionalgleichungen genügt, wie das Produkt

$$(151)\qquad \sigma(u)\cdot\sigma_1(u)\cdot\sigma_2(u)\cdot\sigma_3(u);$$

die Funktion $\sigma(2u)$ verschwindet ferner für diejenigen Werte von u, welche der Kongruenz genügen:

$$(152)\qquad 2u \equiv 0 \mod (2\omega_1,\ 2\omega_3);$$

d. h. für die Werte

$$(153)\quad \begin{cases} u \equiv 0 \mod(2\,\omega_1,\, 2\,\omega_3)\,; \quad u \equiv \omega_1 \mod(2\,\omega_1,\, 2\,\omega_3)\,; \\ u \equiv \omega_1 + \omega_3 \equiv \omega_2 \mod(2\,\omega_1,\, 2\,\omega_3)\,; \\ u \equiv \omega_3 \mod(2\,\omega_1,\, 2\,\omega_3)\,; \end{cases}$$

dies sind aber gerade die Nullstellen des Produktes (151); daher muß der Quotient

$$(154)\qquad \frac{\sigma(u)\cdot\sigma_1(u)\cdot\sigma_2(u)\cdot\sigma_3(u)}{\sigma(2\,u)}$$

eine Konstante sein, und da er für $u = 0$ den Wert $\frac{1}{2}$ annimmt, so ist identisch für jedes u:

$$(155)\qquad \sigma(2\,u) = 2\,\sigma(u)\cdot\sigma_1(u)\cdot\sigma_2(u)\cdot\sigma_3(u) = -p'(u)\cdot\sigma(u)^4\,;$$

die durch das zweite Gleichheitszeichen dieser Formel aufgestellte Identität folgt bis auf das Vorzeichen aus (144). Das Vorzeichen aber ergibt sich, wenn man beide Seiten der Gleichung (155) durch u dividiert und hierauf $u = 0$ setzt.

Aus (43) folgt mit Benutzung von (141):

$$(156)\qquad \sigma(u+a)\cdot\sigma(u-a) = \sigma_\alpha(a)^2\cdot\sigma(u)^2 - \sigma_\alpha(u)^2\cdot\sigma(a)^2\,;$$

berechnen wir nun auf Grund der Definitionsgleichung (128) das Produkt $\sigma_\alpha(u+a)\cdot\sigma_\alpha(u-a)$, und machen zugleich von der Formel (156) Gebrauch, so erhalten wir die Identität

$$\sigma_\alpha(u+a)\cdot\sigma_\alpha(u-a) = \frac{e^{-2\eta_\alpha u}}{\sigma(\omega_\alpha)^2}\left[\sigma_\alpha(a)^2\cdot\sigma(u+\omega_\alpha)^2 - \sigma_\alpha(u+\omega_\alpha)^2\cdot\sigma(a)^2\right],$$

welche nach (128) und (140) die folgende Gestalt annimmt:

$$(157\,\mathrm{a})\quad \begin{cases} \sigma_\alpha(u+a)\cdot\sigma_\alpha(u-a) \\ = \sigma_\alpha(u)^2\cdot\sigma_\alpha(a)^2 - \dfrac{\sigma_\beta(\omega_\alpha)^2\cdot\sigma_\gamma(\omega_\alpha)^2}{\sigma(\omega_\alpha)^4}\cdot\sigma(u)^2\cdot\sigma(a)^2\,. \end{cases}$$

Nun kann man nach (141) noch setzen:

$$(158)\qquad \frac{\sigma_\beta(\omega_\alpha)^2}{\sigma(\omega_\alpha)^2} = p(\omega_\alpha) - e_\beta = e_\alpha - e_\beta\,,$$

$$(159)\qquad \frac{\sigma_\gamma(\omega_\alpha)^2}{\sigma(\omega_\alpha)^2} = p(\omega_\alpha) - e_\gamma = e_\alpha - e_\gamma\,,$$

und erhält somit

$$(157\text{b})\left\{\begin{aligned} &\sigma_\alpha(u+a)\cdot\sigma_\alpha(u-a)\\ &=\sigma_\alpha(u)^2\cdot\sigma_\alpha(a)^2-(e_\alpha-e_\beta)(e_\alpha-e_\gamma)\sigma(u)^2\cdot\sigma(a)^2\,;\end{aligned}\right.$$

diese Formel wiederum kann mit Benutzung von (142) folgendermaßen geschrieben werden:

$$(157\text{c})\left\{\begin{aligned} &\sigma_\alpha(u+a)\cdot\sigma_\alpha(u-a)\\ &=\sigma_\alpha(u)^2\cdot\sigma_\beta(a)^2-(e_\alpha-e_\beta)\cdot\sigma_\gamma(u)^2\cdot\sigma(a)^2\,.\end{aligned}\right.$$

Ersetzt man in der Identität (48) die Größen:

$$u\,,\quad a\,,\quad b\,,\quad c$$

einmal durch:

$$u+\frac{\omega_\alpha}{2}\,,\qquad a+\frac{\omega_\alpha}{2}\,,\qquad \frac{3\,\omega_\alpha}{2}\,,\qquad \omega_\beta+\frac{\omega_\alpha}{2}\,,$$

ein zweites Mal durch

$$u+\frac{\omega_\alpha+\omega_\beta}{2}\,,\qquad a+\frac{\omega_\alpha-\omega_\beta}{2}\,,\qquad \frac{\omega_\gamma}{2}\,,\qquad \omega_\beta+\frac{\omega_\gamma}{2}\,,$$

so erhält man durch eine einfache Rechnung die beiden Relationen:

$$(160)\quad\left\{\begin{aligned}\sigma_\alpha(u+a)\cdot\sigma(u-a)&=\sigma_\alpha(u)\cdot\sigma(u)\cdot\sigma_\beta(a)\,\sigma_\gamma(a)\\ &\quad-\sigma_\alpha(a)\cdot\sigma(a)\cdot\sigma_\beta(u)\cdot\sigma_\gamma(u)\end{aligned}\right.$$

und:

$$(161\text{a})\left\{\begin{aligned}\sigma_\alpha(u+a)\cdot\sigma_\beta(u-a)&=\sigma_\alpha(u)\cdot\sigma_\beta(u)\cdot\sigma_\alpha(a)\cdot\sigma_\beta(a)\\ &\quad-\left[\frac{\sigma_\beta(\omega_\alpha)}{\sigma(\omega_\alpha)}\right]^2\cdot\sigma(u)\cdot\sigma_\gamma(u)\cdot\sigma(a)\cdot\sigma_\gamma(a)\,,\end{aligned}\right.$$

deren letzte auch in die Form gesetzt werden kann:

$$(161\text{b})\left\{\begin{aligned}\sigma_\alpha(u+a)\cdot\sigma_\beta(u-a)&=\sigma_\alpha(u)\cdot\sigma_\beta(u)\cdot\sigma_\alpha(a)\cdot\sigma_\beta(a)\\ &\quad+(e_\beta-e_\alpha)\,\sigma(u)\cdot\sigma_\gamma(u)\cdot\sigma(a)\cdot\sigma_\gamma(a)\,.\end{aligned}\right.$$

Die Formeln (156), (157), (160), (161) werden als Additionstheoreme der Funktionen $\sigma(u)$, $\sigma_1(u)$, $\sigma_2(u)$, $\sigma_3(u)$ bezeichnet.

Die Transzendenten zweiter Gattung $\zeta_1(u)$, $\zeta_2(u)$, $\zeta_3(u)$.

122. Die logarithmischen Ableitungen der drei Funktionen $\sigma_1(u)$, $\sigma_2(u)$, $\sigma_3(u)$ bezeichnen wir mit $\zeta_1(u)$, $\zeta_2(u)$, $\zeta_3(u)$; aus (128) erhalten wir dann die Beziehungen

$$\zeta_\alpha(u) = \zeta(u \pm \omega_\alpha) \mp \eta_\alpha, \quad (\alpha = 1, 2, 3) \tag{162}$$

aus welchen unmittelbar folgt, daß

$$\begin{cases} \zeta_\alpha(-u) = \zeta(-u - \omega_\alpha + 2\omega_\alpha) - \eta_\alpha \\ \quad = -[\zeta(u + \omega_\alpha) - \eta_\alpha] = -\zeta_\alpha(u), \end{cases} \tag{163}$$

d. h. daß die drei neuen Funktionen $\zeta_\alpha(u)$ ungerade Funktionen ihres Argumentes sind. Aus (11) und (35a) entnehmen wir, daß:

$$\zeta_\alpha(\lambda u, \lambda\omega_1, \lambda\omega_3) = \lambda^{-1} \cdot \zeta_\alpha(u, \omega_1, \omega_3). \tag{163a}$$

Bei Vermehrung des Argumentes um ganze oder halbe Perioden ändern sich die Funktionswerte entsprechend den Gleichungen:

$$\begin{cases} \zeta_\alpha(u + 2\omega_\alpha) = \zeta_\alpha(u) + 2\eta_\alpha; \\ \zeta_\alpha(u + 2\omega_\beta) = \zeta_\alpha(u) + 2\eta_\beta; \end{cases} \tag{164}$$

$$\begin{cases} \zeta_\alpha(u \pm \omega_\alpha) = \zeta(u) \pm \eta_\alpha; \\ \zeta_\alpha(u \pm \omega_\beta) = \zeta_\gamma(u) \pm \eta_\beta. \end{cases} \tag{165}$$

Nach der Definition der ζ-Funktionen ist ferner:

$$\begin{cases} \zeta_\alpha(u) - \zeta_\beta(u) = \dfrac{d}{du}\log\left[\dfrac{\sigma_\alpha(u)}{\sigma_\beta(u)}\right]; \\[2ex] \zeta_\alpha(u) - \zeta(u) = \dfrac{d}{du}\log\left[\dfrac{\sigma_\alpha(u)}{\sigma(u)}\right]. \end{cases} \tag{166}$$

Aus dem Additionstheorem (49) der Funktion $\zeta(u)$ können wir nun auch ein solches für die Funktionen $\zeta_\alpha(u)$ herleiten.

$$\zeta_\alpha(u + a) = \zeta(u + a - \omega_\alpha) + \eta_\alpha = \zeta((u + \omega_\beta) + (a + \omega_\gamma)) + \eta_\alpha$$
$$= [\zeta(u + \omega_\beta) - \eta_\beta] + [\zeta(a + \omega_\gamma) - \eta_\gamma] + \frac{1}{2}\,\frac{p'(u + \omega_\beta) - p'(a + \omega_\gamma)}{p(u + \omega_\beta) - p(a + \omega_\gamma)};$$

$$\zeta_\alpha(u + a) = \zeta_\beta(u) + \zeta_\gamma(a) + \frac{1}{2}\,\frac{p'(u + \omega_\beta) - p'(a + \omega_\gamma)}{p(u + \omega_\beta) - p(a + \omega_\gamma)}; \tag{167}$$

$$\begin{cases} \zeta_\alpha(u + a) - \zeta_\alpha(u) - \zeta_\alpha(a) \\[1ex] = \dfrac{d}{du}\log\left[\dfrac{\sigma_\beta(u)}{\sigma_\alpha(u)}\right] + \dfrac{d}{da}\log\left[\dfrac{\sigma_\gamma(a)}{\sigma_\alpha(a)}\right] + \dfrac{1}{2}\,\dfrac{p'(u + \omega_\beta) - p'(a + \omega_\gamma)}{p(u + \omega_\beta) - p(a + \omega_\gamma)}. \end{cases} \tag{168}$$

Die Transzendenten dritter Gattung $\chi_1(u, a)$, $\chi_2(u, a)$, $\chi_3(u, a)$.

123. Durch Integration der Identität (168) nach u erhalten wir, ähnlich wie in Nr. 116, wieder gewisse Normalformen von Transzendenten dritter Gattung. Wenn zwischen den Grenzen $-u$ und $+u$ integriert wird, so ergibt sich eine Transzendente, deren wesentlicher Bestandteil die unendlich vieldeutige Funktion

$$\chi_\alpha(u, a) = \frac{1}{2}\log\left[\frac{\sigma_\alpha(u+a)}{\sigma_\alpha(u-a)}\right] \tag{169}$$

ist; ihre wichtigsten Eigenschaften sind in den nachstehenden Formeln enthalten:

$$\chi_\alpha(u, a) = \chi_\alpha(a, u); \tag{170}$$

$$\chi_\alpha(u, a) = -\chi_\alpha(-u, a) = -\chi_\alpha(u, -a); \tag{171}$$

$$\begin{cases} \chi_\alpha(u + 2\omega_\alpha, a) = \chi_\alpha(u, a) + 2\eta_\alpha a; \\ \chi_\alpha(u + 2\omega_\beta, a) = \chi_\alpha(u, a) + 2\eta_\beta a; \end{cases} \tag{172}$$

$$\begin{cases} \chi_\alpha(u, a + 2\omega_\alpha) = \chi_\alpha(u, a) + 2\eta_\alpha u; \\ \chi_\alpha(u, a + 2\omega_\beta) = \chi_\alpha(u, a) + 2\eta_\beta u; \end{cases} \tag{173}$$

$$\chi_\alpha(0, a) = \chi_\alpha(u, 0) = 0; \tag{174}$$

$$\begin{cases} \chi_\alpha(\omega_\alpha, a) = \eta_\alpha a \pm \pi i; \\ \chi_\alpha(\omega_\beta, a) = \eta_\beta a; \end{cases} \tag{175}$$

$$\left\{\begin{aligned} &\chi_\alpha(u_1 + u_2, a) - \chi_\alpha(u_1, a) - \chi_\alpha(u_2, a) \\ &= \frac{1}{2}\log\left[\frac{\sigma_\alpha(u_1+u_2+a)\cdot\sigma_\alpha(u_1-a)\cdot\sigma_\alpha(u_2-a)}{\sigma_\alpha(u_1+u_2-a)\cdot\sigma_\alpha(u_1+a)\cdot\sigma_\alpha(u_2+a)}\right] \\ &= \frac{1}{4}\log\left\{\frac{\left[1-(e_\alpha-e_\beta)(e_\alpha-e_\gamma)\frac{\sigma^2(u_1+u_2-a)\,\sigma^2(a)}{\sigma_\alpha^2(u_1+u_2-a)\,\sigma_\alpha^2(a)}\right]}{\left[1-(e_\alpha-e_\beta)(e_\alpha-e_\gamma)\frac{\sigma^2(u_1+u_2+a)\,\sigma^2(a)}{\sigma_\alpha^2(u_1+u_2+a)\,\sigma_\alpha^2(a)}\right]} \cdot \frac{\left[1-(e_\alpha-e_\beta)(e_\alpha-e_\gamma)\frac{\sigma^2(u_1+a)}{\sigma_\alpha^2(u_1+a)}\frac{\sigma^2(u_2+a)}{\sigma_\alpha^2(u_2+a)}\right]}{\left[1-(e_\alpha-e_\beta)(e_\alpha-e_\gamma)\frac{\sigma^2(u_1-a)}{\sigma_\alpha^2(u_1-a)}\frac{\sigma^2(u_2-a)}{\sigma_\alpha^2(u_2-a)}\right]}\right\}. \end{aligned}\right. \tag{176}$$

Die zuletzt gegebene Umformung der Funktion unter dem Logarithmus stützt sich auf die Identität (157a), welche wir so schreiben können:

$$\frac{\sigma_\alpha(u+a)\cdot\sigma_\alpha(u-a)}{\sigma_\alpha(u)^2\cdot\sigma_\alpha(a)^2}=1-(e_\alpha-e_\beta)(e_\alpha-e_\gamma)\frac{\sigma(u)^2}{\sigma_\alpha(u)^2}\cdot\frac{\sigma(a)^2}{\sigma_\alpha(a)^2}.$$

Trigonometrische Produkte und Reihen für die Funktionen $\sigma_\alpha(u)$.

124. Ersetzt man in Formel (32) die Konstante a durch ω_α, so erhält man infolge von (128) sofort:

$$(177)\quad \sigma_\alpha(u)=e^{-\frac{u^2}{2}p(\omega_\alpha)}\cdot\prod_w\left\{\left(1-\frac{u}{w-\omega_\alpha}\right)\cdot e^{\frac{u}{w-\omega_\alpha}+\frac{1}{2}\frac{u^2}{(w-\omega_\alpha)^2}}\right\}.$$

Darstellungen als einstrahlige trigonometrische Produkte ergeben sich für die Funktionen $\sigma_1(u)$, $\sigma_2(u)$, $\sigma_3(u)$ aus der Formel (87).

Zunächst ist

$$(178)\quad \left\{\begin{aligned}\sigma_1(u)&=e^{-\eta_1 u}\frac{\sigma(u+\omega_1)}{\sigma(\omega_1)}=e^{\frac{\eta_1u^2}{2\omega_1}}\cdot\frac{\left(e^{\frac{\pi i u}{2\omega_1}}+e^{-\frac{\pi i u}{2\omega_1}}\right)}{2}\\&\cdot\frac{\prod\limits_{n=1}^{\infty}\left(1+q^{2n}e^{-\frac{\pi i u}{\omega_1}}\right)\left(1+q^{2n}e^{\frac{\pi i u}{\omega_1}}\right)}{\prod\limits_{n=1}^{\infty}(1+q^{2n})^2}.\end{aligned}\right.$$

Für $\sigma_2(u)$ erhält man mit Benutzung der Identitäten (2) und (38) sehr leicht folgenden Ausdruck:

$$\begin{aligned}\sigma_2(u)&=e^{-\eta_2 u}\frac{\sigma(u+\omega_2)}{\sigma(\omega_2)}=e^{\frac{\eta_1u^2}{2\omega_1}}\frac{\left(1+q\,e^{-\frac{\pi i u}{\omega_1}}\right)}{(1+q)}\\&\cdot\frac{\prod\limits_{n=1}^{\infty}\left(1+q^{2n+1}e^{-\frac{\pi i u}{\omega_1}}\right)\left(1+q^{2n-1}e^{\frac{\pi i u}{\omega_1}}\right)}{\prod\limits_{n=1}^{\infty}(1+q^{2n+1})(1+q^{2n-1})};\end{aligned}$$

um diesen für die Umsetzung in die trigonometrische Form tauglich zu machen, zerlegen wir die Produkte in Zähler und Nenner und schreiben

$$\left(1+q e^{-\frac{\pi i u}{\omega_1}}\right)\cdot\prod_{n=1}^{\infty}\left(1+q^{2n+1}\cdot e^{-\frac{\pi i u}{\omega_1}}\right)=\prod_{n=1}^{\infty}\left(1+q^{2n-1} e^{-\frac{\pi i u}{\omega_1}}\right),$$

$$(1+q)\cdot\prod_{n=1}^{\infty}(1+q^{2n+1})=\prod_{n=1}^{\infty}(1+q^{2n-1});$$

nun fügen wir die getrennten Bestandteile wieder zusammen und erhalten

$$(179)\quad \sigma_2(u)=e^{\frac{\eta_1 u^2}{2\omega_1}}\frac{\prod\limits_{n=1}^{\infty}\left(1+q^{2n-1} e^{-\frac{\pi i u}{\omega_1}}\right)\left(1+q^{2n-1} e^{\frac{\pi i u}{\omega_1}}\right)}{\prod\limits_{n=1}^{\infty}(1+q^{2n-1})^2};$$

die Berechtigung des angewandten Verfahrens beruht auf dem, was in Nr. 70 über die Natur der Produkte von der Form (92) festgestellt werden konnte.

Auf dieselbe Weise gelangen wir zu dem Ausdruck:

$$(180)\quad \sigma_3(u)=e^{\frac{\eta_1 u^2}{2\omega_1}}\frac{\prod\limits_{n=1}^{\infty}\left(1-q^{2n-1} e^{-\frac{\pi i u}{\omega_1}}\right)\left(1-q^{2n-1} e^{\frac{\pi i u}{\omega_1}}\right)}{\prod\limits_{n=1}^{\infty}(1-q^{2n-1})^2}.$$

Die drei Formeln (178), (179) und (180) sind der Darstellung der Funktion $\sigma(u)$ analog, welche durch (87) gegeben ist. Wir brauchen nur die Exponentialgrößen durch trigonometrische Ausdrücke zu ersetzen, um zu drei Formeln zu gelangen, welche das Gegenstück zu (86) bilden, nämlich:

$$(181)\quad \sigma_1(u)=e^{\frac{\eta_1 u^2}{2\omega_1}}\cdot\cos\frac{\pi u}{2\omega_1}\cdot\prod_{n=1}^{n=\infty}\left\{1-\frac{\sin^2\frac{\pi u}{2\omega_1}}{\cos^2\pi\frac{n\omega_3}{\omega_1}}\right\};$$

$$(182)\quad \sigma_2(u)=e^{\frac{\eta_1 u^2}{2\omega_1}}\cdot\prod_{n=1}^{n=\infty}\left\{1-\frac{\sin^2\frac{\pi u}{2\omega_1}}{\cos^2\pi\frac{2n-1}{2}\frac{\omega_3}{\omega_1}}\right\};$$

$$(183)\qquad \sigma_3(u) = e^{\frac{\eta_1 u^2}{2\omega_1}} \cdot \prod_{n=1}^{n=\infty} \left\{ 1 - \frac{\sin^2 \dfrac{\pi u}{2\omega_1}}{\sin^2 \pi \dfrac{2n-1}{2} \dfrac{\omega_3}{\omega_1}} \right\}.$$

Aus den Formeln (88) lassen sich für unsere Funktionen folgende absolut konvergente zweistrahlige Reihen gewinnen:

$$(184)\qquad \sigma_1(u) = \tfrac{1}{2} e^{\frac{\eta_1 u^2}{2\omega_1}} \cdot A^{-1} \cdot B^{-2} \cdot q^{-1/4} \cdot \sum_{k=-\infty}^{k=+\infty} q^{(k-\frac{1}{2})^2} e^{(2k-1)\frac{\pi i u}{2\omega_1}},$$

$$(185)\qquad \sigma_2(u) = e^{\frac{\eta_1 u^2}{2\omega_1}} \cdot A^{-1} \cdot C^{-2} \cdot \sum_{k=-\infty}^{k=+\infty} q^{k^2} e^{k\frac{\pi i u}{\omega_1}},$$

$$(186)\qquad \sigma_3(u) = e^{\frac{\eta_1 u^2}{2\omega_1}} \cdot A^{-1} \cdot D^{-2} \cdot \sum_{k=-\infty}^{k=+\infty} (-1)^k q^{k^2} e^{k\frac{\pi i u}{\omega_1}},$$

worin zur Abkürzung mit A, B, C, D die folgenden Konstanten bezeichnet sind:

$$(187)\qquad \begin{cases} A = \prod\limits_{n=1}^{n=\infty} (1 - q^{2n}); & B = \prod\limits_{n=1}^{n=\infty} (1 + q^{2n}); \\ C = \prod\limits_{n=1}^{n=\infty} (1 + q^{2n-1}); & D = \prod\limits_{n=1}^{n=\infty} (1 - q^{2n-1}). \end{cases}$$

Die zuletzt aufgestellten Entwickelungen gehen durch Zusammenfassung je zweier geeigneter Glieder zu einem einzigen Gliede in die nachstehenden trigonometrischen Reihen über:

$$(188)\qquad \sigma_1(u) = e^{\frac{\eta_1 u^2}{2\omega_1}} \cdot A^{-1} \cdot B^{-2} \cdot q^{-1/4} \sum_{l=1}^{l=\infty} q^{\frac{(2l-1)^2}{4}} \cos(2l-1)\frac{\pi u}{2\omega_1},$$

$$(189)\qquad \sigma_2(u) = 2 e^{\frac{\eta_1 u^2}{2\omega_1}} \cdot A^{-1} \cdot C^{-2} \left\{ 1 + \sum_{l=1}^{l=\infty} q^{l^2} \cos l \frac{\pi u}{\omega_1} \right\},$$

$$(190)\qquad \sigma_3(u) = 2 e^{\frac{\eta_1 u^2}{2\omega_1}} \cdot A^{-1} \cdot D^{-2} \left\{ 1 + \sum_{l=1}^{l=\infty} (-1)^l q^{l^2} \cos l \frac{\pi u}{\omega_1} \right\}.$$

Es soll nun noch eine interessante Beziehung zwischen den Konstanten B, C, D hergeleitet werden. Da die

Produkte (187) sämtlich konvergieren [vgl. wieder Nr. 70, (92)], so haben wir

$$A \cdot D = \prod_{n=1}^{n=\infty} (1 - q^{2n-1})(1 - q^{2n}) = \prod_{n=1}^{n=\infty} (1 - q^n), \tag{191}$$

$$B \cdot C = \prod_{n=1}^{n=\infty} (1 + q^{2n-1})(1 + q^{2n}) = \prod_{n=1}^{n=\infty} (1 + q^n), \tag{192}$$

$$A \cdot B \cdot C \cdot D = \prod_{n=1}^{n=\infty} (1 - q^n)(1 + q^n) = \prod_{n=1}^{n=\infty} (1 - q^{2n}) = A, \tag{193}$$

und folglich

$$B \cdot C \cdot D = 1. \tag{194}$$

Trigonometrische Reihen für die Funktionen $\zeta_\alpha(u)$.

125. Nach (162) haben wir zunächst:

$$\tag{195} \left\{ \begin{aligned} &\zeta_1(u) = \zeta(u + \omega_1) - \eta_1 = \frac{\eta_1 u}{\omega_2} - \frac{\pi}{2\omega_1} \tan \frac{\pi u}{2\omega_1} \\ &- \frac{\pi}{2\omega_1} \sum_{n=1}^{n=\infty} \left\{ \tan \pi \frac{u + 2n\omega_3}{2\omega_1} + \tan \pi \frac{u - 2n\omega_3}{2\omega_1} \right\}. \end{aligned} \right.$$

Ferner:

$$\tag{196} \left\{ \begin{aligned} &\zeta_2(u) = \zeta(u - \omega_2) + \eta_2 = \zeta(u + \omega_1 + \omega_3) - \eta_1 - \eta_3 \\ &\qquad = \frac{-\eta_3 \omega_1 + \eta_1 \omega_3}{\omega_1} + \frac{\eta_1 u}{\omega_1} - \frac{\pi}{2\omega_1} \tan \pi \frac{u + \omega_3}{2\omega_1} \\ &- \frac{\pi}{2\omega_1} \sum_{n=1}^{n=\infty} \left\{ \tan \pi \frac{u + (2n+1)\omega_3}{2\omega_1} + \tan \pi \frac{u - (2n-1)\omega_3}{2\omega_1} \right\}. \end{aligned} \right.$$

Wenn wir für die rechte Seite schreiben:

$$\tag{197} \left\{ \begin{aligned} &\qquad \frac{\eta_1 \omega_3 - \eta_3 \omega_1}{\omega_1} + \frac{\eta_1 u}{\omega_1} \\ &- \frac{\pi}{2\omega_1} \sum_{n=1}^{n=\infty} \left\{ \tan \pi \frac{u + (2n-1)\omega_3}{2\omega_1} + \tan \pi \frac{u - (2n-1)\omega_3}{2\omega_1} \right\} \\ &- \frac{\pi}{2\omega_1} \lim_{n=\infty} \left[\tan \pi \frac{u + (2n+1)\omega_3}{2\omega_1} \right], \end{aligned} \right.$$

so haben wir die für die Summierung der unendlichen Reihe gegebene Vorschrift offenbar nicht verletzt. Nun ist

$$(198)\quad \tan\pi\frac{u+(2n+1)\omega_3}{\omega_1} = -i\,\frac{e^{\pi u i}\,e^{(2n+1)\frac{\omega_3}{\omega_1}i}-1}{e^{\pi u i}\,e^{(2n+1)\frac{\omega_3}{\omega_1}i}+1},$$

und da, nach Annahme, der Quotient $\frac{\omega_3}{\omega_1}$ einen positiven imaginären Bestandteil hat, so ist

$$(199)\quad \lim_{n=\infty}\left[e^{(2n+1)\frac{\omega_3}{\omega_1}i}\right] = e^{-\infty} = 0,$$

und also

$$(200)\quad \lim_{n=\infty}\left[\tan\pi\frac{u+(2n+1)\omega_3}{\omega_1}\right] = i;$$

machen wir nun noch von (38) Gebrauch, so ergibt sich zum Schluß die Entwickelung:

$$(201)\quad \zeta_2(u) = \frac{\eta_1 u}{\omega_1} - \frac{\pi}{2\omega_1}\sum_{n=1}^{n=\infty}\left\{\tan\pi\frac{u+(2n-1)\omega_3}{2\omega_1} + \tan\pi\frac{u-(2n-1)\omega_3}{2\omega_1}\right.$$

und hieraus, nach (165):

$$(202)\quad \left\{\begin{aligned} &\zeta_3(u) = \zeta_2(u+\omega_1) - \eta_1 = \frac{\eta_1 u}{\omega_1} \\ &+\frac{\pi}{2\omega_1}\sum_{n=1}^{n=\infty}\left\{\cot\pi\frac{u+(2n-1)\omega_3}{2\omega_1} + \cot\pi\frac{u-(2n-1)\omega_3}{2\omega_1}\right\}. \end{aligned}\right.$$

Die drei Formeln (195), (201), 202) lassen sich auch aus (181), (182), (183) durch logarithmische Differentiation ableiten; dieses Verfahren erfordert natürlich zu seiner Rechtfertigung, daß für die entstehenden Reihen der Konvergenzbeweis besonders geführt wird, während wir uns auf die bereits bekannte absolute Konvergenz der Reihe (94) stützen durften.

Wie wir aus der Reihe (94) die, nur unter beschränkteren Bedingungen konvergierende, Reihe (113) herleiteten, so können wir auch aus (195), (201), (202) die entsprechenden Entwickelungen für $\zeta_1(u)$, $\zeta_2(u)$, $\zeta_3(u)$ erhalten; unter der sogleich zu diskutierenden Voraussetzung, daß wir die Formeln (98) und (100) der Nr. 119 anwenden dürfen, erhalten wir

03) $$\zeta_1(u) = \frac{\eta_1 u}{\omega_1} - \frac{\pi}{2\omega_1}\tan\frac{\pi u}{2\omega_1} + \frac{2\pi}{\omega_1}\sum_{h=1}^{h=\infty}(-1)^h\frac{q^{2h}}{1-q^{2h}}\sin h\frac{\pi u}{\omega_1},$$

04) $$\zeta_2(u) = \frac{\eta_1 u}{\omega_1} + \frac{2\pi}{\omega_1}\sum_{h=1}^{h=\infty}(-1)^h\frac{q^h}{1-q^{2h}}\sin h\frac{\pi u}{\omega_1},$$

05) $$\zeta_3(u) = \frac{\eta_1 u}{\omega_1} + \frac{2\pi}{\omega_1}\sum_{h=1}^{h=\infty}\frac{q^h}{1-q^{2h}}\sin h\frac{\pi u}{\omega_1}.$$

Der Gültigkeitsbereich der ersten dieser Entwickelungen ist offenbar derselbe wie der für die Reihe (113) gefundene; damit die zweite und dritte Entwickelung Gültigkeit haben, ist zu fordern, daß der Koeffizient von i in den beiden Größen

$$\frac{2n-1}{2}\frac{\omega_3}{\omega_1} - \frac{u}{2\omega_1} = n\frac{\omega_3}{\omega_1} - \frac{u+\omega_3}{2\omega_1},$$

$$\frac{2n-1}{2}\frac{\omega_3}{\omega_1} + \frac{u}{2\omega_1} = n\frac{\omega_3}{\omega_1} + \frac{u-\omega_3}{2\omega_1}$$

für jedes n positiv sei; die Größen $u+\omega_3$ und $u-\omega_1$ unterliegen daher den Bedingungen, welche oben für u selbst gefordert werden.

Daraus schließt man leicht, daß die Variable u innerhalb eines Streifens liegen muß, dessen Begrenzung gebildet wird von zwei unendlichen Geraden, welche, parallel zu der Richtung von ω_1, durch die Punkte $+\omega_3$ und $-\omega_3$ gezogen sind. Die Breite dieses Streifens ist halb so groß als die des Streifens, in welchem die Entwickelungen (113) und (203) gelten.

Ersetzt man u durch $u \pm \omega_1$, so gehen die Entwickelungen (113) und (203) ineinander über; ebenso die Entwickelungen (204) und (205). Wird aber $u \pm \omega_3$ für u gesetzt, so ergeben sich aus (113), (203), (204), (205) neue Reihen für $\zeta_3(u)$, $\zeta_2(u)$, $\zeta_1(u)$, $\zeta(u)$; diese schreiten fort nach trigonometrischen Funktionen, deren Argumente ganzzahlige Vielfache von $u \pm \omega_3$ sind. Die Breite und Lage der Streifen, in welchen sie konvergieren, läßt sich unmittelbar erkennen.

Trigonometrische Reihen für die Transzendenten dritter Gattung $\chi_\alpha(u, a)$,

126. Die trigonometrischen Entwickelungen für die Transzendenten dritter Gattung $\chi_1(u, a)$, $\chi_2(u, a)$, $\chi_3(u, a)$ ergeben sich aus (178), (179), (180) auf dieselbe Weise, wie wir in Nr. 120 die entsprechende Entwickelung für $\chi(u, a)$ erhalten haben. Es gilt die Formel

$$(206)\quad \begin{cases} \chi_1(u, a) = \dfrac{1}{2}\log\left[\dfrac{\sigma_1(u+a)}{\sigma_1(u-a)}\right] = \dfrac{\eta_1 u a}{\omega_1} + \dfrac{1}{2}\log\left[\dfrac{\cos\pi\dfrac{u+a}{\omega_1}}{\cos\pi\dfrac{u-a}{\omega_1}}\right] \\ \qquad - 2\displaystyle\sum_{h=1}^{h=\infty}\frac{(-1)^h}{h}\,\frac{q^{2h}}{1-q^{2h}}\sin\pi\frac{hu}{\omega_1}\sin\pi\frac{ha}{\omega_1} \end{cases}$$

in demselben Bereiche wie (123); dagegen ist der Parallelstreifen, auf welchen die Größen $u + a$ und $u - a$ einzuschränken sind, nur halb so breit für die beiden nachstehenden Entwickelungen:

$$(207)\quad \begin{cases} \chi_2(u, a) = \dfrac{1}{2}\log\left[\dfrac{\sigma_2(u+a)}{\sigma_2(u-a)}\right] \\ \qquad = \dfrac{\eta_1 u a}{\omega_1} - 2\displaystyle\sum_{h=1}^{h=\infty}\frac{(-1)^h}{h}\,\frac{q^h}{1-q^{2h}}\sin\pi\frac{hu}{\omega_1}\sin\pi\frac{ha}{\omega_1}, \end{cases}$$

$$(208)\quad \begin{cases} \chi_3(u, a) = \dfrac{1}{2}\log\left[\dfrac{\sigma_3(u+a)}{\sigma_3(u-a)}\right] \\ \qquad = \dfrac{\eta_1 u a}{\omega_1} + 2\displaystyle\sum_{h=1}^{h=\infty}\frac{1}{h}\,\frac{q^h}{1-q^{2h}}\sin\pi\frac{hu}{\omega_1}\sin\pi\frac{ha}{\omega_1}. \end{cases}$$

Zwölftes Kapitel.

Die Jacobischen Transzendenten.

Die vier fundamentalen ϑ-Funktionen; ihre analytischen Ausdrücke in Form trigonometrischer Reihen und Produkte; ihr Zusammenhang mit den vier σ-Funktionen.

127. Im Mittelpunkt der Jacobischen Transzendenten stehen vier Thetafunktionen (vgl. Nr. 98) von der ersten Ordnung, deren Definition wir am einfachsten an die zuletzt gegebenen Darstellungen der σ-Funktionen anknüpfen. Indem wir mit den Buchstaben v und ω die folgenden Quotienten bezeichnen:

$$(1) \qquad v = \frac{u}{2\,\omega_1}, \qquad \omega = \frac{\omega_3}{\omega_1},$$

setzen wir:

$$(2) \qquad \vartheta_{11}(v\,,\,\omega) = \frac{1}{i}\sum_{k=-\infty}^{k=+\infty}(-1)^{k-1}\,q^{(k-\frac{1}{2})^2}\,e^{(2k-1)v\pi i};$$

$$(3) \qquad \vartheta_{10}(v\,,\,\omega) = \sum_{k=-\infty}^{k=+\infty} q^{(k-\frac{1}{2})^2}\,e^{(2k-1)v\pi i};$$

$$(4) \qquad \vartheta_{00}(v\,,\,\omega) = \sum_{k=-\infty}^{k=+\infty} q^{k^2}\,e^{2kv\pi i};$$

$$(5) \qquad \vartheta_{01}(v\,,\,\omega) = \sum_{k=-\infty}^{k=+\infty}(-1)^k\,q^{k^2}\,e^{2kv\pi i}.$$

Diese Entwickelungen lassen sich wiederum unmittelbar in die Form trigonometrischer Reihen umsetzen:

$$(6) \qquad \left\{\begin{aligned} \vartheta_{11}(v\,,\,\omega) &= 2\sum_{l=1}^{l=\infty}(-1)^{l-1}\,q^{(l-\frac{1}{2})^2}\sin(2\,l-1)\,v\,\pi \\ &= 2\,q^{1/4}\sin v\,\pi - 2\,q^{9/4}\sin 3\,v\,\pi + 2\,q^{25/4}\sin 5\,v\,\pi + \cdots \end{aligned}\right.$$

$$(7) \qquad \left\{\begin{aligned} \vartheta_{10}(v\,,\,\omega) &= 2\sum_{l=1}^{l=\infty} q^{(l-\frac{1}{2})^2}\cos(2\,l-1)\,v\,\pi \\ &= 2\,q^{1/4}\cos v\,\pi + 2\,q^{9/4}\cos 3\,v\,\pi + 2\,q^{25/4}\cos 5\,v\,\pi + \cdots \end{aligned}\right.$$

$$(8) \qquad \left\{\begin{aligned} \vartheta_{00}(v\,,\,\omega) &= 1 + 2\sum_{l=1}^{l=\infty} q^{l^2}\cos 2\,l\,v\,\pi \\ &= 1 + 2\,q\cos 2\,v\,\pi + 2\,q^4\cos 4\,v\,\pi + 2\,q^9\cos 6\,v\,\pi + \cdots \end{aligned}\right.$$

$$(9) \qquad \left\{\begin{aligned} \vartheta_{01}(v\,,\,\omega) &= 1 + 2\sum_{l=1}^{l=\infty}(-1)^l\,q^{l^2}\cos 2\,l\,v\,\pi \\ &= 1 - 2\,q\cos 2\,v\,\pi + 2\,q^4\cos 4\,v\,\pi - 2\,q^9\cos 6\,v\,\pi + \cdots \end{aligned}\right.$$

Eine Darstellung dieser vier Thetafunktionen durch einstrahlige unendliche Produkte ergibt sich durch Vergleichung der sie definierenden Reihen mit den Gleichungen (88), (184), (185), (186) einerseits und den Gleichungen (87), (178), (179), (180) andererseits:

$$(10)\quad \vartheta_{11}(v\,,\,\omega) = -i\,q^{1/4}A\,(e^{\pi i v} - e^{-\pi i v})\prod_{n=1}^{n=\infty}(1 - q^{2n}\,e^{-2\pi i v})\,(1 - q^{2n}\,e^{2\pi i v}) ;$$

$$(11)\quad \vartheta_{10}(v\,,\,\omega) = q^{1/4}A\,(e^{\pi i v} + e^{-\pi i v})\prod_{n=1}^{n=\infty}(1 + q^{2n}\,e^{-2\pi i v})\,(1 + q^{2n}\,e^{2\pi i v}) ;$$

$$(12)\quad \vartheta_{00}(v\,,\,\omega) = A\cdot\prod_{n=1}^{n=\infty}(1 + q^{2n-1}\,e^{-2\pi i v})\,(1 + q^{2n-1}\,e^{2\pi i v}) ;$$

$$(13)\quad \vartheta_{01}(v\,,\,\omega) = A\cdot\prod_{n=1}^{n=\infty}(1 - q^{2n-1}\,e^{-2\pi i v})\,(1 - q^{2n-1}\,e^{2\pi i v}) .$$

Auch in diese unendlichen Produkte kann man wieder die trigonometrischen Funktionen einführen:

$$(14)\quad \vartheta_{11}(v\,,\,\omega) = 2\,q^{1/4}A\,\sin\pi v\prod_{n=1}^{n=\infty}(1 - 2\,q^{2n}\cos 2\pi v + q^{4n}) ;$$

$$(15)\quad \vartheta_{10}(v\,,\,\omega) = 2\,q^{1/4}A\,\cos\pi v\prod_{n=1}^{n=\infty}(1 + 2\,q^{2n}\cos 2\pi v + q^{4n}) ;$$

$$(16)\quad \vartheta_{00}(v\,,\,\omega) = A\cdot\prod_{n=1}^{n=\infty}(1 + 2\,q^{2n-1}\cos 2\pi v + q^{4n-2}) ;$$

$$(17)\quad \vartheta_{01}(v\,,\,\omega) = A\cdot\prod_{n=1}^{n=\infty}(1 - 2\,q^{2n-1}\cos 2\pi v + q^{4n-2}) .$$

Aus diesen Formeln ergeben sich für $v = 0$ die Werte:

$$(18)\qquad \vartheta_{11}(0,\,\omega) = 0 ,$$

$$(19)\qquad \vartheta'_{11} = \left[\frac{\partial\,\vartheta_{11}(v\,,\,\omega)}{\partial v}\right]_{v=0} = 2\,\pi\,q^{1/4}A^3 ,$$

$$(20)\qquad \vartheta_{10} = \vartheta_{10}(0,\,\omega) = 2\,q^{1/4}A\,B^2 ,$$

$$(21)\qquad \vartheta_{00} = \vartheta_{00}(0,\,\omega) = A\,C^2 ,$$

$$(22)\qquad \vartheta_{01} = \vartheta_{01}(0\,,\,\omega) = A\,D^2 .$$

Die hier neu eingeführten Bezeichnungen ϑ'_{11}, ϑ_{10}, ϑ_{00}, ϑ_{01} sollen im folgenden überall angewandt werden, wo keine Verwechselung zu befürchten ist.

Auf Grund von (194) haben wir

$$\vartheta'_{11} = \pi \vartheta_{10} \vartheta_{00} \vartheta_{01} \,. \tag{23}$$

Die Beziehungen zwischen den vier σ-Funktionen und den vier ϑ-Funktionen, welche aus den Definitionsgleichungen folgen, nehmen, mit Benutzung von (19), (20), (21), (22) folgende Gestalt an:

$$\sigma(u, \omega_1, \omega_3) = 2\omega_1 \cdot e^{\frac{\eta_1 u^2}{2\omega_1}} \cdot \frac{\vartheta_{11}\left(\frac{u}{2\omega_1}, \frac{\omega_3}{\omega_1}\right)}{\vartheta'_{11}\left(0, \frac{\omega_3}{\omega_1}\right)}, \tag{24}$$

$$\sigma_1(u, \omega_1, \omega_3) = e^{\frac{\eta_1 u^2}{2\omega_1}} \cdot \frac{\vartheta_{10}\left(\frac{u}{2\omega_1}, \frac{\omega_3}{\omega_1}\right)}{\vartheta_{10}\left(0, \frac{\omega_3}{\omega_1}\right)}, \tag{25}$$

$$\sigma_2(u, \omega_1, \omega_3) = e^{\frac{\eta_1 u^2}{2\omega_1}} \cdot \frac{\vartheta_{00}\left(\frac{u}{2\omega_1}, \frac{\omega_3}{\omega_1}\right)}{\vartheta_{00}\left(0, \frac{\omega_3}{\omega_1}\right)}, \tag{26}$$

$$\sigma_3(u, \omega_1, \omega_3) = e^{\frac{\eta_1 u^2}{2\omega_1}} \cdot \frac{\vartheta_{01}\left(\frac{u}{2\omega_1}, \frac{\omega_3}{\omega_1}\right)}{\vartheta_{01}\left(0, \frac{\omega_3}{\omega_1}\right)}. \tag{27}$$

Aus irgend einer Form der analytischen Ausdrücke, welche wir für die ϑ-Funktionen aufgestellt haben, läßt sich entnehmen, wie sich diese verhalten, wenn v durch $-v$ ersetzt wird. Man findet, daß die Funktion $\vartheta_{11}(v)$ eine ungerade Funktion ist, während $\vartheta_{10}(v)$, $\vartheta_{00}(v)$ und $\vartheta_{01}(v)$ gerade Funktionen sind, d. h.

$$\begin{cases} \vartheta_{11}(-v) = -\vartheta_{11}(v)\,; & \vartheta_{10}(-v) = \vartheta_{10}(v)\,; \\ \vartheta_{00}(-v) = \vartheta_{00}(v)\,; & \vartheta_{01}(-v) = \vartheta_{01}(v)\,. \end{cases} \tag{28}$$

Verhalten der ϑ-Funktionen, wenn das Argument um ganze oder halbe Perioden vermehrt wird.

128. Es soll nun untersucht werden, wie sich die Werte der ϑ-Funktionen ändern, wenn das Argument v um die Größen $\frac{1}{2}$, $\frac{\omega}{2}$, $\frac{1+\omega}{2}$, 1, ω vermehrt wird. Zu diesem

Zwecke erweisen sich die durch (10) bis (13) gegebenen Ausdrücke als die geeignetsten. Setzt man z. B. in (10) $v + \frac{\omega}{2}$ an Stelle von v und bedenkt, daß

$$\left(e^{\pi i\left(v+\frac{\omega}{2}\right)} - e^{-\pi i\left(v+\frac{\omega}{2}\right)}\right)\cdot\prod_{n=1}^{n=\infty}\left(1 - q^{2n} e^{2\pi i\left(v+\frac{\omega}{2}\right)}\right)$$

$$= -e^{-\pi i\left(v+\frac{\omega}{2}\right)}(1 - q\, e^{2\pi i v})\cdot\prod_{n=1}^{n=\infty}(1 - q^{2n+1} e^{2\pi i v})$$

$$= -q^{-1/2} e^{-\pi i v}\cdot\prod_{n=1}^{n=\infty}(1 - q^{2n-1} e^{2\pi i v})$$

ist, so erhält man durch Vergleichung mit (13):

$$\vartheta_{11}\left(v + \frac{\omega}{2}\right) = i\, q^{-1/4} e^{-\pi i v}\, \vartheta_{01}(v)\,.$$

Auf diese Weise lassen sich die nachstehenden Formeln (30) und (31) direkt gewinnen; die übrigen, (32) bis (35), erhält man am einfachsten durch Kombination geeigneter Formelpaare aus (30) und (31). Zur Abkürzung werde

$$(29) \qquad L = q^{-1} e^{-2\pi i v}\,, \qquad M = q^{-1/4} e^{-\pi i v}$$

gesetzt; dann ist

$$(30) \qquad \begin{cases} \vartheta_{11}(v + \tfrac{1}{2}) = \vartheta_{10}(v)\,, \\ \vartheta_{10}(v + \tfrac{1}{2}) = -\vartheta_{11}(v)\,, \\ \vartheta_{00}(v + \tfrac{1}{2}) = \vartheta_{01}(v)\,, \\ \vartheta_{01}(v + \tfrac{1}{2}) = \vartheta_{00}(v)\,, \end{cases}$$

$$(31) \qquad \begin{cases} \vartheta_{11}\left(v + \frac{\omega}{2}\right) = i\, M\, \vartheta_{01}(v)\,, \\ \vartheta_{10}\left(v + \frac{\omega}{2}\right) = M\, \vartheta_{00}(v)\,, \\ \vartheta_{00}\left(v + \frac{\omega}{2}\right) = M\, \vartheta_{10}(v)\,, \\ \vartheta_{01}\left(v + \frac{\omega}{2}\right) = i\, M\, \vartheta_{11}(v)\,, \end{cases}$$

$$(32)\quad \begin{cases} \vartheta_{11}\left(v+\dfrac{1+\omega}{2}\right)=M\cdot\vartheta_{00}(v)\,,\\[2ex] \vartheta_{10}\left(v+\dfrac{1+\omega}{2}\right)=-i\,M\cdot\vartheta_{01}(v)\,,\\[2ex] \vartheta_{00}\left(v+\dfrac{1+\omega}{2}\right)=i\,M\cdot\vartheta_{11}(v)\,,\\[2ex] \vartheta_{01}\left(v+\dfrac{1+\omega}{2}\right)=M\cdot\vartheta_{10}(v)\,, \end{cases}$$

$$(33)\quad \begin{cases} \vartheta_{11}(v+1)=-\vartheta_{11}(v)\,,\\ \vartheta_{10}(v+1)=-\vartheta_{10}(v)\,,\\ \vartheta_{01}(v+1)=\vartheta_{01}(v)\,,\\ \vartheta_{00}(v+1)=\vartheta_{00}(v)\,, \end{cases}$$

$$(34)\quad \begin{cases} \vartheta_{11}(v+\omega)=-L\,\vartheta_{11}(v)\,,\\ \vartheta_{10}(v+\omega)=L\,\vartheta_{10}(v)\,,\\ \vartheta_{00}(v+\omega)=L\,\vartheta_{00}(v)\,,\\ \vartheta_{01}(v+\omega)=-L\,\vartheta_{01}(v)\,, \end{cases}$$

$$(35)\quad \begin{cases} \vartheta_{11}(v+m+n\,\omega)=(-1)^{m+n}q^{-n^2}e^{-2n\pi i v}\,\vartheta_{11}(v)\,,\\ \vartheta_{10}(v+m+n\,\omega)=(-1)^{m}q^{-n^2}e^{-2n\pi i v}\,\vartheta_{10}(v)\,,\\ \vartheta_{00}(v+m+n\,\omega)=q^{-n^2}e^{-2n\pi i v}\,\vartheta_{00}(v)\,,\\ \vartheta_{01}(v+m+n\,\omega)=(-1)^{n}q^{-n^2}e^{-2n\pi i v}\,\vartheta_{01}(v)\,. \end{cases}$$

Wie man sieht, lassen sich die Gleichungen (33), (34) und (35) in folgenden Formeln zusammenfassen, in welchen die Zahlen g_1, g_2 einen der Werte 0 oder 1 annehmen können:

$$(36)\quad \begin{cases} \vartheta_{g_1 g_2}(v+1)=e^{-\pi i g_1}\,\vartheta_{g_1 g_2}(v)\,,\\ \vartheta_{g_1 g_2}(v+\omega)=e^{-\pi i(2v+\omega+g_2)}\,\vartheta_{g_1 g_2}(v)\,, \end{cases}$$

$$(37)\quad \vartheta_{g_1 g_2}(v+m+n\,\omega)=e^{-\pi i(2nv+n^2\omega+mg_1+ng_2)}\,\vartheta_{g_1 g_2}(v)\,.$$

Es sind dies die Funktionalgleichungen (92) der Nr. 98 für ganzzahlige Charaktere.

Das Zahlenpaar (g_1, g_2) ist also die Charakteristik der Funktion $\vartheta_{g_1 g_2}(v)$ im Sinne der Nr. 92.

Nullstellen der ϑ-Funktionen. — Thetanullwerte.

129. Demnach muß die Funktion $\vartheta_{g_1 g_2}(v)$ verschwinden für alle Werte von v, welche durch die Kongruenz

$$v + \frac{1+\omega}{2} \equiv \frac{g_1\omega - g_2}{2} \pmod{1,\ \omega}$$

gegeben sind, also

$$(38)\quad \begin{cases} \vartheta_{11}(v) & \text{für} \quad v \equiv 0 \pmod{1,\ \omega}\,, \\ \vartheta_{10}(v) & \text{,,} \quad v \equiv \tfrac{1}{2} \pmod{1,\ \omega}\,, \\ \vartheta_{00}(v) & \text{,,} \quad v \equiv \dfrac{1+\omega}{2} \pmod{1,\ \omega}\,, \\ \vartheta_{01}(v) & \text{,,} \quad v \equiv \dfrac{\omega}{2} \pmod{1,\ \omega}\,; \end{cases}$$

daß dies tatsächlich der Fall ist, zeigt die Gleichung (18) in Verbindung mit den drei ersten Gleichungen der Systeme (30), (31), (32). Mit Wiederholung der in (20), (21), (22) gegebenen Bezeichnungen sollen nun die Werte zusammengestellt werden, welche sich aus (30), (31), (32) für $v = 0$ ergeben:

$$(39)\quad \begin{cases} \vartheta_{11}(0) = 0 \\ \vartheta_{10}(0) = \vartheta_{10} \\ \vartheta_{00}(0) = \vartheta_{00} \\ \vartheta_{01}(0) = \vartheta_{01} \end{cases} \begin{cases} \vartheta_{11}\left(\frac{1}{2}\right) = \vartheta_{10} \\ \vartheta_{10}\left(\frac{1}{2}\right) = 0 \\ \vartheta_{00}\left(\frac{1}{2}\right) = \vartheta_{01} \\ \vartheta_{01}\left(\frac{1}{2}\right) = \vartheta_{00} \end{cases} \begin{cases} \vartheta_{11}\left(\frac{\omega}{2}\right) = i\,q^{-1/4}\vartheta_{01} \\ \vartheta_{10}\left(\frac{\omega}{2}\right) = q^{-1/4}\vartheta_{00} \\ \vartheta_{00}\left(\frac{\omega}{2}\right) = q^{-1/4}\vartheta_{10} \\ \vartheta_{01}\left(\frac{\omega}{2}\right) = 0 \end{cases} \begin{cases} \vartheta_{11}\left(\frac{1+\omega}{2}\right) = q^{-1/4}\vartheta_{00} \\ \vartheta_{10}\left(\frac{1+\omega}{2}\right) = -i\,q^{-1/4}\vartheta \\ \vartheta_{00}\left(\frac{1+\omega}{2}\right) = 0 \\ \vartheta_{01}\left(\frac{1+\omega}{2}\right) = q^{-1/4}\vartheta_{10}\,. \end{cases}$$

Nach (146) des vorhergehenden Kapitels ist:

$$e_\beta - e_\alpha = \left[\frac{\sigma_\alpha(\omega_\beta)}{\sigma(\omega_\beta)}\right]^2;$$

indem wir nun den Quotienten, dessen Quadrat auf der rechten Seite auftritt, mit Benutzung des in (24) bis (27) gegebenen Zusammenhanges durch ϑ-Funktionen ausdrücken und die auftretenden Größen gemäß der Tabelle (39) auf die Nullwerte reduzieren, gelingt es uns, die Differenzen $e_\beta - e_\alpha$ durch $\vartheta'_{11}, \vartheta_{10}, \vartheta_{00}, \vartheta_{01}$ auszudrücken; z. B. ist

$$\frac{\sigma_1(\omega_2)}{\sigma(\omega_2)} = \frac{1}{2\,\omega_1} \cdot \frac{\vartheta'_{11}\vartheta_{10}\left(\frac{1+\omega}{2}\right)}{\vartheta_{10}\vartheta_{11}\left(\frac{1+\omega}{2}\right)} = \frac{1}{2\,i\,\omega_1} \cdot \frac{\vartheta'_{11}\vartheta_{01}}{\vartheta_{10}\vartheta_{00}} = \frac{\pi}{2\,i\,\omega_1} \cdot \vartheta_{01}^2\,;$$

wir erhalten die Formeln:

$$(40)\qquad \begin{cases} e_2 - e_1 = -\left[\dfrac{\vartheta'_{11}\vartheta_{01}}{2\,\omega_1\vartheta_{10}\vartheta_{00}}\right]^2 = -\dfrac{\pi^2}{4\,\omega_1^2} \cdot \vartheta_{01}^4\,, \\ e_3 - e_2 = -\left[\dfrac{\vartheta'_{11}\vartheta_{10}}{2\,\omega_1\vartheta_{00}\vartheta_{01}}\right]^2 = -\dfrac{\pi^2}{4\,\omega_1^2} \cdot \vartheta_{10}^4\,, \\ e_1 - e_3 = \quad\left[\dfrac{\vartheta'_{11}\vartheta_{00}}{2\,\omega_1\vartheta_{01}\vartheta_{10}}\right] = +\dfrac{\pi^2}{4\,\omega_1^2} \cdot \vartheta_{00}^2\,, \end{cases}$$

deren Addition das Resultat ergibt:

$$(41)\qquad \vartheta_{00}^4 = \vartheta_{01}^4 + \vartheta_{10}^4\,.$$

Quadrate der vier ϑ-Funktionen. — Produkte von je zweien unter ihnen.

130. Die Quadrate der vier ϑ-Funktionen sind (vgl. Nr. 98) Thetafunktionen zweiter Ordnung, welche sämtlich die Charakteristik (0, 0) besitzen, also verwandt sind.

Infolgedessen müssen nach den Sätzen der Nummern 96 und 100 je drei von diesen Quadraten durch eine lineare Relation mit konstanten Koeffizienten untereinander verbunden sein. Diese vier Relationen erhalten wir aus den Identitäten XI, (142) und XI, (143), indem wir von den Formeln (24) bis (27) und (40) Gebrauch machen; die Gleichung XI, (142) liefert die drei ersten der nachstehenden Relationen, wenn für das Zahlenpaar $(\alpha\,, \beta)$ nacheinander $(1\,, 2)$, $(2\,, 3)$, $(3\,, 1)$ gesetzt wird, während XI, (143) stets das Resultat (45) liefert, welche Permutation der Zahlen 1, 2, 3 wir auch für $\alpha\,, \beta\,, \gamma$ setzen mögen:

(42) $$-\vartheta_{01}^2\vartheta_{11}^2(v) = \vartheta_{00}^2\vartheta_{10}^2(v) - \vartheta_{10}^2\vartheta_{00}^2(v)\,,$$

(43) $$-\vartheta_{10}^2\vartheta_{11}^2(v) = \vartheta_{01}^2\vartheta_{00}^2(v) - \vartheta_{00}^2\vartheta_{01}^2(v)\,,$$

(44) $$\vartheta_{00}^2\vartheta_{11}^2(v) = \vartheta_{10}^2\vartheta_{01}^2(v) - \vartheta_{01}^2\vartheta_{10}^2(v)\,,$$

(45) $$-\vartheta_{10}^2\vartheta_{10}^2(v) + \vartheta_{00}^2\vartheta_{00}^2(v) - \vartheta_{01}^2\vartheta_{01}^2(v) = 0\,.$$

Von diesen vier linearen Gleichungen in den Größen $\vartheta_{11}^2(v)$, $\vartheta_{10}^2(v)$, $\vartheta_{00}^2(v)$, $\vartheta_{01}^2(v)$ sind nur zwei unabhängig voneinander; die beiden andern lassen sich aus ihnen leicht mit Hilfe der Beziehung (41) ableiten.

Multiplizieren wir 2 verschiedene ϑ-Funktionen miteinander, so erhalten wir gleichfalls Thetafunktionen zweiter Ordnung, und zwar für jede der Charakteristiken (1, 0), (0, 1), (1, 1) zwei Funktionen, welche linear unabhängig voneinder sein müssen, da jeweils die eine von ihnen eine gerade, die andere eine ungerade Funktion ist. Es ergeben sich nämlich:

Für die Charakteristik (1, 0):

(46) $$\vartheta_{10}(v)\,\vartheta_{00}(v) \quad \text{und} \quad \vartheta_{11}(v)\,\vartheta_{01}(v)\,,$$

für die Charakteristik (0, 1):

(47) $$\vartheta_{01}(v)\,\vartheta_{00}(v) \quad \text{und} \quad \vartheta_{11}(v)\,\vartheta_{10}(v)\,,$$

für die Charakteristik (1, 1)

(48) $$\vartheta_{10}(v)\,\vartheta_{01}(v) \quad \text{und} \quad \vartheta_{11}(v)\,\vartheta_{00}(v)\,.$$

Jede Thetafunktion zweiter Ordnung, welche eine der drei Charakteristiken (1, 0), (0, 1), (1, 1) besitzt, läßt sich linear und homogen mit konstanten Koeffizienten durch die beiden zu ihrer Charakteristik gehörigen Produkte ausdrücken, wie sich andererseits jede Thetafunktion zweiter Ordnung der Charakteristik (0, 0) durch zwei beliebige von den Quadraten

(49) $$\vartheta_{11}^2(v)\,,\quad \vartheta_{10}^2(v)\,,\quad \vartheta_{00}^2(v)\,,\quad \vartheta_{01}^2(v)$$

linear und homogen mit konstanten Koeffizienten darstellt.

Additionstheoreme der ϑ-Funktionen.

131. Wir haben uns nun mit einer Reihe von Identitäten zu befassen, welche man als Additionstheoreme der ϑ-Funktionen bezeichnet. Das ihnen zugrunde liegende Prinzip können wir folgendermaßen aussprechen:

Die Produkte

$$\vartheta_{g_1 g_2}(v+w)\cdot\vartheta_{g'_1 g'_2}(v-w) \tag{50}$$

sind, als Funktionen von v betrachtet, Thetafunktionen zweiter Ordnung mit der Charakteristik

$$(g_1+g'_1\,,\; g_2+g'_2)\,. \tag{51}$$

Der Beweis hierfür ist leicht zu erbringen: Ist α die Nullstelle der Funktion $\vartheta_{g_1 g_2}(z)$, α' die Nullstelle der Funktion $\vartheta_{g'_1 g'_2}(z)$, d. h.

$$\vartheta_{g_1 g_2}(\alpha)=0\,,\qquad \vartheta_{g'_1 g'_2}(\alpha')=0\,, \tag{52}$$

so sind die reellen Zahlen g_1, g_2 bestimmt durch die Kongruenzen

$$\begin{cases} \tfrac{1}{2}(g_1\omega-g_2)\equiv\left(\alpha+\dfrac{1+\omega}{2}\right) \mod(1,\,\omega)\,,\\[2ex] \tfrac{1}{2}(g'_1\omega-g'_2)\equiv\left(\alpha'+\dfrac{1+\omega}{2}\right) \mod(1,\,\omega) \end{cases} \tag{53}$$

[vgl. Nr. 92, (26)].

Setzt man nun

$$\vartheta_{g_1 g_2}(v+w)=\vartheta_{\mathfrak{g}_1\mathfrak{g}_2}(v)\,;\quad \vartheta_{g'_1 g'_2}(v-w)=\vartheta_{\mathfrak{g}'_1\mathfrak{g}'_2}(v)\,, \tag{54}$$

so sind die Charakteristiken $(\mathfrak{g}_1,\,\mathfrak{g}_2)$ und $(\mathfrak{g}'_1,\,\mathfrak{g}'_2)$ offenbar bestimmt durch die Kongruenzen:

$$\begin{cases} \tfrac{1}{2}(\mathfrak{g}_1\omega-\mathfrak{g}_2)\equiv\left(\alpha-w+\dfrac{1+\omega}{2}\right) \mod(1,\,\omega)\,;\\[2ex] \tfrac{1}{2}(\mathfrak{g}'_1\omega-\mathfrak{g}'_2)\equiv\left(\alpha'+w+\dfrac{1+\omega}{2}\right) \mod(1,\,\omega)\,, \end{cases} \tag{55}$$

und es ist daher

$$\begin{cases} \tfrac{1}{2}[(\mathfrak{g}_1+\mathfrak{g}'_1)\omega-(\mathfrak{g}_2+\mathfrak{g}'_2)]\equiv\alpha+\alpha'\\ \equiv\tfrac{1}{2}[(g_1+g'_1)\omega-(g_2+g'_2)] \mod(1,\,\omega)\,; \end{cases} \tag{56}$$

aus dieser Kongruenz folgt aber

$$\mathfrak{g}_1+\mathfrak{g}'_1=g_1+g'_1\,;\quad \mathfrak{g}_2+\mathfrak{g}'_2=g_2+g'_2\,. \tag{57}$$

Nun ist das Produkt

$$\vartheta_{g_1 g_2}(v+w)\cdot\vartheta_{g'_1 g'_2}(v-w)=\vartheta_{\mathfrak{g}_1\mathfrak{g}_2}(v)\cdot\vartheta_{\mathfrak{g}'_1\mathfrak{g}'_2}(v) \tag{58}$$

eine Thetafunktion zweiter Ordnung von v mit der Charakteristik $(\mathfrak{g}_1 + \mathfrak{g}_1', \mathfrak{g}_2 + \mathfrak{g}_2')$, womit unsere Behauptung bewiesen ist. Beschränken wir in (50) die Zahlen g_1, g_2, g_1', g_2' auf die Werte 0 und 1, so besitzen die Produkte (50), wenn $g_1 = g_1'$, $g_2 = g_2'$ ist, die Charakteristik (0, 0) und sind dann durch zwei von den Quadraten (49) linear und homogen ausdrückbar, oder sie gehören, wenn $(g_1, g_2) \neq (g_1', g_2')$ ist, zu einer der Charakteristiken (1, 0), (0, 1), (1, 1) und sind demnach lineare homogene Funktionen der entsprechenden Produktepaare (46), (47), (48).

Wir gelangen also unter der Annahme

$$(59)\qquad g_1 = 0, 1, \quad g_2 = 0, 1, \quad g_1' = 0, 1, \quad g_2' = 0, 1$$

zu Identitäten der Form

$$(60)\qquad \begin{cases} \vartheta_{g_1 g_2}(v + w) \cdot \vartheta_{g'_1 g'_2}(v - w) = A\, \vartheta_{\gamma_1 \gamma_2}(v)\, \vartheta_{\gamma'_1 \gamma'_2}(v) \\ \qquad + B\, \vartheta_{\delta_1 \delta_2}(v)\, \vartheta_{\delta'_1 \delta'_2}(v), \end{cases}$$

worin die Charaktere $\gamma_1, \gamma_2, \gamma_1', \gamma_2', \delta_1, \delta_2, \delta_1', \delta_2'$ wiederum die Werte 0 oder 1 haben, und

$$(61)\qquad \begin{cases} \gamma_1 + \gamma_1' \equiv \delta_1 + \delta_1' \equiv g_1 + g_1' \pmod 2, \\ \gamma_2 + \gamma_2' \equiv \delta_2 + \delta_2' \equiv g_2 + g_2' \pmod 2) \end{cases}$$

ist. Die Koeffizienten A und B sind Funktionen von w, deren allgemeine Form sich leicht angeben läßt; denn da unter der Annahme (59) die Beziehung besteht

$$(62)\qquad \vartheta_{g'_1 g'_2}(v - w) = \pm \vartheta_{g'_1 g'_2}(w - v),$$

so sind die Produkte (50) offenbar auch als Funktionen von w Thetafunktionen zweiter Ordnung mit derselben Charakteristik $(g_1 + g_1', g_2 + g_2')$; daraus schließt man aber, daß die Koeffizienten in (60) beide durch einen linearen Ausdruck

$$(63)\qquad C \cdot \vartheta_{\gamma_1 \gamma_2}(w)\, \vartheta_{\gamma'_1 \gamma'_2}(w) + D \cdot \vartheta_{\delta_1 \delta_2}(w) \cdot \vartheta_{\delta'_1 \delta'_2}(w)$$

dargestellt werden können, worin nun die Koeffizienten C und D sowohl von w als von v unabhängig sind. Zur wirklichen Berechnung dieser Ausdrücke verfährt man am einfachsten so, daß man die Formel (60) in jedem einzelnen Fall mit unbestimmten Koeffizienten ansetzt und alsdann der Größe v spezielle Werte erteilt. So z. B. wissen wir, daß eine Identität der Form

(64) $$\vartheta_{11}(v+w)\cdot\vartheta_{11}(v-w) = A\,\vartheta_{11}^2(v) + B\,\vartheta_{10}^2(v)$$

bestehen muß. Für $v = \frac{1}{2}$ ergibt sich hieraus mit Benutzung von (30) und (39):

(65) $$\vartheta_{10}^2(w) = A\cdot\vartheta_{10}^2\,;$$

und ebenso für $v = 0$:

(66) $$-\vartheta_{11}^2(w) = B\cdot\vartheta_{10}^2\,;$$

wir erhalten demnach für unser Produkt den Ausdruck:

(67) $$\vartheta_{10}^2\cdot\vartheta_{11}(v+w)\cdot\vartheta_{11}(v-w) = \vartheta_{10}^2(w)\cdot\vartheta_{11}^2(v) - \vartheta_{10}^2(v)\cdot\vartheta_{11}^2(w)\,,$$

welcher mit Hilfe der Formeln (42) bis (45) in 6 verschiedenen Formen geschrieben werden kann.

Eine andere Identität wäre:

(68) $$\vartheta_{10}(v+w)\,\vartheta_{11}(v-w) = A\,\vartheta_{10}(v)\,\vartheta_{11}(v) + B\,\vartheta_{00}(v)\,\vartheta_{01}(v)\,,$$

deren Koeffizienten sich für $v = \frac{1+\omega}{2}$ und für $v = 0$ ergeben, nämlich

(69) $$\vartheta_{01}(w)\cdot\vartheta_{00}(w) = A\,\vartheta_{01}\cdot\vartheta_{00}\,,$$

(70) $$-\vartheta_{10}(w)\cdot\vartheta_{11}(w) = B\,\vartheta_{01}\cdot\vartheta_{00}\,,$$

so daß wir für das Produkt (68) den Ausdruck erhalten:

1) $$\begin{cases} \vartheta_{00}\cdot\vartheta_{01}\cdot\vartheta_{10}(v+w)\cdot\vartheta_{11}(v-w) \\ = \vartheta_{00}(w)\cdot\vartheta_{01}(w)\cdot\vartheta_{10}(v)\cdot\vartheta_{11}(v) - \vartheta_{00}(v)\cdot\vartheta_{01}(v)\cdot\vartheta_{10}(w)\cdot\vartheta_{11}(w)\,. \end{cases}$$

Dieser hat nur eine einzige Form, da es nicht mehr als zwei Produkte $\vartheta_{\gamma_1\gamma_2}(v)\cdot\vartheta_{\gamma'_1\gamma'_2}(v)$ für die Charakteristik (0 1) gibt [vgl. (47)].

Auf diese Weise lassen sich die Ausdrücke für die 16 Produkte

$$\vartheta_{g_1g_2}(v+w)\cdot\vartheta_{g'_1g'_2}(v-w)$$

berechnen; wir können jedoch auch auf den in (24), (25), (26), (27) gegebenen Zusammenhang der ϑ-Funktionen mit den σ-Funktionen zurückgehen und die gesuchten Identitäten aus den Formeln (156), (157), (160), (161) des vorigen Kapitels herleiten, indem wir in diesen

(72) $$u = 2\,\omega_1 v\,,\quad a = 2\,\omega_1 w$$

setzen und für die Größen $e_\alpha - e_\beta$ die Beziehungen (40) benutzen. So erhalten wir aus XI, (156) die bereits oben auf anderem Wege gefundene Identität:

$$(73)\quad \vartheta_{10}^2 \cdot \vartheta_{11}(v+w) \cdot \vartheta_{11}(v-w) = \vartheta_{10}^2(w)\vartheta_{11}^2(v) - \vartheta_{10}^2(v)\vartheta_{11}^2(w)\,,$$

aus XI, (157b) die Identität:

$$(74)\quad \vartheta_{10}^2 \cdot \vartheta_{10}(v+w) \cdot \vartheta_{10}(v-w) = \vartheta_{10}^2(w)\vartheta_{10}^2(v) - \vartheta_{11}^2(w)\vartheta_{11}^2(v)$$

und zwei weitere, welche aus dieser entstehen, wenn die Charakteristik (1 0) durch (0 0) und (0 1) ersetzt wird. Die drei aus XI, (160) hervorgehenden Gleichungen werden erhalten, indem man in der ersten von ihnen:

$$(75)\quad \begin{cases} \vartheta_{00}\vartheta_{01}\vartheta_{10}(v+w)\,\vartheta_{11}(v-w) = \vartheta_{00}(w)\,\vartheta_{01}(w)\,\vartheta_{10}(v)\,\vartheta_{11}(v) \\ \qquad\qquad - \vartheta_{00}(v)\,\vartheta_{01}(v)\,\vartheta_{10}(w)\,\vartheta_{11}(w) \end{cases}$$

die Charakteristiken (1 0), (0 0), (0 1) zyklisch vertauscht. Drei weitere Gleichungen gehen aus den eben genannten hervor, wenn w durch $-w$ ersetzt wird, z. B. aus (75) die folgende:

$$(75\text{a})\quad \begin{cases} \vartheta_{00}\vartheta_{01}\vartheta_{11}(v+w)\,\vartheta_{10}(v-w) = \vartheta_{00}(w)\,\vartheta_{01}(w)\,\vartheta_{10}(v)\,\vartheta_{11}(v) \\ \qquad\qquad + \vartheta_{00}(v)\vartheta_{01}(v)\vartheta_{10}(w)\vartheta_{11}(w)\,. \end{cases}$$

Schließlich lassen sich aus XI, (161b) 6 Formeln gewinnen, die man aus der ersten von ihnen:

$$(76)\quad \begin{cases} \vartheta_{10}\vartheta_{00}\vartheta_{10}(v+w)\,\vartheta_{00}(v-w) = \vartheta_{10}(v)\,\vartheta_{00}(v)\,\vartheta_{10}(w)\,\vartheta_{00}(w) \\ \qquad\qquad - \vartheta_{11}(w)\,\vartheta_{01}(w)\,\vartheta_{11}(v)\,\vartheta_{01}(v) \end{cases}$$

erhält, indem man die drei Charakteristiken (1 0), (0 0), (0 1) auf alle möglichen Arten permutiert.

Somit sind die 16 gesuchten Ausdrücke auf vier Fundamentalformeln (73), (74), (75), (76) zurückgeführt, welche den Identitäten XI (156), (157), (160), (161) entsprechen, und von denen die zweite uns drei Formeln repräsentiert, während die dritte und vierte je 6 Formeln in sich schließen. Es soll zum Schluß nochmals darauf hingewiesen werden (vgl. S. 303), daß sowohl die Gleichung (73) als auch (74) mit Hilfe der Beziehungen (42) bis (45) in 6 verschiedene Formen gesetzt werden kann, was bei den übrigen Gleichungen nicht möglich ist.

Nach dem Prinzip, welches in dieser Nummer angewandt wurde, können wir noch zahlreiche andere identische Beziehungen ableiten. Es sei z. B. x eine dritte Variable.

Wir betrachten die Produkte

$$\vartheta_{g_1, g_2}(v + w)\,\vartheta_{g'_1, g'_2}(v + x) \quad \text{und} \quad \vartheta_{\gamma_1, \gamma_2}(v) \cdot \vartheta_{\gamma'_1, \gamma'_2}(v + w + x)$$

als Funktionen von v; beide sind Thetafunktionen zweiter Ordnung. Unter der Voraussetzung

$$g_1 + g_1' \equiv \gamma_1 + \gamma_1' \pmod 2$$
$$g_2 + g_2' \equiv \gamma_2 + \gamma_2' \pmod 2$$

haben sie auch dieselben, allerdings nicht mehr ganzzahligen, Charaktere, wovon man sich leicht überzeugt. Zwischen je drei derartigen Produkten muß also eine lineare homogene Relation bestehen, deren Koeffizienten von v unabhängig sind und daher, wie oben, durch Einsetzen spezieller Werte von v in die Formeln bestimmt werden können. Ein einziges Beispiel dieser Art möge hier genügen, nämlich die Relation von der Form

$$\left\{\begin{aligned} & A\,\vartheta_{00}(v + w)\,\vartheta_{01}(v + x) + B\,\vartheta_{01}(v)\,\vartheta_{00}(v + w + x) \\ & \qquad + C\,\vartheta_{10}(v)\,\vartheta_{11}(v + w + x) = 0\,, \end{aligned}\right.$$

deren Koeffizienten sich für $v = -w - x$ und $v = \frac{\omega}{2}$ ergeben:

$$\text{(77)} \qquad \left\{\begin{aligned} & \vartheta_{00} \cdot \vartheta_{01}(w + x) \cdot \vartheta_{00}(v + w)\,\vartheta_{01}(v + x) \\ & = \vartheta_{01}(v)\,\vartheta_{01}(w)\vartheta_{00}(x)\,\vartheta_{00}(v + w + x) \\ & + \vartheta_{10}(v)\,\vartheta_{10}(w)\,\vartheta_{11}(x)\,\vartheta_{11}(v + w + x)\,. \end{aligned}\right.$$

Die Ableitungen der ϑ-Funktionen.

132. Wir benutzen von jetzt ab allgemein die folgenden Bezeichnungen:

$$\text{(78)} \qquad \frac{\partial^m \vartheta_{g_1 g_2}(v\,,\,\omega)}{\partial v^m} = \vartheta^{(m)}_{g_1 g_2}(v)\,,$$

$$\text{(79)} \qquad \left[\frac{\partial^m \vartheta_{g_1 g_2}(v\,,\,\omega)}{\partial v^m}\right]_{v=0} = \vartheta^{(m)}_{g_1 g_2}(0) = \vartheta^{(m)}_{g_1 g_2}\,.$$

Sowohl die nach v als die nach ω genommenen Ableitungen der vier ϑ-Funktionen werden erhalten, indem man die zu ihrer Definition aufgestellten Reihen (2), (3), (4), (5) gliedweise differentiiert; denn die so entstehenden neuen Reihen sind, wie man leicht erkennt, gleichmäßig konvergent und müssen daher die entsprechenden Ableitungen der ursprünglichen Reihen darstellen. So ist z. B.

$$(80)\qquad \vartheta_{11}'(v) = \pi \sum_{k=-\infty}^{k=+\infty} (-1)^{k-1}(2k-1)\, q^{(k-\frac{1}{2})^2} e^{(2k-1)v\pi i},$$

$$(81)\qquad \vartheta_{11}''(v) = \pi^2 i \sum_{k=-\infty}^{k=+\infty} (-1)^{k-1}(2k-1)^2 q^{(k-\frac{1}{2})^2} e^{(2k-1)v\pi i},$$

$$(82)\qquad \frac{\partial \vartheta_{11}(v,\omega)}{\partial \omega} = \frac{\pi}{4} \sum_{k=-\infty}^{k=+\infty} (-1)^{k-1}(2k-1)^2 q^{(k-\frac{1}{2})^2} e^{(2k-1)v\pi i}.$$

Die Vergleichung der beiden absolut konvergenten Reihen (81) und (82) zeigt, daß die identische Beziehung besteht:

$$(83)\qquad \vartheta_{11}''(v) - 4\pi i \frac{\partial \vartheta_{11}(v,\omega)}{\partial \omega} = 0;$$

genau ebenso findet man aber für alle vier Charakteristiken (1 1), (1 0), (0 0), (0 1), daß

$$(84)\qquad \vartheta_{g_1 g_2}''(v) - 4\pi i \frac{\partial \vartheta_{g_1 g_2}(v,\omega)}{\partial \omega} = 0,$$

ein Resultat, welches wir auch so aussprechen können:

Die vier ϑ-Funktionen genügen der partiellen Differentialgleichung

$$(85)\qquad \frac{\partial^2 z}{\partial v^2} - 4\pi i \frac{\partial z}{\partial \omega} = 0.$$

Berücksichtigt man, daß

$$(86)\qquad [\vartheta_{g_1 g_2}'(v)]_{v+1} = \frac{\partial}{\partial v}[\vartheta_{g_1 g_2}(v+1)],$$

$$(87)\qquad [\vartheta_{g_1 g_2}'(v)]_{v+\omega} = \frac{\partial}{\partial v}[\vartheta_{g_1 g_2}(v+\omega)],$$

so findet man auf Grund der Funktionalgleichungen (36), daß jede der sechs Funktionen

$$(88)\qquad \vartheta_{g_1 g_2}(v)\,\vartheta_{g_1' g_2'}'(v) - \vartheta_{g_1 g_2}'(v)\,\vartheta_{g_1' g_2'}(v) = \Phi_{g_1 g_2 g_1' g_2'}(v)$$

den Bedingungen

$$(89)\quad \begin{cases} \Phi_{g_1g_2g'_1g'_2}(v+1) = e^{-\pi i(g_1+g'_1)}\,\Phi_{g_1g_2g'_1g'_2}(v) \\ \Phi_{g_1g_2g'_1g'_2}(v+\omega) = e^{-2\pi i(v+\omega)-\pi i(g_2+g'_2)}\,\Phi_{g_1g_2g'_1g'_2}(v) \end{cases}$$

identisch genügt und also eine Thetafunktion zweiter Ordnung mit der Charakteristik $(g_1+g'_1,\ g_2+g'_2)$ darstellt; diese Charakteristik muß (1 1), (1 0) oder (0 1) sein, da die Charakteristik (0 0) nur dann auftreten könnte, wenn $g_1 = g'_1$ und $g_2 = g'_2$ wäre, in welchem Falle die linke Seite von (88) identisch verschwinden würde. Außerdem ist jede Funktion $\Phi_{g_1g_2g'_1g'_2}(v)$ entweder eine gerade oder eine ungerade Funktion und muß daher mit einem der 6 Produkte (46), (47), (48) bis auf einen konstanten Faktor übereinstimmen; wir haben z. B. die folgende Beziehung:

$$\vartheta'_{11}(v)\,\vartheta_{10}(v) - \vartheta_{11}(v)\,\vartheta'_{10}(v) = A\cdot\vartheta_{00}(v)\cdot\vartheta_{01}(v);$$

um den konstanten Faktor A zu bestimmen, setzen wir $v = 0$ und erhalten so mit Benutzung von (23):

$$A\cdot\vartheta_{00}\,\vartheta_{01} = \vartheta'_{11}\cdot\vartheta_{10} = \pi\cdot\vartheta_{10}^2\cdot\vartheta_{00}\cdot\vartheta_{01};$$

auf diesem Wege gewinnt man die drei Formeln:

$$(90)\quad \vartheta'_{11}(v)\cdot\vartheta_{10}(v) - \vartheta_{11}(v)\cdot\vartheta'_{10}(v) = \pi\,\vartheta_{10}^2\cdot\vartheta_{00}(v)\cdot\vartheta_{01}(v),$$

$$(91)\quad \vartheta'_{11}(v)\cdot\vartheta_{00}(v) - \vartheta_{11}(v)\cdot\vartheta'_{00}(v) = \pi\,\vartheta_{00}^2\cdot\vartheta_{10}(v)\cdot\vartheta_{01}(v),$$

$$(92)\quad \vartheta'_{11}(v)\cdot\vartheta_{01}(v) - \vartheta_{11}(v)\cdot\vartheta'_{01}(v) = \pi\,\vartheta_{01}^2\cdot\vartheta_{10}(v)\cdot\vartheta_{00}(v).$$

Die drei anderen Identitäten ergeben sich wohl am einfachsten, wenn man aus je zweien der soeben aufgestellten die Größe $\vartheta'_{11}(v)$ eliminiert und von den Formeln (42), (43), (44) Gebrauch macht:

$$(93)\quad \vartheta_{10}(v)\,\vartheta'_{00}(v) - \vartheta_{00}(v)\,\vartheta'_{10}(v) = \pi\,\vartheta_{01}^2\,\vartheta_{01}(v)\,\vartheta_{11}(v);$$

$$(94)\quad \vartheta_{00}(v)\,\vartheta'_{01}(v) - \vartheta_{01}(v)\,\vartheta'_{00}(v) = \pi\,\vartheta_{10}^2\,\vartheta_{10}(v)\,\vartheta_{11}(v);$$

$$(95)\quad \vartheta_{01}(v)\,\vartheta'_{10}(v) - \vartheta_{10}(v)\,\vartheta'_{01}(v) = -\pi\,\vartheta_{00}^2\,\vartheta_{00}(v)\,\vartheta_{11}(v).$$

Man kann aber auch diese Formeln zunächst mit unbestimmten Koeffizienten ansetzen und letztere dadurch berechnen, daß man der Größe v die Werte $\frac{1+\omega}{2}$, $\frac{\omega}{2}$, $\frac{1}{2}$ beilegt und die Gleichungen (30), (31), (32) benutzt.

Differentiieren wir die drei Identitäten (93), (94), (95) nach v und setzen hierauf $v = 0$, so erhalten wir:

$$\text{(96)} \qquad \frac{\vartheta_{00}''}{\vartheta_{00}} - \frac{\vartheta_{10}''}{\vartheta_{10}} = \pi^2 \vartheta_{01}^4 ,$$

$$\text{(97)} \qquad \frac{\vartheta_{01}''}{\vartheta_{01}} - \frac{\vartheta_{00}''}{\vartheta_{00}} = \pi^2 \vartheta_{10}^4 ,$$

$$\text{(98)} \qquad \frac{\vartheta_{10}''}{\vartheta_{10}} - \frac{\vartheta_{01}''}{\vartheta_{01}} = -\pi^2 \vartheta_{00}^4 .$$

Die linken Seiten der Identitäten (90) bis (95) lassen sich mit Hilfe der Relation

$$\text{(99)} \quad \vartheta_{g_1 g_2}(v) \cdot \vartheta'_{g'_1 g'_2}(v) - \vartheta_{g'_1 g'_2}(v) \cdot \vartheta'_{g_1 g_2}(v) = \vartheta^2_{g_1 g_2}(v) \cdot \frac{d}{dv}\left[\frac{\vartheta_{g'_1 g'_2}(v)}{\vartheta_{g_1 g_2}(v)}\right]$$

umformen, wir erhalten auf diese Weise 6 Differentialgleichungen für die Quotienten von je zwei ϑ-Funktionen. Drei dieser Gleichungen sind für uns von Wichtigkeit, nämlich;

$$\text{(100)} \quad \begin{cases} \dfrac{d}{dv}\left[\dfrac{\vartheta_{11}(v)}{\vartheta_{01}(v)}\right] = \pi \vartheta_{01}^2 \cdot \dfrac{\vartheta_{10}(v)}{\vartheta_{01}(v)} \cdot \dfrac{\vartheta_{00}(v)}{\vartheta_{01}(v)} , \\[2ex] \dfrac{d}{dv}\left[\dfrac{\vartheta_{10}(v)}{\vartheta_{01}(v)}\right] = -\pi \vartheta_{00}^2 \cdot \dfrac{\vartheta_{00}(v)}{\vartheta_{01}(v)} \cdot \dfrac{\vartheta_{11}(v)}{\vartheta_{01}(v)} , \\[2ex] \dfrac{d}{dv}\left[\dfrac{\vartheta_{00}(v)}{\vartheta_{01}(v)}\right] = -\pi \vartheta_{10}^2 \cdot \dfrac{\vartheta_{10}(v)}{\vartheta_{01}(v)} \cdot \dfrac{\vartheta_{11}(v)}{\vartheta_{01}(v)} ; \end{cases}$$

sie bilden ein Simultansystem von Differentialgleichungen für die drei Funktionen

$$\text{(101)} \qquad \frac{\vartheta_{11}(v)}{\vartheta_{01}(v)} , \qquad \frac{\vartheta_{10}(v)}{\vartheta_{01}(v)} , \qquad \frac{\vartheta_{00}(v)}{\vartheta_{01}(v)} ;$$

zwischen diesen bestehen aber nach (43), (44), (45) die Beziehungen:

$$\text{(102)} \qquad \frac{\vartheta_{10}^2}{\vartheta_{00}^2} \cdot \left[\frac{\vartheta_{11}(v)}{\vartheta_{01}(v)}\right]^2 + \frac{\vartheta_{01}^2}{\vartheta_{00}^2} \cdot \left[\frac{\vartheta_{00}(v)}{\vartheta_{01}(v)}\right]^2 = 1 ,$$

$$\text{(103)} \qquad \frac{\vartheta_{00}^2}{\vartheta_{10}^2} \cdot \left[\frac{\vartheta_{11}(v)}{\vartheta_{01}(v)}\right]^2 + \frac{\vartheta_{01}^2}{\vartheta_{10}^2} \cdot \left[\frac{\vartheta_{10}(v)}{\vartheta_{01}(v)}\right]^2 = 1 ,$$

$$\text{(104)} \qquad \frac{\vartheta_{00}^2}{\vartheta_{01}^2} \cdot \left[\frac{\vartheta_{00}(v)}{\vartheta_{01}(v)}\right]^2 - \frac{\vartheta_{10}^2}{\vartheta_{01}^2} \cdot \left[\frac{\vartheta_{10}(v)}{\vartheta_{01}(v)}\right]^2 = 1 ;$$

diese repräsentieren, da je zwei von ihnen algebraisch unabhängig sind, während die dritte jeweils aus den beiden anderen durch algebraische Elimination abgeleitet werden kann, zwei unabhängige Integralgleichungen des Differentialsystems (100) und setzen uns in den Stand, aus diesem drei einzelne Differentialgleichungen herzuleiten, deren jede nur eine der Größen (101) enthält:

$$\left(\frac{d}{dv}\left[\frac{\vartheta_{00}\,\vartheta_{11}(v)}{\vartheta_{10}\,\vartheta_{01}(v)}\right]\right)^2=\pi^2\,\vartheta_{00}^4\cdot\left(1-\left[\frac{\vartheta_{00}\,\vartheta_{11}(v)}{\vartheta_{10}\,\vartheta_{01}(v)}\right]^2\right)\left(1-\frac{\vartheta_{10}^4}{\vartheta_{00}^4}\left[\frac{\vartheta_{00}\,\vartheta_{11}(v)}{\vartheta_{10}\,\vartheta_{01}(v)}\right]^2\right), \tag{105}$$

$$\left(\frac{d}{dv}\left[\frac{\vartheta_{01}\,\vartheta_{10}(v)}{\vartheta_{10}\,\vartheta_{01}(v)}\right]\right)^2=\pi^2\,\vartheta_{01}^4\cdot\left(1-\left[\frac{\vartheta_{01}\,\vartheta_{10}(v)}{\vartheta_{10}\,\vartheta_{01}(v)}\right]^2\right)\left(1+\frac{\vartheta_{10}^4}{\vartheta_{01}^4}\left[\frac{\vartheta_{01}\,\vartheta_{10}(v)}{\vartheta_{10}\,\vartheta_{01}(v)}\right]^2\right), \tag{106}$$

$$\left(\frac{d}{dv}\left[\frac{\vartheta_{01}\,\vartheta_{00}(v)}{\vartheta_{00}\,\vartheta_{01}(v)}\right]\right)^2=\pi^2\vartheta_{01}^4\cdot\left(1-\left[\frac{\vartheta_{01}\,\vartheta_{00}(v)}{\vartheta_{00}\,\vartheta_{01}(v)}\right]^2\right)\left(-1+\frac{\vartheta_{00}^4}{\vartheta_{01}^4}\left[\frac{\vartheta_{01}\,\vartheta_{00}(v)}{\vartheta_{00}\,\vartheta_{01}(v)}\right]^2\right). \tag{107}$$

Wir können in jeder dieser drei Gleichungen auf beiden Seiten die Quadratwurzel ausziehen, müssen aber dabei die richtigen Vorzeichen wählen. Setzt man:

$$\frac{\vartheta_{01}\cdot\vartheta_{10}(v)}{\vartheta_{10}\cdot\vartheta_{01}(v)}=\sqrt{1-\left[\frac{\vartheta_{00}\cdot\vartheta_{11}(v)}{\vartheta_{10}\cdot\vartheta_{01}(v)}\right]^2}, \tag{108}$$

d. h.: gebraucht man das Zeichen $\sqrt{\ }$ ohne Vorzeichen für denjenigen Zweig der Wurzel aus

$$1-\left[\frac{\vartheta_{00}\cdot\vartheta_{11}(v)}{\vartheta_{10}\cdot\vartheta_{01}(v)}\right]^2,$$

welcher die eindeutige Funktion auf der linken Seite von (108) darstellt, und setzt man in demselben Sinne:

$$\frac{\vartheta_{01}\cdot\vartheta_{00}(v)}{\vartheta_{00}\cdot\vartheta_{01}(v)}=\sqrt{1-\frac{\vartheta_{10}^4}{\vartheta_{00}^4}\left[\frac{\vartheta_{00}\cdot\vartheta_{11}(v)}{\vartheta_{10}\cdot\vartheta_{01}(v)}\right]^2}\quad\text{usw.}, \tag{109}$$

so ist

$$\frac{d}{dv}\left[\frac{\vartheta_{00}\,\vartheta_{11}(v)}{\vartheta_{10}\,\vartheta_{01}(v)}\right]=\pi\,\vartheta_{00}^2\sqrt{1-\left[\frac{\vartheta_{00}\cdot\vartheta_{11}(v)}{\vartheta_{10}\cdot\vartheta_{01}(v)}\right]^2}\cdot\sqrt{1-\frac{\vartheta_{10}^4}{\vartheta_{00}^4}\left[\frac{\vartheta_{00}\cdot\vartheta_{11}(v)}{\vartheta_{10}\cdot\vartheta_{01}(v)}\right]^2}, \tag{110}$$

$$\frac{d}{dv}\left[\frac{\vartheta_{01}\cdot\vartheta_{10}(v)}{\vartheta_{10}\cdot\vartheta_{01}(v)}\right]=-\pi\,\vartheta_{01}^2\sqrt{1-\left[\frac{\vartheta_{01}\cdot\vartheta_{10}(v)}{\vartheta_{10}\cdot\vartheta_{01}(v)}\right]^2}\cdot\sqrt{1+\frac{\vartheta_{10}^4}{\vartheta_{01}^4}\left[\frac{\vartheta_{01}\cdot\vartheta_{10}(v)}{\vartheta_{10}\cdot\vartheta_{01}(v)}\right]^2}, \tag{111}$$

$$\frac{d}{dv}\left[\frac{\vartheta_{01}\cdot\vartheta_{00}(v)}{\vartheta_{00}\cdot\vartheta_{01}(v)}\right]=-\pi\vartheta_{01}^2\sqrt{1-\left[\frac{\vartheta_{01}\cdot\vartheta_{00}(v)}{\vartheta_{00}\cdot\vartheta_{01}(v)}\right]^2}\cdot\sqrt{-1+\frac{\vartheta_{00}^4}{\vartheta_{01}^4}\left[\frac{\vartheta_{01}\cdot\vartheta_{00}(v)}{\vartheta_{00}\cdot\vartheta_{01}(v)}\right]^2}. \tag{112}$$

Die elliptischen Funktionen sin am w, cos am w, Δ am w. Differentialgleichungen. — Periodizität.

133. Wie man aus den Periodizitätsgleichungen der vier ϑ-Funktionen, (33) und (34), erkennt, sind die drei in (101) zusammengestellten Quotienten, als Funktionen von v betrachtet, doppelt periodisch. Alle drei besitzen das Periodenpaar 2, 2ω und sind, mit Beziehung auf dieses, elliptische Funktionen vierter Ordnung; um die Richtigkeit der letzteren Behauptung einzusehen, braucht man nur die Nullpunkte der vier ϑ-Funktionen aufzusuchen, welche innerhalb eines mit jenen Perioden konstruierten Periodenparallelogrammes gelegen sind. Betrachten wir z. B. das Parallelogramm, dessen Ecken den Werten

(113) $v = 0\,, \quad v = 2\,, \quad v = 2\omega\,, \quad v = 2 + 2\omega$

entsprechen, so verschwindet in seinem Innern

(114) $\vartheta_{11}(v)$ für $v = 0\,,\ 1\,,\ \omega\,,\ 1 + \omega\,;$

(115) $\vartheta_{10}(v)$ für $v = \frac{1}{2}\,,\ \frac{3}{2}\,,\ \frac{1}{2} + \omega\,,\ \frac{3}{2} + \omega\,;$

(116) $\vartheta_{00}(v)$ für $v = \dfrac{1+\omega}{2}\,,\ \dfrac{3+\omega}{2}\,,\ \dfrac{1+3\omega}{2}\,,\ \dfrac{3+3\omega}{2}\,;$

(117) $\vartheta_{01}(v)$ für $v = \dfrac{\omega}{2}\,,\ 1 + \dfrac{\omega}{2}\,,\ \dfrac{3\omega}{2}\,,\ 1 + \dfrac{3\omega}{2}\,;$

jeder der Quotienten (101) hat also innerhalb eines Periodenparallelogrammes vier Nullstellen und vier Pole.

Nun hat aber jeder Quotient außer den allen gemeinsamen Perioden 2, 2ω noch eine ihm besonders zukommende Periode und zwar:

(118) $\dfrac{\vartheta_{11}(v)}{\vartheta_{01}(v)}$ die Periode ω,

(119) $\dfrac{\vartheta_{10}(v)}{\vartheta_{01}(v)}$ die Periode $1 + \omega$,

(120) $\dfrac{\vartheta_{00}(v)}{\vartheta_{01}(v)}$ die Periode 1.

Das Periodenpaar 2, 2ω ist also für keine der drei Funktionen ein Elementarperiodenpaar; dagegen können wir leicht für jede Funktion ein solches angeben, etwa

(121) für $\frac{\vartheta_{11}(v)}{\vartheta_{01}(v)}$ das Elementarperiodenpaar $2, \omega$,

(122) für $\frac{\vartheta_{10}(v)}{\vartheta_{01}(v)}$ das Elementarperiodenpaar $2, 1+\omega$ oder $2\omega, 1+\omega$,

(123) für $\frac{\vartheta_{00}(v)}{\vartheta_{01}(v)}$ das Elementarperiodenpaar $1, 2\omega$.

Mit Beziehung auf jedes Elementarperiodenpaar sind unsere Quotienten elliptische Funktionen zweiter Ordnung, was man wiederum leicht aus der Verteilung ihrer Nullpunkte und Pole erkennt.

Betrachten wir nun die drei Größen

$$\frac{\vartheta_{00}\,\vartheta_{11}(v)}{\vartheta_{10}\,\vartheta_{01}(v)}, \qquad \frac{\vartheta_{01}\,\vartheta_{10}(v)}{\vartheta_{10}\,\vartheta_{01}(v)}, \qquad \frac{\vartheta_{01}\,\vartheta_{00}(v)}{\vartheta_{00}\,\vartheta_{01}(v)}, \tag{124}$$

welche sich nur um konstante Faktoren von den soeben behandelten Quotienten unterscheiden, als Funktionen einer neuen Variablen w, deren Zusammenhang mit der Variablen v durch die Beziehung gegeben ist:

$$w = \pi\,\vartheta_{00}^2\,v, \tag{125}$$

so erhalten wir die drei elliptischen Funktionen, welche bei Jacobi die Namen sinus amplitudinis w, cosinus amplitudinis w, Δ (sprich: delta) amplitudinis w führen und mit sinam$w$, cosam$w$, Δam$w$ bezeichnet werden. Gudermann hat für diese Namen die abgekürzte Schreibweise sn$w$, cn$w$, dn$w$ eingeführt, deren auch wir uns bedienen wollen; wir setzen also:

$$\frac{\vartheta_{00}\,\vartheta_{11}\left(\frac{w}{\pi\,\vartheta_{00}^2}\right)}{\vartheta_{10}\,\vartheta_{01}\left(\frac{w}{\pi\,\vartheta_{00}^2}\right)} = \operatorname{sn} w, \tag{126}$$

$$\frac{\vartheta_{01}\,\vartheta_{10}\left(\frac{w}{\pi\,\vartheta_{00}^2}\right)}{\vartheta_{10}\,\vartheta_{01}\left(\frac{w}{\pi\,\vartheta_{00}^2}\right)} = \operatorname{cn} w, \tag{127}$$

$$(128)\qquad \frac{\vartheta_{01}\,\vartheta_{00}\left(\dfrac{w}{\pi\,\vartheta_{00}^2}\right)}{\vartheta_{00}\,\vartheta_{01}\left(\dfrac{w}{\pi\,\vartheta_{00}^2}\right)} = \operatorname{dn} w\,.$$

Man bezeichnet ferner nach Jacobi die konstante, d. h. nur von ω abhängige, Größe

$$(129)\qquad \varkappa = \frac{\vartheta_{10}^2}{\vartheta_{00}^2}$$

als Modul der drei elliptischen Funktionen und die Größe

$$(130)\qquad \varkappa' = \frac{\vartheta_{01}^2}{\vartheta_{00}^2}$$

als das Komplement des Moduls; zwischen beiden besteht nach (41) die Beziehung

$$(131)\qquad \varkappa^2 + \varkappa'^2 = 1\,.$$

Nach (108) und (109) ist

$$(132)\qquad \operatorname{cn} w = \sqrt{1 - \operatorname{sn}^2 w}\,,$$

$$(133)\qquad \operatorname{dn} w = \sqrt{1 - \varkappa^2 \operatorname{sn}^2 w}\,,$$

und es bestehen nach (110), (111), (112) die Differentialrelationen:

$$(134)\qquad \operatorname{sn}' w = \sqrt{1 - \operatorname{sn}^2 w}\cdot\sqrt{1 - \varkappa^2 \operatorname{sn}^2 w} = \operatorname{cn} w \operatorname{dn} w\,,$$

$$(135)\qquad \operatorname{cn}' w = -\sqrt{1 - \operatorname{cn}^2 w}\cdot\sqrt{\varkappa'^2 + \varkappa^2 \operatorname{cn}^2 w} = -\operatorname{dn} w \operatorname{sn} w\,,$$

$$(136)\qquad \operatorname{dn}' w = -\sqrt{1 - \operatorname{dn}^2 w}\cdot\sqrt{-\varkappa'^2 + \operatorname{dn}^2 w} = -\varkappa^2 \operatorname{sn} w \operatorname{cn} w\,.$$

Wir können daher sagen, daß unsere drei elliptischen Funktionen die Lösungen des Differentialsystems:

$$(137)\qquad \begin{cases} x' = y\cdot z \\ y' = -z\cdot x \\ z' = -\varkappa^2\cdot x\,y \end{cases}$$

darstellen für die Anfangsbedingungen

$$(138)\qquad [x]_{w=0} = 0\,,\quad [y]_{w=0} = 1\,,\quad [z]_{w=0} = 1\,;$$

hieraus folgt die wichtige Tatsache, daß diese Funktionen, außer von der Variablen w, lediglich von dem Werte des als Parameter auftretenden Moduls $\varkappa$ abhängig sind; dies läßt sich aus den Definitionsgleichungen (126), (127), (128) nicht unmittelbar entnehmen, da hier die Funktionen noch von der im Argumente der ϑ-Funktionen stehenden Konstanten ϑ_{00}^2 abhängen. Erst an einer späteren Stelle werden wir zeigen können, daß ϑ_{00}^2 selbst eine reine Funktion des Moduls $\varkappa$ ist $\left[\text{vgl. Nr. 140, wo dies für die Größe } K = \frac{\pi\vartheta_{00}^2}{2} \text{ gezeigt wird}\right]$.

Wo es, der Deutlichkeit halber, wünschenswert ist, die doppelte Abhängigkeit der elliptischen Funktionen, von der Variablen und dem Modul, zum Ausdruck zu bringen, schreiben wir sie als Funktionen zweier Argumente in der Form

$$\text{(139)} \qquad \operatorname{sn}(w, \varkappa), \qquad \operatorname{cn}(w, \varkappa), \qquad \operatorname{dn}(w, \varkappa).$$

Setzt man

$$\text{(140)} \qquad \xi = \operatorname{sn}^2 w, \qquad \eta = \operatorname{cn}^2 w, \qquad \zeta = \operatorname{dn}^2 w,$$

so sind für diese drei Funktionen die Differentialbeziehungen erfüllt:

$$\text{(141)} \quad \xi' = \sqrt{\xi}\cdot\sqrt{1-\xi}\cdot\sqrt{1-\varkappa^2\xi} = \sqrt{\xi}\cdot\sqrt{\eta}\cdot\sqrt{\zeta},$$

$$\text{(142)} \quad \eta' = -\sqrt{\eta}\cdot\sqrt{1-\eta}\cdot\sqrt{\varkappa'^2+\varkappa^2\eta} = -\sqrt{\xi}\cdot\sqrt{\eta}\cdot\sqrt{\zeta},$$

$$\text{(143)} \quad \zeta' = -\sqrt{\zeta}\cdot\sqrt{1-\zeta}\cdot\sqrt{-\varkappa'^2+\zeta} = -\varkappa^2\sqrt{\xi}\cdot\sqrt{\eta}\cdot\sqrt{\zeta}.$$

Damit sich die Variable v um eine der Größen 1, ω vermehre, muß die Variable w um eine der Größen $\pi\vartheta_{00}^2$, $\pi\vartheta_{00}^2\omega$ zunehmen, welche wir, auch hierin der Tradition folgend, mit $2K$, $2iK'$ bezeichnen; also

$$\text{(144)} \quad \pi\vartheta_{00}^2 = 2K, \qquad \pi\vartheta_{00}^2\omega = 2iK', \qquad \omega = i\frac{K'}{K}.$$

Nach (30), (31), (33), (34) haben wir die Funktionalgleichungen:

$$(145)\quad \begin{cases} \operatorname{sn}(w+K)=\dfrac{\operatorname{cn}w}{\operatorname{dn}w}, \\ \operatorname{cn}(w+K)=-\varkappa'\dfrac{\operatorname{sn}w}{\operatorname{dn}w}, \\ \operatorname{dn}(w+K)=\varkappa'\dfrac{1}{\operatorname{dn}w}, \end{cases}$$

$$(146)\quad \begin{cases} \operatorname{sn}(w+iK')=\dfrac{1}{\varkappa}\dfrac{1}{\operatorname{sn}w}, \\ \operatorname{cn}(w+iK')=\dfrac{1}{i\varkappa}\dfrac{\operatorname{dn}w}{\operatorname{sn}w}, \\ \operatorname{dn}(w+iK')=\dfrac{1}{i}\dfrac{\operatorname{cn}w}{\operatorname{sn}w}, \end{cases}$$

$$(147)\quad \begin{cases} \operatorname{sn}(w+2K)=-\operatorname{sn}w, \\ \operatorname{cn}(w+2K)=-\operatorname{cn}w, \\ \operatorname{dn}(w+2K)=\operatorname{dn}w, \end{cases}$$

$$(148)\quad \begin{cases} \operatorname{sn}(w+2iK')=\operatorname{sn}w, \\ \operatorname{cn}(w+2iK')=-\operatorname{cn}w, \\ \operatorname{dn}(w+2iK')=-\operatorname{dn}w; \end{cases}$$

alle drei Funktionen haben also die Perioden $4K$, $4iK'$; außerdem hat

$$(149)\quad \begin{cases} \operatorname{sn}w \text{ die Periode } 2iK', \\ \operatorname{cn}w \text{ die Periode } 2(K+iK'), \\ \operatorname{dn}w \text{ die Periode } 2K. \end{cases}$$

Elementarperiodenpaare sind [vgl. (121), (122), (123)]

$$(150)\quad \begin{cases} \text{für } \operatorname{sn}w: 4K,\ 2iK', \\ \text{für } \operatorname{cn}w: 4K,\ 2(K+iK') \text{ oder } 2(K+iK'),\ 4iK', \\ \text{für } \operatorname{dn}w: 2K,\ 4iK'. \end{cases}$$

$\operatorname{sn}w$ ist eine ungerade, $\operatorname{cn}w$, $\operatorname{dn}w$ sind gerade Funktionen:

$$(151)\quad \operatorname{sn}w=-\operatorname{sn}(-w),\quad \operatorname{cn}w=\operatorname{cn}(-w),\quad \operatorname{dn}w=\operatorname{dn}(-w).$$

Den speziellen Werten:

$$v = \frac{1}{2}, \quad \frac{\omega}{2}, \quad \frac{1+\omega}{2}$$

entsprechen die Werte:

$$w = K, \quad iK', \quad K + iK',$$

und wir können die zugehörigen Funktionswerte nach (39) in folgender Tabelle zusammenstellen:

$$(152)\quad \begin{cases} \mathrm{sn}\,0 = 0 & \mathrm{sn}\,K = 1 & \mathrm{sn}\,iK' = \infty & \mathrm{sn}(K+iK') = \dfrac{1}{\varkappa} \\ \mathrm{cn}\,0 = 1 & \mathrm{cn}\,K = 0 & \mathrm{cn}\,iK' = \infty & \mathrm{cn}(K+iK') = -\dfrac{i\varkappa'}{\varkappa} \\ \mathrm{dn}\,0 = 1 & \mathrm{dn}\,K = \varkappa' & \mathrm{dn}\,iK' = \infty & \mathrm{dn}(K+iK') = 0\,. \end{cases}$$

Die beiden Größen K und K' sind, wie wir später [Nr. 140, S. 349] sehen werden, reine Funktionen des Moduls $\varkappa$.

Wo es wünschenswert erscheint, werden wir die Abhängigkeit der drei Funktionen sn$w$, cn$w$, dn$w$ von K und iK' durch die Schreibweise zum Ausdrucke bringen und uns zu diesem Zwecke der Zeichen bedienen:

$$(152\text{a})\quad \begin{cases} \mathrm{sn}(w, K, iK') \\ \mathrm{cn}(w, K, iK') \\ \mathrm{dn}(w, K, iK')\,. \end{cases}$$

Additionstheoreme.

134. Zahlreich sind die Formeln, welche aus denen der Nr. 131 hergeleitet werden können; wir wollen hier nur die wichtigsten aufzeichnen. Aus (73) und einer der durch (75) repräsentierten Identitäten erhält man:

$$(153)\quad \begin{cases} \dfrac{\vartheta_{10}}{\vartheta_{00}} \cdot \dfrac{\vartheta_{11}(v_1+v_2)}{\vartheta_{01}(v_1+v_2)} \cdot \dfrac{\vartheta_{11}(v_1-v_2)}{\vartheta_{11}(v_1-v_2)} \\ = \dfrac{\vartheta_{10}^2(v_2)\cdot\vartheta_{11}^2(v_1) - \vartheta_{10}^2(v_1)\cdot\vartheta_{11}^2(v_2)}{\vartheta_{01}(v_1)\,\vartheta_{11}(v_1)\,\vartheta_{10}(v_2)\,\vartheta_{00}(v_2) - \vartheta_{01}(v_2)\,\vartheta_{11}(v_2)\,\vartheta_{10}(v_1)\,\vartheta_{00}(v_1)}, \end{cases}$$

und hieraus auf Grund von (126), (127), (128), indem man

$$(154)\quad w_1 = \pi\,\vartheta_{00}^2\,v_1\,, \qquad w_2 = \pi\,\vartheta_{00}^2\,v_2$$

setzt:

$$(155)\quad \begin{cases} \operatorname{sn}(w_1+w_2) = \dfrac{\operatorname{cn}^2 w_2 \operatorname{sn}^2 w_1 - \operatorname{cn}^2 w_1 \operatorname{sn}^2 w_2}{\operatorname{sn} w_1 \operatorname{cn} w_2 \operatorname{dn} w_2 - \operatorname{sn} w_2 \operatorname{cn} w_1 \operatorname{dn} w_1} \\ \qquad = \dfrac{\operatorname{sn}^2 w_1 - \operatorname{sn}^2 w_2}{\operatorname{sn} w_1 \operatorname{cn} w_2 \operatorname{dn} w_2 - \operatorname{sn} w_2 \operatorname{cn} w_1 \operatorname{dn} w_1}\,; \end{cases}$$

multipliziert man auf der rechten Seite Zähler und Nenner mit

$$\operatorname{sn} w_1 \operatorname{cn} w_2 \operatorname{dn} w_2 + \operatorname{sn} w_2 \operatorname{cn} w_1 \operatorname{dn} w_1\,,$$

so ergibt sich durch eine leichte Rechnung mit Hilfe der Beziehungen (132), (133):

$$(156)\quad \operatorname{sn}(w_1+w_2) = \frac{\operatorname{sn} w_1 \operatorname{cn} w_2 \operatorname{dn} w_2 + \operatorname{sn} w_2 \operatorname{cn} w_1 \operatorname{dn} w_1}{1 - \varkappa^2 \operatorname{sn}^2 w_1 \cdot \operatorname{sn}^2 w_2}\,.$$

Auf ähnliche Weise erhält man:

$$(157)\quad \operatorname{cn}(w_1+w_2) = \frac{\operatorname{cn} w_1 \operatorname{cn} w_2 - \operatorname{sn} w_1 \operatorname{sn} w_2 \operatorname{dn} w_1 \operatorname{dn} w_2}{1 - \varkappa^2 \operatorname{sn}^2 w_1 \operatorname{sn}^2 w_2}\,,$$

$$(158)\quad \operatorname{dn}(w_1+w_2) = \frac{\operatorname{dn} w_1 \operatorname{dn} w_2 - \varkappa^2 \operatorname{sn} w_1 \operatorname{sn} w_2 \operatorname{cn} w_1 \operatorname{cn} w_2}{1 - \varkappa^2 \operatorname{sn}^2 w_1 \operatorname{sn}^2 w_2}\,.$$

Man kann diesen drei Gleichungen auf Grund von (134), (135), (136) auch die folgende Form geben:

$$(159)\quad \operatorname{sn}(w_1+w_2) = \frac{\operatorname{sn} w_1 \operatorname{sn}' w_2 + \operatorname{sn} w_2 \operatorname{sn}' w_1}{1 - \varkappa^2 \operatorname{sn}^2 w_1 \operatorname{sn}^2 w_2}\,,$$

$$(160)\quad \operatorname{cn}(w_1+w_2) = \frac{\operatorname{cn} w_1 \operatorname{cn} w_2 - \operatorname{cn}' w_1 \operatorname{cn}' w_2}{1 - \varkappa^2 (1 - \operatorname{cn}^2 w_1)(1 - \operatorname{cn}^2 w_2)}\,,$$

$$(161)\quad \operatorname{dn}(w_1+w_2) = \frac{\varkappa^2 \operatorname{dn} w_1 \operatorname{dn} w_2 - \operatorname{dn}' w_1 \operatorname{dn}' w_2}{\varkappa^2 - (1 - \operatorname{dn}^2 w_1)(1 - \operatorname{dn}^2 w_2)}\,.$$

Zusammenhang mit den Weierstraßschen Transzendenten. — Ausdruck einer beliebigen elliptischen Funktion durch sn w, cn w, dn w.

135. Um den Zusammenhang der Jacobischen elliptischen Funktionen mit den Weierstraßschen Transzendenten darzutun, verknüpfen wir die Definitionsformeln (126), (127), (128) mit den Beziehungen (24) bis (27); wir erhalten zunächst:

(162) $$\operatorname{sn} w = \frac{\pi \vartheta_{00}^2}{2\omega_1} \cdot \frac{\sigma\left(\frac{2\omega_1 w}{\pi \vartheta_{00}^2}, \omega_1, \omega_3\right)}{\sigma_3\left(\frac{2\omega_1 w}{\pi \vartheta_{00}^2}, \omega_1, \omega_3\right)} = \frac{K}{\omega_1} \cdot \frac{\sigma\left(\frac{\omega_1 w}{K}, \omega_1, \omega_3\right)}{\sigma_3\left(\frac{\omega_1 w}{K}, \omega_1, \omega_3\right)},$$

(163) $$\operatorname{cn} w = \frac{\sigma_1\left(\frac{2\omega_1 w}{\pi \vartheta_{00}^2}, \omega_1, \omega_3\right)}{\sigma_3\left(\frac{2\omega_1 w}{\pi \vartheta_{00}^2}, \omega_1, \omega_3\right)} = \frac{\sigma_1\left(\frac{\omega_1 w}{K}, \omega_1, \omega_3\right)}{\sigma_3\left(\frac{\omega_1 w}{K}, \omega_1, \omega_3\right)},$$

(164) $$\operatorname{dn} w = \frac{\sigma_2\left(\frac{2\omega_1 w}{\pi \vartheta_{00}^2}, \omega_1, \omega_3\right)}{\sigma_3\left(\frac{2\omega_1 w}{\pi \vartheta_{00}^2}, \omega_1, \omega_3\right)} = \frac{\sigma_2\left(\frac{\omega_1 w}{K}, \omega_1, \omega_3\right)}{\sigma_3\left(\frac{\omega_1 w}{K}, \omega_1, \omega_3\right)},$$

und hieraus, auf Grund der Homogeneität unserer σ-Funktionen [vgl. XI, (10) und XI, (130)]:

(165) $$\operatorname{sn} w = \frac{\sigma(w, K, iK')}{\sigma_3(w, K, iK')},$$

(166) $$\operatorname{cn} w = \frac{\sigma_1(w, K, iK')}{\sigma_3(w, K, iK')},$$

(167) $$\operatorname{dn} w = \frac{\sigma_2(w, K, iK')}{\sigma_3(w, K, iK')}.$$

Nach (141) ist:

(168) $$p(u, \omega_1, \omega_3) = e_\alpha + \left[\frac{\sigma_\alpha(u, \omega_1, \omega_2)}{\sigma(u, \omega_1, \omega_2)}\right]^2$$
$$(\alpha = 1, 2, 3).$$

Setzen wir also

(169) $$u = \frac{\omega_1}{K} \cdot w,$$

so erhalten wir mit Benutzung von (162), (163), 164):

(170) $$\begin{cases} p(u, \omega_1, \omega_3) = e_1 + \dfrac{K^2}{\omega_1^2}\left[\dfrac{\operatorname{cn}(w, K, iK')}{\operatorname{sn}(w, K, iK')}\right]^2, \\ \qquad = e_2 + \dfrac{K^2}{\omega_1^2}\left[\dfrac{\operatorname{dn}(w, K, iK')}{\operatorname{sn}(w, K, iK')}\right]^2, \\ \qquad = e_3 + \dfrac{K^2}{\omega_1^2}\left[\dfrac{1}{\operatorname{sn}(w, K, iK')}\right]^2; \end{cases}$$

erteilen wir in der zweiten und dritten dieser Gleichungen der Größe u den Wert ω_1, welchem der Wert K für w entspricht, so finden wir, daß [nach (152)]:

$$(171)\qquad \begin{cases} e_1 = e_2 + \dfrac{K^2}{\omega_1^2}\varkappa'^2 \\ e_1 = e_3 + \dfrac{K^2}{\omega_1^2} \end{cases}$$

sein muß. Da nun nach XI, (24) die Beziehung

$$e_1 + e_2 + e_3 = 0$$

besteht, so ergibt sich folgender Zusammenhang zwischen den Konstanten e_1, e_2, e_3, K, ω_1, $\varkappa$

$$(172)\qquad \begin{cases} e_1 = \dfrac{K^2}{\omega_1^2}\cdot\dfrac{1+\varkappa'^2}{3}, \\ e_2 = \dfrac{K^2}{\omega_1^2}\cdot\dfrac{\varkappa^2-\varkappa'^2}{3}, \\ e_3 = -\dfrac{K^2}{\omega_1^2}\cdot\dfrac{1+\varkappa^2}{3}; \end{cases}$$

wir wollen noch die entsprechenden Ausdrücke für die beiden Invarianten g_2, g_3 der Weierstraßschen Funktion $p(u, \omega_1, \omega_3)$ aufschreiben [vgl. XI, (25) und XI, (26)].

$$(173)\qquad \begin{cases} g_2 = \dfrac{4K^4}{\omega_1^4}\cdot\dfrac{1-\varkappa^2\varkappa'^2}{3} \\ g_3 = \dfrac{4K^6}{\omega_1^6}\cdot\dfrac{(2+\varkappa^2\varkappa'^2)(\varkappa'^2-\varkappa^2)}{27}. \end{cases}$$

Umgekehrt können wir nach (171) den Modul $\varkappa$ durch die Größen e_1, e_2, e_3 ausdrücken; es ist:

$$(174)\qquad \varkappa'^2 = \frac{e_1-e_2}{e_1-e_3},$$

$$(175)\qquad \varkappa^2 = \frac{e_2-e_3}{e_1-e_3}.$$

Aus den Beziehungen (170) leitet man ohne Schwierigkeit die nachstehenden Formeln ab:

$$(176)\quad\begin{cases} p(u+\omega_1)=e_1+\dfrac{K^2\varkappa'^2}{\omega_1^2}\dfrac{\mathrm{sn}^2 w}{\mathrm{cn}^2 w}=e_2+\dfrac{K^2}{\omega_1^2}\dfrac{\varkappa'^2}{\mathrm{cn}^2 w}=e_3+\dfrac{K^2}{\omega_1^2}\dfrac{\mathrm{dn}^2 w}{\mathrm{cn}^2 w},\\ p(u+\omega_2)=e_1-\dfrac{K^2\varkappa'^2}{\omega_1^2}\dfrac{1}{\mathrm{dn}^2 w}=e_2-\dfrac{K^2\varkappa^2\varkappa'^2}{\omega_1^2}\dfrac{\mathrm{sn}^2 w}{\mathrm{dn}^2 w}=e_3+\dfrac{K^2\varkappa^2}{\omega_1^2}\dfrac{\mathrm{cn}^2 w}{\mathrm{dn}^2 w},\\ p(u+\omega_3)=e_1-\dfrac{K^2}{\omega_1^2}\mathrm{dn}^2 w=e_2-\dfrac{K^2}{\omega_1^2}\varkappa^2\mathrm{cn}^2 w=e_3+\dfrac{K^2\varkappa^2}{\omega_1^2}\mathrm{sn}^2 w.\end{cases}$$

$$(177)\qquad p'(u)=-\frac{2K^3}{\omega_1^3}\frac{\mathrm{cn}\,w\,\mathrm{dn}\,w}{\mathrm{sn}^3 w},$$

$$(178)\qquad\begin{cases} p'(u+\omega_1)=\dfrac{2K^3}{\omega_1^3}\dfrac{\varkappa'^2\,\mathrm{sn}\,w\,\mathrm{dn}\,w}{\mathrm{cn}^3 w},\\ p'(u+\omega_2)=-\dfrac{2K^3}{\omega_1^3}\dfrac{\varkappa^2\varkappa'^2\,\mathrm{sn}\,w\,\mathrm{cn}\,w}{\mathrm{dn}^3 w},\\ p'(u+\omega_3)=\dfrac{2K^3}{\omega_1^3}\varkappa^2\,\mathrm{sn}\,w\,\mathrm{cn}\,w\,\mathrm{dn}\,w.\end{cases}$$

Die Sätze der Nr. 87 liefern uns, wenn wir die Beziehungen (170) und (177) einführen, folgende wichtige Resultate:

Jede elliptische Funktion mit den beiden Perioden $2K$, $2iK'$ läßt sich stets in die Form setzen:

$$(179)\qquad f(w)=r_0(\mathrm{sn}^2 w)+\mathrm{sn}\,w\,\mathrm{cn}\,w\,\mathrm{dn}\,w\cdot r_1(\mathrm{sn}^2 w),$$

worin r_0 und r_1 rationale Funktionen von $\mathrm{sn}^2 w$ bezeichnen.

Jede gerade elliptische Funktion von w mit den beiden Perioden $2K$, $2iK'$ ist eine rationale Funktion von $[\mathrm{sn}(w, 2K, 2iK')]^2$.

Jede ungerade elliptische Funktion von w mit den beiden Perioden $2K$, $2iK'$ läßt sich darstellen als das Produkt von

$$\mathrm{sn}(w, 2K, 2iK')\cdot\mathrm{cn}(w, 2K, 2iK')\cdot\mathrm{dn}(w, 2K, 2iK')$$

mit einer rationalen Funktion von

$$[\mathrm{sn}(w, 2K, 2iK')]^2.$$

Die Jacobischen Transzendenten zweiter Gattung.

136. Es sollen in diesem Abschnitt Funktionen von w behandelt werden, welche einen konstanten additiven Zuwachs erfahren, wenn das Argument w um eine der Größen $2K$, $2iK'$ vermehrt wird. Wir setzen zunächst

$$(180)\quad \begin{cases} E_{11}(w) = \dfrac{d \log \sigma(w\,,\,K\,,\,i\,K')}{dw} = \dfrac{\sigma'(w)}{\sigma(w)}\,, \\[2ex] E_{10}(w) = \dfrac{d \log \sigma_1(w\,,\,K\,,\,i\,K')}{dw} = \dfrac{\sigma_1'(w)}{\sigma_1(w)}\,, \\[2ex] E_{00}(w) = \dfrac{d \log \sigma_2(w\,,\,K\,,\,i\,K')}{dw} = \dfrac{\sigma_2'(w)}{\sigma_2(w)}\,, \\[2ex] E_{01}(w) = \dfrac{d \log \sigma_3(w\,,\,K\,,\,i\,K')}{dw} = \dfrac{\sigma_3'(w)}{\sigma_3(w)}\,; \end{cases}$$

aus (165), (166), (167) ergeben sich dann durch Differentiation die Beziehungen

$$(181)\quad \begin{cases} E_{11}(w) - E_{01}(w) = \dfrac{d \log \operatorname{sn} w}{dw} = \dfrac{\operatorname{sn}' w}{\operatorname{sn} w}\,, \\[2ex] E_{10}(w) - E_{01}(w) = \dfrac{d \log \operatorname{cn} w}{dw} = \dfrac{\operatorname{cn}' w}{\operatorname{cn} w}\,, \\[2ex] E_{00}(w) - E_{01}(w) = \dfrac{d \log \operatorname{dn} w}{dw} = \dfrac{\operatorname{dn}' w}{\operatorname{dn} w}\,; \end{cases}$$

aus welchen wir erkennen, daß die Differenz von je zweien der vier E-Funktionen eine doppelt periodische Funktion ist, daß wir also mit einer einzigen von ihnen auskommen könnten.

Alle vier Funktionen sind ungerade, d. h.

$$(182)\qquad E_{g_1 g_2}(-w) = -\,E_{g_1 g_2}(w)\,.$$

Als Funktionen der drei Argumente $w\,,\,K\,,\,i\,K'$ sind die E-Funktionen homogen vom Grade -1, d. h.:

$$(183)\quad E_{g_1 g_2}(\lambda\,w\,,\,\lambda\,K\,,\,\lambda\,i\,K') = \lambda^{-1}\,E_{g_1 g_2}(w\,,\,K\,,\,i\,K')\,;$$

dies folgt aus ihrer Definition und der Homogeneität der σ-Funktionen [vgl. XI, (10) und XI, (130)].

Der Zusammenhang mit den ζ-Funktionen der Weierstraßschen Theorie ist leicht herzustellen, es ist

$$(184)\qquad \frac{\sigma'(w\,,\,K\,,\,i\,K')}{\sigma(w\,,\,K\,,\,i\,K')} = \zeta(w\,,\,K\,,\,i\,K')\,,$$

$$(185)\qquad \frac{\sigma_\alpha'(w\,,\,K\,,\,i\,K')}{\sigma_\alpha'(w\,,\,K\,,\,i\,K')} = \zeta_\alpha(w\,,\,K\,,\,i\,K')\,,\quad (\alpha = 1\,,\,2\,,\,3)$$

und, infolge der Homogeneität der ζ-Funktionen [XI, (11), XI, (163a)]:

$$(186)\qquad \frac{K}{\omega_1}\cdot\zeta(w\,,\,K\,,\,i\,K') = \zeta\left(\frac{w\,\omega_1}{K}\,,\;\omega_1,\;\omega_3\right),$$

$$(187)\qquad \frac{K}{\omega_1}\cdot\zeta_\alpha(w\,,\,K\,,\,i\,K') = \zeta_\alpha\left(\frac{w\,\omega_1}{K}\,,\;\omega_1,\;\omega_3\right).$$

Daher haben wir

$$(188)\qquad \begin{cases} E_{11}(w) = \dfrac{\omega_1}{K}\cdot\zeta\left(\dfrac{w\cdot\omega_1}{K}\,,\;\omega_1,\;\omega_3\right), \\[2ex] E_{10}(w) = \dfrac{\omega_1}{K}\cdot\zeta_1\left(\dfrac{w\cdot\omega_1}{K}\,,\;\omega_1,\;\omega_3\right), \\[2ex] E_{00}(w) = \dfrac{\omega_1}{K}\cdot\zeta_2\left(\dfrac{w\cdot\omega_1}{K}\,,\;\omega_1,\;\omega_3\right), \\[2ex] E_{01}(w) = \dfrac{\omega_1}{K}\cdot\zeta_3\left(\dfrac{w\cdot\omega_1}{K}\,,\;\omega_1,\;\omega_3\right). \end{cases}$$

Hieraus folgen, auf Grund von XI, (36) und XI, (164), für alle vier E-Funktionen die Funktionalgleichungen:

$$(189)\qquad \begin{cases} E_{g_1 g_2}(w+2\,K) = E_{g_1 g_2}(w) + 2\,\eta_1\,\dfrac{\omega_1}{K}\,, \\[2ex] E_{g_1 g_2}(w+2\,i\,K') = E_{g_1 g_2}(w) + 2\,\eta_3\,\dfrac{\omega_1}{K}\,; \end{cases}$$

wie es nach der allgemeinen Legendreschen Relation [Nr. 53, (124)] sein muß, ist

$$(190)\quad 2\,i\,K'\cdot\left(2\,\eta_1\frac{\omega_1}{K}\right) - 2\,K\cdot\left(2\,\eta_3\frac{\omega_1}{K}\right) = 4\,(\eta_1\,\omega_3 - \eta_3\,\omega_1) = 2\,\pi i\,.$$

Die Veränderungen, welche die E-Funktionen erfahren, wenn das Argument um eine der Größen K, iK' vermehrt wird, lassen sich ebenso leicht aus XI, (165) ablesen:

$$(191)\quad \begin{cases} E_{11}(w+K) = \dfrac{\omega_1}{K}\eta_1 + E_{10}(w)\,, \\[2ex] E_{10}(w+K) = \dfrac{\omega_1}{K}\eta_1 + E_{11}(w)\,, \\[2ex] E_{00}(w+K) = \dfrac{\omega_1}{K}\eta_1 + E_{01}(w)\,, \\[2ex] E_{01}(w+K) = \dfrac{\omega_1}{K}\eta_1 + E_{00}(w)\,; \end{cases}$$

$$(192)\quad \begin{cases} E_{11}(w+iK') = \dfrac{\omega_1}{K}\eta_3 + E_{01}(w)\,, \\[2ex] E_{10}(w+iK') = \dfrac{\omega_1}{K}\eta_3 + E_{00}(w)\,, \\[2ex] E_{00}(w+iK') = \dfrac{\omega_1}{K}\eta_3 + E_{10}(w)\,, \\[2ex] E_{01}(w+iK') = \dfrac{\omega_1}{K}\eta_3 + E_{11}(w)\,; \end{cases}$$

$$(193)\quad \begin{cases} E_{11}(w+K+iK') = -\dfrac{\omega_1}{K}\eta_2 + E_{00}(w)\,, \\[2ex] E_{10}(w+K+iK') = -\dfrac{\omega_1}{K}\eta_2 + E_{01}(w)\,, \\[2ex] E_{00}(w+K+iK') = -\dfrac{\omega_1}{K}\eta_2 + E_{11}(w)\,, \\[2ex] E_{01}(w+K+iK') = -\dfrac{\omega_1}{K}\eta_2 + E_{10}(w)\,. \end{cases}$$

Aus XI, (162) folgen die Werte der vier Funktionen für $w = 0$, nämlich:

$$(194)\quad E_{11}(0) = \infty\,,\quad E_{10}(0) = 0\,,\quad E_{00}(0) = 0\,,\quad E_{01}(0) = 0\,;$$

lemnach haben wir:

$$(195)\quad E_{10}(K) = \infty\,,\quad E_{11}(K) = E_{00}(K) = E_{01}(K) = \frac{\omega_1}{K}\eta_1\,,$$

$$(196)\quad E_{01}(iK') = \infty\,,\quad E_{11}(iK') = E_{10}(iK') = E_{00}(iK') = \frac{\omega_1}{K}\eta_3\,,$$

$$(197)\begin{cases} E_{00}(K+iK')=\infty\,, \\ E_{11}(K+iK')=E_{10}(K+iK')=E_{01}(K+iK')=-\dfrac{\omega_1}{K}\eta_2\,. \end{cases}$$

Die Additionstheoreme XI, (49) und XI, (168) der ζ-Funktionen liefern uns die entsprechenden Sätze für die E-Funktionen; denn es ist, wenn [vgl. (169)]

$$(198)\qquad u=\frac{w\,\omega_1}{K}\,,\quad a=\frac{b\,\omega_1}{K}$$

gesetzt wird:

$$(199)\begin{cases} E_{11}(w+b)-E_{11}(w)-E_{11}(b)=\dfrac{\omega_1}{K}[\zeta(u+a)-\zeta(u)-\zeta(a)]\,, \\ E_{10}(w+b)-E_{10}(w)-E_{10}(b)=\dfrac{\omega_1}{K}[\zeta_1(u+a)-\zeta_1(u)-\zeta_1(a)]\,, \\ E_{00}(w+b)-E_{00}(w)-E_{00}(b)=\dfrac{\omega_1}{K}[\zeta_2(u+a)-\zeta_2(u)-\zeta_2(a)]\,, \\ E_{01}(w+b)-E_{01}(w)-E_{01}(b)=\dfrac{\omega_1}{K}[\zeta_3(u+a)-\zeta_3(u)-\zeta_3(a)]\,. \end{cases}$$

[vgl. (188)]; die rechten Seiten dieser Gleichungen lassen sich, gemäß XI, (168), durch die drei elliptischen Funktionen Jacobis ausdrücken, wenn man von den Formeln (170), (176), (177), (178) Gebrauch macht, mit deren Hilfe man z. B. findet, daß:

$$(200)\qquad \frac{p'(u)-p'(a)}{p(u)-p(a)}=\frac{2K}{\omega_1}\,\frac{\mathrm{sn}^3 b\,\mathrm{sn}' w-\mathrm{sn}^3 w\,\mathrm{sn}' b}{\mathrm{sn}\,w\,\mathrm{sn}\,b(\mathrm{sn}^2 w-\mathrm{sn}^2 b)}\,,$$

$$(201)\quad E_{11}(w+b)-E_{11}(w)-E_{11}(b)=\frac{\mathrm{sn}^3 b\,\mathrm{sn}' w-\mathrm{sn}^3 w\,\mathrm{sn}' b}{\mathrm{sn}\,w\,\mathrm{sn}\,b(\mathrm{sn}^2 w-\mathrm{sn}^2 b}\,.$$

Von den übrigen Gleichungen wollen wir nur die letzte in entsprechender Weise umformen:

$$(202)\begin{cases} E_{01}(w+b)-E_{01}(w)-E_{01}(b)=\dfrac{\omega_1}{K}\left\{\dfrac{d}{du}\log\left[\dfrac{\sigma_1(u)}{\sigma_3(u)}\right]\right. \\ \qquad\left.+\dfrac{d}{da}\log\left[\dfrac{\sigma_2(a)}{\sigma_3(a)}\right]+\dfrac{1}{2}\left[\dfrac{p'(u+\omega_1)-p'(a+\omega_2)}{p(u+\omega_1)-p(a+\omega_2)}\right]\right\}; \end{cases}$$

nun ist nach (166), (167)

$$(203)\quad \frac{\omega_1}{K}\frac{d}{du}\log\left[\frac{\sigma_1(u)}{\sigma_3(u)}\right] = \frac{d}{dw}\log\operatorname{cn} w = -\frac{\operatorname{sn} w\operatorname{dn} w}{\operatorname{cn} w},$$

$$(204)\quad \frac{\omega_1}{K}\frac{d}{da}\log\left[\frac{\sigma_2(a)}{\sigma_3(a)}\right] = \frac{d}{db}\log\operatorname{cn} b = -\varkappa^2\frac{\operatorname{sn} b\operatorname{cn} b}{\operatorname{dn} b},$$

und nach (170), (176), (178):

$$(205)\quad \left\{\begin{aligned} &\frac{p'(u+\omega_1)-p'(a+\omega_2)}{p(u+\omega_1)-p(a+\omega_2}\\ &= \frac{2K}{\omega_1}\frac{\operatorname{dn}^3 b\operatorname{sn} w\operatorname{cn} w + \varkappa^2\operatorname{cn}^3 w\operatorname{sn} b\operatorname{cn} b}{\operatorname{cn} w\operatorname{dn} b(1-\varkappa^2\operatorname{sn}^2 w\operatorname{sn}^2 b)};\end{aligned}\right.$$

durch Vereinigung dieser drei Ausdrücke ergibt sich

$$(206)\quad \left\{\begin{aligned} &E_{01}(w+b) - E_{01}(w) - E_{01}(b)\\ &= -\varkappa^2\operatorname{sn} w\operatorname{sn} b\frac{\operatorname{sn} w\operatorname{cn} b\operatorname{dn} b + \operatorname{sn} b\operatorname{cn} w\operatorname{dn} w}{1-\varkappa^2\operatorname{sn}^2 w\operatorname{sn}^2 b};\end{aligned}\right.$$

$$(207)\quad E_{01}(w+b) = E_{01}(w) + E_{01}(b) - \varkappa^2\operatorname{sn} w\cdot\operatorname{sn} b\cdot\operatorname{sn}(w+b).$$

Die Additionstheoreme der übrigen E-Funktionen können entweder direkt auf demselben Wege gewonnen oder mit Hilfe von (181) aus (207) erhalten werden.

Die Ableitungen der E-Funktionen ergeben sich durch Differentiation aus (180) oder (188), z. B.

$$(208)\quad \frac{d}{dw}[E_{11}(w)] = \frac{\omega_1^2}{K^2}\frac{d}{du}[\zeta(u,\omega_1,\omega_3)] = -\frac{\omega_1^2}{K^2}p(u,\omega_1,\omega_3);$$

mit Benutzung der Formeln XI, (162), XI, (58) kann man daher die Formeln aufstellen:

$$(209)\quad \left\{\begin{aligned} E'_{11}(w) &= -\frac{\omega_1^2}{K^2}p(u),\\ E'_{10}(w) &= -\frac{\omega_1^2}{K^2}p(u+\omega_1) = -\frac{\omega_1^2 e_1}{K^2} - \frac{\omega_1^2}{K^2}\frac{(e_1-e_2)(e_1-e_3)}{p(u)-e_1},\\ E'_{00}(w) &= -\frac{\omega_1^2}{K^2}p(u+\omega_2) = -\frac{\omega_1^2 e_2}{K^2} - \frac{\omega_1^2}{K^2}\frac{(e_2-e_3)(e_2-e_1)}{p(u)-e_2},\\ E'_{01}(w) &= -\frac{\omega_1^2}{K^2}p(u+\omega_3) = -\frac{\omega_1^2 e_3}{K^2} - \frac{\omega_1^2}{K^2}\frac{(e_3-e_1)(e_3-e_2)}{p(u)-e_3};\end{aligned}\right.$$

die auf den rechten Seiten auftretenden Größen lassen sich nun auf Grund der Beziehungen (170), (171), (172) durch die Funktionen und Konstanten der Jacobischen Theorie ausdrücken:

$$(210)\quad\begin{cases} E'_{11}(w) = -\dfrac{1+\varkappa'^2}{3} - \dfrac{\mathrm{cn}^2 w}{\mathrm{sn}^2 w} = \dfrac{1+\varkappa^2}{3} - \dfrac{1}{\mathrm{sn}^2 w}\,, \\ E'_{10}(w) = -\dfrac{1+\varkappa'^2}{3} - \varkappa'^2\dfrac{\mathrm{sn}^2 w}{\mathrm{cn}^2 w} = \dfrac{\varkappa'^2-\varkappa^2}{3} - \dfrac{\varkappa'^2}{\mathrm{cn}^2 w}\,, \\ E'_{00}(w) = \dfrac{\varkappa'^2-\varkappa^2}{3} + \varkappa^2\varkappa'^2\dfrac{\mathrm{sn}^2 w}{\mathrm{dn}^2 w} = -\dfrac{1+\varkappa'^2}{3} + \dfrac{\varkappa'^2}{\mathrm{dn}^2 w}\,, \\ E'_{01}(w) = \dfrac{1+\varkappa^2}{3} - \varkappa^2\,\mathrm{sn}^2 w = -\dfrac{1+\varkappa'^2}{3} + \mathrm{dn}^2 w\,. \end{cases}$$

Die Z-Funktionen.

137. Von den E-Funktionen gehen wir zu anderen Transzendenten über, welche die Periode $2K$ besitzen und, bei Vermehrung des Argumentes w um die Größe $2iK'$ einen konstanten Zuwachs erfahren. Um solche zu erhalten, brauchen wir, wie ein Blick auf (189) lehrt, nur von einer E-Funktion die lineare Funktion $\dfrac{\omega_1\eta_1}{K^2}\cdot w$ abzuziehen; wir setzen demnach

$$(211)\qquad \mathsf{Z}_{g_1g_2}(w) = E_{g_1g_2}(w) - \frac{\omega_1\eta_1}{K^2}\,w\ ^{*)}$$

und erhalten für diese Funktionen die Funktionalgleichungen:

$$(212)\quad\begin{cases} \mathsf{Z}_{g_1g_2}(w+2K) = \mathsf{Z}_{g_1g_2}(w)\,; \\ \mathsf{Z}_{g_1g_2}(w+2iK') = \mathsf{Z}_{g_1g_2}(w) - \dfrac{2}{K}(\eta_1\omega_3 - \eta_3\omega_1) \\ \qquad\qquad = \mathsf{Z}_{g_1g_2}(w) - \dfrac{\pi i}{K}\,. \end{cases}$$

Man übersieht leicht, wie sich die übrigen für die E-Funktionen ermittelten Eigenschaften auf die Z-Funktionen

---

*) Die in Nr. 56 definierte Funktion $^{(\Pi)}\mathsf{Z}(u)$ stimmt, wenn dort

$$u = w\,,\qquad \Pi = 2K\,,\qquad \theta = 2iK'$$

gesetzt wird, mit der Funktion $\mathsf{Z}_{11}(w)$ überein.

übertragen. Die Formeln (181) bleiben richtig, wenn man $\mathsf{Z}_{g_1 g_2}(w)$ an Stelle von $E_{g_1 g_2}(w)$ setzt; woraus folgt, daß alle vier Z-Funktionen sich durch irgend eine unter ihnen mit Hilfe doppelt periodischer Funktionen ausdrücken lassen. Man kann daher mit einer einzigen Z-Funktion auskommen, etwa mit der Funktion $\mathsf{Z}_{01}(w)$, welche bei Jacobi schlechthin als $\mathsf{Z}(w)$ bezeichnet wird.

Aus (182) folgt:

(213) $$\mathsf{Z}_{g_1 g_2}(-w) = -\mathsf{Z}_{g_1 g_2}(w)\,.$$

Die Formeln (191), (192), (193) übertragen sich folgendermaßen:

(214) $$\begin{cases} \mathsf{Z}_{11}(w+K) = \mathsf{Z}_{10}(w)\,, \\ \mathsf{Z}_{10}(w+K) = \mathsf{Z}_{11}(w)\,, \\ \mathsf{Z}_{00}(w+K) = \mathsf{Z}_{01}(w)\,, \\ \mathsf{Z}_{01}(w+K) = \mathsf{Z}_{00}(w)\,; \end{cases}$$

(215) $$\begin{cases} \mathsf{Z}_{11}(w+iK') = -\frac{\pi i}{2K} + \mathsf{Z}_{01}(w \\ \mathsf{Z}_{10}(w+iK') = -\frac{\pi i}{2K} + \mathsf{Z}_{00}(w \\ \mathsf{Z}_{00}(w+iK') = -\frac{\pi i}{2K} + \mathsf{Z}_{10}(w \\ \mathsf{Z}_{01}(w+iK') = -\frac{\pi i}{2K} + \mathsf{Z}_{11}(w \end{cases}$$

(216) $$\begin{cases} \mathsf{Z}_{11}(w+K+iK') = -\frac{\pi i}{2K} + \mathsf{Z}_{00}(w)\,, \\ \mathsf{Z}_{10}(w+K+iK') = -\frac{\pi i}{2K} + \mathsf{Z}_{01}(w) \\ \mathsf{Z}_{00}(w+K+iK') = -\frac{\pi i}{2K} + \mathsf{Z}_{11}(w)\,, \\ \mathsf{Z}_{01}(w+K+iK') = -\frac{\pi i}{2K} + \mathsf{Z}_{10}(w)\,. \end{cases}$$

Ferner haben wir die Wertbestimmungen:

(217) $$\begin{cases} \mathsf{Z}_{11}(0)=\infty\,, \quad \mathsf{Z}_{10}(0)=0\,, \quad \mathsf{Z}_{00}(0)=0 \quad \mathsf{Z}_{01}(0)=0\,, \\ \mathsf{Z}_{10}(K)=\infty\,, \quad \mathsf{Z}_{11}(K)=0\,, \quad \mathsf{Z}_{00}(K)=0\,, \quad \mathsf{Z}_{01}(K)=0\,, \\ \mathsf{Z}_{01}(iK')=\infty\,, \quad \mathsf{Z}_{11}(iK')=\mathsf{Z}_{10}(iK') \quad =\mathsf{Z}_{00}(iK') \quad = -\frac{\pi}{2} \\ \mathsf{Z}_{00}(K+iK')=\infty, \quad \mathsf{Z}_{11}(K+iK')=\mathsf{Z}_{10}(K+iK')=\mathsf{Z}_{01}(K+iK') = -\frac{\pi}{2} \end{cases}$$

Um die Additionstheoreme der **Z**-Funktionen zu gewinnen, brauchen wir nur in den entsprechenden Theoremen der E-Funktionen das Zeichen $\mathbf{Z}_{g_1 g_2}(w)$ für $E_{g_1 g_2}(w)$ einzusetzen; denn es ist für alle vier Funktionen:

$$(218)\quad \left\{\begin{aligned} &\mathbf{Z}_{g_1 g_2}(w_1+w_2)-\mathbf{Z}_{g_1 g_2}(w_1)-\mathbf{Z}_{g_1 g_2}(w_2)\\ &\qquad = E_{g_1 g_2}(w_1+w_2)-E_{g_1 g_2}(w_1)-E_{g_1 g_2}(w_2)\,; \end{aligned}\right.$$

daher folgt z. B. aus (207) unmittelbar:

$$(219)\quad \left\{\begin{aligned} &\mathbf{Z}_{01}(w_1+w_2)=\mathbf{Z}_{01}(w_1)+\mathbf{Z}_{01}(w_2)\\ &\qquad -\varkappa^2\,\mathrm{sn}\,w_1\cdot\mathrm{sn}\,w_2\cdot\mathrm{sn}(w_1+w_2)\,. \end{aligned}\right.$$

Die Ableitungen der **Z**-Funktionen unterscheiden sich von den entsprechenden Ableitungen der E-Funktionen um die Konstante $\frac{\omega_1\eta_1}{K^2}$. Führen wir eine neue Konstantenbezeichnung ein, indem wir setzen:

$$(220)\qquad E=\left(\frac{\omega_1\eta_1}{K^2}+\frac{1+\varkappa'^2}{3}\right)K=\frac{\omega_1}{K}(\eta_1+\omega_1 e_1)\,,$$

so haben wir nach (210)

$$(221)\quad \left\{\begin{aligned} \mathbf{Z}'_{11}(w)&=-\frac{E}{K}+1-\frac{1}{\mathrm{sn}^2 w}\,,\\ \mathbf{Z}'_{10}(w)&=-\frac{E}{K}+\varkappa'^2-\frac{\varkappa'^2}{\mathrm{cn}^2 w}\,,\\ \mathbf{Z}'_{00}(w)&=-\frac{E}{K}+\frac{\varkappa'^2}{\mathrm{dn}^2 w}\,,\\ \mathbf{Z}'_{01}(w)&=-\frac{E}{K}+\mathrm{dn}^2 w\,. \end{aligned}\right.$$

Der durch (220) eingeführten Konstanten E können wir noch eine andere Form geben. Es ist nämlich, wenn wieder $u=2\omega_1 v$ gesetzt wird, nach (24):

$$(222)\quad \frac{\sigma'(u)}{\sigma(u)}=\zeta(u)=\frac{\eta_1 u}{\omega_1}+\frac{1}{2\omega_1}\cdot\frac{\vartheta'_{11}(v)}{\vartheta_{11}(v)}\,,$$

$$(223)\quad \zeta'(u)=-p(u)=\frac{\eta_1}{\omega_1}+\frac{1}{4\omega_1^2}\frac{\vartheta''_{11}(v)}{\vartheta_{11}(v)}+\frac{1}{4\omega_1^2}\left[\frac{\vartheta'_{11}(v)}{\vartheta_{11}(v)}\right]^2;$$

ferner haben wir nach (30):

$$(224)\quad \begin{cases} \vartheta_{11}(v+\tfrac{1}{2}) = \vartheta_{10}(v)\,, & \vartheta_{11}(\tfrac{1}{2}) = \vartheta_{10}\,, \\ \vartheta'_{11}(v+\tfrac{1}{2}) = \vartheta'_{10}(v)\,, & \vartheta'_{11}(\tfrac{1}{2}) = \vartheta'_{10}(0) = 0\,, \\ \vartheta''_{11}(v+\tfrac{1}{2}) = \vartheta''_{10}(v)\,, & \vartheta''_{11}(\tfrac{1}{2}) = \vartheta''_{10}\,, \end{cases}$$

und daher:

$$(225)\qquad -p(\omega_1) = -e_1 = \frac{\eta_1}{\omega_1} + \frac{1}{4\omega_1^2}\frac{\vartheta''_{10}}{\vartheta_{10}}\,,$$

woraus folgt, daß:

$$(226)\qquad E = -\frac{1}{4K}\frac{\vartheta''_{10}}{\vartheta_{10}}\,;$$

nach (96), (97), (98), (130), (144) ist

$$(227)\qquad \frac{\vartheta''_{00}}{\vartheta_{00}} - \frac{\vartheta''_{10}}{\vartheta_{10}} = 4\varkappa'^2 K^2\,,$$

$$(228)\qquad \frac{\vartheta''_{10}}{\vartheta_{10}} - \frac{\vartheta''_{01}}{\vartheta_{01}} = -4K^2\,,$$

und wir haben demnach für die Konstante $\frac{E}{K}$ die drei Formen:

$$(229)\quad \frac{E}{K} = -\frac{1}{4K^2}\frac{\vartheta''_{10}}{\vartheta_{10}} = \varkappa'^2 - \frac{1}{4K^2}\frac{\vartheta''_{00}}{\vartheta_{00}} = +1 - \frac{1}{4K^2}\frac{\vartheta''_{01}}{\vartheta_{01}}\,.$$

Transzendenten dritter Gattung.

138. Setzt man

$$(230)\qquad \Omega_{g_1 g_2}(w\,,\,b) = \frac{1}{2}\log\left[\frac{\vartheta_{g_1 g_2}\left(\frac{w-b}{2K}\,,\;\frac{iK'}{K}\right)}{\vartheta_{g_1 g_2}\left(\frac{w+b}{2K}\,,\;\frac{iK'}{K}\right)}\right],$$

so hat man nach (24), (25), (26) und (27) die Beziehungen

$$(231)\quad \begin{cases} \Omega_{11}(w\,,\,b) = \dfrac{\eta_1\omega_1 b}{K^2}w - \dfrac{1}{2}\log\left[\dfrac{\sigma(u+a)}{\sigma(u-a)}\right], \\[2ex] \Omega_{10}(w\,,\,b) = \dfrac{\eta_1\omega_1 b}{K^2}w - \dfrac{1}{2}\log\left[\dfrac{\sigma_1(u+a)}{\sigma_1(u-a)}\right], \\[2ex] \Omega_{00}(w\,,\,b) = \dfrac{\eta_1\omega_1 b}{K^2}w - \dfrac{1}{2}\log\left[\dfrac{\sigma_2(u+a)}{\sigma_2(u-a)}\right], \\[2ex] \Omega_{01}(w\,,\,b) = \dfrac{\eta_1\omega_1 b}{K^2}w - \dfrac{1}{2}\log\left[\dfrac{\sigma_3(u+a)}{\sigma_3(u-a)}\right], \end{cases}$$

wenn wiederum

$$u = \frac{\omega_1 w}{K}, \qquad a = \frac{\omega_1 b}{K} \tag{198}$$

gesetzt wird. Demnach ergeben sich die Eigenschaften der Omegafunktionen leicht aus den in Nr. 116 und Nr. 123 abgeleiteten Eigenschaften der Funktionen, welche wir damals mit $\chi(u, a)$ und $\chi_\alpha(u, a)$ bezeichneten.

$$\Omega_{11}(w, b) = \Omega_{11}(b, w) \pm \frac{\pi i}{2}; \tag{232}$$

$$\left\{\begin{aligned} \Omega_{10}(w, b) &= \Omega_{10}(b, w), \\ \Omega_{00}(w, b) &= \Omega_{00}(b, w), \\ \Omega_{01}(w, b) &= \Omega_{01}(b, w); \end{aligned}\right. \tag{233}$$

$$\Omega_{g_1 g_2}(w, b) = -\Omega_{g_1 g_2}(-w, b) = -\Omega_{g_1 g_2}(w, -b); \tag{234}$$

$$\left\{\begin{aligned} \Omega_{g_1 g_2}(w + 2K, b) &= \Omega_{g_1 g_2}(w, b), \\ \Omega_{g_1 g_2}(w + 2iK', b) &= \Omega_{g_1 g_2}(w, b) + \frac{\pi i b}{K}; \end{aligned}\right. \tag{235}$$

$$\left\{\begin{aligned} \Omega_{g_1 g_2}(w, b + 2K) &= \Omega_{g_1 g_2}(w, b), \\ \Omega_{g_1 g_2}(w, b + 2iK') &= \Omega_{g_1 g_2}(w, b) + \frac{\pi i w}{K}; \end{aligned}\right. \tag{236}$$

$$\left\{\begin{aligned} &\Omega_{11}(0, b) = \pm\frac{\pi i}{2}, \qquad \Omega_{10}(0, b) = 0, \\ &\Omega_{00}(0, b) = 0, \qquad\qquad \Omega_{01}(0, b) = 0; \end{aligned}\right. \tag{237}$$

$$\left\{\begin{aligned} &\Omega_{11}(w, 0) = 0, \qquad \Omega_{10}(w, 0) = 0, \\ &\Omega_{00}(w, 0) = 0, \qquad \Omega_{01}(w, 0) = 0; \end{aligned}\right. \tag{238}$$

$$\left\{\begin{aligned} &\Omega_{11}(K, b) = 0, \qquad \Omega_{10}(K, b) = \pm\frac{\pi i}{2}, \\ &\Omega_{00}(K, b) = 0, \qquad \Omega_{01}(K, b) = 0, \\ &\Omega_{11}(K + iK', b) = \Omega_{10}(K + iK', b) = \Omega_{00}(K + iK', b) \pm \frac{\pi i}{2} \\ &\qquad = \Omega_{01}(K + iK', b) = \frac{\pi i b}{2K}, \\ &\Omega_{11}(iK', b) = \Omega_{10}(iK', b) = \Omega_{00}(iK', b) \\ &\qquad = \Omega_{01}(iK', b) \pm \frac{\pi i}{2} = \frac{\pi i b}{2K}. \end{aligned}\right. \tag{239}$$

Von den Additionstheoremen wollen wir nur dasjenige der Funktion $\Omega_{01}(w, b)$ hier aufstellen; es ergibt sich aus Formel XI, (176), wenn dort $\alpha = 3$ gesetzt und berücksichtigt wird, daß nach (162):

$$\frac{\sigma(u)}{\sigma_3(u)} = \frac{\omega_1}{K} \operatorname{sn} w$$

und nach (171):

$$(e_3 - e_1)(e_3 - e_2) = \frac{K^4}{\omega_1^4} \varkappa^2$$

gesetzt werden darf,

$$(240) \quad \left\{ \begin{aligned} &\Omega_{01}(w_1 + w_2, b) - \Omega_{01}(w_1, b) - \Omega_{01}(w_2, b) \\ &= \frac{1}{4} \log \left\{ \begin{aligned} &\frac{[1 - \varkappa^2 \operatorname{sn}^2(w_1 + w_2 + b) \operatorname{sn}^2 b]}{[1 - \varkappa^2 \operatorname{sn}^2(w_1 + w_2 - b) \operatorname{sn}^2 b]} \cdot \\ &\cdot \frac{[1 - \varkappa^2 \operatorname{sn}^2(w_1 - b) \operatorname{sn}^2(w_2 - b)]}{[1 - \varkappa^2 \operatorname{sn}^2(w_1 + b) \operatorname{sn}^2(w_2 + b)]} \end{aligned} \right\}. \end{aligned} \right.$$

Hieraus folgt auf Grund von (232)

$$(241) \quad \left\{ \begin{aligned} &\Omega_{01}(w, b_1 + b_2) - \Omega_{01}(w, b_1) - \Omega_{01}(w, b_2) \\ &= \frac{1}{4} \log \left\{ \begin{aligned} &\frac{[1 - \varkappa^2 \operatorname{sn}^2(b_1 + b_2 + w) \operatorname{sn}^2 w]}{[1 - \varkappa^2 \operatorname{sn}^2(b_1 + b_2 - w) \operatorname{sn}^2 w]} \cdot \\ &\cdot \frac{[1 - \varkappa^2 \operatorname{sn}^2(b_1 - w) \operatorname{sn}^2(b_2 - w)]}{[1 - \varkappa^2 \operatorname{sn}^2(b_1 + w) \operatorname{sn}^2(b_2 + w)]} \end{aligned} \right\}. \end{aligned} \right.$$

Ebenso wie die Transzendenten dritter Gattung der Weierstraßschen Theorie können wir auch die Omegafunktionen in mannigfacher Weise als Integrale von elliptischen Funktionen darstellen. Nach (199) ist:

$$(242) \quad \left\{ \begin{aligned} &\tfrac{1}{2}\int_{-w}^{+w} [E_{11}(w + b) - E_{11}(w) - E_{11}(b)]\, dw \\ &\qquad = \tfrac{1}{2}\int_{-u}^{+u} [\zeta(u + a) - \zeta(u) - \zeta(a)]\, du \\ &\qquad = \frac{1}{2} \log \left[\frac{\sigma(u + a)}{\sigma(u - a)}\right] - u\,\zeta(a), \end{aligned} \right.$$

eine Gleichung, welche jedoch nur bis auf Vielfache von πi bestimmt ist.

Nun ist, infolge der Homogeneität von $\zeta(u, \omega_1, \omega_3)$:

$$(243)\qquad u \cdot \zeta(a, \omega_1, \omega_3) = w \cdot \zeta(b, K, iK') = w \cdot E_{11}(b)$$

und daher, mit Benutzung von (211), (231):

$$(244)\qquad \begin{cases} \frac{1}{2}\int\limits_{-w}^{+w}[E_{11}(w+b) - E_{11}(w) - E_{11}(b)]\,dw \\ \qquad\qquad = -\Omega_{11}(w, b) - w\,\mathsf{Z}_{11}(b)\,. \end{cases}$$

Ganz auf dieselbe Weise erhalten wir allgemein:

$$(245)\qquad \begin{cases} \Omega_{g_1 g_2}(w, b) + w \cdot \mathsf{Z}_{g_1 g_2}(b) \\ = -\frac{1}{2}\int\limits_{-w}^{+w}[E_{g_1 g_2}(w+b) - E_{g_1 g_2}(w) - E_{g_1 g_2}(b)]\,dw\,. \end{cases}$$

Die Integranden der auf den rechten Seiten dieser vier Gleichungen auftretenden Integrale sind, wie wir wissen, elliptische Funktionen von w; zwei von ihnen haben wir in (201) und (206) bereits durch die elliptischen Funktionen Jacobis ausgedrückt. Wir wollen jene Formeln jetzt dazu benutzen, um den Integraldarstellungen der Funktionen $\Omega_{11}(w, b)$, $\Omega_{01}(w, b)$ andere Formen zu geben. Zunächst haben wir:

$$(246)\qquad \Omega_{11}(w, b) + w\,\mathsf{Z}_{11}(b) = -\frac{1}{2}\int\limits_{-w}^{+w}\frac{\operatorname{sn}^3 b\,\operatorname{sn}' w - \operatorname{sn}^3 w\,\operatorname{sn}' b}{\operatorname{sn} w\,\operatorname{sn} b\,(\operatorname{sn}^2 w - \operatorname{sn}^2 b)}\,dw\,,$$

$$(247)\qquad \Omega_{01}(w, b) + w\,\mathsf{Z}_{01}(b) = +\frac{\varkappa^2}{2}\int\limits_{-w}^{+w}\operatorname{sn} w\,\operatorname{sn} b\,\operatorname{sn}(w+b)\,dw\,.$$

Benutzen wir nun den Satz der Integralrechnung, welcher besagt, daß

$$(248)\qquad \frac{\partial}{\partial w}\int\limits_{-w}^{+w} f(z)\,dz = f(w) + f(-w)\,,$$

so finden wir

$$(249)\qquad \frac{\partial\,\Omega_{11}(w, b)}{\partial w} + \mathsf{Z}_{11}(b) = \frac{\operatorname{sn}^2 w\,\operatorname{sn}' b}{\operatorname{sn} b\,(\operatorname{sn}^2 w - \operatorname{sn}^2 b)}\,,$$

$$(250)\qquad \frac{\partial\,\Omega_{01}(w, b)}{\partial w} + \mathsf{Z}_{01}(b) = \varkappa^2\,\frac{\operatorname{sn}^2 w\,\operatorname{sn} b\,\operatorname{sn}' b}{1 - \varkappa^2\operatorname{sn}^2 w\,\operatorname{sn}^2 b}\,;$$

die rechten Seiten dieser Gleichungen werden für $w = 0$ nicht unendlich, wir können also integrieren, indem wir diesen Wert als untere Grenze wählen:

$$(251)\quad \Omega_{11}(w, b) - \Omega_{11}(0, b) + w\,\mathsf{Z}_{11}(b) = \int_0^w \frac{\operatorname{sn}^2 w \operatorname{cn} b \operatorname{dn} b}{\operatorname{sn} b(\operatorname{sn}^2 w - \operatorname{sn}^2 b)} dw,$$

oder nach (237)

$$(252)\quad \Omega_{11}(w, b) + w\,\mathsf{Z}_{11}(b) = \pm\frac{\pi i}{2} + \int_0^w \frac{\operatorname{sn}^2 w \operatorname{cn} b \operatorname{dn} b}{\operatorname{sn} b(\operatorname{sn}^2 w - \operatorname{sn}^2 b)} dw\;;$$

ebenso:

$$(253)\quad \Omega_{01}(w, b) + w\,\mathsf{Z}_{01}(b) = \varkappa^2 \int_0^w \frac{\operatorname{sn}^2 w \operatorname{sn} b \operatorname{cn} b \operatorname{dn} b}{1 - \varkappa^2 \operatorname{sn}^2 w \operatorname{sn}^2 b} dw\,.$$

Dieses letztere Integral bezeichnet Jacobi mit $\Pi(w, b)$; er setzt also

$$(254)\quad \Pi(w, b) = \Omega_{01}(w, b) + w\,\mathsf{Z}_{01}(b)\,.$$

Die Eigenschaften dieser Funktion ergeben sich unmittelbar aus denen der Funktion $\Omega_{01}(w, b)$; wir erwähnen hier nur die Formel:

$$(255)\quad \Pi(w, b) - \Pi(b, w) = w \cdot \mathsf{Z}_{01}(b) - b \cdot \mathsf{Z}_{01}(w)\,,$$

welche als „Satz von der Vertauschung des Parameters und des Arguments" eine gewisse Berühmtheit genießt.

Zum Schluß sollen noch einige Formeln aufgestellt werden, welche den Zusammenhang der vier Omegafunktionen untereinander und mit den Transzendenten der Weierstraßschen Theorie beleuchten.

Aus (231) und (162) folgt unmittelbar:

$$(256)\quad \begin{cases} \Omega_{11}(w, b) - \Omega_{01}(w, b) = \dfrac{1}{2}\log\left[\dfrac{\operatorname{sn}(w-b)}{\operatorname{sn}(w+b)}\right], \\[2ex] \Omega_{10}(w, b) - \Omega_{01}(w, b) = \dfrac{1}{2}\log\left[\dfrac{\operatorname{cn}(w-b)}{\operatorname{cn}(w+b)}\right], \\[2ex] \Omega_{00}(w, b) - \Omega_{01}(w, b) = \dfrac{1}{2}\log\left[\dfrac{\operatorname{dn}(w-b)}{\operatorname{dn}(w+b)}\right]. \end{cases}$$

Vergleichung von (242) und (244) ergibt:

$$(257)\quad \begin{cases} \Omega_{11}(w\,,\,b) + w\,\mathrm{Z}_{11}(b) = \dfrac{1}{2}\log\left[\dfrac{\sigma(u-a)}{\sigma(u+a)}\right] + u\,\zeta(a) \\[2ex] \qquad = \pm\dfrac{\pi i}{2} + \dfrac{1}{2}\log\left[\dfrac{\sigma(a-u)}{\sigma(a+u)}\right] + u\,\zeta(a)\,, \end{cases}$$

also haben wir nach (252) und XI (67):

$$(258)\quad \int_0^w \frac{\mathrm{sn}^2 w\,\mathrm{cn}\,b\,\mathrm{dn}\,b}{\mathrm{sn}\,b(\mathrm{sn}^2 w - \mathrm{sn}^2 b)}\,dw = \frac{1}{2}\int_0^u \frac{p'(a)}{p(u) - p(a)}\,du\,,$$

eine Integralbeziehung, welche sich, auf Grund des Zusammenhanges der Funktion $p(u)$ mit den Jacobischen Funktionen sn$w$, cn$w$, dn$w$, auch direkt herleiten läßt.

Potenzreihen für sn$w$, cn$w$, dn$w$.

139. In jedem Punkte, welcher nicht ein Pol ist, lassen sich die Funktionen sn$w$, cn$w$, dn$w$ in reguläre Potenzreihen entwickeln. Es sollen hier die ersten Koeffizienten der in der Umgebung des Punktes $w=0$ gültigen Entwickelungen berechnet werden. Wir gehen aus von den Formeln (162), (163), (164), indem wir von den für die σ-Funktionen aufgestellten Potenzreihen XI, (16); XI, (133) Gebrauch machen.

$$\text{XI, (16)}\qquad \sigma(u) = u - \frac{g_2}{2^4\cdot 3\cdot 5}\,u^5 - \frac{g_3}{2^3\cdot 3\cdot 5\cdot 7}\,u^7 - \ldots$$

$$\text{XI, (133)}\qquad \sigma_\alpha(u) = 1 - \frac{e_\alpha}{2}\,u^2 + \frac{1}{48}(g_2 - 6\,e_\alpha^2)\,u^4 + \ldots$$

$$(\alpha = 1\,,\,2\,,\,3)$$

$$\frac{1}{\sigma_3(u)} = 1 + \frac{e_3}{2}\,u^2 + \frac{1}{48}(18\,e_3^2 - g_2)\,u^4 + \ldots$$

Die Konvergenz dieser letzten Entwickelung beschränkt sich auf das Innere eines Kreises, dessen Zentrum im Punkte $u=0$ liegt, und welcher durch den dem Punkte $u=0$ zunächst gelegenen Nullpunkt der Funktion $\sigma_3(u)$ hindurchgeht, d. h. durch den nächstgelegenen unter den Punkten, für welche

$$u \equiv \omega_3 \quad \mathrm{mod}\,(2\,\omega_1\,,\,2\,\omega_3)$$

ist. Innerhalb dieses Wertebereiches der Variablen u haben wir demnach

$$(259)\quad \begin{cases} \operatorname{sn} w = \dfrac{K}{\omega_1} \cdot \left\{u - \dfrac{g_2}{2^4 \cdot 3 \cdot 5} u^5 - \dfrac{g_3}{2^3 \cdot 3 \cdot 5 \cdot 7} u^7 - \ldots\right\} \\ \qquad \left\{1 + \dfrac{e_3}{2} u^2 + \dfrac{1}{48} (18 e_3^2 - g_2) u^4 \ldots\right\}. \end{cases}$$

Multiplizieren wir die beiden Reihen gliedweise, indem wir die Größen g_2, g_3, e_α gleichzeitig [nach (172), (173)] durch $\varkappa$, K, ω_1 ausdrücken, so ergibt sich

$$\operatorname{sn} w = \frac{K u}{\omega_1} - \frac{1 + \varkappa^2}{3 \cdot 2} \frac{K^3 u^3}{\omega_1^3} + \frac{1 + 14 \varkappa^2 + \varkappa^4}{5 \cdot 4 \cdot 3 \cdot 2} \frac{K^5 u^5}{\omega_1^5} + \ldots$$

$$(260)\qquad \operatorname{sn} w = w - \frac{1 + \varkappa^2}{3!} w^3 + \frac{1 + 14 \varkappa^2 + \varkappa^4}{5!} w^5 + \ldots$$

Der Konvergenzbereich dieser Entwickelung ist eine Kreisfläche in der w-Ebene, deren Zentrum in dem Punkte $w = 0$ liegt, während die Peripherie durch den dem Punkte $w = 0$ zunächst gelegenen Pol der Funktion $\operatorname{sn} w$ hindurchgeht.

Ganz auf dieselbe Weise erhalten wir die beiden folgenden Reihen, welche in demselben Kreisraum konvergieren wie die vorhergehende.

$$(261)\qquad \operatorname{cn} w = 1 - \frac{w^2}{2} + \frac{1 + 4 \varkappa^2}{2^3 \cdot 3} w^4 + \ldots$$

$$(262)\qquad \operatorname{dn} w = 1 - \frac{\varkappa^2 w^2}{2} + \frac{\varkappa^2 (4 + \varkappa^2)}{2^3 \cdot 3} w^4 + \ldots$$

Um die Entwickelungen für einen von $w = 0$ verschiedenen regulären Punkt $w = w_0$ zu erhalten, können wir etwa die Additionstheoreme der drei Funktionen anwenden, indem wir setzen

$$\operatorname{sn} w = \operatorname{sn}(w_0 + (w - w_0))$$

usw.; doch soll hierauf nicht näher eingegangen werden.

Die Pole der Funktionen $\operatorname{sn} w$, $\operatorname{cn} w$, $\operatorname{dn} w$ sind bezeichnet durch die Wertesysteme

$$(263)\qquad w \equiv i K' \mod (2K, 2iK').$$

Die in der Umgebung dieser Punkte gültigen Entwickelungen enthalten wir aus den vorhergehenden regulären Potenzreihen durch Vermittelung der Formeln (146); um z. B. eine nach steigenden Potenzen von $w - iK'$ fortschreitende Reihe für sn$w$ zu gewinnen, benutzen wir die Identität

$$w = \frac{1}{\varkappa \cdot \mathrm{sn}(w - iK')}$$

$$= \frac{1}{\varkappa} \frac{1}{(w-iK')\left[1 - \frac{1+\varkappa^2}{3\cdot 2}(w-iK')^2 + \frac{1+14\varkappa^2+\varkappa^4}{5\cdot 4\cdot 3\cdot 2}(w-iK')^4 + \ldots\right]}$$

$$= \frac{1}{\varkappa(w-iK')}\left[1 + \frac{1+\varkappa^2}{3\cdot 2}(w-iK')^2 + \frac{7-22\varkappa^2+7\varkappa^4}{2^3\cdot 3^2\cdot 5}(w-iK')^4 + \ldots\right].$$

$$\text{(264)} \qquad \mathrm{sn}\, w = \frac{1}{\varkappa}\left[(w - iK')^{-1} + \frac{1+\varkappa^2}{2\cdot 3}(w - iK') + \frac{7 - 22\varkappa^2 + 7\varkappa^4}{2^3\cdot 3^2\cdot 5}(w - iK')^3 + \ldots\right].$$

Diese Entwickelung konvergiert innerhalb eines um den Punkt iK' gezogenen Kreises, welcher durch den zunächst bei iK' gelegenen Nullpunkt von sn$(w - iK')$, d. h. Pol von sn$w$, hindurchgeht.

Ebenso erhalten wir:

$$\mathrm{cn}\, w = \frac{1}{i\varkappa}\cdot\frac{\mathrm{dn}(w - iK')}{\mathrm{sn}(w - iK')}$$

$$= \frac{1}{i\varkappa}\cdot\frac{1}{(w - iK')}\left[1 - \frac{\varkappa^2}{2}(w - iK')^2 + \ldots\right] \cdot \left[1 + \frac{1+\varkappa^2}{2\cdot 3}(w - iK')^2 + \ldots\right].$$

$$\text{(265)} \quad \left\{ \begin{aligned} \mathrm{cn}\, w = \frac{1}{i\varkappa}\Big[(w - iK')^{-1} &+ \frac{1 - 2\varkappa^2}{2\cdot 3}(w - iK') \\ &+ \frac{7 + 8\varkappa^2 - 8\varkappa^4}{2^3\cdot 3^2\cdot 5}(w - iK')^3 + \ldots\Big]. \end{aligned} \right.$$

$$(266)\quad \left\{\begin{aligned} \operatorname{dn} w &= \frac{1}{i}\,\frac{\operatorname{cn}(w-iK')}{\operatorname{sn}(w-iK')} \\ &= \frac{1}{i}\left[(w-iK')^{-1}+\frac{\varkappa^2-2}{2\cdot 3}(w-iK')\right. \\ &\qquad \left.+\frac{-8+8\varkappa^2+7\varkappa^4}{2^3\cdot 3^2\cdot 5}(w-iK')^3+\dots\right].\end{aligned}\right.$$

Da die drei Funktionen ihre Pole in denselben Punkten haben, so konvergieren alle drei Entwickelungen innerhalb desselben Kreises.

Die Koeffizienten der Potenz $(w-iK')^{-1}$ in diesen Entwickelungen, welche wir die Polfaktoren (Residuen) für den Pol iK' nennen, sind für die drei Funktionen $\operatorname{sn} w$, $\operatorname{cn} w$, $\operatorname{dn} w$: $\frac{1}{\varkappa}$, $-i\frac{1}{\varkappa}$, $-i$; die Polfaktoren für die übrigen, nach dem Modul $(4K, 4iK')$ inkongruenten, Pole findet man leicht mit Hilfe der Formeln (147) und (148). Wir wollen sie zu späterem Gebrauch hier tabellarisch zusammenstellen.

(267)

w	$\operatorname{sn} w$	$\operatorname{cn} w$	$\operatorname{dn} w$
$iK'+4mK+4niK'$	$\frac{1}{\varkappa}$	$-i\frac{1}{\varkappa}$	$-i$
$iK'+(4m+2)K+4niK'$	$-\frac{1}{\varkappa}$	$i\frac{1}{\varkappa}$	$-i$
$iK'+4mK+(4n+2)iK'$	$\frac{1}{\varkappa}$	$i\frac{1}{\varkappa}$	i
$iK'+(4m+2)K+(4n+2)iK'$	$-\frac{1}{\varkappa}$	$-i\frac{1}{\varkappa}$	i

Trigonometrische Reihen für $\operatorname{sn} w$, $\operatorname{cn} w$, $\operatorname{dn} w$.

140. Jede elliptische Funktion von w mit den Perioden $4K$, $4iK'$, welche nur einfache Pole besitzt, läßt sich in der Form darstellen:

$$(268)\quad \begin{cases} A_0 + A_1 \cdot \zeta(w-\alpha_1, 2K, 2iK') \\ \quad + A_2 \cdot \zeta(w-\alpha_2, 2K, 2iK') + \cdots \\ \quad + A_\mu \cdot \zeta(w-\alpha_\mu, 2K, 2iK'), \end{cases}$$

worin $\alpha_1, \alpha_2, \ldots, \alpha_\mu$ ein vollständiges System inkongruenter Pole, $A_1, A_2, \ldots, A_\mu$ die zugehörigen Polfaktoren (Residuen) bezeichnen, A_0 eine Konstante bedeutet. Es ist dies eine Spezialisierung der in Nr. 38, (44) gegebenen Darstellung.

Für die drei Funktionen sn$w$, cn$w$, dn$w$ sind

$$(269)\quad iK', \quad -iK', \quad iK'+2K, \quad -iK'+2K$$

vier nach dem Modul $(4K, 4iK')$ inkongruente Pole; sie sind die sämtlichen Pole dieser Funktionen innerhalb des Periodenparallelogramms mit den Ecken:

$$-2iK', \quad +2iK', \quad +2iK'+4K, \quad -2iK'+4K.$$

Die zugehörigen Polfaktoren sind aus der Tabelle (267) zu entnehmen.

Wir können also ansetzen:

$$(270)\quad \begin{cases} \operatorname{sn} w = \text{const.} + \frac{1}{\varkappa}\{\zeta(w-iK', 2K, 2iK') \\ \qquad + \zeta(w+iK', 2K, 2iK') \\ \qquad - \zeta(w-iK'+2K, 2K, 2iK') \\ \qquad - \zeta(w+iK'+2K, 2K, 2iK')\}; \end{cases}$$

oder, indem wir auf der rechten Seite die Variable $u = \frac{\omega_1}{K} w$ einführen:

$$\frac{2K}{\omega_1}\operatorname{sn} w = a + \frac{1}{\varkappa}\left\{\zeta\left(\frac{u-\omega_3}{2}, \omega_1, \omega_3\right) + \zeta\left(\frac{u+\omega_3}{2}, \omega_1, \omega_3\right)\right.$$
$$\left. - \zeta\left(\frac{u-\omega_3+2\omega_1}{2}, \omega_1, \omega_3\right) - \zeta\left(\frac{u+\omega_3+2\omega_1}{2}, \omega_1, \omega_3\right)\right\};$$

den Wert der Konstanten a erhalten wir, wenn wir $w = 0$ setzen; es ergibt sich auf Grund von XI, (57)

$$\varkappa a = \zeta\left(-\frac{\omega_3}{2}+\omega_1\right)-\zeta\left(-\frac{\omega_3}{2}\right)+\zeta\left(\frac{\omega_3}{2}+\omega_1\right)-\zeta\left(\frac{\omega_3}{2}\right)$$

$$= 2\eta_1+\frac{1}{2}\frac{p'\left(-\frac{\omega_3}{2}\right)}{p\left(-\frac{\omega_3}{2}\right)-e_1}+\frac{1}{2}\frac{p'\left(\frac{\omega_3}{2}\right)}{p\left(\frac{\omega_3}{2}\right)-e_1}=2\eta_1 .$$

$$(271)\quad \begin{cases} \dfrac{2K\varkappa}{\omega_1}\operatorname{sn}w = 2\eta_1+\zeta\left(\dfrac{u-\omega_3}{2}\right)+\zeta\left(\dfrac{u+\omega_3}{2}\right) \\ -\zeta\left(\dfrac{u-\omega_3+2\omega_1}{2}\right)-\zeta\left(\dfrac{u+\omega_3+2\omega_1}{2}\right). \end{cases}$$

Ebenso ist

$$\frac{2K}{\omega_1}\operatorname{cn}w = b+\frac{1}{i\varkappa}\left\{\zeta\left(\frac{u-\omega_3}{2},\,\omega_1,\,\omega_3\right)-\zeta\left(\frac{u+\omega_3}{2},\,\omega_1,\,\omega_3\right)\right.$$

$$\left.-\zeta\left(\frac{u-\omega_3+2\omega_1}{2},\,\omega_1,\,\omega_3\right)+\zeta\left(\frac{u+\omega_3+2\omega_1}{2},\,\omega_1,\,\omega_3\right)\right\};$$

daß die Konstante b den Wert Null hat, ergibt sich für $w=-K$, und wir erhalten:

$$(272)\quad \begin{cases} \dfrac{2iK\varkappa}{\omega_1}\operatorname{cn}w = \zeta\left(\dfrac{u-\omega_3}{2}\right)-\zeta\left(\dfrac{u+\omega_3}{2}\right) \\ -\zeta\left(\dfrac{u-\omega_3+2\omega_1}{2}\right)+\zeta\left(\dfrac{u+\omega_3+2\omega_1}{2}\right). \end{cases}$$

Schließlich ist

$$\frac{2K}{\omega_1}\operatorname{dn}w = c+\frac{1}{i}\left\{\zeta\left(\frac{u-\omega_3}{2},\,\omega_1,\,\omega_3\right)-\zeta\left(\frac{u+\omega_3}{2},\,\omega_1,\,\omega_3\right)\right.$$

$$\left.+\zeta\left(\frac{u-\omega_3+2\omega_1}{2},\,\omega_1,\,\omega_3\right)-\zeta\left(\frac{u+\omega_3+2\omega_1}{2},\,\omega_1,\,\omega_3\right)\right\}.$$

Setzt man hierin $w=-K+iK'$, so findet man

$$ic = \zeta\left(-\frac{\omega_1}{2}+\omega_3\right)+\zeta\left(\frac{\omega_1}{2}+\omega_3\right)$$

$$=\zeta\left(-\frac{\omega_1}{2}\right)+\eta_3+\frac{1}{2}\frac{p'\left(-\frac{\omega_1}{2}\right)}{p\left(-\frac{\omega_1}{2}\right)-e_3}+\zeta\left(\frac{\omega_1}{2}\right)+\eta_3+\frac{1}{2}\frac{p'\left(\frac{\omega_1}{2}\right)}{p\left(\frac{\omega_1}{2}\right)-e_3}=2\eta_3,$$

so daß für die Funktion dn$w$ die Darstellung resultiert:

$$(273)\quad \begin{cases} \frac{2iK}{\omega_1}\,\mathrm{dn}\,w = 2\eta_3 + \zeta\left(\frac{u-\omega_3}{2}\right) - \zeta\left(\frac{u+\omega_3}{2}\right) \\ \quad + \zeta\left(\frac{u-\omega_3+2\omega_1}{2}\right) - \zeta\left(\frac{u+\omega_3+2\omega_1}{2}\right). \end{cases}$$

Nun haben wir in diese Ausdrücke die nach XI, (94) sich ergebenden Reihen für die ζ-Funktionen einzuführen; da die Reihen absolut konvergieren, dürfen wir sie gliedweise addieren. So erhalten wir

$$(274)\quad \begin{cases} \frac{2K\varkappa}{\omega_1}\,\mathrm{sn}\,w = \\ = \frac{\pi}{2\omega_1}\left\{\cot\pi\frac{u-\omega_3}{4\omega_1} + \cot\pi\frac{u+\omega_3}{4\omega_1} + \tan\pi\frac{u-\omega_3}{4\omega_1} + \tan\pi\frac{u+\omega_3}{4\omega_1}\right\} \\ + \frac{\pi}{2\omega_1}\sum_{n=1}^{n=\infty}\left\{\cot\pi\frac{u+(4n-1)\omega_3}{4\omega_1} + \cot\pi\frac{u+(4n+1)\omega_3}{4\omega_1}\right. \\ \quad + \tan\pi\frac{u+(4n-1)\omega_3}{4\omega_1} + \tan\pi\frac{u+(4n+1)\omega_3}{4\omega_1} \\ \quad + \cot\pi\frac{u-(4n+1)\omega_3}{4\omega_1} + \cot\pi\frac{u-(4n-1)\omega_3}{4\omega_1} \\ \quad \left. + \tan\pi\frac{u-(4n+1)\omega_3}{4\omega_1} + \tan\pi\frac{u-(4n-1)\omega_3}{4\omega_1}\right\}, \end{cases}$$

$$(275)\quad \begin{cases} \frac{2iK\varkappa}{\omega_1}\,\mathrm{cn}\,w = \\ = \frac{\pi}{2\omega_1}\left\{\cot\pi\frac{u-\omega_3}{4\omega_1} - \cot\pi\frac{u+\omega_3}{4\omega_1} + \tan\pi\frac{u-\omega_3}{4\omega_1} - \tan\pi\frac{u+\omega_3}{4\omega_1}\right\} \\ + \frac{\pi}{2\omega_1}\sum_{n=1}^{n=\infty}\left\{\cot\pi\frac{u+(4n-1)\omega_3}{4\omega_1} - \cot\pi\frac{u+(4n+1)\omega_3}{4\omega_1}\right. \\ \quad + \tan\pi\frac{u+(4n-1)\omega_3}{4\omega_1} - \tan\pi\frac{u+(4n+1)\omega_3}{4\omega_1} \\ \quad + \cot\pi\frac{u-(4n+1)\omega_3}{4\omega_1} - \cot\pi\frac{u-(4n-1)\omega_3}{4\omega_1} \\ \quad \left. + \tan\pi\frac{u-(4n+1)\omega_3}{4\omega_1} - \tan\pi\frac{u-(4n-1)\omega_3}{4\omega_1}\right\}, \end{cases}$$

$$(276)\quad\left\{\begin{aligned}
\frac{2iK}{\omega_1}\operatorname{dn}w &= -\frac{\pi i}{\omega_1}+\\
&+\frac{\pi}{2\omega_1}\left\{\cot\pi\frac{u-\omega_3}{4\omega_1}-\cot\pi\frac{u+\omega_3}{4\omega_1}-\tan\pi\frac{u-\omega_3}{4\omega_1}+\tan\pi\frac{u+\omega_3}{4\omega_1}\right.\\
&+\frac{\pi}{2\omega_1}\sum_{n=1}^{n=\infty}\left\{\cot\pi\frac{u+(4n-1)\omega_3}{4\omega_1}-\cot\pi\frac{u+(4n+1)\omega_3}{4\omega_1}\right.\\
&\quad-\tan\pi\frac{u+(4n-1)\omega_3}{4\omega_1}+\tan\pi\frac{u+(4n+1)\omega_3}{4\omega_1}\\
&\quad+\cot\pi\frac{u-(4n+1)\omega_3}{4\omega_1}-\cot\pi\frac{u-(4n-1)\omega_3}{4\omega_1}\\
&\quad\left.-\tan\pi\frac{u-(4n+1)\omega_3}{4\omega_1}+\tan\pi\frac{u-(4n-1)\omega_3}{4\omega_1}\right\}.
\end{aligned}\right.$$

Zum Zwecke der Umformung dieser Ausdrücke müssen wir einige trigonometrische Formeln ableiten:

$$\begin{aligned}
&\cot(\alpha-\beta)+\tan(\alpha-\beta)\pm[\cot(\alpha+\beta)+\tan(\alpha+\beta)]\\
&\quad=\frac{4i}{e^{2(\alpha-\beta)i}-e^{-2(\alpha-\beta)i}}\pm\frac{4i}{e^{2(\alpha+\beta)i}-e^{-2(\alpha+\beta)i}};
\end{aligned}$$

hieraus erhält man leicht folgende Ausdrücke

$$(277)\quad\left\{\begin{aligned}
&\cot(\alpha-\beta)+\tan(\alpha-\beta)+[\cot(\alpha+\beta)+\tan(\alpha+\beta)]\\
&\quad=\frac{8\sin2\alpha\cdot e^{2\beta i}(1+e^{4\beta i})}{1-2e^{4\beta i}\cos4\alpha+e^{8\beta}};
\end{aligned}\right.$$

$$(278)\quad\left\{\begin{aligned}
&\cot(\alpha-\beta)+\tan(\alpha-\beta)-[\cot(\alpha+\beta)+\tan(\alpha+\beta)]\\
&\quad=\frac{8i\cos2\alpha\cdot e^{2\beta i}(1-e^{4\beta i})}{1-2e^{4\beta i}\cos4\alpha+e^{8\beta i}};
\end{aligned}\right.$$

Ferner überzeugt man sich, daß

$$(279\text{a})\quad\left\{\begin{aligned}
&\cot(\alpha-\beta)-\tan(\alpha-\beta)-[\cot(\alpha+\beta)-\tan(\alpha+\beta)]\\
&\quad=4i\,\frac{1-e^{8\beta i}}{1-2e^{4\beta i}\cos4\alpha+e^{8\beta i}},
\end{aligned}\right.$$

$$\text{(279b)} \begin{cases} \cot(\alpha-\beta)-\tan(\alpha-\beta)-[\cot(\alpha+\beta)-\tan(\alpha+\beta)] \\ \qquad = 4i + \dfrac{8ie^{4\beta i}(\cos 4\alpha - e^{4\beta i})}{1-2e^{4\beta i}\cos 4\alpha + e^{8\beta i}}. \end{cases}$$

Machen wir nun von diesen Identitäten Gebrauch, indem wir $\alpha = \frac{\pi u}{4\omega_1}$, für β aber je nachdem $\frac{\omega_3 \pi}{4\omega_1}$, $\frac{4n-1}{4}\cdot\frac{\omega_3}{\omega_1}\pi$ oder $\frac{4n+1}{4}\cdot\frac{\omega_3}{\omega_1}\pi$ setzen, so gehen die Entwickelungen (274), (275), (276) über in

$$\text{(280)} \begin{cases} \dfrac{2K\varkappa}{\omega_1}\operatorname{sn} w = \dfrac{4\pi}{\omega_1}\dfrac{\sin\frac{\pi u}{2\omega_1}q^{1/2}(1+q)}{1-2q\cos\frac{\pi u}{\omega_1}+q^2} \\ + \dfrac{4\pi}{\omega_1}\sin\dfrac{\pi u}{2\omega_1}\sum\limits_{n=1}^{n=\infty}\left\{\dfrac{q^{\frac{4n+1}{2}}(1+q^{4n+1})}{1-2q^{4n+1}\cos\frac{\pi u}{\omega_1}+q^{2(4n+1)}}\right. \\ \qquad \left. + \dfrac{q^{\frac{4n-1}{2}}(1+q^{4n-1})}{1-2q^{4n-1}\cos\frac{\pi u}{\omega_1}+q^{2(4n-1)}}\right\}, \end{cases}$$

$$\text{(281)} \begin{cases} \dfrac{2iK\varkappa}{\omega_1}\operatorname{cn} w = \dfrac{4\pi i}{\omega_1}\dfrac{\cos\frac{\pi u}{2\omega_1}q^{1/2}(1-q)}{1-2q\cos\frac{\pi u}{\omega_1}+q^2} \\ + \dfrac{4\pi i}{\omega_1}\cos\dfrac{\pi u}{2\omega_1}\sum\limits_{n=1}^{n=\infty}\left\{\dfrac{q^{\frac{4n+1}{2}}(1-q^{4n+1})}{1-2q^{4n+1}\cos\frac{\pi u}{\omega_1}+q^{2(4n+1)}}\right. \\ \qquad \left. - \dfrac{q^{\frac{4n-1}{2}}(1-q^{4n-1})}{1-2q^{4n-1}\cos\frac{\pi u}{\omega_1}+q^{2(4n-1)}}\right\}, \end{cases}$$

$$(282)\quad \left\{\begin{aligned} \frac{2iK}{\omega_1}\,\mathrm{dn}\,w = & -\frac{\pi i}{\omega_1} + \frac{2\pi i}{\omega_1} + \frac{4\pi i}{\omega_1}\,\frac{q\left(\cos\frac{\pi u}{\omega_1} - q\right)}{1 - 2q\cos\frac{\pi u}{\omega_1} + q^2} \\ & + \frac{4\pi i}{\omega_1}\sum_{n=1}^{n=\infty}\left\{\frac{q^{4n+1}\left(\cos\frac{\pi u}{\omega_1} - q^{4n+1}\right)}{1 - 2q^{4n+1}\cos\frac{\pi u}{\omega_1} + q^{2(4n+1)}}\right. \\ & \qquad \left. - \frac{q^{4n-1}\left(\cos\frac{\pi u}{\omega_1} - q^{4n-1}\right)}{1 - 2q^{4n-1}\cos\frac{\pi u}{\omega_1} + q^{2(4n-1)}}\right\}. \end{aligned}\right.$$

Um diese Darstellungen in eine letzte Form zu bringen, stellen wir folgende allgemeine Betrachtung an:

Es sei eine einstrahlige Reihe von Größen

$$(283)\qquad U_1,\ U_3,\ U_5,\ \ldots,\ U_{2n-1},\ \ldots$$

gegeben, und die Konvergenz der mit ihnen gebildeten Reihe

$$(284)\qquad \sum_{n=1}^{n=\infty}(U_{4n+1} + U_{4n-1})$$

festgestellt.

$$(285)\quad \left\{\begin{aligned} U_1 + \sum_{n=1}^{n=N}(U_{4n+1} + U_{4n-1}) & = \sum_{n=1}^{n=2N+1} U_{2n-1} \\ & = \sum_{n=1}^{n=2N} U_{2n-1} + U_{4N+1}. \end{aligned}\right.$$

Wenn nun

$$(286)\qquad \lim_{N=\infty} |U_{4N+1}| = 0$$

ist, und nur in diesem Falle, können wir setzen:

$$(287)\quad U_1 + \lim_{N=\infty}\left[\sum_{n=1}^{n=N}(U_{4n+1} + U_{4n-1})\right] = \lim_{M=\infty}\left[\sum_{n=1}^{n=M} U_{2n-1}\right],$$

$$(288)\qquad U_1 + \sum_{n=1}^{n=\infty}(U_{4n+1} + U_{4n-1}) = \sum_{n=1}^{n=\infty} U_{2n-1}.$$

Die Bedingung (286) ist erfüllt für jede der drei nachstehenden Bestimmungen der Größe U_{2n-1}

$$(289)\quad U_{2n-1} = \frac{q^{\frac{2n-1}{2}}(1+q^{2n-1})}{1-2q^{2n-1}\cos\frac{\pi u}{\omega_1}+q^{2(2n-1)}},$$

$$(290)\quad U_{2n-1} = -(-1)^n \frac{q^{\frac{2n-1}{2}}(1-q^{2n-1})}{1-2q^{2n-1}\cos\frac{\pi u}{\omega_1}+q^{2(2n-1)}},$$

$$(291)\quad U_{2n-1} = -(-1)^n \frac{q^{2n-1}\left(\cos\frac{\pi u}{\omega_1}-q^{2n-1}\right)}{1-2q^{2n-1}\cos\frac{\pi u}{\omega_1}+q^{2(2n-1)}};$$

denn da, nach der über das Periodenverhältnis $\frac{\omega_3}{\omega_1}$ gemachten Annahme, die Größe q einen Modul hat, welcher kleiner als 1 ist, so verschwinden diese drei Ausdrücke für $n=\infty$. Wir dürfen also die drei Reihen (280), (281), (282) in der angegebenen Weise auflösen und erhalten so, indem wir gleichzeitig die Variable u durch w ersetzen, die Entwickelungen:

$$(292)\quad K\cdot\varkappa\cdot\operatorname{sn}w = 2\pi\cdot\sin\frac{\pi w}{2K}\cdot\sum_{n=1}^{n=\infty}\frac{q^{\frac{2n-1}{2}}(1+q^{2n-1})}{1-2q^{2n-1}\cos\frac{\pi w}{K}+q^{2(2n-1)}},$$

$$(293)\quad K\cdot\varkappa\cdot\operatorname{cn}w = -2\pi\cos\frac{\pi w}{2K}\cdot\sum_{n=1}^{\infty}(-1)^n\frac{q^{\frac{2n-1}{2}}(1-q^{2n-1})}{1-2q^{2n-1}\cos\frac{\pi w}{K}+q^{2(2n-1)}},$$

$$(294)\quad K\cdot\operatorname{dn}w = \frac{\pi}{2}-2\pi\sum_{n=1}^{n=\infty}(-1)^n\frac{q^{2n-1}\left(\cos\frac{\pi w}{K}-q^{2n-1}\right)}{1-2q^{2n-1}\cos\frac{\pi w}{K}+q^{2(2n-1)}}.$$

Anmerkung. Hätten wir zur Umformung der Reihe (276) die durch (279a) gegebene Identität benutzt, so wäre der letzte Schritt unmöglich gewesen; denn wir hätten die Reihe erhalten:

$$\frac{2iK}{\omega_1}\,\mathrm{dn}w = -\frac{\pi i}{\omega_1} + \frac{2\pi i}{\omega_1}\,\frac{1-q^2}{1-q\cos\frac{\pi u}{\omega_1}+q^2}$$

$$+\frac{2\pi i}{\omega_1}\cdot\sum_{n=1}^{n=\infty}\left\{\frac{1-q^{2(4n+1)}}{1-q^{4n+1}\cos\frac{\pi u}{\omega_1}+q^{2(4n+1)}} - \frac{1-q^{2(4n-1)}}{1-q^{4n-1}\cos\frac{\pi u}{\omega_1}+q^{2(4n-1)}}\right\}$$

Setzen wir nun:

$$U_{2n-1} = -(-1)^n\,\frac{1-q^{2(2n-1)}}{1-q^{2n-1}\cos\frac{\pi u}{\omega_1}+q^{2(2n-1)}},$$

so ergibt sich:

$$\lim_{n=\infty}\,[U_{2n-1}] = 1\,,$$

und die Reihe $\sum_{n=1}^{n=\infty} U_{2n-1}$, konvergiert nicht gegen einen Grenzwert, wiewohl sie immer endlich bleibt: sie oszilliert von Glied zu Glied. —

Die Entwickelungen (292), (293), (294) liefern für $w=0$ und $w=K$ die nachstehenden Formeln:

$$(295)\qquad \frac{\varkappa K^2}{\pi^2} = \sum_{n=1}^{n=\infty}\frac{q^{\frac{2n-1}{2}}(1+q^{2n-1})}{(1-q^{2n-1})^2}\,,$$

$$(296)\qquad \frac{\varkappa K}{\pi} = -2\sum_{n=1}^{n=\infty}(-1)^n\,\frac{q^{\frac{2n-1}{2}}}{1-q^{2n-1}}\,,$$

$$(297)\qquad \frac{K}{\pi} = \frac{1}{2} - 2\sum_{n=1}^{n=\infty}(-1)^n\,\frac{q^{2n-1}}{1-q^{2n-1}}\,,$$

$$(298)\qquad \frac{\varkappa K}{\pi} = 2\sum_{n=1}^{n=\infty}\frac{q^{\frac{2n-1}{2}}}{1+q^{2n-1}}\,,$$

$$(299)\qquad \frac{\varkappa\varkappa' K^2}{\pi^2} = -\sum_{n=1}^{n=\infty}(-1)^n \frac{q^{\frac{2n-1}{2}}\left(1-q^{2n-1}\right)}{(1+q^{2n-1})^2},$$

$$(300)\qquad \frac{\varkappa' K}{\pi} = \frac{1}{2} + 2\sum_{n=1}^{n=\infty}(-1)^n \frac{q^{2n-1}}{1+q^{2n+1}}.$$

Dividiert man etwa (295) durch (296), (296) durch (297), so erkennt man, daß sowohl K als $\varkappa$ reine Funktionen von q sind. *Daher ist auch K eine reine Funktion von $\varkappa$. Dasselbe gilt offenbar von $K' = -i\omega K$*, da diese Größe ja ebenfalls nur von dem Periodenverhältnis ω abhängt und daher eine reine Funktion von q darstellt.

Wir kehren zu den Reihenentwickelungen (274), (275), (276) zurück, welchen wir jetzt mit Hilfe der Formeln XI (102), XI (103), XI (104) noch eine andere Gestalt geben wollen. Die drei durch (289), (290), (291) dargestellten Größen können wir, wie eine Vergleichung mit (277), (278), (279) lehrt, ersetzen durch die Ausdrücke

$$(301)\qquad \frac{1}{\sin\frac{\pi u}{2\omega_1}}\cdot\sum_{h=1}^{h=\infty} q^{\frac{(2h-1)(2n-1)}{2}} \sin\pi\frac{(2h-1)u}{2\omega_1},$$

$$(302)\qquad -\frac{(-1)^n}{\cos\frac{\pi u}{2\omega_1}}\cdot\sum_{h=1}^{\infty} q^{\frac{(2h-1)(2n-1)}{2}} \cos\pi\frac{(2h-1)u}{2\omega_1},$$

$$(303)\qquad -(-1)^n\cdot\sum_{h=1}^{\infty} q^{h(2n-1)}\cos\pi\frac{hu}{\omega_1}.$$

Die Bedingung für die Konvergenz dieser Reihen läßt sich [vgl. Nr. 119, (107)] so aussprechen: Der Koeffizient von i muß in den beiden Größen

$$(304)\qquad (2n-1)\frac{\omega_3}{\omega_1} - \frac{u}{\omega_1},\quad (2n-1)\frac{\omega_3}{\omega_1} + \frac{u}{\omega_1}$$

für jedes positive ganzzahlige n positiv sein; und diese Forderung reduziert sich auf die nachstehende: Der Koeffizient von i in der komplexen Größe $\frac{u}{\omega_1}$ muß dem absoluten Betrage nach kleiner sein als der (stets positive) Koeffizient von i in der Größe $\frac{\omega_3}{\omega_1}$.

Unter diesen Bedingungen erhalten wir dann für unsere drei Funktionen die folgenden Doppelreihen:

$$K\varkappa \operatorname{sn} w = 2\pi \sum_{n=1}^{n=\infty}\sum_{h=1}^{h=\infty} q^{\frac{(2h-1)(2n-1)}{2}} \sin\pi\frac{2h-1}{2\omega_1}u, \tag{305}$$

$$K\varkappa \operatorname{cn} w = -2\pi \sum_{n=1}^{n=\infty}(-1)^n\sum_{h=1}^{h=\infty} q^{\frac{(2h-1)(2n-1)}{2}} \cos\pi\frac{2h-1}{2\omega_1}u, \tag{306}$$

$$K \operatorname{dn} w = \frac{\pi}{2} - 2\pi \sum_{n=1}^{n=\infty}(-1)^n\sum_{h=1}^{h=\infty} q^{h(2n-1)} \cos\pi\frac{hu}{\omega_1}. \tag{307}$$

Ein Schluß, ganz analog demjenigen, welchen wir in Nr. 119 durchgeführt haben, lehrt uns, daß die Doppelreihen (305), (306), (307) innerhalb ihres Gültigkeitsbereiches unbedingt konvergieren; wir dürfen also die Reihenfolge der Summationen umkehren und erhalten, indem wir gleichzeitig die Variable u durch w ersetzen, die folgenden Darstellungen:

$$K\varkappa \operatorname{sn} w = 2\pi \sum_{h=1}^{h=\infty} \frac{q^{\frac{2h-1}{2}}}{1-q^{2h-1}} \sin\pi\frac{2h-1}{2K}w, \tag{308}$$

$$K\varkappa \operatorname{cn} w = 2\pi \sum_{h=1}^{h=\infty} \frac{q^{\frac{2h-1}{2}}}{1+q^{2h-1}} \cos\pi\frac{2h-1}{2K}w, \tag{309}$$

$$K \operatorname{dn} w = \frac{\pi}{2} + 2\pi \sum_{h=1}^{h=\infty} \frac{q^h}{1+q^{2h}} \cos\pi\frac{hw}{K}. \tag{310}$$

Die Gültigkeit dieser Entwickelungen beschränkt sich auf einen Streifen in der w-Ebene, dessen Begrenzung gebildet wird von zwei durch die Punkte $+iK'$ und $-iK'$ gezogenen Parallelen zu der Richtung des die Größe K repräsentierenden Vektors.

Wir dürfen also jedenfalls $w = 0$ und $w = K$ setzen; diese Werte liefern uns wiederum sechs Entwickelungen für die Konstanten $\frac{\varkappa K^2}{\pi}$, $\frac{\varkappa K}{\pi}$, $\frac{K}{\pi}$, $\frac{\varkappa\varkappa' K^2}{\pi^2}$, $\frac{\varkappa' K}{\pi}$; die beiden Ausdrücke für $\frac{\varkappa K}{\pi}$ stimmen mit den früher gefundenen (296), (298) überein; wir schreiben daher nur die folgenden vier Formeln hier an:

$$\frac{\varkappa K^2}{\pi^2} = \sum_{h=1}^{h=\infty} \frac{(2h-1)\, q^{\frac{2h-1}{2}}}{1-q^{2h-1}}, \tag{311}$$

$$\frac{K}{\pi} = \frac{1}{2} + 2\sum_{h=1}^{h=\infty} \frac{q^h}{1+q^{2h}}, \tag{312}$$

$$\frac{\varkappa\varkappa' K^2}{\pi^2} = -\sum_{h=1}^{h=\infty} (-1)^h \frac{(2h-1)\, q^{\frac{2h-1}{2}}}{1+q^{2n-1}}, \tag{313}$$

$$\frac{\varkappa' K}{\pi} = \frac{1}{2} + 2\sum_{h=1}^{h=\infty} (-1)^h \frac{q^h}{1+q^{2h}}. \tag{314}$$

Potenzreihen und trigonometrische Entwickelungen für die Transzendenten zweiter Gattung.

141. Die Funktionen $E_{g_1 g_2}(w)$ unterscheiden sich nur unwesentlich von den ζ-Funktionen, und ihre Entwickelungen ergeben sich also unmittelbar aus denen der letzteren.

In der Umgebung jedes regulären Punktes w_0 existieren Entwickelungen, welche nach ganzen steigenden Potenzen von $w - w_0$ fortschreiten, während die Koeffizienten außer der Größe w_0 nur die Größe $\varkappa$ enthalten.

In der Umgebung der Pole stellen sich die E-Funktionen durch Potenzreihen dar, welche man aus XI, (19) erhält; ihre ersten Glieder sehen so aus:

$$(315)\quad \begin{cases} E_{11}(w) = \dfrac{1}{w} - \dfrac{1-\varkappa^2\varkappa'^2}{2\cdot 3^2\cdot 5}\, w^3 + \dots \\[2ex] E_{10}(w) = \dfrac{1}{w-K} + \dfrac{\eta_1\omega_1}{K} - \dfrac{1-\varkappa^2\varkappa'^2}{2\cdot 3^2\cdot 5}(w-K)^3 + \dots \\[2ex] E_{00}(w) = \dfrac{1}{w-K-iK'} - \dfrac{\eta_2\omega_1}{K} - \dfrac{1-\varkappa^2\varkappa'^2}{2\cdot 3^2\cdot 5}(w-K-iK')^3 + \dots \\[2ex] E_{01}(w) = \dfrac{1}{w-iK'} + \dfrac{\eta_3\omega_1}{K} - \dfrac{1-\varkappa^2\varkappa'^2}{2\cdot 3^2\cdot 5}(w-iK')^3 + \dots \end{cases}$$

für die Z-Funktionen erhalten wir hieraus leicht

$$
(316)\quad \begin{cases}
\mathsf{Z}_{11}(w) = \dfrac{1}{w} - \dfrac{\omega_1 \eta_1}{K^2} w - \dfrac{1 - \varkappa^2 \varkappa'^2}{2 \cdot 3^2 \cdot 5} w^3 + \dots \\[2ex]
\mathsf{Z}_{10}(w) = \dfrac{1}{w - K} - \dfrac{\omega_1 \eta_1}{K^2} (w - K) - \dfrac{1 - \varkappa^2 \varkappa'^2}{2 \cdot 3^2 \cdot 5} (w - K)^3 + \dots \\[2ex]
\mathsf{Z}_{00}(w) = \dfrac{1}{w - K - i K'} - \dfrac{\pi i}{2 K} - \dfrac{\omega_1 \eta_1}{K^2} (w - K - i K') \\[2ex]
\qquad - \dfrac{1 - \varkappa^2 \varkappa'^2}{2 \cdot 3^2 \cdot 5} (w - K - i K')^3 + \dots \\[2ex]
\mathsf{Z}_{01}(w) = \dfrac{1}{w - i K'} - \dfrac{\pi i}{2 K} - \dfrac{\omega_1 \eta_1}{K^2} (w - i K') \\[2ex]
\qquad - \dfrac{1 - \varkappa^2 \varkappa'^2}{2 \cdot 3^2 \cdot 5} (w - i K')^3 + \dots
\end{cases}
$$

Ferner haben wir folgende in der ganzen w-Ebene gültigen trigonometrischen Entwickelungen:

$$
(317)\quad \begin{cases}
\mathsf{Z}_{11}(w) = \dfrac{\pi}{2K} \cot \dfrac{\pi w}{2K} + \dfrac{\pi}{2K} \sum\limits_{n=1}^{n=\infty} \Big[\cot \dfrac{\pi}{2K} (w + 2 n i K') \\[2ex]
\qquad + \cot \dfrac{\pi}{2K} (w - 2 n i K') \Big]; \\[2ex]
\mathsf{Z}_{10}(w) = - \dfrac{\pi}{2K} \tan \dfrac{\pi w}{2K} - \dfrac{\pi}{2K} \sum\limits_{n=1}^{n=\infty} \Big[\tan \dfrac{\pi}{2K} (w + 2 n i K') \\[2ex]
\qquad + \tan \dfrac{\pi}{2K} (w - 2 n i K') \Big]; \\[2ex]
\mathsf{Z}_{00}(w) = - \dfrac{\pi}{2K} \sum\limits_{n=1}^{n=\infty} \Big[\tan \dfrac{\pi}{2K} (w + (2n - 1) i K') \\[2ex]
\qquad + \tan \dfrac{\pi}{2K} (w - (2n - 1)) i K' \Big]; \\[2ex]
\mathsf{Z}_{01}(w) = \dfrac{\pi}{2K} \sum\limits_{n=1}^{n=\infty} \Big[\cot \dfrac{\pi}{2K} (w + (2n - 1) i K') \\[2ex]
\qquad + \cot \dfrac{\pi}{2K} (w - (2n - 1) i K') \Big].
\end{cases}
$$

In beschränkten Bereichen konvergieren die aus XI, (106), (203), (204), (205) sich ergebenden Entwickelungen:

(318)
$$\begin{cases} \text{(a)}\ \mathsf{Z}_{11}(w) = \dfrac{\pi}{2K} \cot \dfrac{\pi w}{2K} + \dfrac{2\pi}{K} \sum\limits_{h=1}^{h=\infty} \dfrac{q^{2h}}{1-q^{2h}} \sin \pi \dfrac{hw}{K}\,; \\ \text{(b)}\ \mathsf{Z}_{10}(w) = -\dfrac{\pi}{2K} \tan \dfrac{\pi w}{2K} + \dfrac{2\pi}{K} \sum\limits_{h=1}^{h=\infty} (-1)^h \dfrac{q^{2h}}{1-q^{2h}} \sin \pi \dfrac{hw}{K}\,; \\ \text{(c)}\ \mathsf{Z}_{00}(w) = \dfrac{2\pi}{K} \sum\limits_{h=1}^{h=\infty} (-1)^h \dfrac{q^{h}}{1-q^{2h}} \sin \pi \dfrac{hw}{K}\,; \\ \text{(d)}\ \mathsf{Z}_{01}(w) = \dfrac{2\pi}{K} \sum\limits_{h=1}^{h=\infty} \dfrac{q^{h}}{1-q^{2h}} \sin \pi \dfrac{hw}{K}\,. \end{cases}$$

Die Gültigkeitsbereiche aller dieser vier Reihen sind Parallelstreifen in der w-Ebene, deren Begrenzung von zwei zu der Richtung des die Periode K repräsentierenden Vektors parallelen Geraden gebildet wird; und zwar gehen diese Begrenzungsgeraden durch die Punkte $+2iK'$ und $-2iK'$ für die beiden ersten Entwickelungen (a), (b), durch die Punkte $+iK'$ und $-iK'$ für die beiden letzten Entwickelungen (c) und (d).

Indem man diese Formeln nach w differentiiert und hierauf in der ersten $w = K$, in den drei folgenden $w = 0$ setzt, erhält man gemäß (221) verschiedene Entwickelungen für die Größe $\dfrac{E}{K}$, welche durch (220) eingeführt wurde.

Trigonometrische Entwickelungen für die Transzendenten dritter Gattung.

142. Die trigonometrischen Entwickelungen der Omegafunktionen ergeben sich aus XI, (123), (206), (207), (208) ganz unmittelbar auf Grund der Beziehungen (231), (198). Als Beispiel soll hier nur die Funktion $\Omega_{01}(w, b)$ angeführt werden:

$$\Omega_{01}(w, b) = -2 \sum_{h=1}^{h=\infty} \frac{1}{h} \cdot \frac{q^h}{1-q^{2h}} \cdot \sin \pi \frac{hw}{K} \cdot \sin \pi \frac{hb}{K}\,; \tag{319}$$

diese Reihe konvergiert, und zwar unbedingt, solange die Größen $w+b$ und $w-b$ innerhalb eines Streifens der w-Ebene liegen, dessen Begrenzungsgeraden parallel zu dem die Periode K repräsentierenden Vektor durch die Punkte $+iK'$ und $-iK'$ gelegt sind.

Inhaltsverzeichnis des zweiten Teiles dieses Buches.

Zweiter Teil.

Theorie der elliptischen Integrale. — Umkehrproblem.

Erstes Kapitel.

Allgemeines. — Die elliptischen Integrale als besondere Klasse der hyperelliptischen Integrale.

Zweites Kapitel.

Nähere Untersuchung des elliptischen Integrals erster Gattung.

Drittes Kapitel.

Umkehrung des Integrals erster Gattung.

Viertes Kapitel.

Normalformen der elliptischen Integrale.

Fünftes Kapitel.

Das Abelsche Theorem.

FSC
www.fsc.org
MIX
Papier | Fördert
gute Waldnutzung
FSC® C083411

Kolibri 360 GmbH
Ferdinand-Jühlke-Straße 7
99095 Erfurt, Deutschland
produktsicherheit@kolibri360.de